"十四五"职业教育国家规划教材

河南省"十四五"职业教育规划教材

锅炉设备及运行

（第三版）

主　编　姜锡伦　屈卫东

副主编　侯俊凤　杨宏民

编　写　李新国

主　审　刘　彤　岳　刚

中国电力出版社

CHINA ELECTRIC POWER PRESS

内 容 提 要

本书主要内容包括锅炉基础知识、锅炉燃料、锅炉物质平衡和热平衡、煤粉制备、燃烧原理及设备、自然循环蒸发系统及蒸汽净化、过热器与再热器、省煤器和空气预热器、强制流动锅炉及其水动力特性、锅炉机组的启动和停运、锅炉机组的运行与调节及锅炉事故等。

本书可作为高等职业教育热能与发电工程类专业教学用书，也可以作为职业资格及岗位技能培训教材使用。

图书在版编目（CIP）数据

锅炉设备及运行 / 姜锡伦，屈卫东主编 . —3 版 . —北京：中国电力出版社，2019.8（2025.1重印）
教育部职业教育与成人教育司推荐教材 "十三五"职业教育规划教材
ISBN 978-7-5198-3511-8

Ⅰ．①锅…　Ⅱ．①姜…②屈…　Ⅲ．①火电厂—锅炉运行—职业教育—教材　Ⅳ．① TM621.2

中国版本图书馆 CIP 数据核字（2019）第 170448 号

出版发行：中国电力出版社
地　　　址：北京市东城区北京站西街 19 号（邮政编码 100005）
网　　　址：http://www.cepp.sgcc.com.cn
责任编辑：李　莉
责任校对：黄　蓓　常燕昆
装帧设计：赵姗姗
责任印制：吴　迪

印　　刷：廊坊市文峰档案印务有限公司
版　　次：2006 年 1 月第一版　2019 年 8 月第三版
印　　次：2025 年 1 月北京第二十七次印刷
开　　本：787 毫米 ×1092 毫米　16 开本
印　　张：17
字　　数：414 千字
定　　价：42.00 元

前　言

从 2013 年开始，中国火力发电量一直处于 4 万亿千瓦时以上，截止到 2018 年，中国火力发电量接近 5 万亿千瓦时，达到 49794.7 亿千瓦时，同比增长 7.98%。火力发电依旧是中国的主要发电形式，占总发电量 73.32%。随着中国电力供应的逐步宽松以及国家对节能降耗的重视，中国开始加大力度调整火力发电行业的结构，使行业发展不断面临新的挑战，也对热能与发电类专业职业教育提出更高的要求。

本书第一版于 2006 年 1 月出版，被列入教育部职业教育与成人教育司推荐教材，作为职业教育电力技术类专业教学用书。本书第二版于 2010 年 1 月出版，至今已印刷近 5 万册，深受相关职业院校师生和现场运行人员欢迎。

此次第三版的修订，根据行业的最新发展，更新补充了近几年机组新技术的相应内容。在内容的叙述上，尽量做到层次清晰、由浅入深、循序渐进，并力求保证体系的系统性、完整性，同时又适当降低理论的难度，充分体现职业教育的性质、任务和培养目标。

本书共分十二章，主要内容包括锅炉基础知识、锅炉燃料、锅炉物质平衡和热平衡、煤粉制备、燃烧原理及设备、自然循环蒸发系统及蒸汽净化、过热器与再热器、省煤器和空气预热器、强制流动锅炉及其水动力特性、锅炉机组的启动和停运、锅炉机组的运行与调节及锅炉事故等。

本书由郑州电力高等专科学校组织编写，其中第一章、第七章、第八章和第九章由屈卫东编写；第二章、第三章和第四章由侯俊凤编写；第五章和第六章由杨宏民编写；第十章、第十一章和第十二章由姜锡伦编写；李新国参与了第十二章部分章节的编写。

本书由姜锡伦、屈卫东担任主编，姜锡伦负责全书的统稿及修订工作。

本书由华北电力大学教授刘彤和原中电投河南分公司总工程师岳刚担任主审。二位审稿老师提出的许多宝贵意见使编者受益匪浅。同时，本书在编写过程中，参考了兄弟院校和企业的诸多文献、资料，并得到有关院校老师和同事们的热情帮助，在此一并表示衷心的感谢。

由于编者水平有限，书中不妥之处在所难免，恳请读者批评指正。

编　者
2019 年 6 月

目　　录

第一章　电站锅炉基础知识

电力已经是国民经济和人民生活越来越重要的能源，电能的产生一般依赖于电站。目前大规模的发电方式主要有火力发电、水力发电和核能发电三种。火力发电是我国目前最主要的发电方式，其主要过程是由燃料的化学能转变为蒸汽的热能，然后由蒸汽的热能转变为汽轮机转动的机械能，最终将机械能通过发电机的励磁转变为电能。其中化学能转变为热能的过程是在锅炉内完成的。显然电站锅炉是火力发电厂的重要设备之一。

第一节　电站锅炉的构成及工作过程

锅炉设备一般是由锅炉本体和辅助设备组成的。锅炉本体主要包括燃烧器、炉膛、布置有受热面的烟道、汽包、下降管、水冷壁、过热器、再热器、省煤器及空气预热器等。辅助设备包括送风机、引风机、给煤机、磨煤机、排粉机、除尘器及烟囱等。

发电用的锅炉称为电站锅炉。燃煤粉的电站锅炉可用图 1-1 简要地说明其构成及工作过程。由输煤皮带运来的煤经给煤机 17 送入磨煤机 16 磨制成粉后，被自热风管经一次风机 15 来的热风送入磨煤机出口的粗粉分离器，在粗粉分离器中不合格的粗粉被分离出来，再回到磨煤机重新磨制，合格的煤粉则沿管道被送到燃烧器 1 输送进入炉膛 18 燃烧。燃烧后的烟

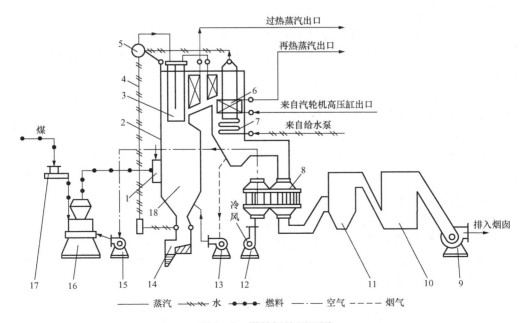

图 1-1　煤粉锅炉原理图

1—燃烧器；2—水冷壁；3—过热器；4—下降管；5—汽包；6—再热器；7—省煤器；8—空气预热器；
9—引风机；10—脱硫脱硝装置；11—除尘器；12—送风机；13—再循环风机；
14—排渣装置；15——次风机；16—磨煤机；17—给煤机；18—炉膛

气经水平烟道、垂直烟道、除尘器 11、脱硫脱硝装置 10、引风机 9 后，通过烟囱排入大气。空气经送风机 12、空气预热器 8、热风管送入炉膛及制粉系统。以上所述煤、风、烟系统称为锅炉的燃烧系统，即一般说的"炉"。

给水经给水泵送入省煤器 7 和汽包 5，然后进入下降管 4、水冷壁 2，水在水冷壁中加热后成为汽水混合物，又回到汽包并经汽、水分离，分离出的水继续进入下降管循环，分离出的饱和蒸汽离开汽包进入过热器系统。饱和蒸汽经顶棚过热器、屏式过热器和对流过热器升温后，通过主蒸汽管道送入汽轮机做功。上述为汽水系统，即一般说的"锅"。

炉的任务是组织煤粉在炉膛内良好燃烧，尽可能多地放出热量，锅的任务是尽量把燃料燃烧放出的热量有效地吸收，锅和炉组成了一个完整的能量转换系统。

第二节　电站锅炉的规范、型号及安全指标

一、锅炉的规范

锅炉的主要技术规范是指锅炉容量、锅炉蒸汽参数和给水温度等，它们用来说明锅炉的基本工作特性。

1. 锅炉容量

指锅炉每小时的最大连续蒸发量（maximum continuous rating，简称 MCR），又称为锅炉的额定容量或额定蒸发量。常用符号 D_e 表示，单位为 t/h（或 kg/s）。例如 200MW 汽轮发电机组配用的锅炉容量为 670t/h。

锅炉容量是说明锅炉产汽能力大小的特性数据。

2. 锅炉蒸汽参数

通常是指锅炉过热器出口处的过热蒸汽压力和温度。蒸汽压力用符号 p 表示，单位为 MPa；蒸汽温度用符号 t 表示，单位为℃。例如 200MW 汽轮发电机组配用的超高压锅炉，其蒸汽压力为 13.73MPa（表压力），蒸汽温度为 540℃。当锅炉具有中间再热时，蒸汽参数还应包括再热蒸汽压力和温度。

锅炉蒸汽参数是说明锅炉蒸汽规范的特性数据。

3. 给水温度

锅炉给水温度是指水在省煤器入口处的温度。不同蒸汽参数的锅炉其给水温度也不相同。

锅炉给水温度是说明锅炉给水规范的特性数据。

二、国产锅炉型号

锅炉型号反映锅炉的基本特征。我国锅炉目前采用三组或四组字码表示其型号。一般中、高压锅炉用三组字码表示。例如 HG—410/100—1 型锅炉，型号中第一组字码是锅炉制造厂名称的汉语拼音缩写，HG 表示哈尔滨锅炉厂有限责任公司（SG 表示上海锅炉厂有限公司，WG 表示武汉锅炉股份有限公司，DG 表示东方锅炉股份有限公司）；型号中的第二组字码为一分数，分子表示锅炉容量（t/h），分母表示过热蒸汽压力（MPa 或 kgf/cm²，表压）；型号中第三组字码表示产品的设计序号，同一锅炉容量和蒸汽参数的锅炉其序号可能不同，序号数字小的是先设计的，序号数字大的是后设计的，不同设计序号可以反映出结构上的某些差别或改进。例如 HG—410/100—1 型与 HG—410/100—2 型锅炉的主要区别是：

1 型为固态排渣、管式空气预热器、两段分段蒸发等；2 型为液态排渣、回转式空气预热器、无分段蒸发等。因此前述 HG－410/100－1 型锅炉即表示哈尔滨锅炉厂制造，容量为 410t/h，过热蒸汽压力为 9.8MPa（100kgf/cm²，表压），第一次设计制造的锅炉。

超高压以上的发电机组均采用蒸汽中间再热，即锅炉装有再热器，故用四组字码表示。即在上述型号的二、三组字码间又加了一组字码，该组字码也为一分数，其分子表示过热蒸汽温度，分母表示再热蒸汽温度。例如 DG－670/140－540/540－5 型锅炉即表示东方锅炉厂制造，容量为 670t/h，过热蒸汽压力为 13.7MPa（140kgf/cm²，表压），过热蒸汽温度为 540℃，再热蒸汽温度为 540℃，第 5 次设计的锅炉。

三、锅炉运行的安全技术指标

锅炉运行时的安全性指标不能进行专门的测量，而用下列三个间接指标来衡量。

1. 连续运行小时数

锅炉的连续运行小时数是指两次检修之间的运行小时数，国内一般大、中型电站锅炉的平均连续运行小时数在 4000h 以上。

2. 事故率

事故率是指事故停用小时数占总运行小时数和事故停用小时数之和的百分比，即

$$事故率 = \frac{事故停用小时数}{总运行小时数 + 事故停用小时数} \times 100\%$$

3. 可用率

可用率是指总运行小时数和总备用小时数之和占统计期间总小时数的百分比，即

$$可用率 = \frac{总运行小时数 + 总备用小时数}{统计期间总小时数} \times 100\%$$

锅炉的事故率和可用率可按一个适当长的周期来计算，我国火力发电厂通常以一年为一个统计周期。

目前国内一般比较好的安全技术指标是：事故率约为 1%，可用率约为 90%。

第三节 锅 炉 的 分 类

电站锅炉根据其工作条件、工作方式和结构型式的不同，可有多种分类方法，现简要介绍如下。

一、按锅炉容量分

考虑现阶段我国锅炉工业发展情况，锅炉容量的划分是：$D_e < 220t/h$ 为小型锅炉；$D_e = 220 \sim 410t/h$ 为中型锅炉；$D_e > 670t/h$ 为大型锅炉。但上述分类是相对的，随着锅炉容量日益增大，目前的大型锅炉若干年后只能算中型。

二、按蒸汽压力分

$p \leqslant 1.27MPa$（13kgf/cm²）为低压锅炉；

$p = 2.45 \sim 3.8MPa$（25～39kgf/cm²）为中压锅炉；

$p = 9.8MPa$（100kgf/cm²）为高压锅炉；

$p = 13.7MPa$（140kgf/cm²）为超高压锅炉；

$p = 16.7 \sim 18.6MPa$（170～190kgf/cm²）为亚临界压力锅炉；

$p \geqslant 22.1\text{MPa}$（225.56k kgf/cm²）为超临界压力锅炉。

三、按燃用燃料分

按燃用燃料分有燃煤炉、燃油炉、燃气炉。

四、按燃烧方式分

按燃烧方式分有层燃炉、室燃炉（煤粉、燃油炉等）、旋风炉、沸腾炉等。

层燃炉是指煤块或其他固体燃料在炉箅上形成一定厚度的料层进行燃烧，通常把这种燃烧称为平面燃烧，如早期的链条炉，现在电站锅炉已不采用。

室燃炉是指燃料在炉膛（燃烧室）空间呈悬浮状进行燃烧，通常把这种燃烧称为空间燃烧，它是目前电厂锅炉的主要燃烧方式，也就是通常所说的煤粉锅炉。在煤粉锅炉中，燃烧方式目前主要采用三种技术：四角切向燃烧，对冲燃烧，W 火焰燃烧。

旋风炉是一种以旋风筒作为主要燃烧室的炉子，粗煤粉（或煤屑）和空气在旋风筒内强烈旋转并进行燃烧。它基本上也属于空间燃烧，但其燃烧速度要比煤粉炉高得多，但主要针对特殊煤种而采用，通常采用液态排渣。

沸腾炉也称流化床锅炉，是指煤粒在炉箅（布风板）上上下翻腾，呈沸腾状态进行燃烧。这是一种平面与空间相结合的燃烧方式，这种炉子特别适宜于烧劣质煤。目前的流化燃烧已逐渐演变为循环流化床锅炉。

五、按工质在蒸发受热面中的流动特性即水循环特性分

按工质流动特性分有自然循环锅炉、强制流动锅炉。强制流动锅炉又分为控制循环锅炉、直流锅炉、复合循环或低倍率循环锅炉等。

自然循环锅炉有汽包，工质在蒸发受热面即水冷壁中的流动是依靠汽水密度差来进行的。控制循环锅炉也有汽包，工质在蒸发面中的流动依靠水泵的压头来进行。直流锅炉没有汽包，工质在蒸发受热面中的流动依靠水泵的压力来进行，且水在蒸发受热面中全部转变为蒸汽。复合循环锅炉是在直流锅炉的基础上发展起来的一种锅炉，它由直流锅炉加再循环泵构成。

六、按煤粉炉的排渣方式分

按煤粉炉排渣方式分有固态排渣炉和液态排渣炉。我国电站燃煤锅炉绝大部分为固态排渣锅炉，只有在特殊煤种的情况下，如低挥发分和低灰熔点煤种时才采用液态排渣炉。

上述每一种分类仅反映了某一方面的特征，为了全面说明某台锅炉的特征，常同时指明其容量、蒸汽压力、工质在蒸发受热面中的流动特性以及燃料特性等，例如某台锅炉的特征为：670t/h 超高压、单炉膛四角切圆燃烧、自然循环、一次中间再热、固态排渣煤粉炉。

第四节　典型锅炉介绍

随着我国电力工业的快速发展，火力发电锅炉向大型化和环保型方向发展。目前大型化锅炉主要是配套 300MW 和 600MW 机组的煤粉锅炉，环保型锅炉主要是循环流化床锅炉。

一、配 300MW 机组的亚临界压力煤粉锅炉介绍

国内配 300MW 机组的亚临界压力煤粉锅炉有多种炉型，有直流锅炉、控制循环锅炉和自然循环锅炉等。随着我国对 300MW 机组研究的深入，自然循环的汽包锅炉占据了主要地位。

图 1-2 是东方锅炉厂根据 CE 公司技术设计制造的亚临界压力 300MW 锅炉，采用四角

切圆燃烧、自然循环、摆动式燃烧器调温方式。炉膛的宽、深、高分别为13335mm、12829mm、54300mm，燃用西山贫煤和洗中煤的混煤。在炉膛四角布置4只摆动式直流燃烧器，燃烧器有6层一次风喷口，4层油喷口，6层二次风喷口，气流射出喷口后，在炉膛中央形成$\phi700$和$\phi1000$的两个切圆。

炉膛四壁由膜式水冷壁组成，水冷壁管由内螺纹管和光管组成，662根管子分为24组，前后墙和两侧墙各布置6组，与6根大直径下降管连接，形成24个独立的循环回路。

锅炉的顶棚、水平烟道的两侧墙、尾部竖井烟道都由过热器管包覆。

在炉膛上部的前墙和部分两侧墙水冷壁的向火面上紧贴壁式再热器，前墙布置239根，两侧墙各布置122根，切角处不布置。

炉膛上部空间悬吊着大屏过热器和后屏过热器，大屏过热器采用大节距布置，沿炉宽布置4片。为了减小热偏差，每片屏分4个小屏，14管圈并绕。后屏过热器的13圈并绕，沿炉宽布置19片。

折焰角上部的水平烟道中布置中温再热器，沿炉宽布置29片。

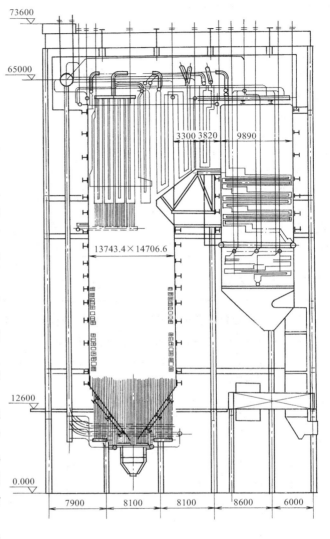

图1-2　亚临界压力300MW汽包锅炉

高温再热器布置在中温再热器之后的水平烟道中，共64片，7管圈并绕。高温过热器位于水平烟道的末端，共84片，6管圈并绕。

锅炉尾部竖井烟道中布置低温过热器，沿炉宽布置112排，由三个水平管组和一个垂直管组组成，5管圈并绕。

省煤器布置在低温过热器之后，横向排数为92排，顺列布置，横向节距为128mm，纵向节距为102mm，三管圈并绕。

锅炉配置两台三分仓空气预热器，转子直径为10320mm。

过热汽温的调节采用三级喷水减温。第一级布置在低温过热器和大屏过热器的连接管道上，第二级布置在大屏出口联箱和后屏进口联箱的左右连接管道上，第三级布置在后屏出口联箱和高温过热器左右连接管道上。一级喷水用于粗调，当高压加热器切除时，喷水量剧增，此时应增大一级减温水量，防止大屏和后屏以及高温过热器超温。三级喷水作为微调和调节过热汽温的左右偏差。二级喷水作为备用。

为了保证管屏间距和管子的自由膨胀，在管屏间设置定位管和滑块，定位管由蒸汽冷却。

锅炉各部分受热面的材料见表 1-1。

表 1-1　　　　　　　　　　　　　　　各部分受热面的材料

受 热 面	管子规格（mm）	管 子 材 料	允许温度（℃）
前屏过热器	$\phi 51 \times 6$	12Cr1MoV/SA-213TP304H	580/704
壁式再热器	$\phi 60 \times 4$	12CrMo	540
后屏过热器	$\phi 54 \times 8.5/9$ $\phi 60 \times 8/8.5$	12Cr1MoV 钢研 102	580 600~620
中温再热器	$\phi 60 \times 4$	12Cr1MoV/15CrMo	560/560
高温再热器	$\phi 60 \times 4$	钢研 102/SA-213TP304H	600~620/704
高温过热器	$\phi 51 \times 8/9$	12Cr1MoV/钢研 102	580/600~620
低温过热器	$\phi 51 \times 7$	12Cr1MoV	580
省煤器	$\phi 51 \times 6$	SA-210C	480

二、配 600MW 机组的超临界压力煤粉锅炉介绍

超临界压力锅炉机组采用的技术是直流锅炉，这是由于在超临界压力下，汽水之间的密度差消失，采用自然水循环方式已不可能。目前，我国已有大量的超临界压力机组投入运行。

图 1-3 是一台超临界压力 600MW 煤粉锅炉整体布置图。其锅炉型号为 DG1900/25.4-Ⅱ1 型，是东方锅炉股份有限公司与日本巴布科克—日立公司及东方—日立锅炉有限公司合作设计、联合制造的 600MW 超临界压力本生型直流锅炉。

锅炉为超临界参数、变压螺旋管圈型直流锅炉、一次再热、单炉膛、尾部双烟道结构，采用挡板调节再热汽温，固态排渣，全钢构架，全悬吊结构，平衡通风，露天布置。燃用晋南、晋东南地区贫煤和烟煤的混合煤种。锅炉主要参数见表 1-2。

炉膛宽为 19419.2mm，深度为 15456.8mm，高度为 67000mm，整个炉膛四周为全焊式膜式水冷壁，炉膛由下部螺旋盘绕上升水冷壁和上部垂直上升水冷壁两个不同的结构组成，两者间由过渡段水冷壁转换连接。

经省煤器加热后的给水，通过单根下水连接管引至两个下水连接管分配联箱，再由 32 根螺旋水冷壁引入管引入两个螺旋水冷壁入口联箱。

炉膛下部水冷壁（包括冷灰斗水冷壁、

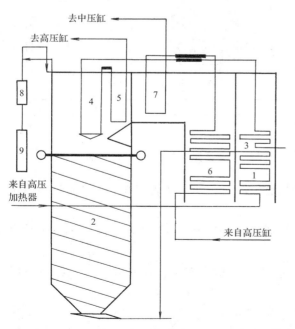

图 1-3　600MW 超临界压力煤粉锅炉整体布置图
1—省煤器；2—炉膛；3—低温过热器；4—屏式过热器；
5—末级过热器；6—低温再热器；7—高温再热器；
8—汽水分离器；9—贮水罐

中部螺旋水冷壁）都采用螺旋盘绕膜式管圈，螺旋水冷壁管全部采用六头、上升角 60°的内螺纹管，共 456 根。上炉膛水冷壁与常规炉膛水冷壁没有差异，采用结构和制造较为简单的垂直管屏。在上、下水冷壁之间有过渡段水冷壁，其结构主要由螺旋水冷壁前墙、两侧墙出口管全部抽出炉外组成。垂直水冷壁后墙凝渣管由后墙出口管每 4 根管抽取 1 根管子直接上升形成，另 3 根抽到炉外。抽出炉外的所有管子均进入 24 个螺旋水冷壁出口联箱，由 22 根连接管从螺旋水冷壁出口联箱引入位于锅炉左右两侧的两个混合联箱混合后，再通过 22 根连接管从混合联箱引入到 24 个垂直水冷壁进口联箱，然后由垂直水冷壁进口联箱引出光管，形成垂直水冷壁管屏，垂直光管与螺旋管的管数比为 3∶1。这种结构的过渡段水冷壁可以把螺旋水冷壁的载荷平稳地传递到上部水冷壁。

表 1-2　　　　　　　　　　　　　　　锅炉主要参数

名　称	单　位	锅炉最大连续蒸发量（BMCR）	经济蒸发量（ECR）	锅炉额定蒸发量（BRL）
过热蒸汽流量	t/h	1900	1660.8	1807.9
过热器出口蒸汽压力	MPa	25.4	25.1	25.3
过热器出口蒸汽温度	℃	571	571	571
再热蒸汽流量	t/h	1607.6	1414.1	1525.5
再热器进口蒸汽压力	MPa	4.71	4.15	4.47
再热器出口蒸汽压力	MPa	4.52	3.98	4.29
再热器进口蒸汽温度	℃	322	307	316
再热器出口蒸汽温度	℃	569	569	569
省煤器进口给水温度	℃	284	275	280

过热器受热面由四部分组成，第一部分为顶棚过热器及后竖井烟道四壁及后竖井分隔墙；第二部分是布置在尾部竖井后烟道内的水平对流过热器；第三部分是位于炉膛上部的屏式过热器；第四部分是位于折焰角上方的末级过热器。

过热器系统按蒸汽流程分为顶棚过热器、包墙过热器或分隔墙过热器、低温过热器、屏式过热器及末级过热器。按烟气流程依次为屏式过热器、高温过热器、低温过热器。

整个过热器系统布置了一次左右交叉，即屏式过热器出口至末级过热器进口进行一次左右交叉，有效地减少了烟气侧流过锅炉宽度上的不均匀的影响。锅炉设有两级四点喷水减温，每级喷水分两侧喷入，每侧喷水均可单独控制，通过喷水减温可有效减小左右两侧蒸汽温度偏差。

汽轮机高压缸排汽通过连接管从两端进入低温再热器进口联箱。低温再热器蛇形管由水平段和垂直段两部分组成，根据烟温的不同和系统阻力的要求，低温过热器的不同管组采用了不同的节距和管径。水平段分三组水平布置于后竖井前烟道内，由 6 根管子绕制而成，每组之间留有足够的空间便于检修使用，低温再热器横向节距 $s_1 = 114.3$，沿炉宽方向共布置 168 排。低温再热器出口垂直段由两片相邻的水平蛇形管合并而成，低温再热器水平段由包墙过热器吊挂管悬挂支撑并传递到大板梁，低温再热器垂直出口段重量由中间三排管承重并传递到出口联箱上，其余管子重量均通过 U 形承重块逐根传递到中间三管，通过低温再热器出口联箱悬吊在大板梁上。再热蒸汽经过低温再热器加热后进入低温再热器出口联箱并经连接管、再热器减温器后从两端引入高温再热器。

　　高温再热器布置于末级过热器后的水平烟道内，蒸汽从高温再热器进口联箱经蛇形管屏加热后进入高温再热器出口联箱，蛇形管屏共 84 片，每片管屏由 10 根管子绕成 U 形。

　　过热器的蒸汽温度由水/煤比和两级喷水减温来控制。水/煤比的控制温度取自设置在汽水分离器前的水冷壁出口联箱上的三个温度测点。两级减温器均布置在锅炉的炉顶罩壳内，第一级减温器位于低温过热器出口联箱与屏式过热器进口联箱的连接管上，第二级减温器位于屏式过热器与末级过热器进口联箱的连接管上。每一级各有两只减温器，分左右两侧分别喷入，可分左右分别调节，减少烟气偏差的影响。两级减温器均采用多孔喷管式，喷管上有许多小孔，减温水从小孔喷出并雾化后，与相同方向流动的蒸汽进行混合，达到降低汽温的目的，调温幅度通过调节喷水量加以控制。一级减温器在运行中起保护屏式过热器的作用，同时也可调节低温过热器左、右侧的蒸汽温度偏差；二级减温器用来调节高温过热汽温度及其左、右侧汽温的偏差，使过热蒸汽出口温度维持在额定值。

　　再热汽温的调节是通过布置在低温再热器和省煤器后的平行烟气挡板来调节的，通过控制烟气挡板的开度大小来控制流经后竖井水平再热器管束及过热器管束的烟气量的多少，从而达到控制再热器蒸汽出口温度。在满负荷时，过热器侧烟气挡板全开，再热器侧烟气挡板部分打开；当负荷逐渐降低，过热器侧挡板逐渐关小，再热器侧挡板开大，直至锅炉运行至最低负荷，再热器侧全部打开。

　　再热器事故喷水减温器布置在低温再热器至高温再热器间连接管道上，分左右两侧喷入，减温器喷嘴采用多孔式雾化喷嘴。再热器喷水仅用于紧急事故工况、扰动工况或其他非稳定工况，正常情况下通过烟气调节挡板来调节再热器汽温，另外在低负荷时还可以适当增大炉膛进风量，作为再热蒸汽温度调节的辅助手段。

　　采用中速磨直吹式制粉系统，每炉配 6 台磨煤机，其中 1 台备用，煤粉细度 200 目筛通过量为 80%。

　　旋流燃烧器采用前后墙对冲燃烧方式，24 只 HT-NR3 型燃烧器分三层布置在炉膛前后墙上，沿炉膛宽度方向热负荷及烟气温度分布更均匀。

　　燃烧器一次风喷口中心线的层间距离为 4957.1mm，同层燃烧器之间的水平距离为 3657.6mm，上一次风喷口中心线距屏底距离为 27322.3mm，下一次风喷口中心线距冷灰斗拐点距离为 2397.7mm，最外侧燃烧器与侧墙距离为 4223.2mm，能够避免侧墙结渣及发生高温腐蚀。

　　燃烧器上部布置有燃尽风（OFA）风口，12 只燃尽风风口分别布置在前后墙上。中间 4 只燃尽风风口距最上层一次风中心线距离为 7004.6mm，两侧靠前后墙 2 只燃尽风风口距最上层一次风中心线距离为 4272.3mm。

　　采用 32 号、VI 型回转式空气预热器，每台锅炉配置两台三分仓空气预热器。转子直径为 13506mm，正常转数为 0.99r/min，空气预热器采用反转方式，即一次风温低，二次风温高，受热面自上而下分为三层。热端和中间段蓄热元件由定位板和波形板交替叠加而成，钢板厚度 0.6mm，材料为 Q215-A.F.。冷端蓄热元件由 1.2mm 厚垂直大波纹的定位板和平板构成，采用低合金耐腐蚀钢板。

　　空气预热器采用先进的径向、轴向和环向密封系统，径向、轴向密封采用双密封，密封周界短，效果好，并配有性能可靠的、带电子式敏感元件的、具有自动热补偿功能的密封间隙自动跟踪调节装置，在运行状态下热端扇形板自动跟踪转子的变形而调节间隙，以减少漏风。

三、配135MW 机组的循环流化床锅炉介绍

图1-4 是配135MW 机组的循环流化床锅炉，其型号为 HG－440/13.7－L. PM4 型，是国内首次采用超高压一次再热技术的循环流化床锅炉，由哈尔滨锅炉厂有限责任公司引进德

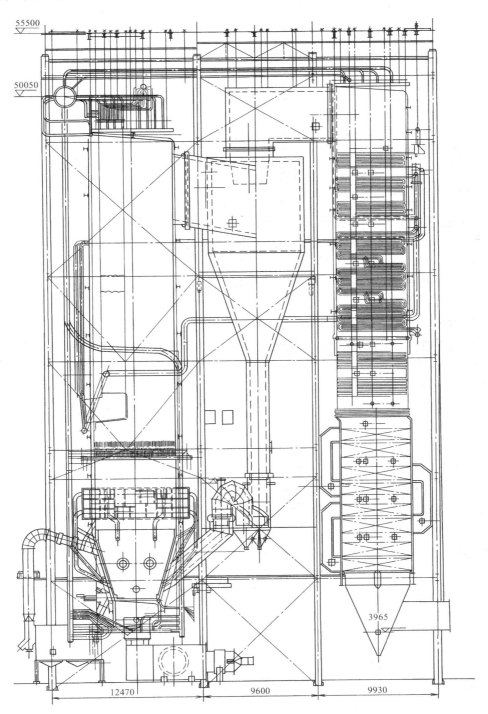

图 1-4　配 135MW 机组的循环流化床锅炉

国 ALSTOM 的 EVT 技术制造。

锅炉整体标高为 55m，汽包中心标高为 50.5m，炉膛净高为 39.5m。锅炉炉膛由膜式水冷壁构成，横断面为 6580mm×13160mm 的矩形，从布风板 12m 高度以上垂直前墙布置双面曝光水冷壁，将炉膛上部一分为二，构成了两个相对独立的通道。炉膛下部由前后水冷壁收缩成倒锥形，形成锥段密相区。两只旋风分离器布置于炉膛与尾部竖井之间，使整台锅炉呈 M 形布置。锅炉主要技术参数见表 1-3。

表 1-3　　　　　　　　　　　　　　锅炉主要技术参数

过热蒸汽流量	440t/h	给水温度	248℃
过热蒸汽温度/压力	540℃/13.7MPa	给水压力	15.7MPa
再热蒸汽流量	360t/h	汽包工作压力	15.16MPa
再热蒸汽进/出口压力	2.621/2.493MPa	排烟温度	130℃
再热蒸汽进/出口温度	316/540℃	锅炉热效率	91.9%

燃煤经过碎煤机破碎后，由皮带机输送到原煤仓，经刮板给煤机送入回料阀的返料斜管中，与高温旋风分离器捕集的物料一起进入炉膛。燃煤在炉膛内燃烧，形成的高温烟气夹带着大量的固体物料，进入位于炉膛后部的高温绝热旋风分离器中，大部分固体物料被旋风分离器分离，落入回料阀，返回炉膛继续参与燃烧，高温烟气则从旋风分离器上部出口排出，进入尾部烟井及除尘器后由烟囱排入大气。

锅炉燃烧系统由水冷布风板、炉膛、物料循环系统及启动燃烧器组成。

水冷布风板由锅炉前墙水冷壁管 146 根中的 48 根管拉稀成膜式板，折向后墙，由前向后向下倾斜 4°，以利于水的自然循环，其扁钢上焊接罩式风帽，共同构成水冷布风板，如图 1-5 所示。

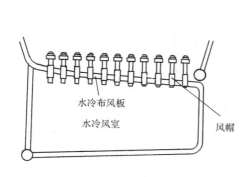

图 1-5　水冷布风板

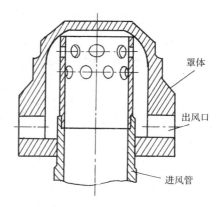

图 1-6　风帽结构

风帽采用了大直径钟罩式风帽，如图 1-6 所示，沿炉宽布置有 47 排，沿炉深布置有 11 排。该型风帽具有哈锅特色：罩体直径为 159mm，所以布置间距大（270mm），风帽数量少，易于检修；钟罩式风帽使物料不会漏进风室；罩体上孔径大（ϕ22.5），使其不易被颗粒堵塞；罩体与进风管采用螺纹连接，损坏后易于更换。以上是该风帽的优点，但也存在以下不足：定向排渣功能较弱；风帽暴露于浓相区，易受进入炉膛的物料的磨损；出风口直径较大（ϕ22.5），流速高（50～70m/s），使得流化风出口射流动量较大，射程远，因此夹带的物料对相邻风帽造成的磨损问题不容忽视；螺纹连接在经过长时间高温后可能产生变形，而使拆装困难。

炉膛为立式方形，采用不等截面形式，炉膛中、上部截面积较大，下部截面积渐缩，呈倒锥形。炉膛深 6580mm、宽 13160mm，宽深比较大，保证二次风对物料有良好的穿透能力。在距布风板以上 12m 处，开始由双面水冷壁将其分为左右对称的两个炉室，每个炉室上部前墙侧布置有 4 组屏式过热器和 3 组再热器，过热器和再热器交叉布置。

物料循环系统由高温旋风分离器、立管和回料阀组成。

在炉膛与尾部竖井之间布置有两个外径为 8084mm、内径为 7360mm 的绝热高温旋风分离器，每个分离器下对应一外径为 1900mm、内径为 1300mm、高为 8m 的立管，立管下接分叉式回料阀，循环物料共分四路返回炉膛。

高温旋风分离器基于传统的旋风分离理论，在结构上有其独到之处，如图 1-7 所示。

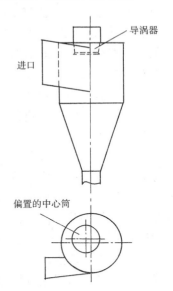

图 1-7　高温旋风分离器结构图

（1）进口下倾 10°，切向连接于分离器筒体，使烟气中固体颗粒向下运动，并减少其短路直接进入中心筒排出的可能性，有助于气固两相的分离。

（2）分离器顶部中心筒偏离中心布置，中心筒位于偏向进口处，使离开分离器的烟气流中心与中心筒相吻合，既可以减轻中心筒的磨损，又可以改善中心筒周围的流场，减少气流脉动，提高分离效率。

（3）中心筒设计独特，呈倒锥形，进口外缘加帽檐，称为导涡器，该设计可有效控制上升气流速度，减少旋涡气流对颗粒的裹带，因此可提高分离效率。

回料阀为 U 形阀，并采用了类似 Pyroflow 公司的分叉管技术，可以看作是两个 U 形阀背靠背布置，只不过共用一个立管，回料阀流化风室也因此变为 3 个，两个阀体水平夹角为 105°布置，如图 1-8 所示。采用这种分叉管技术可以将循环物料返回点和燃料供入点增加一倍，使循环物料、燃料均匀进入炉膛，同时还可减轻循环灰流对布风板风帽的强烈冲击磨损。回料阀中的风帽结构与炉膛布风板风帽相同，但尺寸缩小。

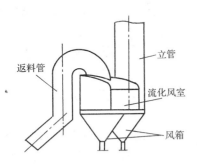

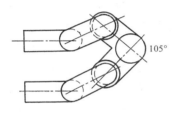

图 1-8　U 形回料阀结构示意图

锅炉采用"床上＋床下"点火的联合启动方式，即点火系统由床下点火与床上点火两部分组成。床下启动燃烧器两只，床上距布风板约 3m 处共布置 4 支油枪（两侧墙各 2 支）。这种点火方式可以缩短锅炉启动时间。床下启动燃烧器为热烟发生器，将通入布风板下水冷风室的一次风加热到 900℃左右，再由热风去加热床料，采用床下启动燃烧器加热均匀，床温易于控制。床上启动燃烧器设有油枪、点火器和火焰监测器，油枪和点火器均可伸缩，因其火焰直接与物料接触，故在低负荷稳燃方面，床上启动燃烧器比床下燃烧器使用更加方便、灵活、有效。

　　水循环系统由汽包、水冷壁和下降管组成。水冷壁为膜式壁，共 440 根围成炉膛。91 根双面膜式水冷壁（长 28050mm）将炉膛中上部分成左右对称的两个炉室。后水冷壁在炉顶向前折进前水上联箱，形成顶棚。在炉底处，前墙水冷壁的 1/3 管数向炉后弯折，形成水冷布风板，然后向下、向前弯折进入前水下联箱；另外 2/3 垂直进入前水下联箱，与前述构成水冷布风板的管子，以及左、右侧墙水冷壁向下延伸的部分共同形成水冷风室。

　　下降管采用大直径下降管，共计 6 根，其中 4 根布置在炉前，2 根布置在炉后。

　　蒸汽自汽包分两路分别引入尾部烟井左、右侧包墙上联箱，蒸汽自上而下分别进入左、右侧包墙下联箱，经连通管到达前、后包墙下联箱，然后蒸汽自下而上进入前、后包墙混合联箱，再经蒸汽联络管分两路引到Ⅰ级过热器，经一级减温后进入Ⅱ级过热器，再经二级减温后进入Ⅲ级过热器，最后通过过热器集汽联箱引出至蒸汽管道到汽轮机高压缸。

　　过热器包括尾部烟井包墙过热器、Ⅰ级过热器、Ⅱ级过热器和Ⅲ级过热器。Ⅰ级过热器布置在尾部烟井中部，分上下两段；Ⅱ级过热器布置在炉膛中，共计 8 片，炉膛中心线左右两侧各布置 4 片；Ⅲ级过热器布置在尾部烟井的Ⅰ级过热器上方。

　　再热器系统蒸汽流程为：汽轮机高压缸排汽→事故喷水减温器→低温再热器→再热器减温器→高温再热器进口联箱→高温再热器→高温再热器出口联箱→高温再热器管道→汽轮机中压缸。低温再热器布置在Ⅰ级过热器下，高温再热器在炉膛中与过热器交替布置，共计 6 片。

　　省煤器布置在尾部竖井低温再热器下方，给水以两路分别引入省煤器进口联箱，经省煤器加热后，进入省煤器中间联箱，经悬吊管（引出管）进入省煤器出口联箱，然后经省煤器至汽包连接管引入汽包。为减轻磨损并便于吹灰，省煤器采用顺列布置。

　　灰渣处理系统包括飞灰系统和底渣处理系统。燃煤及石灰石在炉内进行流化、燃烧、脱硫和灰循环过程中，部分颗粒将随烟气离开炉膛和旋风分离器，形成飞灰，随后落入尾部烟道灰斗或由静电除尘器收集，排出锅炉。炉膛底部另一部分颗粒因粒径过大，不适合构成床料，积累过多时使得床层压降过高，影响床层流化甚至锅炉的正常运行，因而这部分称为底灰（或底渣）的粗床料必须及时排出，这样才能保证适当的床压和床料粒径分布。

　　在锅炉炉前并排配有 2 套底渣冷却装置，即冷渣器。冷渣器为风—水联合冷渣器。锅炉底渣中部分颗粒通过炉前侧排渣口进入冷渣器进渣管，底渣由冷渣器内风帽式布风板进行流化，依次通过 3 个小型流化床仓进行冷却，冷却后的大渣进入排渣口进行排渣，细灰随气流返回炉膛。因此该冷渣器还起到了对排渣进行风选、提高残碳燃尽率的作用。

　　烟风系统由一次风系统、二次风系统和引风系统组成。一次风空气预热器为卧式布置，一次风横向通过空气预热器管内，烟气自上而下绕流空气预热器管外，由此完成热量交换。经空气预热器后，大部分一次风经炉底布置的热烟气发生器进入风室，经布风装置——钟罩式风帽进入炉膛，使床料流化，并作为燃烧用空气。二次风空气预热器也采用卧式布置，与一次风空气预热器夹层布置。一部分二次风被送到环形风道，从炉膛四壁的上二次风喷口送入炉膛，用于燃烧所需空气，完成分级燃烧。同时增加床内扰动和保持锥段及以上炉膛截面的空塔速度，以保证炉内良好的燃烧和脱硫反应。空气预热器采用卧式布置有利于密封，因为循环流化床锅炉风机压头高，高压风走管内利于密封。但卧式布置磨损严重，易堵灰，所以为了减轻磨损和堵灰，管排也采用顺列布置。

第二章 锅 炉 燃 料

本章主要对锅炉运行和计算有关的煤的成分与性质，各种成分的表示方法及它们之间的换算，煤的发热量，灰的熔融性，煤的分类等作详细论述。

第一节 燃 料 介 绍

通过燃烧可以产生热量的物质称为燃料。目前所用的燃料可分为两大类：一是核燃料，二是有机燃料。电站锅炉大都是燃用有机燃料。所谓有机燃料就是能与氧发生强烈化学反应并放出大量热能的物质。有机燃料按其物态可分为固体、液体、气体三大类；也可按其获得的方法不同分为天然燃料和人工燃料两大类；按其用途可分为动力燃料和工艺燃料两大类。电站锅炉是耗用大量燃料的动力设备，只有不断地向炉内供给燃料，才能保证生产连续不断地进行。锅炉工作的安全性和经济性，与燃料性质密切相关，燃料种类不同，锅炉燃烧方式、炉膛结构和布置以及运行方式也不同，燃料成分及性质是锅炉设计和运行的重要依据，对于锅炉设计及运行人员，必须了解锅炉燃料的组成成分、性质及其对锅炉工作的影响，才能保证锅炉运行的安全性和经济性。

在选用燃料时应遵循以下原则：

（1）火力发电厂一般应燃用其他部门不便利用的劣质燃料，尽可能不占用其他工业部门所需的优质燃料；

（2）尽可能采用当地燃料，建设坑口电站，就地利用资源，向外输送电力，可以减轻运输负担，也可以促进各地区天然资源的开发利用；

（3）提高燃料的使用经济效果，节约能源；

（4）尽量减少燃料燃烧生成物对环境的污染。

第二节 煤 的 成 分 及 其 性 质

煤来源于古代植物。由于地壳变迁，地面上的植物残骸被埋在地层深处，经过长期的细菌、生物、化学作用以及地热高温、岩层高压及缺氧、变质作用，使植物中的纤维素、木质素发生脱水、脱甲烷、脱一氧化碳等反应，而后逐渐成为含碳丰富的可燃化石，就是煤。

煤是有机化合物和无机矿物质、水分组成的一种复杂物质，要掌握煤的性质和进行锅炉有关计算，就必须了解煤的组成成分。为了使用方便，可按元素分析法和工业分析法研究煤的组成及性质。

一、煤的元素分析成分及性质

全面测定煤中所含化学成分的分析法叫元素分析。根据分析，煤中的化学元素达三十几种。一般将燃料中不可燃矿物质都归入灰分。这样，对燃烧有影响的组成成分包括：碳（C）、氢（H）、氧（O）、氮（N）、硫（S）五种元素和灰分（A）、水分（M）两种成分，其中碳、氢和部分硫是可燃成分，其余都是不可燃成分。在下面分析中，各元素成分的含量用质量百分数表示。

1. 碳（C）

碳是煤中主要的可燃元素，也是煤的发热量的主要来源，其含量一般为 40%～95%。1kg 纯碳完全燃烧生成二氧化碳（CO_2）约放出 32700kJ 的热量，反应式为

$$C+O_2 = CO_2 + 32700kJ/kg \qquad (2-1)$$

如果 1kg 纯碳不完全燃烧生成一氧化碳（CO）只能放出 9270kJ 的热量，反应式为

$$2C+O_2 = 2CO + 9270kJ/kg \qquad (2-2)$$

煤中的碳一小部分与氢、氧、氮和硫结合成挥发性有机化合物，其燃点较低易着火；而其余部分呈单质状态的称为固定碳，固定碳燃点高、不易着火、燃烧缓慢、火苗短、难燃尽，但发热量大。煤的地质年代越长，碳化程度越深，含碳量就越高，固定碳的含量相应也越多，因此固定碳含量越高的煤，着火及燃烧就越困难。

2. 氢（H）

氢是煤中的可燃元素，是煤中发热量最高的可燃元素，1kg 氢完全燃烧生成水时约放出 143000kJ 的热量，反应式为

$$2H_2+O_2 = 2H_2O + 143000kJ/kg \qquad (2-3)$$

但由于氢燃烧生成的水分在随烟气一起排出锅炉时，是蒸汽的形式，在锅炉中 1kg 氢燃烧后实际能被利用的热量要比上述数值低，即少了水分的汽化潜热，其实际发热量为

$$143000 - 9 \times 2500 = 120500kJ/kg$$

氢的发热量约为碳的 3.7 倍。煤中氢元素含量不多，一般为 3%～6%。随着煤的碳化程度加深，氢的含量逐渐减少。氢一部分与氧结合成为稳定的化合物，不能燃烧；另一部分存在于可燃有机物中，称为游离氢，这部分氢极易着火，燃烧迅速，火苗也长。因此含氢量多的煤着火及燃尽都较容易。

3. 氧与氮（O、N）

煤中的氧和氮是不可燃元素，称为煤的内部杂质。煤中的氧由两部分组成：一部分为游离存在的氧，它能助燃；另一部分氧与煤中碳、氢结合呈化合物状态（CO、CO_2、H_2O），不能助燃。煤中的氧含量多时，煤中可燃元素相对减少，煤的发热量因此有所降低。

煤中氧的含量变化随煤种的变化很大，从 1%～2% 到最高可达 40%，煤的地质年代越长，碳化程度越深的煤氧含量越少，碳化程度越浅的煤氧含量越多。

煤中氮的含量很少，一般为 0.5%～2%，氮是一种惰性元素，对锅炉工作无关紧要，但煤中的氮在氧气供给充分、高温条件下易生成污染大气的有害气体氮氧化物（NO_x），更严重的是当 NO_x 与碳氢化合物在一起受到太阳光紫外线照射时，会产生一种浅蓝色烟雾状的光化学氧化剂，它在空气中的浓度超过一定值后，对人体和植物都十分有害，氮被视为有害元素。

4. 硫（S）

硫是煤中的可燃元素之一，煤中的硫以三种形态存在：有机硫（与碳、氢、氧等元素结

合成化合物）、黄铁矿中的硫（与铁元素组成的硫化铁）及硫酸盐中的硫（与钙、镁等元素组成的各种盐类），前两种硫均能燃烧放出热量，称为可燃硫或挥发硫，硫酸盐中的硫不能燃烧，一般都归入灰分。我国煤中硫酸盐硫含量很少，常以全硫代替可燃硫。1kg 硫完全燃烧生成二氧化硫（SO_2）时，能放出 9050kJ 的热量，其化学反应式为

$$S+O_2=SO_2+9050kJ/kg \tag{2-4}$$

硫虽然在燃烧时也放出热量，但其燃烧产物 SO_2 中的一部分进一步氧化成三氧化硫 SO_3，SO_3 与烟气中的水蒸气作用生成硫酸蒸汽，硫酸蒸汽凝结在锅炉低温金属受热面上，便造成金属的腐蚀，烟气中的 SO_3 在一定条件下还可造成过热器、再热器烟气侧的高温腐蚀，缩短金属受热面的使用寿命，烟气中的硫化物排向大气，造成大气污染，损害人体健康和农作物的生长。

硫是煤中的有害元素，煤中的硫含量为 $0.5\%\sim8\%$，对含硫高的燃料（在 1.5% 以上），可采用炉外预先脱硫或炉内燃烧及烟气脱硫的办法。

5. 灰分（A）

煤中所含的矿物杂质燃烧后即形成灰分，但燃烧后的灰分与燃烧前煤中的矿物质在成分和数量上有较大区别。灰分是煤中的主要不可燃成分，又是煤中的有害杂质，各种煤的灰分含量相差很大，一般为 $5\%\sim50\%$，有的煤种灰分含量会更高些。煤中灰分由内在灰分和外在灰分组成，内在灰分来自古代植物自身所含的矿物质，外在灰分来自煤形成期间从外界带入的矿物质以及在开采、运输中混入的矿物杂质。

灰分对锅炉工作的影响如下：煤中灰分增加，可燃元素的含量相对减少，这不仅降低了煤的发热量，而且会阻碍可燃物与氧的接触，影响煤的着火与燃尽程度；灰分增加，还会使炉膛温度下降，燃烧不稳定，也增加不完全燃烧热损失；灰分增加，灰粒随烟气流过受热面，如果烟气流速高，使受热面磨损严重，如果烟气流速低，使受热面的积灰加重，削弱传热效果，并使排烟温度升高，增加排烟热损失，降低锅炉热效率；当灰熔点低时，熔融灰粒会黏结在高温受热面上形成结渣，影响锅炉的安全性和经济性；灰分增多，还会增加煤粉制备的能量消耗；灰分增加，使烟气中的灰粒增多，积灰严重时还会堵塞低温受热面的通道，使引风机电耗增加，影响锅炉的正常运行。

6. 水分（M）

水分是煤中的主要不可燃成分，也是一种有害杂质。各种煤的水分含量相差很大，少的仅有 3% 左右，多的可达 $50\%\sim60\%$，一般随煤的地质年代的增长而减少。煤中水分由表面水分和固有水分组成。表面水分又称外在水分，它是在开采、储运和保管过程中，附着于煤粒表面的外来水分，如雨雪、地下水等影响而进入煤中。表面水分可以通过自然干燥除去，自然干燥一直进行到煤中水蒸气分压力与空气中水蒸气分压力相等为止。去掉表面水分后煤所具有的水分，称为内部水分（或固有水分），内在水分不能通过自然干燥除掉，必须将煤加热至 $105\sim110℃$，并保持一定的时间，才能除去。外在水分和内在水分两部分之和为全水分。

水分对锅炉工作的影响如下：煤中水分增加，可燃元素的含量相对减少，降低了煤的发热量；水分增多，会增加着火热，使着火推迟；水分增多，水分蒸发还要吸收热量，会使炉膛温度降低，使着火困难，燃烧不完全，从而导致固体和气体未完全燃烧热损失增加，降低锅炉的热效率；水分增加，会使燃烧生成的烟气容积增加，使排烟热损失和引风

机耗电量增加；水分增多，也为低温受热面的积灰、腐蚀创造条件；此外，原煤水分增多，会给煤粉制备增加困难，造成原煤仓、给煤机及落煤管中堵塞及磨煤机出力下降等不良后果。

二、煤的工业分析

煤的元素成分及水分、灰分含量是燃烧计算的依据，但是元素成分分析并不能说明它们在煤中组成何种化合物，也不能充分地确定煤的性质，同时煤的元素分析方法比较复杂，电厂经常采用的是简单的煤的工业分析。煤的工业分析是利用煤在加热燃烧过程中的失重进行定量分析，测定煤的水分、挥发分、固定碳和灰分的各成分的质量百分含量，这些成分正是煤在炉内燃烧过程中分解的产物，因此煤的工业分析成分更直接地反映煤的燃烧特性，也是发电用煤分类的依据。根据煤的工业分析组成数据，可以了解煤在燃烧方面的特性，以便正确地进行燃烧调整，改善燃烧工况，提高运行的经济性。

下面介绍煤的工业分析测定的条件和挥发分的性质。

1. 水分（M_{ad}）的测定

按照 GB 212—1991《煤的工业分析方法》的规定，水分测定方法有多种，这里介绍的是常用的空气干燥法。

用预先干燥并称量过（精确至 0.0002g）的称量瓶（玻璃称量瓶：直径 40mm，高 25mm，并带有严密的磨口盖）称取粒度小于 0.2mm 的空气干燥基煤样（1±0.1）g，称准至 0.0002g，平摊在称量瓶中；打开称量瓶盖，放入预先鼓风并加热到 105～110℃的恒温干燥箱内，在一直鼓风的条件下，加热 1～1.5h；从干燥箱中取出称量瓶，立即盖上盖，放入干燥器中冷却至室温（约 20min）后，称量；试样质量的减少占原试样质量的百分数即为空气干燥基水分。进行检查性干燥，每次 30min，直到连续两次干燥煤样的质量减少不超过 0.001g 或质量增加时为止。在后一种情况下，要采用质量增加前一次的质量为计算依据。水分在 2% 以下时，不必进行检查性干燥。空气干燥基煤样的水分计算式为

$$M_{ad} = \frac{m_1}{m} \times 100 \qquad (\%) \qquad\qquad (2-5)$$

式中　M_{ad} ——空气干燥煤样的水分含量，%；

　　　　m_1 ——煤样干燥后失去的质量，g；

　　　　m ——煤样的质量，g。

2. 挥发分（V_{ad}）的测定

把失去水分的煤样在隔绝空气的条件下加热到一定温度时，煤中有机物质会分解成各种气体成分析出，这些气体称为挥发分。挥发分不是煤中的固有物质，而是煤加热分解后析出的产物。挥发分主要由可燃气体组成，如氢、一氧化碳、甲烷、硫化氢、碳氢化合物等，此外还有少量不可燃气体，如氧、二氧化碳、氮等。

挥发分的特点是容易着火燃烧，挥发分含量是评定煤燃烧性能的一个重要指标，挥发分中大部分是可燃气体，如 CO、H_2、C_mH_n 等，也有少量不能燃烧的气体，如 O_2、N_2、CO_2、H_2O 等。挥发分容易着火燃烧，挥发分着火后对焦炭产生强烈的加热作用，促使其迅速地着火燃烧；同时挥发分析出后会使焦炭变得比较松散而多孔，有利于燃烧过程的发展。因此，含挥发分多的煤容易着火，燃烧反应快，火焰长。所以挥发分是锅炉燃烧设备设计布置及运行调整的重要依据。

挥发分测定方法：用预先在 900℃ 温度下灼烧至质量恒定并称量过的带盖瓷坩埚（直径 40mm，高 25mm），称取粒度小于 0.2mm 的空气干燥基煤样（1 ± 0.1）g，称准至 0.0002g，然后轻轻振动坩埚，使煤样摊平，盖上盖，放在坩埚架上。将马弗炉预先加热至（900 ± 10）℃ 左右，打开炉门，迅速将放有坩埚的架子送入恒温区并关上炉门，在隔绝空气的情况下加热 7min，坩埚及架子刚放入后，炉温会有所下降，但必须在 3min 内使炉温恢复至（900 ± 10）℃，否则此试验作废，加热时间包括温度恢复时间在内。从炉中取出坩埚，放在空气中冷却 5min，然后放入干燥器中冷却至室温后，称量，试样质量的减少占原试样质量的百分数即为空气干燥基水分与挥发分的和。空气干燥基煤样的挥发分计算式为

$$V_{ad} = \frac{m_1}{m} \times 100 - M_{ad} \qquad (\%) \qquad (2-6)$$

式中　　V_{ad}——空气干燥煤样的挥发分含量，%；

　　　　m_1——煤样干燥后失去的质量，g；

　　　　m——煤样的质量，g。

煤中水分、挥发分析出后剩下的残留物称为焦炭，它包括固定碳及灰分。各种煤的焦炭的物理性质差别很大，有的比较松软，有的结成不同硬度的焦块，焦炭的这种不同黏结性程度称为煤的焦结性。

焦结性是煤的一个重要特性，它对锅炉工作有一定影响。在煤粉炉中，烧强结焦性煤时，易引起炉内结渣。所以煤的焦结性是一个对燃烧有影响的特性。

3. 灰分（A_{ad}）的测定

灰分的测定方法：用预先灼烧至质量恒定并称量过的灰皿（长方形，底面长 45mm，宽 22mm，高 14mm，上面长 55mm，宽 25mm），称取粒度小于 0.2mm 的空气干燥基煤样（1 ± 0.1）g，称准至 0.0002g，均匀地摊平在灰皿中，使其质量不超过 $0.15g/cm^2$。将灰皿送入温度低于 100℃ 的高温炉内，关上炉门并留 15mm 左右的缝隙，在 30min 内使炉温升至 500℃，并在此温度下保持 30min。然后继续升温到（815 ± 10）℃，在此温度下灼烧 1h，从炉中取出放在石棉板上，在空气中冷却 5min，然后放在干燥器内冷却到室温后，称重。进行检查性灼烧，每次 20min，直到连续两次质量变化不超过 0.001g 为止，灰分低于 15% 时，不必进行检查性灼烧。灰皿中残留物质量占原试样的百分数即为煤样的空气干燥基灰分含量。空气干燥基煤样的灰分含量计算式为

$$A_{ad} = \frac{m_1}{m} \times 100 \qquad (\%) \qquad (2-7)$$

式中　　A_{ad}——空气干燥煤样的灰分含量，%；

　　　　m_1——煤样干燥后残留物的质量，g；

　　　　m——煤样的质量，g。

4. 固定碳（FC_{ad}）的测定

空气干燥基煤样的固定碳含量计算式为

$$FC_{ad} = 100 - (M_{ad} + A_{ad} + V_{ad}) \qquad (\%) \qquad (2-8)$$

由于工业分析比较简单，同时通过工业分析成分可以了解煤在燃烧方面的特性，所以火力发电厂通常采用工业分析。

三、煤成分的计算基准及其换算

（一）煤的成分分析基准

由于煤中灰分和水分含量容易受外界条件的影响而发生变化，所以单位质量的煤中其他成分的质量百分数也会随之而变化，即使是同一种煤，也会出现上述情况，因此，需要根据煤存在的条件或根据需要而规定的"成分组合"作为基准，才能正确地反映煤的性质。常用的基准有下列四种：

1. 收到基（原应用基）

以收到状态的煤为基准计算煤中全部成分的组合称为收到基，其中包括全部水分。对进厂原煤或炉前煤都应按收到基计算各项成分。收到基以下角标 ar 表示，即

元素分析　　　$C_{ar}+H_{ar}+O_{ar}+N_{ar}+S_{ar}+A_{ar}+M_{ar}=100\%$　　　(2-9)

工业分析　　　$FC_{ar}+V_{ar}+A_{ar}+M_{ar}=100\%$　　　(2-10)

2. 空气干燥基（原分析基）

以与空气温度达到平衡状态的煤为基准计算煤的各成分的组合称为空气干燥基，即供分析化验的煤样在实验室规定温度下，自然干燥，失去外部水分后，其余的成分组合便是空气干燥基，以下角标 ad 表示，即

元素分析　　　$C_{ad}+H_{ad}+O_{ad}+N_{ad}+S_{ad}+A_{ad}+M_{ad}=100\%$　　　(2-11)

工业分析　　　$FC_{ad}+V_{ad}+A_{ad}+M_{ad}=100\%$　　　(2-12)

3. 干燥基

以假想无水状态的煤为基准计算煤中成分的组合称为干燥基，以下角标 d 表示。由于已不受水分的影响，灰分含量百分数比较稳定，可用于比较两种煤的含灰量，即

元素分析　　　$C_d+H_d+O_d+N_d+S_d+A_d=100\%$　　　(2-13)

工业分析　　　$FC_d+V_d+A_d=100\%$　　　(2-14)

4. 干燥无灰基（原可燃基）

以假想无水、无灰状态的煤为基准计算煤中成分的组合称为干燥无灰基，以下角标 daf 表示。由于不受水分、灰分影响，常用于比较两种煤中的碳、氢、氧、氮、硫成分含量的多少，即

元素分析　　　$C_{daf}+H_{daf}+O_{daf}+N_{daf}+S_{daf}=100\%$　　　(2-15)

工业分析　　　$FC_{daf}+V_{daf}=100\%$　　　(2-16)

煤的成分及其与分析基准间的关系如图 2-1 所示。

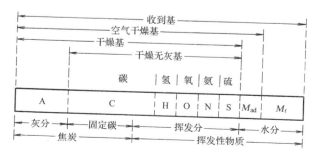

图 2-1　煤的成分及其与分析基准间的关系

（二）各种成分分析基准之间的换算

对同一种煤，各基准间可进行换算，其换算系数 K 见表 2-1。

表 2-1　　　　　　　　　　　　　　不同基准的换算系数 K

已知 ＼ 所求	收 到 基	空气干燥基	干 燥 基	干燥无灰基
收到基	1	$\dfrac{100-M_{ad}}{100-M_{ar}}$	$\dfrac{100}{100-M_{ar}}$	$\dfrac{100}{100-A_{ar}-M_{ar}}$
空气干燥基	$\dfrac{100-M_{ar}}{100-M_{ad}}$	1	$\dfrac{100}{100-M_{ad}}$	$\dfrac{100}{100-A_{ad}-M_{ad}}$
干燥基	$\dfrac{100-M_{ar}}{100}$	$\dfrac{100-M_{ad}}{100}$	1	$\dfrac{100}{100-A_{d}}$
干燥无灰基	$\dfrac{100-A_{ar}-M_{ar}}{100}$	$\dfrac{100-A_{ad}-M_{ad}}{100}$	$\dfrac{100-A_{d}}{100}$	1

第三节　煤 的 特 性 及 分 类

一、煤的发热量

（一）定义

煤的发热量是煤的重要特性之一，它是指单位质量的煤在完全燃烧时所放出的热量，用符号 Q 表示，单位是 kJ/kg。

（二）煤的发热量的常用表示方法

煤的发热量常用下列三种规定值表示。

1. 弹筒发热量 Q_b

弹筒发热量是在实验室中用氧弹式量热计测定的实测值。测定方法是将约 1g 的煤样置于氧弹中，氧弹内充满压力为 2.8～3.2MPa 的氧气，点火燃烧，然后使燃烧产物冷却到煤的原始温度（20～50℃），在此条件下单位质量的煤所放出的热量即为弹筒发热量。这时，煤样中的碳完全燃烧生成二氧化碳；氢燃烧并经冷却生成液态水；硫和氮在氧弹内瞬时燃烧温度达 1500℃ 左右，与过剩氧作用生成三氧化硫 SO_3 和 NO_x，并溶于事先置于氧弹内的水中，形成硫酸和硝酸。生成酸的反应要放出热量，因而弹筒发热量要比在锅炉实际燃烧中煤释放的热量要高，故实测出的弹筒发热量还要换算成煤的空气干燥基高位发热量和低位发热量后才能使用。

2. 煤的高位发热量 Q_{gr}

高位发热量是指单位质量的煤完全燃烧时所放出的热量，它包括煤完全燃烧所生成的水蒸气全部凝结成水时放出的汽化潜热，称为高位发热量，用 Q_{gr} 表示。煤在常压空气流中燃烧时，其中的硫只能生成 SO_2，氮则会转化为游离氮，因此，煤在空气中燃烧便与氧弹内的燃烧生成物不同。煤样在氧弹内燃烧时产生的热量（即弹筒发热量 Q_b）减去硫和氮生成酸的校正值后所得的热量，即为高位发热量。

3. 煤的低位发热量 Q_{net}

低位发热量是指单位质量的煤完全燃烧时所放出的热量，它不包括煤完全燃烧所生成的水蒸气全部凝结成水时放出的汽化潜热，用 Q_{net} 表示。

现代大容量锅炉为防止尾部受热面低温腐蚀，排烟温度一般均在120℃以上，烟气中的水蒸气在常压下不会凝结，汽化潜热未被利用。因此我国在锅炉的有关计算中采用低位发热量。

（三）发热量的换算

我国在锅炉设计和计算中，采用低位发热量，但煤的发热量又由弹筒式量热计中测得，测得的是弹筒发热量，因此要经过换算。

（1）由弹筒发热量换算成高位发热量公式为

$$Q_{ad,gr} = Q_{ad,b} - (95S_{ad,b} + \alpha Q_{ad,b}) \tag{2-17}$$

式中　$Q_{ad,gr}$——分析试样的高位发热量，kJ/kg；

　　　$Q_{ad,b}$——分析试样的弹筒发热量，kJ/kg；

　　　$S_{ad,b}$——由弹筒洗液测得的含硫量，%；

　　　α——硝酸生成热的比例系数。

（2）收到基高位发热量与低位发热量之间的关系为

$$Q_{ar,net} = Q_{ar,gr} - 225H_{ar} - 25M_{ar} \tag{2-18}$$

（3）空气干燥基高位发热量与低位发热量之间的关系为

$$Q_{ad,net} = Q_{ad,gr} - 225H_{ad} - 25M_{ad} \tag{2-19}$$

（4）干燥基高位发热量与低位发热量之间的关系为

$$Q_{d,net} = Q_{d,gr} - 225H_d \tag{2-20}$$

（5）干燥无灰基高位发热量与低位发热量之间的关系为

$$Q_{daf,net} = Q_{daf,gr} - 225H_{daf} \tag{2-21}$$

不同基准燃料的发热量是不同的，在进行不同基准燃料发热量之间的换算时，应考虑水分的影响。对于高位发热量来说，水分存在只是占据质量的一部分，使可燃成分减少，导致发热量降低，因此，高位发热量之间可以采用像不同基准成分换算一样，选用相应的换算系数直接换算即可。

不同基准燃料低位发热量的换算可以按下述方法进行：先将已知的低位发热量换算成同基准的高位发热量，然后查出相应的换算系数，进行不同基准的高位发热量的换算，求出所求基准的高位发热量，最后进行所求基准高、低位发热量换算，即得出所求的低位发热量。

（四）折算成分

在锅炉的设计和运行中，为了更好地鉴别煤的性质，更准确地比较煤中各种有害成分（水分、灰分和硫分）对锅炉工作的影响，常用折算成分的概念。规定把相对于每4190kJ/kg（即1000kcal/kg）收到基低位发热量的煤所含收到基水分、灰分和硫分，分别称为折算水分、折算灰分、折算硫分，并用下列各式计算：

折算水分　　　$$M_{ar,zs} = \frac{M_{ar}}{\frac{Q_{ar,net}}{4190}} = 4190\frac{M_{ar}}{Q_{ar,net}} \quad (\%) \tag{2-22}$$

折算灰分　　　$$A_{ar,zs} = \frac{A_{ar}}{\frac{Q_{ar,net}}{4190}} = 4190\frac{A_{ar}}{Q_{ar,net}} \quad (\%) \tag{2-23}$$

折算硫分 $$S_{ar,zs} = \frac{S_{ar}}{\dfrac{Q_{ar,net}}{4190}} = 4190\frac{S_{ar}}{Q_{ar,net}} \qquad (\%) \qquad (2-24)$$

$M_{ar,zs} > 8\%$ 的煤，称为高水分煤；$A_{ar,zs} > 4\%$ 的煤，称为高灰分煤；$S_{ar,zs} > 0.2\%$ 的煤，称为高硫分煤。

（五）标准煤和标准煤耗率

1. 标准煤

各种不同种类的煤具有不同的发热量，并且往往差别很大，同一燃烧设备在相同的工况下，燃烧发热量低的煤，其煤耗量就大，反之，燃烧发热量高的煤，其煤耗量就小。所以不能简单地用实际煤耗量的大小作为比较设备运行经济性好坏的依据。为了使设备运行经济性具有可比性，引用了标准煤的概念。

所谓标准煤是指收到基低位发热量为 29310kJ/kg（7000kcal/kg）的煤，可用下式计算标准煤耗量，即

$$B_b = \frac{BQ_{ar,net}}{29310} \qquad (2-25)$$

式中 B ——电厂实际煤耗量，kg/h；

B_b ——电厂标准煤耗量，kg/h。

在比较两个电厂的煤耗时，可用式（2-25）先折算为标准煤耗后再比较。

2. 原煤煤耗率

指发电厂或机组生产 1kW·h（即 1 度电）的电能所消耗的原煤量，用符号 b 表示，单位为 kg 原煤/（kW·h），即

$$b = \frac{B}{P} \qquad (2-26)$$

式中 P ——发电厂或机组每小时生产的电能，kW·h/h。

3. 标准煤耗率

指发电厂或机组生产 1kW·h（即 1 度电）的电能所消耗的标准煤量，用符号 b_b 表示，单位为 kg 标煤/（kW·h），即

$$b_b = \frac{B_b}{P} \qquad (2-27)$$

标准煤耗率是全厂性或整台发电机组的经济指标，它与锅炉、汽轮机、发电机等设备及其系统的运行经济性有关，特别是锅炉的运行经济性对降低电厂煤耗率影响较大。一般超高压参数电厂的发电标准煤耗率约在 350g 标煤/（kW·h）以上，亚临界参数及超临界参数电厂的发电标准煤耗率约在 290～350g 标煤/（kW·h）之间。

二、煤灰的熔融特性

（一）煤灰成分及煤灰熔融特性

煤在燃烧后残存的灰分是由各种矿物成分组成的混合物，灰的成分主要有氧化硅（SiO_2）、氧化铝（Al_2O_3）、各种氧化铁（FeO、Fe_2O_3、Fe_3O_4）、钙镁氧化物（CaO、MgO）及碱金属氧化物（K_2O、Na_2O）等。这些成分的熔化温度各不相同，由于灰是由多种成分组成的，所以它没有固定的由固相转为液相的熔融温度，因此煤灰的熔融过程需要经历一个较宽的温度区间。煤灰在高温灼烧时，某些低熔点组分开始熔融，并与另外一些组分发生反应

形成复合晶体，此时它们的熔融温度将更低。在一定温度下，这些组分还会形成熔融温度更低的某种共熔体，这种共熔体有进一步溶解灰中其他高熔融温度物质的能力，从而改变煤灰的成分及其熔体的熔融温度。

　　目前普遍采用的煤灰熔融温度测定方法，主要为角锥法和柱体法两种。由于角锥法锥体尖端变形容易观测，我国和其他大多数国家都以此法作为标准方法。角锥法的角锥是底边长为 7mm 的等边三角形，高为 20mm。将锥体放在可以调节温度并充满弱还原性（或半还原性）气体的专用硅碳管高温炉或灰熔点测定仪中，以规定的速率升温，加热到一定程度后，灰锥在自重的作用下，开始发生变形，随后软化和出现液态，角锥法就是根据目测灰锥在受热过程中形态的变化，用三种形态对应的特征温度来表示煤灰的熔融特性，如图 2-2 所示。

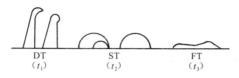

图 2-2　灰的熔融特性示意
DT—变形温度；ST—软化温度；FT—熔化温度

　　（1）变形温度 DT。灰锥顶端开始变圆或弯曲时的温度。

　　（2）软化温度 ST。灰锥锥体顶点弯曲至锥底面或锥体变成球形或高度等于或小于底长时对应的温度。

　　（3）熔化温度 FT。灰锥锥体熔化成液体并能在底面流动或厚度在 1.5mm 以下时对应的温度。

　　通常用 DT、ST、FT 这三个特征温度来表示灰的熔融特性，在锅炉技术中多用软化温度作为熔融特性指标（或称为灰熔点）。

　　由于煤灰中含有多种成分，没有固定的熔点，故 DT、ST、FT 是液相和固相共存的三个温度，而不是固相向液相转化的界限温度，仅表示煤灰形态变化过程中的温度间隔。这个温度间隔对锅炉的工作有较大的影响，当温度间隔值在 200～400℃时，意味着固相和液相共存的温度区间较宽，煤灰的黏度随温度变化慢，冷却时可在较长时间内保持一定的黏度，在炉膛中易于结渣，这样的灰渣称为长渣，可用于液态排渣炉。当温度间隔值在 100～200℃时为短渣，此灰渣黏度随温度急剧变化，凝固快，适用于固态排渣炉。

　　（二）影响煤灰熔融性的因素

　　煤灰的熔融特性是判断锅炉运行中是否会结渣的主要因素之一，实际上影响灰熔融性的因素是多方面的，主要是煤灰的化学组成、煤灰周围高温的环境介质（气氛）性质及煤灰含量。

　　1. 煤灰化学成分

　　煤灰的化学成分比较复杂，分为酸性氧化物 SiO_2、Al_2O_3、TiO_3 和碱性氧化物 Fe_2O_3、CaO、MgO、Na_2O 和 K_2O 等，一般来说灰中高熔点成分（SiO_2、Al_2O_3、CaO、MgO）越多，灰的熔点越高；相反，低熔点成分（FeO、Na_2O、K_2O）越多，则灰的熔点越低。但是这些物质在纯净状态下本身熔点大多较高，但煤灰成分结合为共晶体或共晶体混合物，会使灰熔点降低。

　　2. 煤灰周围高温介质的性质

　　煤灰周围高温介质的性质对灰熔融性有较大影响。当介质中存在还原性气体时，这些气体与灰中的高价氧化铁（Fe_2O_3）相遇，就会使高价氧化铁还原成低熔点的氧化亚铁（FeO），并可能与其他氧化物形成共熔体，使灰熔点降低。灰熔点随含铁量的增加而迅速下降，因此介质气氛不同，会使灰熔点变化 $200 \sim 300℃$。

在锅炉运行中，炉内烟气总难免有少量 CO 等还原性气体，通常把这种含少量还原性气体的烟气称为半还原性气氛或弱还原性气氛。为了使实验室测出的灰熔点与炉内实际情况比较接近，一般在保持弱还原性气氛的电炉中测定灰的熔融特性。

3. 煤中灰分含量

当灰的成分与其所处周围高温介质性质相同而煤中灰分含量不同时，灰的熔点也会发生变化。灰量越多，灰中各种成分相互接触频繁，在高温下产生化合、分解、助熔作用的机会增多，从而使灰的熔点降低。

三、煤的分类

我国煤炭资源丰富，种类繁多，为了能够合理地使用各类煤，应对煤进行科学分类。应用比较广泛的，是按干燥无灰基挥发分的含量和胶质层最大厚度对煤进行分类。所谓胶质层最大厚度是指将煤样放在专门的容器内逐渐加热到 $730℃$，煤在受热干燥过程中，焦炭表面会产生一种胶质体（熔化的沥青表层），随着干燥温度的升高，胶质体厚度也增加，这个厚度的最大值即称为胶质层最大厚度，用符号 Y 表示，单位是 mm。胶质层最大厚度，反映了煤的焦结性，胶质层越厚，煤的焦结性越强。我国按挥发分含量和胶质层厚度把煤炭划分为十大类，即无烟煤、贫煤、瘦煤、焦煤、肥煤、气煤、弱黏结煤、不黏结煤、长焰煤及褐煤，其中无烟煤、贫煤、弱黏结煤、不黏结煤、长焰煤与褐煤的胶质层厚度不大或不稳定，属于不焦结和弱焦结煤，不适宜作为炼焦煤，而可作为动力用煤供锅炉燃用。

我国电力用煤主要参照 V_{daf}、Q、M、A 等来进行分类。

1. 无烟煤

无烟煤的特点是含碳量很高，挥发分含量很小，一般 $V_{daf} < 10\%$，故不易点燃，燃烧缓慢，燃烧时无烟且火焰很短；因无烟煤的干燥无灰基含碳量达 $95\% \sim 96\%$，但含氢量少，故无烟煤发热量可能较烟煤低，也可能较烟煤高。其发热量大致为 $20930 \sim 25120 kJ/kg$（或 $5000 \sim 6000 kcal/kg$）；焦炭无焦结性；无烟煤表面具有黑色光泽；密度较大，且质硬不易研磨；无烟煤储存时不易风化和自燃。

2. 贫煤

贫煤的性质介于无烟煤与烟煤之间。其碳化程度比无烟煤稍低，挥发分含量 V_{daf} 仅为 $10\% \sim 20\%$，亦不易点燃，燃烧时火焰短，但稍胜于无烟煤，焦炭无焦结性。

3. 烟煤

烟煤的特点是含碳量较无烟煤低，挥发分含量较多，一般 $V_{daf} = 20\% \sim 40\%$，故大部分烟煤都易点燃，燃烧快，燃烧时火焰长；烟煤因含碳量较高，发热量也较高，为 $18850 \sim 27210 kJ/kg$（$4500 \sim 6500 kcal/kg$）；多数具有或强或弱的焦结性；烟煤表面呈灰黑色，有光泽，质松易碎；储存时会自燃。锅炉只能燃用那些不宜炼焦的烟煤。烟煤还有一种灰分、水分含量较高，发热量较低（多在 $18850 kJ/kg$ 以下）的品种，称为劣质烟煤。燃用劣质烟煤除应在燃烧上采取适当措施外，还应考虑受热面积灰、结渣和磨损等问题。烟煤在我国各地均有，是锅炉燃煤中数量最多的一种煤。

4. 褐煤

褐煤的特点是含碳量不多，含挥发分很高，其 $V_{daf} > 40\%$，故极易点燃，燃烧时火焰长；又因其水分、灰分及氧的含量均较高，故发热量低，为 $10500 \sim 14700 kJ/kg$（$2500 \sim 3500 kcal/kg$），不耐烧；焦炭无焦结性；褐煤外表多呈棕褐色，褐煤质脆易风化；储存时极易发生自燃。

第四节　液体和气体燃料

一、液体燃料

（一）燃油及化学成分

我国电站锅炉主要燃料是煤，但在点火或低负荷运行时，要燃烧液体燃料。也有少量燃油锅炉，其燃料主要是重油。重油又分为燃料重油和油渣两种，都是石油炼制后的残余物，由于密度较大，所以称为重油。

重油是由不同成分的碳氢化合物组成的混合物，它与煤一样由碳、氢、氧、氮、硫、水分、灰分组成。其成分稳定，一般含碳量为 84%～87%，含氢量高达 11%～14%，氧、氮含量为 1%～2%，水分和灰分都较少，一般水分低于 4%，灰分不超过 1%，发热量 $Q_{net,ar}=$ 37700～44000kJ/kg。重油含碳、氢量较高，杂质含量较少，所以发热量较高，很容易着火与燃烧；灰分含量极少，因此不需要除渣、除尘设备，也不需要考虑受热面结渣、磨损问题；重油加热至一定温度就能流动，故运输、调节都很方便，又不需要复杂的制粉系统；由于含氢量高，燃烧后生成的水蒸气多，因此油中硫分和灰分对受热面的腐蚀和积灰比较严重。此外对燃油的管理必须注意防火。

（二）燃油的物理特性

1. 黏度

黏度反映燃油的流动性能，黏度对油的输送和燃烧有很大的影响。油的黏度越小，流动性能越好，雾化的质量也越好，便于输送；黏度大，输送、装载都较困难，而且不易雾化。黏度的大小可用动力黏度 μ 和运动黏度 ν 表示。在 110℃ 以下，重油的黏度随油温的升高而降低，因此常用加热的办法降低油的黏度。

2. 凝固点

重油丧失流动性，开始发生凝固时的温度称为凝固点。油中石蜡含量越多，凝固点越高。凝固点高的油，低温时流动性差，将增加运输和管理的难度。我国重油的凝固点一般在 15℃ 以上。

3. 闪点和燃点

随着油温的升高，油蒸发为油气的数量增多，当油气和空气混合物达到某一浓度时，如有明火接触，发生短暂闪光的最低温度称为闪点。闪点是燃油安全防火的指标，无压容器的油温，应比闪点低 20～30℃，在无空气的压力容器和管道内油温可不受限制。重油因不含易挥发的轻质油成分，所以闪点较高，一般为 80～130℃。

油气与空气混合物遇到明火能点燃，且燃烧时间持续 5s 以上的最低温度称为燃点。油的燃点比它的闪点高 20～30℃，具体数值取决于燃油品种和性质。

闪点和燃点是鉴别重油着火燃烧危险性的重要指标，燃油的闪点和燃点越高，储存运输时着火的危险性越小。闪点和燃点间距过大，燃烧过程易出现火炬跳跃波动，甚至火炬暂时中断。

4. 密度

燃油的密度能在一定程度上反映油的物理特性和化学成分。密度大的燃油，其碳及杂质的含量较高，而氢的含量相对较小些，以至黏度较大、闪点较高、发热量较低，因此密度是检验和评价油的指标。由于燃油密度与温度有关，因而在石油工业中，规定以油温为 20℃时的密度作为油产品的标准密度。我国燃油密度一般在 0.88～0.99t/m³ 之间。

二、气体燃料

气体燃料有天然气体燃料和人工气体燃料两种。气体燃料同样由碳、氢、氧、氮、硫、水分、灰分组成，但它通常用组成气体的容积百分数来表示。气体燃料具有与液体燃料相同的优点，但是它易爆炸，某些成分（如 CO）有毒，在使用时应采取相应的安全措施。电站锅炉使用的气体燃料主要有天然气、高炉煤气和焦炉煤气等。

1. 天然气

天然气有气田煤气和油田煤气两种。气田煤气是由地下气层引出的，其甲烷含量高达 94%～98%，其他成分含量较少，标准状态下密度为 0.5～0.7kg/m³。油田煤气是开采石油时带出的可燃气体，其甲烷含量一般为 75%～87%，乙烷、丙烷等重碳氢化合物约占 10% 以上，二氧化碳等不可燃气体含量很少，占 5%～10%，标准状态下其密度为 0.6～0.8kg/m³。天然气的发热量很高，标准状态下可达 33500～37700kJ/m³。天然气是优质动力燃料，同时又是宝贵的化工原料，一般不应作为锅炉燃料使用。

2. 高炉煤气

高炉煤气是炼铁高炉的副产品，其主要可燃成分是一氧化碳（CO）和氢（H_2），CO 为 20%～30%，H_2 为 5%～15%。高炉煤气含有大量不可燃气体（CO_2、N_2），并含有大量的灰粒，所以高炉煤气的发热量较低，标准状态下为 3800～4200kJ/m³，在冶金联合企业的发电厂中，常与重油、煤粉混合燃烧。

3. 焦炉煤气

焦炉煤气是炼焦炉的副产品，其主要可燃成分为氢（H_2）和甲烷（CH_4），H_2 为 50%～60%，CH_4 为 20%～30%，以及少量一氧化碳和其他杂质，所以焦炉煤气的发热量较高，标准状态下约为 17000kJ/m³，焦炉煤气属于优质动力燃料，可以从焦炉煤气中提炼氨、苯和焦油等多种化工原料，应提炼后再燃用。

第三章 锅炉物质平衡和热平衡

　　燃烧计算的主要任务是确定燃料燃烧所需的空气量、燃烧生成的烟气量和烟气焓等。燃烧计算是进行锅炉设计、改造以及选择锅炉辅机的基础，也是正确进行锅炉经济运行调整的基础。

　　锅炉热平衡是计算锅炉热效率、分析影响锅炉热效率的因素、提高锅炉热效率的基础，也是锅炉热效率试验的基础。

第一节 燃料燃烧所需空气量及过量空气系数

一、燃料燃烧所需空气量

　　燃烧是燃料中可燃成分（C、H、S）与空气中的氧气（O_2）在高温条件下所发生的强烈化学反应并放热的过程，因此，燃烧所需空气量可根据燃烧的化学反应关系进行计算。计算中把空气与烟气中的组成气体都当成理想气体，即在标准状态（0.101MPa 大气压力和0℃）下，1kmol 理想气体的容积等于 22.4m³。本书中未指明气体状态均为标准状态下。

　　1. 理论空气量

　　1kg（或 1m³）收到基燃料完全燃烧而又没有剩余氧存在时，所需要的空气量称为理论空气需要量，用符号 V^0 表示，其单位为 m³/kg（或 m³/m³）。理论空气量是根据燃料的燃烧方程式推导出的 1kg 燃料完全燃烧所需的空气量，以 1kg（或 1m³）收到基燃料为基础。

　　煤的燃烧实际上是煤中可燃物碳、氢、硫的燃烧。

　　（1）碳的燃烧反应。碳完全燃烧时，其化学反应式为

$$C + O_2 = CO_2 \tag{3-1}$$
$$12kgC + 22.4m^3 O_2 = 22.4m^3 CO_2$$
$$1kgC + 1.866m^3 O_2 = 1.866m^3 CO_2$$

由此可得：1kg 碳完全燃烧时需要 1.866m³ 氧气，并生成 1.866m³ 二氧化碳。

1kg 燃料中含碳量为 $\frac{C_{ar}}{100}$ kg，1kg 燃料中的碳完全燃烧需要的氧气量为 $1.866\frac{C_{ar}}{100}$ m³。

　　（2）氢的燃烧反应。氢的燃烧反应式为

$$2H_2 + O_2 = 2H_2O \tag{3-2}$$
$$4.032kgH_2 + 22.4m^3 O_2 = 44.8m^3 H_2O$$
$$1kgH_2 + 5.56m^3 O_2 = 11.1m^3 H_2O$$

1kg 氢完全燃烧时需要 5.56m³ 氧气，并产生 11.1m³ 水蒸气。

1kg 燃料中含氢 $\frac{H_{ar}}{100}$ kg，1kg 燃料中的氢完全燃烧所需要的氧气量为 $5.56\frac{H_{ar}}{100}$ m³。

　　（3）硫的燃烧反应。硫的燃烧反应式为

$$S + O_2 = SO_2 \tag{3-3}$$

$$32kgS + 22.4m^3O_2 = 22.4m^3SO_2$$

$$1kgS + 0.7m^3O_2 = 0.7m^3SO_2$$

1kg 硫完全燃烧时需要 $0.7m^3$ 氧气，并产生 $0.7m^3$ 二氧化硫。

1kg 燃料中含硫 $\dfrac{S_{ar}}{100}$ kg，1kg 燃料中的硫完全燃烧需要的氧气量为 $0.7\dfrac{S_{ar}}{100}m^3$。

燃料燃烧时，1kg 燃料本身释放出的氧气量为 $0.7\dfrac{O_{ar}}{100}m^3\left(\dfrac{22.41}{32}\times\dfrac{O_{ar}}{100}\right)$。

综上所述，1kg 燃料完全燃烧时，需要从空气中取得的理论氧气量为

$$V_{O_2}^0 = 1.866\frac{C_{ar}}{100} + 5.56\frac{H_{ar}}{100} + 0.7\frac{S_{ar}}{100} - 0.7\frac{O_{ar}}{100} \quad m^3/kg \tag{3-4}$$

空气中氧的容积含量为 21%，所以 1kg 燃料完全燃烧所需要的理论空气量为

$$V^0 = \frac{V_{O_2}^0}{0.21} = 0.0889C_{ar} + 0.265H_{ar} + 0.0333S_{ar} - 0.0333O_{ar}$$

$$= 0.0889(C_{ar} + 0.375S_{ar}) + 0.265H_{ar} - 0.0333O_{ar} \quad m^3/kg \tag{3-5}$$

式（3-5）中把 C_{ar} 和 S_{ar} 合并在一起，是因为 C 和 S 的完全燃烧反应可写成通式 $R + O_2 = RO_2$，其中 $R = C_{ar} + 0.375S_{ar}$，相当于 1kg 燃料中"当量碳量"。此外还因为进行烟气分析时，它们的燃烧产物 CO_2 和 SO_2 的容积总是一起测定的。

理论空气量用质量表示则为

$$L^0 = 1.293V^0 \quad kg/kg$$

式中 1.293——干空气密度，kg/m^3。

以上所计算的空气量都是指不含蒸汽的理论干空气量。

对于气体燃料，这一空气量可根据燃料中的各种可燃气体的氧化反应进行计算，并以 $1m^3$ 的气体燃料为基础。

2. 实际供给空气量

燃料在炉内燃烧时很难与空气达到完全理想的混合，如仅按理论空气需要量给它供应空气，必然会有一部分燃料得不到它所需要的氧而达不到完全燃烧，为了使燃料在炉内能够燃烧完全，减少不完全燃烧热损失，实际送入炉内的空气量要比理论空气量大些，这一空气量称为实际供给空气量，用符号 V_k 表示，单位为 m^3/kg（或 m^3/m^3）。

二、过量空气系数

实际供给空气量与理论空气量之比，称为过量空气系数，用符号 α 表示（在空气量计算时用 β 表示），即

$$\alpha = \frac{V_k}{V^0} \tag{3-6}$$

有了过量空气系数 α，实际空气量即可表示为

$$V_k = \alpha V^0 \quad m^3/kg \tag{3-7}$$

实际供给空气量与理论空气量之差，称为过量空气量，用 ΔV 表示，即

$$\Delta V = V_k - V^0 = (\alpha - 1)V^0 \quad m^3/kg \tag{3-8}$$

对相同成分的燃料，其理论空气量相同，此时只知道 α，即可计算出实际供应空气量，对不同型式的锅炉、不同的燃料，其 α 不同。实际过量空气系数 α，一般是指炉膛出口处的过量空气系数，这是因为炉内燃烧过程是在炉膛出口处结束的。过量空气系数是锅炉运行的

重要指标，太大会增大烟气容积使排烟损失增加，太小则不能保证燃料完全燃烧。它的最佳值与燃料种类、燃烧方式以及燃烧设备的完善程度有关，应通过试验确定。各种锅炉在燃用不同燃料时的 α 值见表3-1。

表3-1　　　　　　　　　　　　炉膛出口过量空气系数

炉　　型	燃　　料	过量空气系数
固体排渣煤粉炉	无烟煤、贫煤 烟煤、褐煤	1.25 1.20
液体排渣煤粉炉	无烟煤、贫煤、烟煤、褐煤	1.10～1.20
燃油炉、燃气炉	重油、天然气、石油气	1.15
链条炉	无烟煤、贫煤 烟煤、褐煤	1.50 1.30
抛煤机炉	无烟煤、贫煤 烟煤、褐煤	1.60 1.40
手烧炉	无烟煤、贫煤 烟煤、褐煤	1.50 1.40

第二节　烟气成分及其烟气量的计算

一、烟气成分

燃料燃烧后生成的产物是烟气及其携带的灰粒和未燃尽的碳粒。烟气中的固体颗粒占容积百分比很小，通常计算时都略去不计。烟气是由多种气体成分组成的混合物，烟气中包含的气体成分如下：

用 V_y 表示 1kg 燃料燃烧生成的烟气总容积；用 V_{CO_2}、V_{SO_2}、V_{H_2O}、V_{N_2}、V_{O_2}、V_{CO} 分别表示二氧化碳（CO_2）、二氧化硫（SO_2）、水蒸气（H_2O）、氮气（N_2）、氧气（O_2）、一氧化碳（CO）的分容积。

（1）当 $\alpha=1$ 且完全燃烧时，烟气是由 CO_2、SO_2、N_2 和 H_2O 四种气体成分组成的。故烟气容积为上述四种气体成分分容积之和，即

$$V_y = V_{CO_2} + V_{SO_2} + V_{N_2} + V_{H_2O} \qquad m^3/kg \qquad (3-9)$$

（2）当 $\alpha>1$ 且完全燃烧时，烟气是由 CO_2、SO_2、N_2、O_2 和 H_2O 五种气体成分组成的，故烟气容积为上述五种气体成分分容积之和，即

$$V_y = V_{CO_2} + V_{SO_2} + V_{N_2} + V_{O_2} + V_{H_2O} \qquad m^3/kg \qquad (3-10)$$

（3）当 $\alpha\geqslant1$ 且不完全燃烧时，烟气中除上述五种气体成分外还有 CO、H_2 及 CH_4 等可燃气体。通常烟气中的 H_2 及 CH_4 等可燃气体的含量极微，可以忽然不计，而只考虑 CO 成分，故烟气可认为是由 CO_2、SO_2、CO、N_2、O_2 和 H_2O 六种气体成分组成的。而烟气容积为上述六种气体成分分容积之和，即

$$V_y = V_{CO_2} + V_{SO_2} + V_{CO} + V_{N_2} + V_{O_2} + V_{H_2O} \qquad m^3/kg \qquad (3-11)$$

二、根据燃烧化学反应计算烟气容积

在设计锅炉时，是根据 $\alpha>1$ 且完全燃烧时的化学反应关系来计算烟气容积的。为便于

理解，一般先计算理论烟气容积，在此基础上再考虑过量空气容积和随同这部分过量空气带入的水蒸气容积，即可算出该烟气的实际（总）容积。

1. 理论烟气容积 V_y^0

当 $\alpha=1$ 且燃料完全燃烧时，生成的烟气容积称为理论烟气容积，用符号 V_y^0 表示，其单位为 m^3/kg。

由上可知，理论烟气容积是由四种气体成分分容积组成，即

$$V_y^0 = V_{CO_2} + V_{SO_2} + V_{N_2}^0 + V_{H_2O}^0 \qquad m^3/kg \qquad (3-12)$$

（1）二氧化碳和二氧化硫的容积（V_{RO_2}）的计算。1kg 燃料中的 C 和 S 完全燃烧时生成的 CO_2 与 SO_2 的容积为

$$V_{RO_2} = V_{CO_2} + V_{SO_2} = 1.866\frac{C_{ar}}{100} + 0.7\frac{S_{ar}}{100} = 1.866\left(\frac{C_{ar} + 0.375S_{ar}}{100}\right) \quad m^3/kg$$

$$(3-13)$$

（2）理论氮气容积（$V_{N_2}^0$）的计算。烟气中的氮气来源于：理论空气量中的氮和 1kg 燃料本身所含的氮，即

$$V_{N_2}^0 = 0.79V^0 + 0.8\frac{N_{ar}}{100} \qquad m^3/kg \qquad (3-14)$$

（3）理论水蒸气容积（$V_{H_2O}^0$）的计算。对于固体燃料，烟气中的理论水蒸气容积来源于三个方面，即

1）1kg 燃料中的 H 完全燃烧生成的水蒸气

$$11.1 \times \frac{H_{ar}}{100} = 0.111H_{ar} \qquad m^3/kg$$

2）1kg 燃料中的水分形成的水蒸气

$$\frac{22.4}{18} \times \frac{M_{ar}}{100} = 0.0124M_{ar} \qquad m^3/kg$$

3）理论空气量 V^0 带入的水蒸气，空气含湿量是指 1kg 干空气带入的水蒸气量，用符号 d_k 表示，单位为 g/kg（干空气），一般为 10g/kg（干空气），因此

$$1.293 \times \frac{d_k}{1000} \times \frac{22.4}{18}V^0 = 1.293 \times \frac{10}{1000} \times \frac{22.4}{18}V^0 = 0.0161V^0 \quad m^3/kg$$

理论水蒸气容积为

$$V_{H_2O}^0 = 0.111H_{ar} + 0.0124M_{ar} + 0.0161V^0 \qquad m^3/kg \qquad (3-15)$$

当燃用液体燃料且用蒸汽雾化油时，应增加雾化油带入的水蒸气容积，其数量为

$$\frac{22.4}{18}G_{wh} = 1.24G_{wh}$$

式中　　G_{wh}——雾化燃油消耗的蒸汽量，kg/kg。

2. 实际烟气容积

1kg 燃料在 $\alpha>1$ 的情况下完全燃烧时，即在有过量空气的情况下进行。这部分过量空气不参与化学反应全部进入烟气中，随同这部分过量空气还带入一部分水蒸气，即实际烟气容积 V_y 为理论烟气容积、过量空气容积与过量空气所带入的水蒸气容积三部分之和，即

$$V_y = 1.866\left(\frac{C_{ar} + 0.375S_{ar}}{100}\right) + 0.8\frac{N_{ar}}{100} + 0.79V^0 + 11.1 \times \frac{H_{ar}}{100} + 1.24 \times \frac{M_{ar}}{100}$$

$$+0.0161V^0 + (a-1)V^0 + 0.0161(a-1)V^0$$
$$=0.01866(C_{ar} + 0.375S_{ar}) + 0.008N_{ar} + 0.111H_{ar} + 0.0124M_{ar}$$
$$+1.0161aV^0 - 0.21V^0 \qquad m^3/kg \qquad (3-16)$$

三、运行锅炉的烟气分析及计算

上面介绍了根据燃料燃烧化学反应式来计算烟气容积的方法，计算是以给定的过量空气系数和燃料完全燃烧为条件的，因此它可在设计锅炉时应用。对于正在运行的锅炉，实际的过量空气系数 a 往往与设计值有差异，而燃料的燃烧往往也是不完全的，亦即在烟气中常含有少量的 CO，这些都将影响烟气容积的变化。为了较确切地估计锅炉运行时的烟气容积，可借助烟气分析求出，根据烟气分析不仅可以确定锅炉运行时的烟气容积，而且还可确定过量空气系数、漏风系数及烟气中 CO 含量等数据，从而了解燃烧工况，以便对燃烧进行调整和对燃烧设备进行改进。

（一）烟气分析及其设备

1. 烟气成分分析

烟气成分是指以 1kg 燃料燃烧生成的干烟气容积 V_{gy} 为基础，测出烟气中各气体成分分容积占干烟气容积的百分数。如果以 CO_2、SO_2、O_2、N_2 和 CO 分别表示干烟气中二氧化碳、二氧化硫、氧、氮和一氧化碳的成分容积含量百分数，则有

$$CO_2 = \frac{V_{CO_2}}{V_{gy}} \times 100\% \qquad (3-17)$$

$$SO_2 = \frac{V_{SO_2}}{V_{gy}} \times 100\% \qquad (3-18)$$

$$O_2 = \frac{V_{O_2}}{V_{gy}} \times 100\% \qquad (3-19)$$

$$CO = \frac{V_{CO}}{V_{gy}} \times 100\% \qquad (3-20)$$

$$N_2 = \frac{V_{N_2}}{V_{gy}} \times 100\% \qquad (3-21)$$

$$CO_2 + SO_2 + O_2 + CO + N_2 = 100\% \qquad (3-22)$$

式（3-17）～式（3-22）中的 V_{CO_2}、V_{SO_2}、V_{O_2}、V_{N_2}、V_{CO}、V_{gy} 均为 1kg 燃料燃烧生成的烟气中相应气体的容积，单位是 m^3/kg。

因为二氧化碳和二氧化硫在烟气分析时不易分开，故令 $CO_2 + SO_2 = RO_2$，则上式可改写成

$$RO_2 + O_2 + CO + N_2 = 100\% \qquad (3-23)$$

2. 烟气分析仪

烟气中的各种气体成分含量是用烟气分析仪测定的，目前发电厂较为普遍使用的是奥氏烟气分析仪，随着测试技术的发展，色谱分析仪、红外线烟气分析仪等也逐步得到使用。现就常用的奥氏烟气分析仪做一简单介绍：它是将一定容积的烟气试样顺序和某些化学吸收剂相接触，对烟气的各组成气体逐一进行选择性吸收，每次减少的容积即是被测成分在烟气中所占的容积，这种方法又称为化学吸收法。

奥氏烟气分析仪包括三个吸收瓶、一个量管、一个平衡瓶和梳形管等，如图 3-1 所示。

（1）吸收瓶。第一个吸收瓶内装有氢氧化钾（KOH）水溶液，用来吸收烟气中的 RO_2（$RO_2 = CO_2 + SO_2$），即二氧化碳（CO_2）和二氧化硫（SO_2）；第二个吸收瓶内装有焦性没食子酸 $[C_6H_3(OH)_3]$ 的碱溶液，用来吸收烟气中的氧气（O_2），它也能吸收二氧化碳和二氧化硫；第三个吸收瓶内装有氯化亚铜氨 $[Cu(NH_3)_2Cl]$ 溶液，用来吸收烟气中的一氧化碳（CO），它也能吸收氧气。

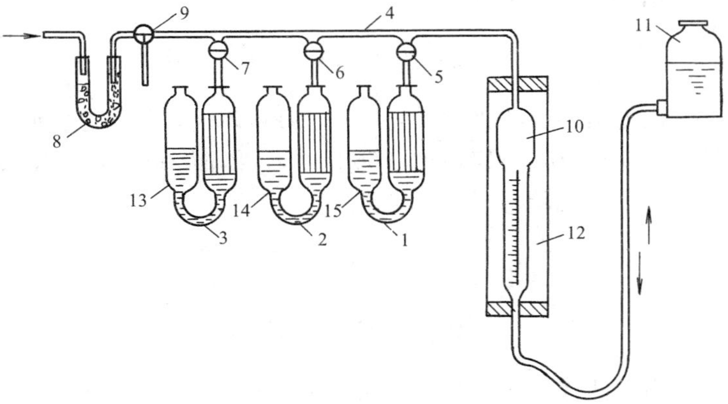

图 3-1　奥氏分析仪

1～3—吸收瓶；4—梳形管；5～7—旋塞；8—过滤器；9—三通旋塞；
10—量管；11—平衡瓶；12—水套管；13～15—缓冲瓶

（2）量管。量管上标有刻度，用来测量气体容积。量管顶部有引入气体或排出气体的通口，末端用橡胶管与平衡瓶相连。

（3）平衡瓶。平衡瓶内装有一定量的饱和食盐水，与大气相通，底部的出口与量筒下端用橡胶管相连，通过提升或降低平衡瓶的位置，使量筒内的溶液上升或下降，排出或吸入烟气。

（4）梳形管。梳形管是连接量筒和各吸收瓶的通道。

烟气分析操作步骤为：先检查系统的严密性，将旋塞 9 打开，将平衡瓶 11 提高，使量管内的水面提高到一定高度，关闭旋塞 9，观察水面保持不变，即严密。再打开旋塞 9，将平衡瓶 11 提高，使量管中的空气排放掉，关闭旋塞 9，再打开旋塞 5，把平衡瓶 11 放低，将吸收瓶 1 内的空气吸到量管中，关闭旋塞 5，将旋塞 9 打开，将平衡瓶 11 提高，使量管中的空气排放掉，同样方法将吸收瓶 2、吸收瓶 3 内的空气排放掉，将旋塞 9 打开，放低平衡瓶，将经过过滤器 8 的烟气吸入量管至 100mL 处，关闭旋塞 9，提高平衡瓶 11，将烟气驱入吸收瓶 1 中，反复多次后，将烟气吸回到量管中，则烟气中的三原子气体 RO_2 被吸收尽，利用量管上的刻度可以测出烟气减少的容积，这个减少的容积即为干烟气中三原子气体容积含量的百分数 RO_2。按同样的方法用吸收瓶 2 测出 O_2，用吸收瓶 3 测出 CO，最后在量管中剩余的气体即为 N_2。上述吸收程序不容颠倒。每次读数时，需将平衡瓶水位面与量管中的水位面对齐。

由于 RO_2、O_2、CO 均已测出，N_2 也可由式（3-23）求出。

应当指出，不论吸进烟气分析仪中的烟气是干烟气还是湿烟气，其分析结果均是干烟气成分的容积含量百分数。这是因为干烟气或湿烟气在吸入分析仪后，在量管中一直和水接触，因此烟气已是饱含水蒸气的饱和气体了。在定温、定压下饱和气体中的水蒸气和干烟气的容积比例是一定的。因此在选择性吸收过程中，随着烟气中某一成分被吸收，水蒸气也成比例地被凝结，这样量筒上读到的读数就是干烟气各成分的容积百分数。

（二）根据烟气成分分析结果计算烟气容积

对于正在运行的锅炉，可根据烟气分析结果计算烟气容积。

由烟气分析可得

$$CO_2 + SO_2 + CO = \frac{V_{CO_2} + V_{SO_2} + V_{CO}}{V_{gy}} \times 100\% \qquad (3-24)$$

由燃料燃烧的化学反应可知，1kg 碳（C）不论生成二氧化碳（CO_2）还是生成一氧化碳（CO），其容积都是 1.866m³/kg。因而 1kg 燃料中的碳燃烧时生成的二氧化碳（CO_2）和生成一氧化碳（CO）的容积为

$$V_{CO_2} + V_{CO} = 1.866\frac{C_{ar}}{100} \qquad m^3/kg \qquad (3-25)$$

$$V_{CO_2} + V_{SO_2} + V_{CO} = 1.866\frac{C_{ar} + 0.375S_{ar}}{100} \qquad m^3/kg \qquad (3-26)$$

由上两式可得干烟气容积为

$$V_{gy} = 1.866\frac{C_{ar} + 0.375S_{ar}}{RO_2 + CO} \qquad m^3/kg \qquad (3-27)$$

烟气总容积为

$$V_y = 1.866\frac{C_{ar} + 0.375S_{ar}}{RO_2 + CO} + V_{H_2O} \qquad m^3/kg \qquad (3-28)$$

实际水蒸气容积比理论水蒸气容积仅仅多了过量空气带入的那部分水蒸气，即

$$V_{H_2O} = V_{H_2O}^0 + 1.293 \times \frac{10}{1000} \times \frac{22.4}{18}(\alpha-1)V^0 \qquad m^3/kg \qquad (3-29)$$

式中的过量空气系数 α 应根据烟气成分分析数值计算，具体见本章第四节。

四、烟气中三原子气体的容积份额和飞灰浓度

在锅炉受热面的传热计算中，常用到烟气中的三原子气体（二氧化碳、二氧化硫和水蒸气）在烟气中的容积份额，以及飞灰在烟气中的浓度。

1. 三原子气体的容积份额

用 r_{RO_2} 表示二氧化碳与二氧化硫之和占烟气总容积的份额，则

$$r_{RO_2} = \frac{V_{CO_2} + V_{SO_2}}{V_y} = \frac{V_{RO_2}}{V_y} \qquad (3-30)$$

用 r_{H_2O} 表示水蒸气占烟气总容积的份额，则

$$r_{H_2O} = \frac{V_{H_2O}}{V_y} \qquad (3-31)$$

$$r = r_{RO_2} + r_{H_2O} \qquad (3-32)$$

2. 飞灰浓度

飞灰浓度是指单位质量（或单位容积）的烟气中含的飞灰质量，用符号 μ 表示，单位是 kg/kg（或 kg/m³），即

$$\mu = \frac{A_{ar}\alpha_{fh}}{100G_y} \qquad kg/kg \qquad (3-33)$$

$$\mu = \frac{A_{ar}\alpha_{fh}}{100V_y} \qquad kg/m^3 \qquad (3-34)$$

式中　A_{ar}——燃料中灰的收到基成分；

　　　α_{fh}——烟气中飞灰量占燃料总灰量的份额，简称飞灰份额，查表 3-2；

　　　G_y——1kg 收到基的燃料燃烧所生成的烟气质量，kg。

表 3-2　　锅炉灰平衡推荐值

锅炉类型			α_{fh}	α_{lz}
固态排渣煤粉炉			0.95	0.05
液态排渣煤粉炉	开式炉	无烟煤	0.85	0.15
		贫　煤	0.80	0.20
		烟　煤	0.80	0.20
		褐　煤	0.70～0.80	0.30～0.20
	半开式炉	无烟煤	0.85	0.15
		贫　煤	0.80	0.20
		烟　煤	0.70～0.80	0.30～0.20
		褐　煤	0.60～0.70	0.40～0.30
	卧式旋风炉		0.10～0.15	0.90～0.85

燃料中除灰分以外，其余的物质都能在燃烧中气化而组成烟气的一部分，另外燃料燃烧时除给它供空气外，再没有加入其他物质，因此烟气的质量应等于除去灰分的燃料质量与给它供应的空气质量之和。对于1kg燃料来说，除去灰分的燃料质量等于 $1-\frac{A_{ar}}{100}$；供应的空气质量等于 αV^0 乘以空气密度。已知干空气的密度 $\rho_{gk}=1.293\text{kg/m}^3$，给燃料供应的空气一般是含有水蒸气的湿空气，由前述已知，对应于每1kg干空气的含湿量约10g/kg，所以对应于每立方米干空气的湿空气的质量为

$$1.293+1.293\times\frac{10}{1000}=1.306\qquad \text{kg/m}^3$$

1kg燃料燃烧生成的烟气质量 G_y 应为

$$G_y=1-\frac{A_{ar}}{100}\times 1+1.306\alpha V^0\qquad \text{kg/kg}\tag{3-35}$$

第三节　燃 烧 方 程 式

一、完全燃烧方程式

假定燃料在炉膛中完全燃烧，烟气分析所得的 RO_2 和 O_2 与燃料特性之间必然存在一定的关系，这种关系的表达式称为完全燃烧方程，即

$$21-O_2=(1+\beta)RO_2\tag{3-36}$$

$$\beta=2.35\frac{H_{ar}-0.126O_{ar}-0.038N_{ar}}{C_{ar}+0.375S_{ar}}\tag{3-37}$$

式中　O_2、RO_2——烟气成分分析数据，%；

β——燃料特性系数，与燃料特性有关，仅取决于燃料元素分析成分。

由完全燃烧方程有

$$RO_2=\frac{21-O_2}{1+\beta}\qquad (\%)\tag{3-38}$$

燃料成分已定、β 也已知时，由式（3-38）可知，RO_2 的值是随烟气中 O_2 的大小而变化的，而 O_2 又随过量空气系数大小而变化，当燃烧完全且烟气中无剩余氧（$\alpha=1$）时，

$O_2 = 0$，由式（3 - 38）可知烟气中三原子气体所占份额将达到它的最大值，用 RO_2^{max} 表示，即

$$RO_2^{max} = \frac{21}{1+\beta} \qquad (\%) \qquad (3 - 39)$$

可见 RO_2^{max} 的数值仅取决于燃料元素分析成分，也是表征燃料的一个特性值。在一定程度上可以判断用烟气分析仪测出的 RO_2 值是否正确。随燃料成分的不同，β 值也不同，因而 RO_2^{max} 值也不同。常用燃料的 β 值和 RO_2^{max} 值见表 3 - 3。

表 3 - 3　　　　　　　　　　　常用燃料的 β 值和 RO_2^{max} 值

燃　料	β	RO_2^{max}	燃　料	β	RO_2^{max}
无烟煤	0.05~0.1	19~20	褐煤	0.055~0.125	18.5~20
贫煤	0.1~0.135	18.5~19	重油	0.03	16.1
烟煤	0.09~0.15	18~19.5	天然气	0.78	16.8

二、不完全燃烧方程式

当燃烧不完全且烟气中可燃物只有一氧化碳时，烟气分析所得的 RO_2、O_2 和 CO 与燃料特性之间的定量关系表达式称为不完全燃烧方程，即

$$21 - O_2 = (1+\beta)RO_2 + (0.605+\beta)CO \qquad (3 - 40)$$

由不完全燃烧方程可以求出一氧化碳的含量，即

$$CO = \frac{21 - O_2 - (1+\beta)RO_2}{0.605+\beta} \qquad (3 - 41)$$

第四节　根据烟气成分求过量空气系数及烟气焓

一、运行时过量空气系数的计算

过量空气系数直接影响炉内燃烧的好坏及热损失的大小，所以运行中必须严格控制其大小。对于正在运行的锅炉，过量空气系数可根据烟气分析结果加以确定。

当燃料完全燃烧且忽略燃烧过程中燃料本身释放出来的氮时，过量空气系数可由式（3-42）计算，即

$$\alpha = \frac{21}{21 - 79 \times \dfrac{O_2}{100 - (RO_2 + O_2)}} \qquad (3 - 42)$$

当燃料不完全燃烧且燃烧产物中只有一氧化碳存在时，过量空气系数为

$$\alpha = \frac{21}{21 - 79 \times \dfrac{O_2 - 0.5CO}{100 - (RO_2 + O_2 + CO)}} \qquad (3 - 43)$$

当不需要 α 的精确数值时，也可用下面导出的近似公式进行过量空气系数的计算，将式（3-36）改写成 $O_2 = 21 - (1+\beta)RO_2$，并代入式（3-42），可得

$$\alpha = \frac{21}{21 - 79 \times \left\{ \dfrac{21 - (1+\beta)RO_2}{100 - RO_2 - [21 - (1+\beta)RO_2]} \right\}}$$

$$= \cfrac{21}{21 - 79 \times \left[\cfrac{21 - (1+\beta)\mathrm{RO_2}}{100 - (21 - \beta\mathrm{RO_2})} \right]}$$

$$= \cfrac{21}{\cfrac{21 \times (79 + \beta\mathrm{RO_2}) - 79 \left[21 - (1+\beta)\mathrm{RO_2} \right]}{79 + \beta\mathrm{RO_2}}}$$

$$= \cfrac{21 \times (79 + \beta\mathrm{RO_2})}{(100\beta + 79)\mathrm{RO_2}}$$

将分子、分母各除以 $21\mathrm{RO_2}$，得

$$\alpha = \cfrac{\cfrac{79 + \beta\mathrm{RO_2}}{\mathrm{RO_2}}}{\cfrac{100\beta + 79}{21}} = \cfrac{\cfrac{79}{\mathrm{RO_2}} + \beta}{\cfrac{79(1+\beta)}{21} + \beta}$$

将式（3-39）代入上式，β 值很小可略去不计，则

$$\alpha \approx \frac{\mathrm{RO_2^{max}}}{\mathrm{RO_2}} \approx \frac{\mathrm{RO_2^{max}}}{\mathrm{CO_2}} \tag{3-44}$$

将式（3-38）及式（3-39）代入式（3-44），又可得

$$\alpha = \frac{\mathrm{RO_2^{max}}}{\mathrm{RO_2}} = \frac{21}{(1+\beta)\mathrm{RO_2}} = \frac{21}{21 - \mathrm{O_2}} \tag{3-45}$$

由式（3-44）可知，对于一定的燃料，$\mathrm{RO_2^{max}}$ 为一定值，这样只要测烟气中 $\mathrm{RO_2}$ 或 $\mathrm{CO_2}$ 的含量，就可以近似地确定出测量处的过量空气系数 α 的大小。而且 $\mathrm{RO_2}$ 或 $\mathrm{CO_2}$ 与 α 二者之间存在这样的关系：$\mathrm{RO_2}$ 或者 $\mathrm{CO_2}$ 大时，α 就小；反之 $\mathrm{RO_2}$ 或 $\mathrm{CO_2}$ 小时，α 就大。电厂锅炉一般都是利用电气自动分析仪来测定烟气中 $\mathrm{CO_2}$ 的含量的。

前面已经提到，过量空气系数直接影响到锅炉运行的经济性。运行中准确、迅速地测定它，是监视锅炉经济运行重要手段之一。如果燃料一定，根据燃料调整试验就可以确定最佳过量空气系数及与之对应的最佳 $\mathrm{RO_2}$ 的数值，运行中只要保持最佳的 $\mathrm{RO_2}$ 值就可以使锅炉处于经济工况下运行。

然而发电厂中燃用的煤种是经常变动的。当燃料成分发生改变时，$\mathrm{RO_2}$ 最大值也随之发生变化。此时尽管运行中继续保持原来的 $\mathrm{RO_2}$ 值，而实际上过量空气系数 α 已经改变了。这就表明用 $\mathrm{RO_2}$ 或 $\mathrm{CO_2}$ 值监视过量空气系数受燃料种类影响很大，如图 3-2 所示。由图可知相同的 $\mathrm{RO_2}$ 值，对于不同的燃料却表征不同的过量空气系数值，因此，在运行中，仅用 $\mathrm{CO_2}$ 含量确定 α 值，就可能引起误操作。

同时，由式（3-45）可知，只要测出烟气中的氧量 $\mathrm{O_2}$，就可以近似地确定过量空气系数 α 的大小。而且 $\mathrm{O_2}$ 与 α 二者之间存在这样的关系：$\mathrm{O_2}$ 大时，α 就大；反之 $\mathrm{O_2}$ 小时，α 就小。电厂锅炉一般采用磁性氧量计或氧化锆氧量计来测定烟气中的氧量 $\mathrm{O_2}$。由于煤种变化时对过量空气系数的影响很小，所以电厂中普遍采用氧量计监视运行中的过量空气系数。

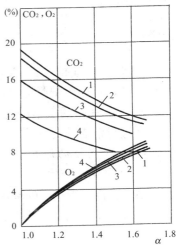

图 3-2 烟气中 $\mathrm{CO_2}$ 和 $\mathrm{O_2}$ 的含量与过量空气系数的关系

1—无烟煤；2—褐煤；

3—重油；4—天然气

二、漏风系数的计算

一般电厂锅炉多为平衡通风负压运行（即炉内压力略低于外界大气压力），在炉膛及烟道的结构不十分严密的情况下，会有空气从炉外漏入炉内，从而沿烟气流程过量空气系数 α 不断增大。为了查明炉膛及烟道中各受热面的漏风程度，引用了漏风系数的概念。某一级受热面的漏风系数 $\Delta\alpha$ 为该级受热面的漏风量 ΔV 与理论空气量 V^0 的比值，即

$$\Delta\alpha = \frac{\Delta V}{V^0} \qquad (3-46)$$

某级受热面的漏风系数，也可用该级受热面出口过量空气系数 α'' 和进口过量空气系数 α' 的差表示，即

$$\Delta\alpha = \alpha'' - \alpha' \qquad (3-47)$$

由式（3-44）或式（3-45）可知，只要测出某级受热面进、出口烟气中的 O_2 量或 CO_2 量，即可确定漏风系数的大小。

锅炉漏风直接关系到锅炉的安全经济运行，因此必须尽可能减少锅炉漏风。漏风系数与锅炉结构、安装及检修质量、运行操作情况等有关。炉膛及各烟道的漏风系数的一般经验数据见表3-4。

表3-4　　　　　额定负荷下锅炉炉膛及各烟道的漏风系数

烟道名称	结构特性	$\Delta\alpha$	烟道名称	结构特性	$\Delta\alpha$
固态排渣炉膛	燃烧室带有金属护板	0.05	直流炉过渡区		0.03
	燃烧室不带金属护板	0.10	省煤器每一级	$D>50t/h$	0.02
液态排渣炉膛		0.05	空气预热器	$D>50t/h$，管式的每一级	0.03
燃油、燃气炉膛	带金属护板	0.05		$D>50t/h$，回转式	0.20
	不带金属护板	0.08		板式的每一级	0.10
负压旋风炉		0.03	除尘器	$D>50t/h$，电气式	0.10
凝渣管		0		旋风式，多管式	0.05
屏式过热器		0	炉后烟道	钢制的每10m长	0.01
对流过热器		0.03		砖砌的每10m长	0.05
再热器		0.03			

在设计锅炉时，运用表3-4中的数据可确定烟道任一点的过量空气系数。烟道某处的过量空气系数可等于炉膛进口过量空气系数与前面各段烟道的漏风系数之和。

三、空气和烟气焓的计算

在进行锅炉热力计算以及整理锅炉热平衡试验结果时，都需要知道空气焓和烟气焓。

（一）空气焓的计算

1. 理论空气焓的计算

1kg 燃料燃烧所需的理论空气量在定压（通常为大气压）下从0℃加热到 θ℃所需要的热量称为理论空气焓，用 h_k^0 表示，计算式为

$$h_k^0 = V^0 c_k \theta_k \qquad kJ/kg \qquad (3-48)$$

式中　V^0——理论空气量，m^3/kg；

　　　c_k——湿空气的比热容，$kJ/(m^3 \cdot ℃)$，其值可由表3-5查出；

　　　θ_k——空气温度（计算烟气焓时用烟气温度），℃。

表 3 - 5　空气和烟气及灰的平均比热容

θ (℃)	c_{CO_2} [kJ/(m³·℃)]	c_{N_2} [kJ/(m³·℃)]	c_{O_2} [kJ/(m³·℃)]	c_{H_2O} [kJ/(m³·℃)]	c_{gh} [kJ/(m³·℃)]	c_k [kJ/(m³·℃)]	c_{CO} [kJ/(m³·℃)]	c_{H_2} [kJ/(m³·℃)]	c_{CH_4} [kJ/(m³·℃)]	c_h [kJ/(m³·℃)]
0	1.5998	1.2946	1.3059	1.4943	1.2971	1.3183	1.2992	1.2766	1.5500	0.7955
100	1.7003	1.2958	1.3176	1.5052	1.3004	1.3243	1.3017	1.2908	1.6411	0.8374
200	1.7873	1.2996	1.3352	1.5223	1.3071	1.3318	1.3071	1.2971	1.7589	0.8667
300	1.8627	1.3067	1.3561	1.5424	1.3172	1.3423	1.3167	1.2992	1.8861	0.8918
400	1.9297	1.3163	1.3775	1.5654	1.3289	1.3544	1.3289	1.3021	2.0155	0.9211
500	1.9887	1.3276	1.3980	1.5897	1.3427	1.3683	1.3427	1.3050	2.1403	0.9240
600	2.0411	1.3402	1.4168	1.6148	1.3565	1.3829	1.3574	1.3080	2.2609	0.9504
700	2.0884	1.3536	1.4344	1.6412	1.3708	1.3976	1.3720	1.3121	2.3768	0.9630
800	2.1311	1.3670	1.4499	1.6680	1.3842	1.4114	1.3862	1.3167	2.4981	0.9797
900	2.1692	1.3795	1.4645	1.6956	1.3976	1.4248	1.3996	1.3226	2.6025	1.0043
1000	2.2035	1.3917	1.4775	1.7229	1.4097	1.4373	1.4126	1.3289	2.6992	1.0258
1100	2.2349	1.4034	1.4893	1.7501	1.4214	1.4499				1.0509
1200	2.2638	1.4143	1.5005	1.7769	1.4327	1.4612	1.4361	1.3431	2.8629	1.0969
1300	2.2898	1.4252	1.5106	1.8028	1.4432	1.4725				1.1304
1400	2.3136	1.4348	1.5202	1.8280	1.4528	1.4830	1.4566	1.3590		1.1849
1500	2.3354	1.4440	1.5294	1.8527	1.4620	1.4926				1.2228
1600	2.3555	1.4528	1.5378	1.8761	1.4708	1.5018	1.4746	1.3754		1.2979
1700	2.3743	1.4612	1.5462	1.8996	1.4788	1.5102				1.3398
1800	2.3915	1.4687	1.5541	1.9213	1.4867	1.5177	1.4901	1.3917		1.3816
1900	2.4074	1.4759	1.5617	1.9423	1.4939	1.5257				1.4235
2000	2.4221	1.4825	1.5692	1.9628	1.5010	1.5328	1.5039	1.4076		
2100	2.4359	1.4893	1.5759	1.9825	1.5073	1.5399				
2200	2.4484	1.4951	1.5830	2.0009	1.5135	1.5462	1.5160	1.4227		
2300	2.4602	1.5010	1.5897	2.0189	1.5194	1.5525				
2400	2.4710	1.5064	1.5964	2.0364	1.5252	1.5583	1.5340	1.4373		
2500	2.4811	1.5114	1.6027	2.0528	1.5303	1.5638				

2. 实际空气焓的计算

1kg 燃料燃烧所需实际空气量在定压（通常为大气压）下从 0℃加热到 θ℃所需的热量称为实际空气焓，用 h_k 表示，单位为 kJ/kg，计算式为

$$h_k = \beta h_k^0 = \beta V^0 c_k \theta_k \qquad (3-49)$$

式中　β——在空气量计算时表示过量空气系数的符号。

（二）根据燃烧反应计算烟气焓

按燃烧反应计算烟气焓的公式如下：

$$h_y = h_y^0 + (\alpha - 1)h_k^0 + h_{fh} \qquad (3-50)$$

$$h_y^0 = (V_{RO_2}c_{CO_2} + V_{N_2}^0 c_{N_2} + V_{H_2O}^0 c_{H_2O})\theta_y \qquad (3-51)$$

$$h_{fh} = \frac{A_{ar}}{100}\alpha_{fh}c_h\theta_y \qquad (3-52)$$

式中　　　h_y——烟气焓，kJ/kg；

$\qquad\quad h_y^0$——理论烟气的焓（$\alpha = 1$，完全燃烧），kJ/kg；

$\quad V_{RO_2}$——1kg 燃料燃烧生成的二氧化碳和二氧化硫的容积，m³/kg；

$\quad V_{N_2}^0$——1kg 燃料燃烧生成的理论氮气的容积，m³/kg；

$\quad V_{H_2O}^0$——1kg 燃料燃烧生成的理论水蒸气的容积，m³/kg；

c_{CO_2}、c_{N_2}、c_{H_2O}——二氧化碳、氮气和水蒸气的比热容，kJ/（m³·℃），查表 3-5；

$\qquad\quad \theta_y$——烟气温度，℃；

$\qquad\quad h_{fh}$——飞灰的焓，kJ/kg；

$\qquad\quad A_{ar}$——燃料的收到基灰分，%；

$\qquad\quad \alpha_{fh}$——飞灰中纯灰量占燃料总灰量的份额，见表 3-2；

$\qquad\quad c_h$——灰的比热容，kJ/（m³·℃），见表 3-5。

燃料含灰较少时 $\left(4190 \times \dfrac{A_{ar}\alpha_{fh}}{Q_{ar,net}} \leqslant 6\right)$，$h_{fh}$ 可忽略不计。

（三）根据烟气成分分析数据计算烟气焓

当烟气成分分析数据已知时，用式（3-53）计算烟气的焓，即

$$h_y = (V_{gy}c_{gy} + V_{H_2O}c_{H_2O})\theta_y + h_{fh} \qquad (3-53)$$

$$c_{gy} = \frac{RO_2 c_{CO_2} + N_2 c_{N_2} + O_2 c_{O_2} + CO c_{CO} + \cdots}{100} \qquad (3-54)$$

式中　　　　V_{gy}——1kg 燃料燃烧生成的干烟气容积，用式（3-27）计算；

$\qquad\qquad c_{gy}$——干烟气的比热容，kJ/（m³·℃）；

c_{CO_2}、c_{N_2}、c_{O_2}、c_{CO}——二氧化碳、氮气、氧气、一氧化碳的比热容，见表 3-5；

RO_2、N_2、O_2、CO——二氧化碳和二氧化硫、氮气、氧气、一氧化碳在干烟气的容积含量百分数，%，可用奥氏分析器测得。

四、温焓表

由于烟气焓不仅随烟道各部的烟气温度不同而变化，而且也随烟道各部过量空气系数不同而变化，故计算烟道各部位的烟气焓，将是一项十分繁杂的工作。为了简化计算手续和使用方便，在进行锅炉热力计算时，都需要事先编制烟气焓—温表或焓—温图，以便在不同的过量空气系数下，知道温度可立即查出焓，或者知道焓，立即可以查出温度。烟气焓—温表

的编制如下:

(1) 选择炉膛出口的过量空气系数及烟道各处的漏风系数,并根据分别为某段烟道的进口与出口过量空气系数的关系,计算出烟道各处的过量空气系数。

(2) 对应于每一个值,根据该段烟道的温度范围假定几个烟气温度,分别用计算公式求得假定温度下的焓。

(3) 根据各个过量空气系数下的烟气温度和焓,绘制成焓—温表。焓—温表的一般格式见表 3-6。

表 3-6　　　　　　　　　　　烟 气 焓 — 温 表

θ_y (℃)	h_y^0 (kJ/kg)	h_k^0 (kJ/kg)	h_{fh} (kJ/kg)	$h_y = h_y^0 + (\alpha-1)h_k^0 + h_{fh}$ (kJ/kg)					
				α_1		α_2		...	
				h_y	Δh_y	h_y	Δh_y	h_y	Δh_y
100									
200									
300									
⋮									

第五节　锅炉热平衡及其意义

锅炉机组热平衡是计算锅炉热效率、分析影响锅炉热效率的因素、提高锅炉热效率的基础,也是锅炉热效率试验的基础。本节详细论述锅炉用正、反平衡法求热效率的原理、实际计算方法和试验方法,还介绍了锅炉燃料消耗量等概念和计算方法。

一、锅炉热平衡概念

燃料在锅炉中燃烧放出大量的热能,其中绝大部分热量被锅炉受热面中的工质吸收,这是被利用的有效热量。在锅炉运行中,燃料实际上不可能完全燃烧,其可燃成分未燃烧造成的热量损失称为锅炉未完全燃烧热损失。此外,燃料燃烧放出的热量也不可能完全得到有效利用,有的热量被排烟、灰渣带走或透过炉墙损失了,这些损失的热量,称为锅炉热损失,其大小决定了锅炉的热效率。

从能量平衡的观点来看,在稳定工况下,输入锅炉的热量应与输出锅炉的热量相平衡,锅炉的这种热量收、支平衡关系,就叫锅炉热平衡。输入锅炉的热量是指伴随燃料送入锅炉的热量;输出锅炉的热量可以分成两部分,一部分是有效利用热量,另一部分就是各项热损失。

锅炉热平衡是按 1kg 固体或液体燃料(对气体燃料则是 1m³)为基础进行计算的。在稳定工况下,锅炉热平衡方程式可写为

$$Q_r = Q_1 + Q_2 + Q_3 + Q_4 + Q_5 + Q_6 \qquad (3-55)$$

式中　Q_r——随 1kg 燃料的输入锅炉的热量,kJ/kg;

　　　Q_1——对应于 1kg 燃料锅炉的有效利用热量,kJ/kg;

　　　Q_2——对应于 1kg 燃料的排烟损失的热量,kJ/kg;

　　　Q_3——对应于 1kg 燃料的气体未完全燃烧损失的热量,kJ/kg;

Q_4——对应于 1kg 燃料的固体未完全燃烧损失的热量，kJ/kg；

Q_5——对应于 1kg 燃料的锅炉散热损失的热量，kJ/kg；

Q_6——对应于 1kg 燃料的灰渣物理热损失的热量，kJ/kg。

将式（3-55）除以 Q_r 并表示成百分数，则可以建立以百分数表示的热平衡方程式，即

$$100 = q_1 + q_2 + q_3 + q_4 + q_5 + q_6 \quad (\%) \tag{3-56}$$

$$q_1 = \frac{Q_1}{Q_r} \times 100\%$$

$$q_2 = \frac{Q_2}{Q_r} \times 100\%$$

$$q_3 = \frac{Q_3}{Q_r} \times 100\%$$

$$q_4 = \frac{Q_4}{Q_r} \times 100\%$$

$$q_5 = \frac{Q_5}{Q_r} \times 100\%$$

$$q_6 = \frac{Q_6}{Q_r} \times 100\%$$

式中　q_1——锅炉有效利用热量占输入热量的百分数；

q_2——排烟热损失占输入热量的百分数；

q_3——化学不完全燃烧热损失占输入热量的百分数；

q_4——机械不完全燃烧热损失占输入热量的百分数；

q_5——锅炉散热损失占输入热量的百分数；

q_6——灰渣物理热损失占输入热量的百分数。

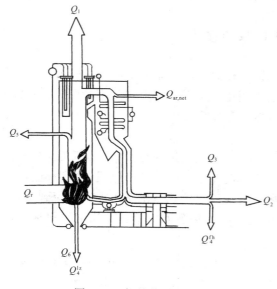

图 3-3　锅炉热平衡示意图

1kg 燃料输入炉内的热量、锅炉有效利用热量和各项损失热量之间的平衡关系也可用如图 3-3 所示的图示法表示。

二、锅炉热平衡的意义

研究锅炉热平衡的目的和意义，就在于弄清燃料中的热量，有多少被有效利用，有多少变成热损失，以及热损失分别表现在哪些方面和大小如何，以便判断锅炉设计和运行水平，进而寻求提高锅炉经济性的有效途径。锅炉设备在运行中应定期进行热平衡试验（通常称为热效率试验），以查明影响锅炉热效率的主要因素，作为改进锅炉工作的依据。

三、正、反平衡求锅炉热效率的方法

锅炉热效率可以通过两种测验方法得出：一种方法是测定输入热量 Q_r 和有效利用热量 Q_1 计算锅炉的热效率，称为正平衡求效率法或直接求效率法；另一种方法是测定锅炉的各项

热损失 q_2、q_3、q_4、q_5、q_6 计算锅炉热效率，称为反平衡求效率法或间接求效率法。

　　目前电厂锅炉常用反平衡法求效率。这一方面是因为大容量高效率锅炉机组用正平衡法求效率看来似乎比较简单，但由于燃料消耗量的测量相当困难，以及在有效利用热量的测定上常会引入较大的误差，此时反而不如利用反平衡法求效率更为方便和准确；另一方面是正平衡法只求出锅炉的热效率，而未求锅炉的各项热损失，因而不利于对各项损失进行分析和提出改进锅炉效率的途径；再一方面是正平衡法要求比较长时间保持锅炉稳定工况，这是比较困难的。对于低效率（例如 $\eta < 80\%$）的小容量锅炉，用正平衡法比较易于测定且误差也不大，如若只需要知道锅炉效率，而无需知道锅炉各项热损失，则可以采用正平衡法。

第六节　锅炉正平衡求效率

　　用正平衡法求锅炉效率是基于锅炉有效利用热量占输入热量的百分数，即

$$\eta = q_1 = \frac{Q_1}{Q_r} \times 100(\%) \tag{3-57}$$

可见，只要知道输入热量 Q_r 和有效利用热量 Q_1 就可求得锅炉热效率。

一、锅炉输入热量

　　锅炉输入热量是由锅炉范围以外输入的热量，不包括锅炉范围内循环的热量。对应于 1kg 固体或液体输入锅炉的热量 Q_r 包括燃料收到基低位发热量、燃料的物理显热、外来热源加热空气时带入的热量和雾化燃油用蒸汽带入的热量。

$$Q_r = Q_{ar,net} + Q_{rx} + Q_{wh} + Q_{wr} \quad kJ/kg \tag{3-58}$$

式中　　$Q_{ar,net}$——燃料的收到基低位发热量，kJ/kg；

　　　　Q_{rx}——燃料的物理显热，kJ/kg；

　　　　Q_{wh}——雾化燃油所用蒸汽带入的热量，kJ/kg；

　　　　Q_{wr}——外来热源加热空气时带入的热量，kJ/kg。

　　1. 燃料物理显热

　　燃料的物理显热在多数情况下数值是很小的，可忽略不计。只有用外来热源加热燃料时或固体燃料的水分较大 $\left(M_{ar} \geqslant \dfrac{Q_{ar,net}}{628}\%\right)$ 时才考虑，它的计算式为

$$Q_{rx} = c_{ar}^r t_r \quad kJ/kg \tag{3-59}$$

式中　　c_{ar}^r——燃料的收到基的比热容，kJ/（kg·℃）；

　　　　t_r——燃料温度，固体燃料无外来热源加热燃料时可取 20℃，℃。

　　固体燃料收到基的比热容用式（3-60）计算，即

$$c_{ar}^r = c_d^r \frac{100 - M_{ar}}{100} + 4.19 \times \frac{M_{ar}}{100} \tag{3-60}$$

式中　　c_d^r——燃料的干燥基比热容。

　　对无烟煤、贫煤　　　　　　　$c_d^r = 0.92kJ/(kg·℃)$

　　对烟煤　　　　　　　　　　　$c_d^r = 1.09kJ/(kg·℃)$

　　对褐煤　　　　　　　　　　　$c_d^r = 1.13kJ/(kg·℃)$

　　液体燃料比热容可用式（3-61）计算，即

$$c_{ar}^r = 1.74 + 0.0025t_r \qquad (3\text{-}61)$$

2. 雾化燃油所用蒸汽带入的热量 Q_{wh}

用蒸汽雾化燃油带入的热量可按式（3-62）计算：

$$Q_{wh} = G_{wh}(h_{wh} - 2510) \qquad (3\text{-}62)$$

式中　G_{wh}——雾化 1kg 燃油用的蒸汽量，kg/kg；

　　　　h_{wh}——雾化燃油所用蒸汽焓，kJ/kg；

　　　　2510——雾化蒸汽随排烟离开锅炉时的焓值，取汽化潜热值，即 2510kJ/kg。

3. 外来热源加热空气时带来的热量

外来热源加热空气时带入的热量按式（3-63）计算，即

$$Q_{wr} = \beta(h_{rk}^0 - h_{lk}^0) \qquad \text{kJ/kg} \qquad (3\text{-}63)$$

式中　β——被加热空气的过量空气系数；

　　　　h_{rk}^0——加热后空气的理论空气焓；

　　　　h_{lk}^0——加热前空气的理论空气焓。

对于燃煤锅炉，如煤和空气都未用外来热源进行加热时，而且煤的水分 $M_{ar} \leqslant \dfrac{Q_{ar,net}}{630}$，则锅炉输入热量 Q_r 等于煤的收到基低位发热量 $Q_{ar,net}$。

二、锅炉有效利用热量

锅炉有效利用热量包括过热蒸汽的吸热、再热蒸汽的吸热、饱和蒸汽的吸热和汽包连续排污时污水的吸热。对于非供热机组，锅炉有效利用热量要用式（3-64）计算，即

$$Q_1 = \frac{D_{gr}(h_{gr}'' - h_{gs}) + D_{zr}(h_{zr}'' - h_{zr}') + D_{pw}(h_{pw} - h_{gs})}{B} \qquad (3\text{-}64)$$

式中　D_{gr}、D_{zr}、D_{pw}——过热蒸汽、再热蒸汽、排污水的流量，kg/h；

　　　　h_{gr}''、h_{pw}、h_{gs}——过热器出口、排污水、给水的焓，kJ/kg；

　　　　h_{zr}''、h_{zr}'——再热器出口、进口蒸汽的焓，kJ/kg。

第七节　锅炉反平衡求效率及各项热损失

锅炉热效率也可以根据式（3-56）按式（3-65）求得，即

$$\eta = q_1 = 100 - (q_2 + q_3 + q_4 + q_5 + q_6) \qquad (\%) \qquad (3\text{-}65)$$

用上式求锅炉热效率，则需要知道锅炉各项热损失 q_2、q_3、q_4、q_5、q_6，这就是前面所述的反平衡求效率。下面分别就各项热损失产生的原因、大小的计算及影响因素逐一介绍。

一、固体未完全燃烧损失

固体未完全燃烧损失是由于灰中含有未燃尽的碳造成的热损失。在煤粉炉中，它是由炉烟带出的飞灰和炉底排出的炉渣中的残碳造成的热损失。在层燃炉中，还有炉箅漏煤造成的热损失。

1. 固体未完全燃烧热损失的计算

在设计锅炉时，固体未完全燃烧热损失不能计算，只能按经验推荐数据来选取。对于运行锅炉是根据锅炉每小时的飞灰量、炉渣量以及飞灰和炉渣中残碳的含量百分数来计算的。

假定以 G_{fh}、G_{lz} 分别表示每小时的飞灰量和炉渣量，单位为 kg/h；以 C_{fh}、C_{lz} 分别表示飞灰与炉渣中残碳的质量含量百分数；每千克碳的发热量是 32866kJ/kg（7850cal/kg），B 表示锅炉每小时的燃料消耗量，单位为 kg/h；则飞灰和炉渣中的残碳造成的固体未完全燃烧损失的热量计算公式为

$$Q_{4fh} = 32866 \times \frac{G_{fh}}{B} \times \frac{C_{fh}}{100}$$

$$Q_{4lz} = 32866 \times \frac{G_{lz}}{B} \times \frac{C_{lz}}{100}$$

$$Q_4 = Q_{4fh} + Q_{4lz}$$

$$q_4 = \frac{Q_4}{Q_r} \times 100 = \frac{32866}{BQ_r}(G_{fh}C_{fh} + G_{lz}C_{lz}) \quad （\%） \tag{3-66}$$

用式（3-66）求 q_4 时，飞灰量 G_{fh} 在运行中很难测定，一般是用灰平衡法间接求出。

所谓灰平衡是指入炉煤的含灰量等于灰和炉渣中的灰量之和。已知燃料中的灰分为 A_{ar}，当以 A_{fh}、A_{lz} 分别表示飞灰和炉渣中纯灰的质量含量百分数时，则灰平衡关系可用下式表示：

$$B\frac{A_{ar}}{100} = G_{fh}\frac{A_{fh}}{100} + G_{lz}\frac{A_{lz}}{100}$$

因为 $A_{fh}+C_{fh}=100$、$A_{lz}+C_{lz}=100$，所以用 $100-C_{fh}$ 代替上式中的 A_{fh}，用 $100-C_{lz}$ 代替上式中的 A_{lz}，即

$$B\frac{A_{ar}}{100} = \frac{G_{fh}(100-C_{fh}) + G_{lz}(100-C_{lz})}{100}$$

得
$$G_{fh} = \frac{BA_{ar} - G_{lz}(100-C_{lz})}{100-C_{fh}} \tag{3-67}$$

将式（3-67）代入式（3-66）中，即可求出 q_4。

对于大容量锅炉，常采用水力除灰，不但飞灰量很难准确收集，而且炉渣量也很难准确收集。为此，飞灰量和炉渣量可根据经验法求出，即根据在运行炉上的试验统计资料，总结出不同类型锅炉的飞灰份额与炉渣份额，用灰平衡关系求出。飞灰份额是指飞灰中的灰占燃料总灰分的份额，用符号 α_{fh} 表示；炉渣份额是指炉渣中的灰占燃料总灰分的份额，用符号 α_{lz} 表示。各种类型锅炉的飞灰份额与炉渣份额见表 3-2 的推荐值。

在已知 α_{fh}、α_{lz} 的情况下，可写出下列形式的灰平衡式：

$$G_{fh}\frac{A_{fh}}{100} = \frac{A_{ar}}{100}\alpha_{fh}B = G_{fh}\frac{100-C_{fh}}{100}$$

$$G_{lz}\frac{A_{lz}}{100} = \frac{A_{lz}}{100}\alpha_{lz}B = G_{lz}\frac{100-C_{lz}}{100}$$

或
$$G_{fh} = \frac{A_{ar}B\alpha_{fh}}{A_{fh}} = \frac{A_{ar}B\alpha_{fh}}{100-C_{fh}}$$

$$G_{lz} = \frac{A_{ar}B\alpha_{lz}}{A_{lz}} = \frac{A_{ar}B\alpha_{lz}}{100-C_{lz}}$$

将上两式的 G_{fh}、G_{lz} 代入式（3-66）中，则

$$q_4 = \frac{32866A_{ar}}{Q_r}\left(\frac{a_{fh}C_{fh}}{100-C_{fh}} + \frac{a_{lz}C_{lz}}{100-C_{lz}}\right) \quad （\%） \tag{3-68}$$

在进行锅炉设计计算时，q_4 可照表 3-7 所列的数据选用。

2. 影响固体未完全燃烧热损失的因素

从计算 q_4 的基本式（3-66）可以看出，影响 q_4 大小的主要因素与炉灰量 G_{fh}、G_{lz} 和灰中可燃物有关。其中炉灰量主要与燃料中灰含量有关；而炉灰中的残碳含量则与燃料性质、燃烧方式、炉膛结构、锅炉负荷以及司炉的操作调整水平有关。固体未完全燃烧热损失是锅炉热损失中的一个主要项目，通常仅次于排烟热损失。固态排渣煤粉炉的固体未完全燃烧损失 q_4 为 1%～5%。

表 3-7　　电站锅炉 q_4 的一般数据

锅炉型式	煤种	q_4（%）	备注
固态排渣煤粉炉	无烟煤	4～6	挥发分高者 q_4 较小
	贫煤	2	
	烟煤	1～1.6	灰分高者 q_4 较大
	褐煤	0.5～1	灰分高者 q_4 较大
液态排渣煤粉炉	无烟煤	3～4	
	贫煤	1～1.5	
	烟煤	0.5	
	褐煤	0.5	
卧式旋风炉	烟煤	1	
	褐煤	0.2	

煤中灰分和水分越少，挥发分越多，煤粉越细，则 q_4 越小。不同燃烧方式的数值差别很大，例如层燃炉、沸腾炉这项损失较大，旋风炉较小，煤粉炉介于两者之间，固态排渣煤粉炉又较液态排渣煤粉炉大。炉膛容积小或高度不够以及燃烧器的结构性能不好或布置不合适，都会减少煤粉在炉内停留时间并降低风粉混合的质量，使 q_4 增大。锅炉负荷过高，会使煤粉停留时间过短来不及烧透，而锅炉负荷过低，又会使炉温降低，燃烧反应减慢，都使 q_4 增加。炉内空气动力工况不良，火焰不能很好充满炉膛，q_4 增加。此外，过量空气系数控制不当，一、二次风调整不合适，都会使 q_4 增加。

为了减少煤粉炉的 q_4 的损失，除应使炉子结构设计得合理外，在运行中还应做好燃烧调整工作。

二、气体未完全燃烧热损失

气体未完全燃烧热损失是指排烟中含有未燃尽的 CO、H_2、CH_4 等可燃气体未燃烧所造成的热损失。

1. 气体未完全燃烧热损失的计算

对于运行中的锅炉，其气体未完全燃烧损失的热量 Q_3 应等于烟气中所有可燃气体的发热量之和，对于煤粉炉，q_3 一般不超过 0.5%。气体未完全燃烧损失 q_3 可按下式计算，即

$$q_3 = \frac{Q_3}{Q_r} \times 100 = \frac{V_{gy}}{Q_r}\left(12640 \times \frac{CO}{100} + 10800 \times \frac{H_2}{100} + 35820 \times \frac{CH_4}{100}\right) \times 100 \times \left(1 - \frac{q_4}{100}\right) \quad （\%）$$

$$(3-69)$$

式中　　　　　　　V_{gy}——干烟气容积，m^3/kg；

　　　　　　　　　CO——烟气中一氧化碳容积占干烟气容积的百分数，%；

　　　　　　　　　H_2——烟气中氢气容积的百分数，%；

　　　　　　　　　CH_4——烟气中甲烷容积占干烟气容积的百分数，%；

12640、10800、35820——一氧化碳、氢、甲烷的发热量，kJ/m^3；

　　　　$1 - \dfrac{q_4}{100}$——考虑 q_4 使 q_3 的减少因素。

式（3-69）中的 CH_4、H_2 要用全烟气分析器来测定。当燃用固体燃料时，烟气中

CH_4、H_2 的含量极少，常忽略不计。只考虑一氧化碳时，q_3 按式（3-70）计算

$$q_3 = \frac{V_{gy}}{Q_r} \times 12640CO \times \frac{100 - q_4}{100}$$

$$= \frac{236(C_{ar} + 0.375S_{ar})CO}{Q_r(RO_2 + CO)}(100 - q_4) \quad （\%） \quad\quad (3-70)$$

正常燃烧时 q_3 值很小，在进行锅炉设计时，q_3 值可按燃料种类和燃烧方式选取。煤粉炉，$q_3 = 0$；燃油燃气炉，$q_3 = 0.5\%$；高炉煤气炉，$q_3 = 1.5\%$。

2. 影响气体未完全燃烧热损失的主要因素

影响气体未完全燃烧热损失的主要因素是炉内过量空气系数、燃料的挥发分、炉膛温度、燃料与空气混合情况、燃烧器结构与布置、炉膛结构等。

过量空气系数过小，氧气供应不足，会使 q_3 增大。过量空气系数过大，又会使炉温降低，故过量空气系数必须适当。一般用挥发分较多的燃料，炉内可燃气体增多而炉内空气动力工况不好，易出现不完全燃烧，会使 q_3 增大。炉膛容积小，高度不够，水冷壁布置过多以及燃烧器布置不合理等，也会使 q_3 增大。此外锅炉在低负荷下运行时，会使炉温降低，燃烧不稳定，使 q_3 增加。

为了减少此项损失，除应在设计中做到使炉子结构合理外，在运行中还应设法保持较高的炉膛温度、适当的过量空气系数，并使燃料与空气充分混合，这一点对燃用高挥发分燃料尤为重要。

三、排烟热损失

排烟热损失是指离开锅炉的烟气温度高于外界空气，排烟带走一部分锅炉的热量所造成的热损失。

1. 排烟热损失的计算

排烟热损失可由排烟焓 h_{py} 与冷空气焓 h_{lk} 来计算，即

$$q_2 = \frac{Q_2}{Q_r} \times 100 = \frac{h_{py} - \alpha_{py}h_{lk}}{Q_r}(100 - q_4) \quad （\%） \quad\quad (3-71)$$

式中　h_{py} ——排烟的焓，kJ/kg；

　　　h_{lk} ——理论冷空气焓，kJ/kg；

　　　α_{py} ——排烟处过量空气系数。

2. 影响排烟热损失的因素及分析

在室燃炉的各项热损失中，排烟热损失是最大的一项，为 $4\% \sim 8\%$。由式（3-71）可知，影响排烟热损失的主要因素是排烟焓 h_{py}，而排烟焓又取决于排烟容积和排烟温度。显然，排烟容积大，排烟温度高，则排烟热损失也大。

排烟容积的大小取决于炉内过量空气系数和锅炉漏风量。过量空气系数越大，漏风量越大，则排烟容积越大。

炉膛出口过量空气系数 α''_1 过大或过小，都会使锅炉热效率降低（热损失总和增加）。一般来说，q_2 随 α''_1 增加而增加；而 q_3、q_4 则随 α''_1 增加而降低，除非 α''_1 过大，使炉温降低较多及燃料在炉内停留时间缩短时例外。对应于 q_2、q_3、q_4 之和为最小的 α''_1 称为最佳过量空气系数，最佳过量空气系数的值可用图 3-4 的曲线求得。最佳 α''_1 值与燃料种类、燃烧方式以及燃烧设备的结构完善程度等因素有关，可通过燃烧调整试验确定。最佳 α''_1 值大致范围：对于固态排渣煤粉炉，当燃用无烟煤、贫煤及劣质煤时，α''_1 为 $1.20 \sim 1.25$；当燃用烟煤、褐

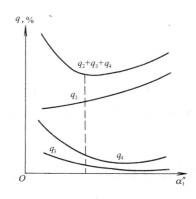

图 3 - 4　最佳过量空气系数的确定

煤时，α''_1 为 1.15～1.20。

炉膛及烟道各处漏风，都将使排烟处的过量空气系数增大，只能增加 q_2 和引风机电耗，而不能改善燃烧，炉膛漏风还能对燃烧带来不利影响。

排烟温度升高会使排烟焓增加，q_2 随之增大。一般排烟温度每升高 15～20℃，排烟热损失约增加 1%，所以应尽量降低排烟温度。但降低排烟温度，会使传热平均温差减小，传热减弱，以致必须增加较多数量的金属受热面，还将使气流阻力增加。所以合理的排烟温度，应考虑燃料、金属价格以及引风机电耗，通过技术经济比较确定。此外，排烟温度的降低，还受到尾部受热面酸性腐蚀的限制，当燃料中的水分和硫分含量较高时，排烟温度也应保持得高一些，以免空气预热器被腐蚀。

另外，锅炉运行情况，也对 q_2 有影响。当受热面结渣、积灰和结垢时，会使传热减弱，排烟温度升高，q_2 增大。所以运行时，应及时吹灰清渣，并注意监视给水、炉水和蒸汽品质，以保持受热面内外清洁，降低排烟温度，提高锅炉效率。

四、散热损失

散热损失是指锅炉在运行中，由于汽包、联箱、汽水管道、炉墙等的温度均高于外界空气温度而散失到空气中去的那部分热量。

1. 散热损失的计算

由于散热损失通过试验来测定是非常困难的，所以通常是根据大量的经验数据绘制出锅炉额定蒸发量 D_e 与散热损失 q_5^e 的关系曲线，如图 3 - 5 所示。已知锅炉额定蒸发量，即可查出该额定蒸发量下的散热损失 q_5^e 的数值。当锅炉额定蒸发量大于 900t/h 时，q_5^e 按 0.2% 计算。

当锅炉在非额定蒸发量下运行时，散热损失 q_5 则按式（3 - 72）计算，即

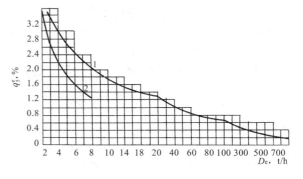

图 3 - 5　锅炉额定蒸发量下的散热损失
1—有尾部受热面的锅炉；2—无尾部受热面的锅炉

$$q_5 = q_5^e \frac{D_e}{D}　（\%）　（3 - 72）$$

式中　　q_5^e——额定蒸发量的散热损失，%；

D_e、D——锅炉额定蒸发量和锅炉实际蒸发量，t/h。

2. 影响散热损失的因素

影响散热损失的主要因素有锅炉额定蒸发量（即锅炉容量）、锅炉实际蒸发量（即锅炉负荷）、外表面积、水冷壁和炉墙结构、管道保温以及周围环境等。

一般来说，锅炉容量越大，散热损失 q_5 就越小。对同一台锅炉来说，运行负荷越小，散热损失越大，这是由于锅炉外表面积并不随负荷的降低而减少，同时散热表面的温度变化又不大，所以 q_5 与锅炉负荷近似成反比关系。

若水冷壁和炉墙等结构严密紧凑，炉墙及管道的保温良好，外界空气温度高且流动缓

慢，则散热损失小。

在进行锅炉热力计算时，需要涉及各段受热面所在烟道的散热损失。当烟气流过某个受热面时所放出的热量，其中绝大部分被受热面中工质吸收，很少一部分热量则是以散热方式损失了。通常把某段烟道中，烟气放出的热量被受热面吸收的程度用保热系数来考虑，为了简化计算，对各段烟道在结构以及所处环境上的差别不予考虑，即认为各段烟道受热面中工质吸收热量仅与该段烟道中的放热量成正比，这样各段烟道的保热系数可取同一数值，并可按整台锅炉保热系数来计算，即

$$\varphi = \frac{Q_1}{Q_1 + Q_5} = 1 - \frac{q_5}{\eta + q_5} \tag{3-73}$$

有了保热系数，知道某受热面烟气侧放热量就可以算出工质侧吸热量，或者知道工质侧的吸热量就可以求出烟气侧的放热量。

五、灰渣物理热损失的计算

灰渣物理热损失是指高温炉渣排出炉外所造成的热量损失。

1. 灰渣物理热损失的计算

灰渣物理热损失可按式（3-74）计算，即

$$q_6 = \frac{Q_6}{Q_r} \times 100 = \frac{A_{ar}\alpha_{lz}c_h\theta_h}{Q_r} \quad （\%） \tag{3-74}$$

式中　A_{ar}——收到基燃料灰分，%；

　　　c_h——炉渣比热容，kJ/（kg·℃）；

　　　α_{lz}——炉渣份额；

　　　θ_h——炉渣温度，固态排渣时可取600℃，液态排渣时取FT+100℃，℃。

2. 影响灰渣物理热损失的因素

影响灰渣物理热损失的因素有燃料灰分、炉渣份额以及炉渣温度。炉渣份额大小主要与燃烧方式有关，固态排渣量较小，液态排渣量较大。炉渣温度主要与排渣方式有关，液态排渣温度高，固态排渣温度低。所以，液态排渣煤粉炉的q_6必须考虑，而对于固态排渣煤粉炉，只有当燃料灰分很高时，$A_{ar} \geqslant \frac{Q_{ar,net}}{419}$ %时，才考虑此项损失。

第八节　锅炉燃料消耗量

一、实际燃料消耗量

实际燃料消耗量是指每小时实际耗用的燃料量，一般简称为燃料消耗量，用符号B表示，单位为kg/h。由式（3-57）、式（3-64）可得

$$B = \frac{100}{\eta Q_r}[D_{gq}(h''_{gq} - h_{gs}) + D_{zq}(h''_{zq} - h'_{zq}) + D_{pw}(h_{pw} - h_{gs})] \tag{3-75}$$

对于大容量燃煤锅炉，考虑到燃料消耗量难以测准，故通常是在测定锅炉输入热量Q_r、锅炉每小时有效利用热量Q_g以及用反平衡法求出锅炉热效率η的基础上，用式（3-75）求出燃料消耗量B。

二、计算燃料消耗量

计算燃料消耗量是指考虑到固体未完全燃烧热损失q_4的存在，在炉内实际参与燃烧反应

的燃料消耗量，用符号 B_j 表示。由于 1kg 入炉燃料只有 $\left(1-\dfrac{q_4}{100}\right)$ kg 燃料参与燃烧反应，所以它与燃料消耗量 B 存在式（3-76）所示的关系，即

$$B_j = B\left(1-\frac{q_4}{100}\right) \tag{3-76}$$

两种燃料消耗量各有不同的用途。在进行燃料输送系统和制粉系统计算时，要用燃料消耗量 B 来计算；但在计算空气需要量及烟气容积等时，则需要用计算燃料消耗量 B_j 来计算。

第九节　锅炉机组热平衡试验方法

在新锅炉安装结束后的移交验收鉴定试验中、锅炉使用单位对新投产锅炉按设计负荷试运转结束后的运行试验中、改造后的锅炉进行热工技术性能鉴定试验中、大修后的锅炉进行检修质量鉴定和校正设备运行特性的试验中以及运行锅炉由于燃料种类变化等原因进行的燃烧调整试验中，都必须进行热平衡试验。

一、热平衡试验的目的

（1）求出锅炉的热效率 η。

（2）求出锅炉的各项热损失并分析热损失高于设计值的原因，并拟订降低热损失和使热效率达到设计值的措施。

（3）确定锅炉机组在各种负荷下的合理运行方式，如过量空气系数、煤粉细度、火焰位置以及燃料和空气在燃烧器及其各层之间的分配情况等。

二、热平衡试验的组织和准备工作

锅炉热效率试验的组织和准备工作如下：

（1）熟悉锅炉机组的技术资料和运行特性。

（2）全面检查锅炉机组及其辅助设备、测量表计、自动调节装置的情况，以了解其是否处于完好状态。

（3）将所检查出的设备缺陷提交有关车间予以处理。

（4）制定试验计划，其内容包括：试验任务和要求，试验准备工作（如安装测点和取样设备，准备测试仪器等），试验顺序，测试内容和方法，人员组织和进度等。试验计划应征得生技部门和有关车间同意。

（5）在制定试验计划的基础上，编写试验准备工作的任务书，并提交技术部门领导审批。其内容包括试验所需器具装置的制造和安装等项目。

（6）组织试验小组并就试验所需人员征得有关车间同意。

（7）准备好所需试验仪器。

（8）对试验用配件的安装进行技术监督，并培训试验观测人员。

上述组织和准备工作条款同样也适合于锅炉其他试验。

三、热平衡试验的要求

（1）试验前，须预先将锅炉负荷调整到试验规定的数值并稳定一个阶段，在此阶段内可以调整燃烧工况达到试验要求。

试验前负荷稳定阶段的持续时间由炉墙结构、试验负荷与稳定负荷的差值而定。当原来

负荷低于或高于规定试验负荷的 20％以上时，将负荷调整到规定工况后一般要求稳定 1～2h，再进行试验。

（2）在试验中，应避免进行吹灰、除灰、打焦、定期排污及启停制粉系统等操作，以防影响试验的顺利进行和试验的准确性。

（3）试验期间，应尽可能地维持锅炉蒸汽参数及过量空气系数等稳定，其允许波动范围一般如下：

锅炉负荷		±5％
汽压	对高压锅炉	±0.1MPa
	对低压锅炉	±0.05MPa
汽温		±5℃
过量空气系数		±0.05

在试验期间，为维持上述指标，煤粉炉应尽可能使进风量与燃料量不变，负荷维持不变。此外，在整个试验期间，给水温度不应有较大的波动。

（4）试验每改变一种工况，原则上应重复进行两次试验，如两次试验的结果相差过大，需再重作一次或多次。

（5）对于燃煤锅炉，一般规定每一工况下正平衡试验的延续时间为 8h，反平衡试验延续时间为 4h，但根据具体情况可适当减少，正平衡 4h 反平衡 2h 亦可。煤粉炉一般不推荐用正平衡试验方法，因为反平衡法要比它简单准确。

四、热平衡试验测定内容

热平衡试验测定内容，应根据试验要求而定，一般进行热平衡试验的主要测定项目如下。

1. 入炉原煤的采样

原煤的采样和分析对效率计算的准确度影响颇大，因而是锅炉试验最基本而又是关键的测量项目。

煤粉炉的原煤取样，一般在给煤机处进行。人工采样时需要的工具是铲子和贮样桶。储样桶应由金属或塑料做成，带有严密的盖子。在采样和保存过程中，储样桶必须盖好盖子，保持密封状态，以避免水分蒸发。

采取的试样应能代表试验期间所用燃料的平均品质。给煤机处取样，一般每隔 15min 取一次，每次约取 1kg。

2. 飞灰取样

在锅炉试验时，采集飞灰样并分析其可燃物含量是最重要的基本测量项目之一，对煤粉炉来讲，更是反映燃烧效果的主要技术指标。在日常运行中，为了不断改进运行操作，也需要经常采集飞灰试样。

在各种燃烧方式的锅炉上，应在尾部烟道的适宜部位安装专用的取样系统，连续抽取少量的烟气流并在系统中将其所含的飞灰全部分离出来作为飞灰试样。

如果锅炉装有效率较高的干式除尘器，也可取其排灰的样品作为飞灰试样。

如装有固定的旋风捕集飞灰取样器时，应在试验前取样瓶内的灰倒净，在试验期间收 2～3 次即可。

试验中最常用的飞灰取样器系统，主要由取样管和旋风捕集器构成。其工作原理是：利用引风机负压，使烟气等速进入取样管并沿切线方向进入旋风捕集器内，由于烟流在其内旋转，烟中灰粒在离心力作用下被甩到器壁落下并收集在中间灰斗中，借助取样瓶可以从中间灰斗取出飞灰试样。

3. 炉渣采样

对煤粉炉来说，炉渣采样同飞灰采样相比是次要的，当其可燃物含量少时，甚至可忽略采样。液态排渣炉无需采集炉渣试样做可燃物分析。

当煤粉炉进行试验时，为了保持燃烧稳定并避免漏风，一般不放灰或冲灰。炉渣采样可待试验结束后，用长手柄的铁铲由灰斗内分不同部位掏取。

如煤粉炉在试验期间连续冲灰，可每隔 30min 采样一次。一般来说炉渣的原始试样数量应不少于炉渣总量的 5%。

4. 烟气成分分析

在锅炉试验中，为下列目的，需要分别采集烟气样品进行成分分析。

（1）为了确定炉膛出口过量空气系数，最好在过热器出口烟道内取样。

（2）为了确定锅炉的排烟热损失，需要测定排烟过量空气系数和烟气容积，应该在锅炉尾部最末级受热面后的烟道内取样，取样截面和排烟温度的测量截面要尽量靠近。

（3）为了确定气体未完全燃烧损失，可在烟道中任何截面上取样。但最好与上述某一项结合，以免再重复分析。

（4）为了确定某一段烟道的漏风情况，需测定该烟道进、出口的过量空气系数，应在其进、出口处取样。

由于大容量锅炉的烟道很宽，烟气成分很可能不均匀，所以每一取样处，应在左右两侧取样分析。

采用奥氏烟气分析器就地分析烟气成分含量时，一般可每隔 15min 取样分析一次。

一般情况下，烟气中的 CO 含量很少，难以用奥氏分析器测定，此时可用烟气全分析器进行测定或根据奥氏分析器测定的 RO_2、O_2 含量用 CO 含量计算公式进行计算。在要求不甚严格的情况下，也可认为 CO＝0，这就不需要测定或计算 CO 含量。

5. 排烟温度的测定

如表盘上排烟温度表的准确性较差时，应进行就地测量排烟温度。由于烟道两侧的排烟温度可能不相等，特别是装有回转式空气预热器的排烟温度两侧相差很大，甚至高达 50℃，所以应在烟道两侧都进行测量。

6. 主要参数的记录

试验期间的温度、压力、流量等重要参数应每隔 15min 记录一次，需记录的项目，应根据试验要求选定。

每次试验结束后，首先要进行数据的整理工作，对试验中重复多次测取的测量参数，一般取其算术平均值作为其直接测值。

在进行热平衡试验时，尤其是当试验次数较多时，常将有关效率计算的内容，根据具体情况，编制成表格的形式，以利于循序计算、校核对比及查找方便。

第四章　煤　粉　制　备

现代大型电厂锅炉一般采用煤粉燃烧，因此，原煤必须经过清除金属等杂物后由碎煤机打碎，然后在磨煤机中磨制成一定细度和干度的煤粉，才能由空气输送经燃烧器进入炉膛燃烧。原煤磨制与干燥工作由制粉设备承担，制粉设备是锅炉的主要辅助设备，又是耗能较大的设备，其工作直接影响锅炉的安全经济运行。因此，了解煤粉的性质、制粉设备的构造与工作是很重要的，本章重点介绍煤粉特性、制粉设备和系统。

第一节　煤　粉　的　特　性

煤粉的特性对于制粉系统的工作和锅炉燃烧的经济性都有很大的影响，为此必须加以研究。煤粉的特性主要表现在以下几个方面。

一、煤粉的一般特性

通常电厂煤粉炉燃用的煤粉由形状很不规则、大小在 $0\sim500\mu m$ 之间的颗粒组成。其中大部分为 $20\sim50\mu m$ 的煤粉颗粒。新制的疏松煤粉的堆积密度为 $0.45\sim0.5t/m^3$，当煤粉存放久后，由于震动和上层压力等的影响，堆积密度可增加到 $0.8\sim0.9t/m^3$，并使流动性减小，所以，煤粉仓中的煤粉亦不应存放太久。

新磨制的干煤粉，由于小而轻，因而在其表面上有吸附大量空气的能力，煤粉能够与空气混合而具有良好的流动性，制粉系统正是利用这个特性用管道对煤粉进行气力输送的。煤粉的流动性给运行工作带来的不利方面是：煤粉会从不严密处泄漏出来，影响制粉系统安全运行并污染环境，此外煤粉自流也会给运行带来不利影响。故对制粉系统的严密性和煤粉自流问题应给予足够的重视。

二、煤粉的自燃性和爆炸性

积存的煤粉会由于缓慢氧化而放出一些热量，在散热不良的情况下，煤粉温度会自行升高而着火，这种现象称为煤粉的自燃性。制粉系统中的煤粉自燃或由于其他火源，会使气粉混合物被点着，并迅速传播开来，形成大面积的着火燃烧，使压力升高到 $0.2\sim0.3MPa$ 并发出巨大的声响，这一现象称为煤粉的爆炸性。煤粉爆炸将危及人身设备安全，并影响锅炉正常工作，为此，制粉系统的防爆十分重要。

影响煤粉爆炸的因素有：煤粉的挥发分，水分，煤粉细度，气粉混合物的浓度、流速、温度以及输送煤粉的气体中氧的成分比例等。现分述如下：

（1）煤粉挥发分。含挥发分多的煤粉易爆炸，含挥发分少的煤粉不易爆炸。当挥发分含量 $V_{daf}<10\%$ 时（无烟煤），一般是没有爆炸危险的；但当挥发分含量 $V_{daf}>20\%$ 时（烟煤等），因其很容易自燃，故爆炸的可能性很大。

（2）煤粉水分。煤粉越干燥越容易爆炸；反之潮湿的煤粉爆炸危险性就小。煤粉水分与磨煤机出口气粉混合物的温度有关。对于不同的煤种和制粉系统，只要控制适当的出口气粉混合物温度，就可以防止煤粉过干引起爆炸。磨煤机出口气粉混合物温度不应超过表 4 - 1

中的规定。

（3）煤粉细度。煤粉越细，越容易自燃和爆炸；反之煤粉越粗，爆炸性就越小。例如烟煤煤粉颗粒直径大于 0.1mm，几乎不会爆炸。对于挥发分含量高的煤不应磨得过细。

（4）煤粉浓度。煤粉浓度是影响煤粉爆炸的重要因素，实践证明，煤粉浓度为 1.2～2.0kg/m³ 空气时，爆炸性最大，这是因为在该浓度下，火焰传播速度最快。大于或小于该浓度时，爆炸的可能性都会减小。在实际运行中一般很难避开这一危险浓度，然而气粉混合物只有在遇火源后才有可能发生爆炸，因此控制煤粉自燃对于防止煤粉爆炸是极为重要的。

（5）气粉混合物的流速。气粉混合物的流速对煤粉自燃和爆炸也有影响。流速过低，易造成煤粉沉积在某些死角上而引起自燃；流速过高又会引起静电火花，也将导致煤粉爆炸。故流速一般应控制在 16～30m/s 的范围内。

（6）输送煤粉的气体中，氧气占的比例越大，爆炸的可能性就越大，如气体中氧气所占的比例小于 15%（按体积计算）时，则不会爆炸。

基于以上分析，对于含挥发分高的易爆燃料，为了防止煤粉爆炸现象的发生，应采取严格的措施控制磨煤机出口气粉混合物的温度，将煤粉磨得粗些、在输送煤粉的气体中掺入适量的烟气（因其中含有 CO_2、N_2 等），以控制氧气的比例。为了防止煤粉沉积，在制粉系统中应避免倾斜度小于 45° 的管段且不得有死角、严格控制气粉混合物的流速、严格按规程对煤粉仓定期降粉并在停炉时将煤粉仓中的煤粉用尽、加强原煤管理、防止易爆和易燃物混入煤中等，并应在制粉系统中装设足够数量的防爆门，以防一旦发生煤粉爆炸，也不致造成设备严重损坏。

表 4-1　　　　　　　　　　　磨煤机（分离器）出口气粉混合物的温度

燃　料	储　仓　式		直　吹　式	
	$M_{ar} \leqslant 25\%$	$M_{ar} > 25\%$	非竖井磨煤机	竖井磨煤机
页　岩			80℃	80℃
褐　煤	70℃	80℃	80℃	100℃
烟　煤			80℃	130℃
贫　煤	130℃		130℃	—
无烟煤	不　限　制			—

三、煤粉水分

煤粉水分对煤粉流动性、煤粉爆炸性、燃烧的经济性以及磨煤机出力等都有很大的影响。煤粉水分过大时，会使煤粉着火推迟，燃烧不易完全，煤粉水分过大，流动性差，还会使煤粉在煤粉仓、落粉管以及给粉机内结块，引起堵塞。煤粉如过于干燥，对于挥发分较高的烟煤和褐煤则将增加自燃和爆炸的可能性，另外深度干燥还将降低制粉系统的干燥出力，从而限制磨煤机的出力。所以煤粉水分应该根据输送的可靠性、燃烧的经济性以及制粉系统的安全性和经济性综合考虑。为了使煤粉水分满足上述多方面的要求，推荐的煤粉水分为：对于无烟煤和贫煤其煤粉水分 $M_{mf} \leqslant 0.5 M_{ad}$；烟煤煤粉水分 $M_{mf} = M_{ad}$；褐煤煤粉水分 $M_{mf} = M_{ad} + 8$。

四、煤粉细度

1. 煤粉细度

煤粉细度是表明煤粉颗粒大小的指标，它是衡量煤粉品质的重要指标。煤粉过粗，在炉膛内不易烧尽，增加不完全燃烧热损失；煤粉过细，又会使制粉系统的电耗和金属磨耗增加。所以，煤粉细度应适当。

煤粉细度一般是按规定方法用标准筛来测定的。将一定量的煤粉试样放在筛子上筛分，筛分后剩余在筛子上的煤粉量占筛分前总煤粉量的百分比，就称为煤粉细度，用 R_x 表示为

$$R_x = \frac{a}{a+b} \times 100 \quad (\%) \tag{4-1}$$

式中　a—— 留在筛子上的煤粉质量，g；

　　　b—— 通过筛孔的煤粉质量，g；

　　　x—— 筛孔的内边宽度，μm。

用同一号筛子筛分，残留在筛子上的煤粉量越多，R_x 值越大，煤粉越粗；若残留量相同，即 R_x 值相同时，筛孔内边尺寸 x 越小，煤粉越细。各国标准筛的规格是不同的，我国采用的标准筛规格见表 4-2。

发电厂常用筛孔宽度为 $90\mu m$ 和 $200\mu m$ 的两种筛子，也就是说，常用 R_{90} 和 R_{200} 来表示煤粉细度，如果只用一个数值来表示煤粉细度，则常用 R_{90}。

表 4-2　　　　　　　　　　　煤 粉 筛 子 规 格

筛　号	每厘米长度上的筛格数	每平方厘米上的筛孔数	筛孔宽度（μm）	金属丝宽度（μm）
10	10	100	600	400
30	30	900	200	130
50	50	2500	120	80
70	70	4900	90	55
80	80	6400	75	50
100	100	10000	60	40

2. 煤粉的经济细度

煤粉细度对锅炉燃烧和制粉系统运行的经济性有较大的影响。煤粉颗粒越细，越容易燃尽，有利于减少固体未完全燃烧热损失 q_4；煤粉细可适当减少炉内过量空气量，降低锅炉排烟热损失 q_2。但煤粉过细，则增大制粉耗电量 q_n 和制粉过程的金属磨损 q_m，增加制粉系统运行费用。使 q_2、q_4、q_n、q_m 之和为最小的煤粉细度称为煤粉的经济细度，如图 4-1 所示。

煤粉经济细度和煤的性质、制粉设备的工作特性和燃烧设备等因素有关。一般挥发分较多易于燃烧的煤种为降低制粉电耗，煤粉颗粒允许磨

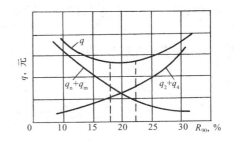

图 4-1　煤粉经济细度的确定

q_2— 排烟热损失；q_4— 固体未完全燃烧热损失；

q_n— 制粉耗电量；q_m— 制粉金属磨损；

q—q_2、q_4、q_n 及 q_m 之和

得粗一些；而挥发分较少的煤，为减少固体未完全燃烧热损失，煤粉颗粒应相对磨得细一些。实际工作中对于不同煤种和不同燃烧设备，煤粉经济细度可通过试验确定，如无试验数据，可参考表 4-3 选用。

五、煤粉的均匀性

表 4 - 3 经济煤粉细度推荐值

煤 种	R_{90}（%）
褐 煤	30～60
烟 煤	15～35
贫 煤	12～20
无烟煤	5～12

煤粉的颗粒特性单用煤粉细度来表示是不全面的，还要看煤粉的均匀性。煤粉的均匀性是表示煤粉颗粒大小均匀一致的特性，煤粉均匀性对燃烧和制粉系统的经济性均有影响，也是衡量煤粉品质的一个重要指标。煤粉颗粒粗细不一，其过粗的煤粉将增大不完全燃烧热损失，过细的煤粉又会增大制粉电耗和金属损耗，使锅炉运行经济性下降。为了进一步了解煤粉的均匀性，就需要讨论煤粉的颗粒组成特性。

1. 煤粉颗粒组成特性

煤粉颗粒尺寸是不均匀的，若用一套筛孔尺寸不等的筛子对煤粉进行筛分，则可以得到如图 4 - 2 所示的 $R = f(x)$ 煤粉颗粒组成特性曲线（或称全筛分曲线）。不同制粉设备磨制的煤粉，其颗粒组成特性是不同的。图 4 - 2 可直观地比较煤粉的相对粗细，在图中曲线的位置越高，它代表的煤粉就越粗。如曲线 1 代表的煤粉较粗，曲线 2 代表的煤粉更粗，而曲线 3 代表的煤粉较细。

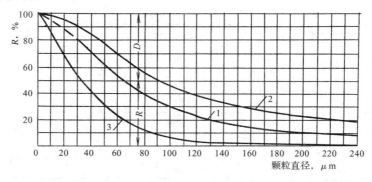

图 4 - 2 煤粉颗粒组成特性曲线

尽管煤粉的颗粒组成特性各不相同，但其粒径的分配均符合下列破碎公式：

$$R_x = 100e^{-bx^n} \tag{4 - 2}$$

式中 b——表示煤粉细度的系数；

n——煤粉均匀性指数。

2. 系数 b、n 的意义

若用 R_{90}、R_{200} 两个常用的细度标准代入式（4 - 2），经推导整理可得出

$$b = \frac{1}{90^n}\ln\frac{100}{R_{90}} \tag{4 - 3}$$

$$n = \frac{\lg\ln\frac{100}{R_{200}} - \lg\ln\frac{100}{R_{90}}}{\lg\frac{200}{90}} = 2.88\lg\frac{2 - \lg R_{200}}{2 - \lg R_{90}} \tag{4 - 4}$$

从式（4 - 4）可知：当 R_{90} 相同时，n 值增大，则 R_{200} 减小，说明粗粉减少；若 R_{200} 相同，n 值增大，则 R_{90} 增加，即粒径小于 $90\mu m$ 的细粉量减少。上述分析说明 n 值越大，煤粉颗粒组成就越均匀。对一定的制粉设备，n 值可以认为是常数，各种制粉设备的 n 值见表 4 - 4。

表 4 - 4　　　　　　　　　　　　**各种制粉设备的 n 值**

磨 煤 机 型 式	粗粉分离器型式	n 值
筒式钢球磨煤机	离心式 回转式	0.8～1.2 0.95～1.1
中速磨煤机	离心式 回转式	0.86 1.2～1.4
风扇磨煤机	惯性式 离心式 回转式	0.7～0.8 0.8～1.3 0.8～1.0

第二节　煤 的 可 磨 性

一、磨制煤粉消耗的能量

煤是一种脆性物质，在机械力的作用下可以被破碎，在破碎期间由于产生新的自由表面，就要克服分子之间的结合力而消耗能量。试验表明：破碎所消耗的能量与新形成的自由表面积成正比，煤粉越细，形成的自由表面积越大，破碎所消耗的能量越大，即

$$E = E_A(A_2 - A_1) \tag{4-5}$$

式中　E——磨制单位质量燃料所消耗的能量，$kW \cdot h/kg$；

　A_2、A_1——1kg 燃料磨制前后的表面面积，m^2/kg；

　　E_A——产生 $1m^2$ 表面积所需要的能量，它与燃料性质有关，$kW \cdot h/m^2$。

二、煤的可磨性系数

不同煤种的机械强度不同，其破碎的难易程度不同，这一性质称煤的可磨性。煤的可磨性用可磨性系数 K_{km} 表示，即在空气干燥状态下，将相同质量的标准煤和试验煤由相同初始粒度破碎到相同的煤粉细度时所消耗能量的比值，即

$$K_{km} = \frac{E_b}{E_s} \tag{4-6}$$

式中　E_b、E_s——磨制标准煤和试验煤时所消耗的能量。

标准煤取用极难磨制的无烟煤。显然，标准煤的可磨性系数 $K_{km}=1$。比标准煤软的煤，磨制时消耗的能量较少，其可磨性系数 $K_{km}>1$。通常认为，$K_{km}<1.2$ 的煤是难磨的煤种，$K_{km}>1.5$ 的煤是易磨的煤种。

另外，一些国家常采用一种哈氏可磨性系数 K_{km}^{Ha} 来表示。K_{km}^{Ha} 与 K_{km} 只是测定的方法不同，两者的关系可用式（4 - 7）换算，即

$$K_{km} = 0.0034(K_{km}^{Ha})^{1.25} + 0.61 \tag{4-7}$$

哈氏法是以一小型中速球式磨煤机作测试机，当主轴运转 60r 后，测定 50g 一定粒度的煤样中通过孔径为 $74\mu m$ 筛子的煤粉量。可磨性系数可按式（4 - 8）确定，即

$$K_{km}^{Ha} = 6.93G + 13 \tag{4-8}$$

式中　G——通过孔径为 $74\mu m$ 筛子的煤粉量，g。

煤的可磨性系数对于磨煤机的出力和制粉电耗有较大的影响，是选择磨煤机型式、计算磨煤机出力与电耗的重要依据。

第三节　磨　煤　机

　　磨煤机是制粉系统中的主要设备，其作用是将原煤磨成煤粉并干燥到一定程度，磨煤机磨煤的原理主要有撞击、挤压、研磨三种。撞击原理是利用燃料与磨煤部件相对运动产生的冲力作用；挤压原理是利用煤在受力的两个碾磨部件表面间的压力作用；研磨原理是利用煤与运动的碾磨部件间的摩擦力作用。实际上，任何一种磨煤机的工作原理并不是单独一种力的作用，而是几种力的综合作用。

　　根据磨煤部件的工作转速，电站用的磨煤机大致可分为三类。

　　低速磨煤机：转速为 16～25r/min，如筒式钢球磨煤机。

　　中速磨煤机：转速为 50～300r/min，如中速平盘式磨煤机、中速钢球式磨煤机（中速球式磨煤机或 E 型磨煤机）、中速碗式磨煤机及 MPS 磨煤机等。

　　高速磨煤机：转速为 500～1500r/min，如风扇磨煤机、锤击磨煤机等。

　　我国燃煤电厂目前广泛应用的是筒式钢球磨煤机和中速磨煤机。

一、单进单出筒式钢球磨煤机

（一）结构及工作原理

　　单进单出筒式钢球磨煤机，其结构如图 4-3 所示。它的磨煤部件是一个直径为 2～4m、长 3～10m 的圆筒，筒内装有许多直径为 30～60mm 的钢球。圆筒自内到外共有五层：第一层是由锰钢制的波浪形钢瓦组成的护甲，其作用是增强抗磨性并把钢球带到一定高度；第二层是绝热石棉层，起绝热作用；第三层是筒体本身，它是由 18～25mm 厚的钢板制作而成

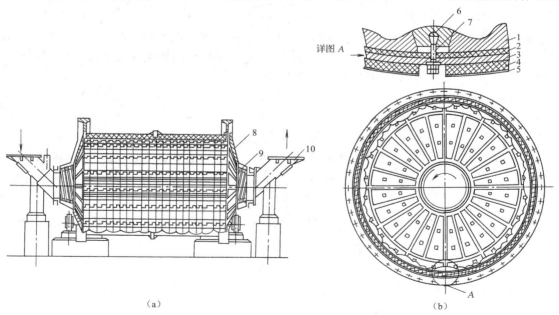

图 4-3　筒式钢球磨煤机结构图

（a）纵剖图；（b）横剖图

1—波浪形护甲；2—石棉层；3—筒身；4—隔音毛毡；5—薄钢板外壳；

6—压紧用的楔形块；7—螺栓；8—端盖；9—空心轴颈；10—短管

的;第四层是隔音毛毡,其作用是隔离并吸收钢球撞击钢瓦产生的声音;第五层是薄钢板制成的外壳,其作用是保护和固定毛毡。圆筒两端各有一个端盖,其内面衬有扇形锰钢钢瓦,端盖中部有空心轴颈,整个球磨机重量通过空心轴颈支承在大轴承上。两个空心轴颈的端部各接一个倾斜 45°的短管,其中一个是原煤与干燥剂的进口,另一个是气粉混合物的出口。

球磨机的工作原理:筒身经电动机、减速装置传动以低速旋转,在离心力与摩擦力作用下,护甲将钢球与燃料提升至一定高度,然后借重力自由下落,煤主要被下落的钢球撞击破碎,同时还受到钢球之间、钢球与护甲之间的挤压、研磨作用。原煤与热空气从一端进入磨煤机,磨好的煤粉被气流从另一端输送出去。热空气不仅是输送煤粉的介质,同时还起干燥原煤的作用,因此进入磨煤机的热空气被称作干燥剂。

(二)钢球磨煤机的临界转速和工作转速

钢球磨煤机圆筒的转速对磨制煤粉的工作有很大影响,如图 4 - 4 所示。如果转速太低,钢球不能提到应有的高度,磨煤作用很小,而且磨制好的煤粉也不能从钢球层中吹走;如果转速太高,钢球的离心力过大,以致钢球紧贴圆筒内壁和圆筒一起作圆周转动,起不到磨煤作用。适当

(a)   (b)   (c)

图 4 - 4 圆筒转速对筒体内钢球运动的影响
(a) 转速太低;(b) 转速适当;(c) 转速太高

的转速应是把钢球带到一定高度,然后落下,才能有最佳的磨煤效果。

1. 临界转速 n_{lj}

筒体的转速达到使钢球的离心力等于其重力,筒内钢球不再脱离筒壁的最小转速称为临界转速 n_{lj},单位为 r/min。这一转速可通过圆筒内壁最高点处钢球受到的离心力恰好与其重力相等求得,即

$$G_P = \frac{G_g}{g} \frac{w_{lj}^2}{R} \tag{4 - 9}$$

式中 G_P——球的重力,N;

       R——圆筒内壁半径,m;

      w_{lj}——球的临界圆周速度,m/s;

      g——重力加速度,其值为 9.81m/s²。

不考虑球与筒壁间的相对运动,则球的临界圆周速度与圆筒内壁的临界圆周速度相等,即

$$w_{lj} = \frac{2\pi R n_{lj}}{60} \tag{4 - 10}$$

式中 n_{lj}——圆筒的临界转速,r/min。

将式(4 - 10)代入式(4 - 9),整理化简得

$$n_{lj} = \frac{42.3}{\sqrt{D}} \tag{4 - 11}$$

式中 D——圆筒的内壁直径,m。

这一公式说明,圆筒直径越大,则临界转速越低。显然,钢球磨煤机达到临界转速时是不能磨制煤粉的,为此圆筒转速应小于临界转速。

2. 最佳转速和工作转速 n

最佳转速是指能把钢球带到适当高度落下，使磨煤效果最好的转速，用符号 n_{zj} 表示，单位为 r/min，其计算式为

$$n_{zj} = \frac{32}{\sqrt{D}} \tag{4-12}$$

最佳转速只是单个球在筒体内运动时的理论公式。实际上磨煤机内有许多钢球，并且有煤，同时，它们对筒壁还可能有滑动，因而在工业上磨煤机的最佳工作转速尚须借助试验得出，但试验所得最佳转速与理论最佳转速很接近。

（三）钢球磨煤机的磨煤出力及影响因素

1. 钢球磨煤机的磨煤出力

钢球磨煤机的磨煤出力是指单位时间内，在保证一定煤粉细度条件下，磨煤机所能磨制的原煤量，用 B_m 表示，单位是 t/h。对于筒体直径小于 4m 的磨煤机，磨煤出力 B_m 可按式（4-13）所示的经验公式计算，即

$$B_m = \frac{0.11 D^{2.4} L n^{0.8} K_{hj} K_{ms} \psi^{0.6} K_{km}^g K_{tf} S_2}{\sqrt{\ln \frac{100}{R_{90}}}} \tag{4-13}$$

$$\psi = \frac{G}{\rho_{gq} V} \tag{4-14}$$

式中　D——钢球磨煤机筒体直径，m；

L——钢球磨煤机筒体长度，m；

n——筒体的工作转速，r/min；

K_{hj}——护甲的形状修正系数，对未磨损波浪形护甲 $K_{hj}=1.0$，对未磨损阶梯形护甲 $K_{hj}=0.9$；

K_{ms}——运行中考虑护甲与钢球磨损，对磨煤出力影响的修正系数，通常取 $K_{ms}=0.9$；

K_{tf}——考虑筒体通风量偏离最佳磨煤通风量时，对磨煤出力影响的修正系数，根据磨煤机筒体通风量与最佳磨煤通风量的比值，可按表4-5选取；

ψ——钢球充满系数，它表示钢球容积占筒体容积的份额；

G——钢球装载量，t；

V——钢球磨煤机筒体容积，m³；

ρ_{gq}——钢球堆积密度，取 $\rho_{gq}=4.9t/m^3$；

S_2——原煤质量换算系数；

K_{km}^g——工作燃料的可磨性系数。

表4-5　　　　　　　　磨煤通风量修正系数 K_{tf}

V_{tf}/V_{tf}^{zj}	0.4	0.5	0.6	0.7	0.8	0.9	1.0	1.1	1.2	1.3	1.4
K_{tf}	0.66	0.76	0.83	0.89	0.95	0.975	1.0	1.025	1.03	1.04	1.07

钢球磨煤机的磨煤出力与可磨性系数 K_{km} 成正比。但是可磨性系数 K_{km} 是以一定粒度风干状态的煤在实验室条件下测定的，进入磨煤机的工作煤，其水分和粒度都不同于实验室条件，因此工作燃料的可磨性系数 K_{km} 应按式（4-15）进行修正，即

$$K_{km}^g = K_{km} \frac{S_1}{S_{ps}} \tag{4-15}$$

$$S_1 = \sqrt{\frac{(M_{ar}^{max})^2 - (M^{pj})^2}{(M_{ar}^{max})^2 - (M_{ad})^2}} \tag{4-16}$$

对烟煤
$$M^{pj} = \frac{M'_m + 6M_{mf}}{7}$$

对褐煤
$$M^{pj} = \frac{M'_m + 3M_{mf}}{4} \tag{4-17}$$

式中　S_{ps}——原煤粒度对煤可磨性系数 K_{km} 的修正系数,根据原煤破碎程度按图 4-5 确定;

S_1——水分对煤可磨性系数 K_{km} 的修正系数;

M_{ar}^{max}——煤的收到基最大水分,无资料可按 $M_{ar}^{max} = 4 + 1.06M_{ar}$ 计算,%;

M_{ad}——煤的空气干燥基水分,%;

M^{pj}——磨煤机内煤的平均水分,%;

M_{mf}——煤粉水分,%;

M'_m——磨煤机前的煤的水分,%。

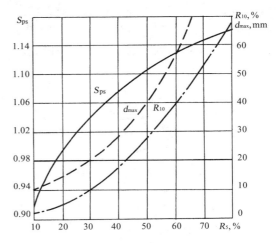

图 4-5　原煤粒度修正系数

R_5—原煤在筛孔尺寸为 5mm×5mm 筛子上的剩余量,%;
R_{10}—原煤在筛孔尺寸为 10mm×10mm 筛子上的剩余量,%;
d_{max}—原煤中最大煤块尺寸,mm

1kg 原煤在干燥过程中,从原煤水分 M_{ar} 干燥到煤粉水分 M_{mf},所失去的水分 ΔM 为

$$\Delta M = \frac{M_{ar} - M_{mf}}{100 - M_{mf}} \tag{4-18}$$

我国电站的钢球磨煤机出口,装置有一定长度的下降干燥管,在其中干燥管中的水分一般按 $0.4\Delta M$ 计算,经推导磨煤机前煤水分为

$$M'_m = \frac{M_{ar}(100 - M_{mf}) - 40(M_{ar} - M_{mf})}{(100 - M_{mf}) - 0.4(M_{ar} - M_{mf})} \tag{4-19}$$

$$S_2 = \frac{100 - M^{pj}}{100 - M_{ar}} \tag{4-20}$$

2. 影响钢球磨煤机出力的因素

钢球磨煤机是锅炉耗能较大的设备,制粉系统运行的经济性主要取决于钢球磨煤机的工作,下面对影响钢球磨煤机工作的主要因素进行分析。

(1) 钢球磨煤机的转速。钢球磨煤机的转速对煤粉磨制过程影响很大,不同转速时,筒内钢球和煤的运动状况不同。若筒体转速太低,钢球随筒体转动而上升形成一个斜面,当斜面的倾角等于或大于钢球的自然倾角时,钢球就沿斜面滑下来,撞击作用很小,同时煤粉被压在钢球下面,很难被气流带出,以至磨得很细,降低了磨煤机出力。若转速过高,在离心力作用下,球贴在筒壁随圆筒一起旋转而不再脱离,则球的撞击作用完全丧失。显然,滚筒的转速应小于临界转速。国产钢球磨煤机的工作转速 n 接近最佳转速 n_{zj},工作转速 n 与临界转速 n_{lj} 的关系为

$$n/n_{lj} = 0.74 \sim 0.8$$

（2）钢球充满系数 ψ 与钢球直径。钢球充满系数 ψ 简称充球系数。钢球装载量将直接影响磨煤出力及电能消耗，当筒体通风量与煤粉细度不变时，随着钢球装载量的增加，单位时间内球的撞击次数增加，磨煤出力 B_m 及磨煤机功率 P_m 相应增加，磨煤单位电耗 E_m 也是增大的。

由于通风量不变，排粉风机功率 P_{tf} 不变，随着磨煤出力的增加，通风单位电耗减小，制粉单位电耗也是减小的。但是，当钢球装载量增加到一定程度后，由于钢球充满系数过大使钢球下落的有效高度减小，撞击作用减弱，磨煤出力增加的程度减缓，而磨煤功率却仍然按原变化速度增加，磨煤单位电耗显著增大，这时制粉单位电耗也将增大。磨煤出力和单位电耗随钢球充满系数 ψ 的变化关系，如图 4-6 所示，制粉单位电耗最小值所对应的充球系数称为最佳充球系数，它可通过试验确定。

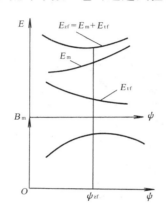

图 4-6　单位电耗 E 与钢球充满系数 ψ 的关系　　图 4-7　单位电耗 E 与磨煤通风量 V_{tf} 的关系
　　　　　（通风量不变，煤粉细度不变）　　　　　　　　　　　　　（钢球装载量不变）

钢球直径应按磨煤电耗与磨煤金属损耗总费用最小的原则选用。当充球系数一定时，钢球直径越小，撞击次数及作用面积越大，磨煤出力提高，但球的磨损加剧。随着球径减小，球的撞击力减弱，不宜磨制硬煤及大块煤。因此，一般采用的球径为 30～40mm，当磨制硬煤或大块煤时，则选用直径为 50～60mm 的钢球。运行中，由于钢球不断磨损，为维持一定的充球系数及球径，应定期向磨煤机内添加钢球。

（3）护甲形状完善程度。形状完善的护甲，可增大钢球与护甲的摩擦系数，有助于提升钢球和燃料，磨煤出力得以提高。磨损严重的护甲，钢球与护甲间有较大的相对滑动，将有较多能量消耗在钢球与护甲的摩擦上，未能用来提升钢球，磨煤出力明显下降。

（4）通风量。磨煤机内磨好的煤粉，需一定的通风量将煤粉带出。由于燃料沿筒体长度分布不均，当通风量太小时，筒体通风速度较低，仅能带出少量细粉，部分合格煤粉仍留在筒内被反复碾磨，使磨煤出力降低。适当增大通风量可改善燃料沿筒体长度的分布情况，提高磨煤出力，降低磨煤单位电耗。但是，当通风量过大时，部分不合格的粗粉也被带出，经粗粉分离器分离后，又返回磨煤机再磨，造成无益的循环。这时，不仅通风单位电耗增大，制粉单位电耗也是增大的。当钢球装载量不变，制粉单位电耗最小值所对应的磨煤通风量，称最佳磨煤通风量 V_{tf}^{zj}，如图 4-7 所示，最佳磨煤通风量可通过试验确定。

（5）载煤量。钢球磨煤机滚筒内载煤量较少时，钢球下落的动能只有一部分用于磨煤，另一部分白白消耗于钢球的空撞磨损。随着载煤量的增加，磨煤出力相应增大，但载煤量过大时，由于钢球下落高度减小，钢球间煤层加厚，部分能量消耗于煤层变形，磨煤出力反而降低，严重时将造成滚筒入口堵塞。因此，每台钢球磨煤机在钢球装载量一定时有一个最佳载煤量，按最佳载煤量运行磨煤出力最大。运行中载煤量可通过磨煤机电流和磨煤机进出口压差来反映。

（6）燃料性质。燃料性质对磨煤出力影响较大，煤的挥发分不同，对煤粉细度的要求不同。低挥发分煤要求煤粉磨得较细，则消耗的能量较多，磨煤出力因此降低。

煤的可磨性系数值越大，破碎到相同细度煤粉所消耗的能量越小，磨煤出力就越高；原煤水分越大，磨粉过程由脆性变形过渡到塑性变形，改变了煤的可磨性，额外增加了磨粉能量消耗，磨煤出力因而降低；进入磨煤机的原煤粒度越大，磨制成相同细度的煤粉所消耗的能量也越大，磨煤出力则越低。

钢球筒式磨煤机的主要特点是适应煤种广，能磨任何煤，特别是硬度大、磨损性强的煤及无烟煤、高灰分劣质煤等，其他型式的磨煤机都不宜磨制，只有采用钢球磨煤机。钢球磨煤机对煤中混入的铁件、木屑不敏感，又能在运行中补充钢球，延长了检修周期，因此，钢球磨煤机能长期维持一定出力和煤粉细度可靠地工作，且单机容量大，磨制的煤粉较细。其主要缺点是设备庞大笨重、金属消耗多、占地面积大，初投资及运行电耗、金属磨损都较高，特别是它不适宜调节，低负荷运行不经济。此外，运行噪声大，磨制的煤粉不够均匀。这些使钢球磨煤机的应用受到一定限制。

二、双进双出钢球磨煤机

（一）双进双出钢球磨煤机概述

双进双出钢球磨煤机是传统钢球磨煤机的改进形式，也是钢球磨煤机的一种。其本体结构与传统钢球磨煤机差异不大，只是在通风口和进煤口有所改进，重要的是将原来的单面进单面出的方式演变成了两面进和两面出的方式，即从磨煤机的两侧同时进煤和热风，又同时送出煤粉，"双进双出"由此而来。

双进双出钢球磨煤机的采用相对于传统钢球磨煤机而言，系统相对简单且维修方便，而与中速磨煤机相比，运行可靠性好，特别在钢球磨制高灰分、高腐蚀性煤，以及要求煤粉细度较细的情况下，有其独特的优势。

（二）双进双出钢球磨煤机结构特点与工作原理

双进双出钢球磨煤机的工作原理与一般钢球磨煤机基本相同，但有所不同的是：对于一般钢球磨煤机来讲，颗粒粗大的原煤和热风从钢球磨煤机的一端进入，细煤粉又由热风从钢球磨煤机另一端带出；对于双进双出钢球磨煤机，颗粒粗大的原煤和热风从钢球磨煤机的两端进入，同时，细煤粉又由热风从钢球磨煤机两端带出。就像在钢球磨煤机的中间有一个隔板一样，热风在钢球磨煤机内循环，而不像一般钢球磨煤机热风直接通过钢球磨煤机。

目前，双进双出钢球磨煤机大致可分为两大类型，一类是在钢球磨煤机轴颈内带有热风空心管；另一类在轴颈内不带热风空心管。现分别简述如下。

1. 轴颈内带有热风空心管的双进双出钢球磨煤机

双进双出钢球磨煤机每端进口有一个空心圆管，圆管外围有用弹性固定的螺旋输煤器，螺旋器和空心圆管可随磨煤机筒体一起转动，螺旋输煤器像连续旋转的铰刀，使从给煤机下落的煤由端头下部不断地被刮向筒内。

螺旋铰刀与空心圆筒的径向外侧有一个固定的圆筒外壳体，圆筒外壳体与带螺旋的空心圆筒之间有一定的间隙，这个间隙的作用是：下部可通过煤块，上部可通过磨制后的风粉混

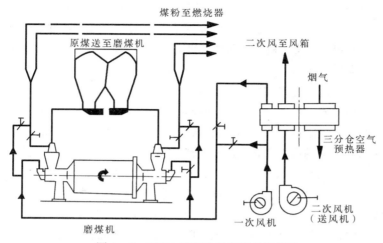

图 4-8　BBD1 型双进双出钢球磨煤机

合物。硬件杂物可能使螺旋铰刀被卡涩，而螺旋铰刀是弹性固定在空心圆管上的，允许有一定位移变形作用，因而不易卡坏。

磨煤机端部出口一般有两种方式与粗粉分离器连接：一种布置是粗粉分离器与磨煤机是一个整体，落煤管是从粗粉分离器中间下来，煤块直接落到端部螺旋铰刀的下部，如图 4-8 所示，称 BBD1 型。磨制后的风粉混合物从端部的上半部间隙直接进入粗粉分离器入口，从外表看磨煤机端部只有与粗粉分离器的接口和进入空心管

的热风接口。该种布置比较紧凑，但煤粉分离性能稍差些。另一种布置是粗粉分离器与磨煤机分开布置，进入分离器风粉管有一定的垂直高度，粗粉分离器即为高位布置，一般在煤仓运行层，其落煤管单独连接，粗粉分离器有回粉管，管路布置比"整体式"复杂，但因粗粉分离器进口管有一定高度，本身预先就起了一定的重力分离作用，其煤粉细度控制效果比"整体式"可能好些，又对落煤比较有利。分体式双进双出钢球磨煤机系统如图 4-9 所示，称为 BBD2 型。

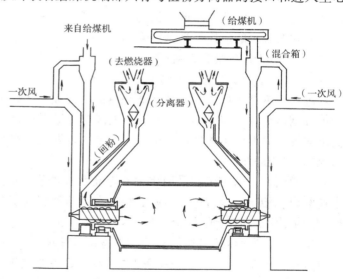

图 4-9　BBD2 型分体式双进双出钢球磨煤机

2. 轴颈内不带有热风空心管的双进双出钢球磨煤机

在轴颈内不带有热风空心管的双进双出钢球磨煤机的筒体两端，各安装有一个进出口料斗，料斗从中间隔开，一边用来进煤，另一边用来出粉。空心轴颈内有可以更换的螺旋管护套，在磨煤机与空心轴颈一起旋转时，原煤经过进出口料斗的一侧沿护套进入磨煤机，磨细的煤粉随着热风经进出口料斗的另一侧进入粗粉分离器，如图 4-10 所示。

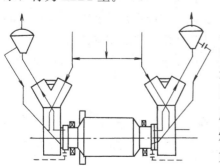

图 4-10　不带热风空心管的
双进双出钢球磨煤机

3. 优点

（1）可靠性高、灵活性显著、可用率高。国外运行

情况表明，包括给煤机在内的此种钢球磨煤机制粉的年事故率仅为 1％，而且磨煤机本身几乎不出事故。

（2）维护简便、维护费用低。与中、高速磨煤机相比，此种钢球磨煤机维护最简便，维护费用也最低，只需定期更换大齿轮油脂和补充钢球。

（3）出力稳定，能长期保持恒定的容量和要求的煤粉细度。

（4）能有效地磨制坚硬、腐蚀性强的煤。

（5）储粉能力强，它的筒体就像一个大的储煤罐，有较大的煤粉储备能力，大约相当于磨煤机运行 10～15min 的出粉量。

（6）在较宽的负荷范围内有快速反应能力。试验表明，此种钢球磨煤机直吹式制粉系统对锅炉负荷的响应时间几乎与燃油和燃气炉一样快，其负荷变化率每分钟可以超过 20％。它的自然滞留时间是所有磨煤机中最少的，只有 10s 左右。

（7）煤种适应能力强。双进双出钢球磨煤机对煤中的杂物不敏感，但是其两端的螺旋输送器，对煤中杂物的限制比一般磨煤机严格。

（8）能保持一定的风煤比。

（9）低负荷时能增加煤粉细度。

（10）无石子煤泄露。

三、中速磨煤机

（一）中速磨煤机的类型、结构及工作原理

我国发电厂目前常用的中速磨煤机有以下四种：辊—盘式，即平盘中速磨煤机；辊—碗式，即碗式中速磨煤机，如 RP 型磨煤机；球—环式，即中速球式磨煤机或称 E 型磨煤机；辊—环式，又称 MPS 中速磨煤机。它们的结构如图 4-11 所示。

中速磨煤机的型式虽多，但它们的工作原理与基本结构大致相同。原煤都是落在两组相对运动的碾磨部件表面间，在压紧力作用下受挤压和碾磨而破碎。磨成的煤粉在碾磨件旋转产生的离心力作用下，被甩至磨煤室四周的风环处。作为干燥剂的热空气经风环吹入磨煤机，对煤粉进行加热并将其带入碾磨区上部的分离器中。煤粉经过分离，不合格的粗粉返回碾磨区碾磨，细粉被干燥剂带出磨煤机外。混入原煤中难以磨碎的杂物，如石块、黄铁矿、铁块等被甩至风环处，由于它们质量较大，风速不足以阻止它们下落，而落至杂物箱中。

平盘磨煤机、碗式磨煤机的碾磨件均为磨辊与磨盘，它们都以磨盘的形状命名。磨盘作水平旋转，被压紧在磨盘上的磨辊，绕自己的固定轴在磨盘上滚动，煤在磨辊与转盘间被粉碎。E 型磨煤机的碾磨件像一个大型止推轴承，下磨环被驱动作水平旋转，上磨环压紧在钢球上，多个大钢球在上下磨环间的环形滚道中自由滚动，煤在钢球与磨环间被碾碎。MPS 中速磨煤机是在 E 型磨煤机和平盘磨煤机的基础上发展起来的，它取消了 E 型磨煤机的上磨环，三个凸形磨辊压紧在具有凹槽的磨盘上，磨盘转动，磨辊靠摩擦力在固定位置绕自身的轴旋转。各种型式中速磨煤机碾磨件的压紧力，靠弹簧或液压气动装置实现。

（二）影响中速磨煤机工作的主要因素

1. 转速

中速磨煤机的转速考虑到最小能量消耗下的最佳磨煤效果，同时还考虑到碾磨件合理的使用寿命。转速太高，离心力过大，煤来不及磨碎即通过碾磨件，大量粗粉循环使气力输送的电耗增加；而转速太低，煤磨得过细，又将使磨煤电耗增加。随着磨煤机容量的增大，碾

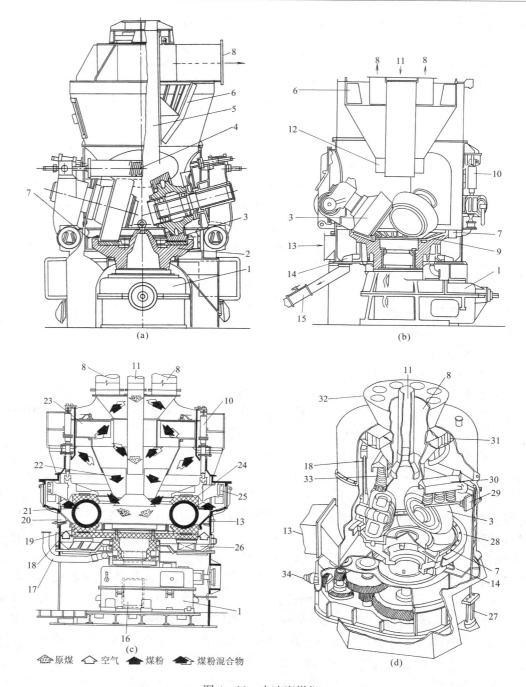

图 4-11　中速磨煤机

（a）平盘磨煤机；（b）RP 型磨煤机；（c）E 型磨煤机；（d）MPS 磨煤机

1—减速箱；2—磨盘；3—磨辊；4—加压弹簧；5—落煤管；6—分离器；7—风环；8—气粉混合物出口；
9—浅沿磨碗；10—加压缸；11—原煤入口；12—粗粉回粉管；13—热风进口；14—杂物刮板；15—杂物排放管；
16—废料室；17—密封气连接管；18—活门；19—下磨环；20—安全门；21—钢球；22—粗粉回粉斗；
23—分离器可调叶片；24—上磨环；25—导杆；26—梨式刮刀；27—液压缸；28—风环毂；29—下压盘；
30—上压盘；31—分离器导叶；32—煤粉分配器；33—加压弹簧；34—传动轴

磨件的直径相应增大，为了限制一定的圆周速度，以减轻碾磨件的磨损并降低磨煤电耗，中速磨煤机的转速趋向降低。

2. 通风量

通风量的大小，影响磨煤出力与煤粉细度，并影响石子煤的排放量，因此，中速磨煤机需维持一定的风煤比。如 E 型磨煤机推荐的风煤比为 1.8～2.2kg/kg；RP 型磨煤机一般约为 1.5kg/kg。

3. 风环气流速度

合理的风环气流速度应能保证一定煤粉细度下的磨煤出力，并减少石子煤的排放量。通风量确定后，风环气流速度通过风环间隙控制在一定范围内，如 E 型磨煤机一般为 70～90m/s。

4. 碾磨压力

碾磨件上的平均载荷称碾磨压力。碾磨压力过大，将加速碾磨件的磨损，过小将使磨煤出力降低、煤粉变粗，因此，运行中要求碾磨压力保持一定。随着碾磨件的磨损，碾磨压力相应减小，运行中需随时进行调整。

5. 燃料性质

中速磨煤机主要靠碾压方式磨煤，燃料在磨煤机内扰动不大，干燥过程不太强烈，对于活动部件穿过机壳的小型辊磨，由于密封条件不好，只适合负压运行，冷风漏入降低了磨煤机的干燥能力，因此一般适于磨制原煤水分 $M_{ar}<12\%$ 的煤。E 型磨煤机、RP 型磨煤机、MPS 磨煤机具有良好的气密结构，适合于正压运行，干燥能力大为改善。当锅炉能提供足够高温的干燥剂时，可以磨制 $M_{ar}=20\%～25\%$ 的原煤。为了减轻磨损，延长碾磨件的寿命，并保证一定的煤粉细度，中速磨煤机一般适合磨制烟煤及贫煤。

中速磨煤机的优缺点是：中速磨煤机与分离器装配成一体，结构紧凑，占地面积小，质量轻，金属消耗量小，投资省；磨煤电耗低，特别是低负荷运行时单位电耗量增加不多；运行噪声小；空载功率小，适宜变负荷运行，煤粉均匀性指数较高。因此，在煤种适宜条件下应优先采用中速磨煤机。其缺点是结构复杂，磨煤部件易磨损，需严格地定期检修，不宜磨硬煤和灰分大的煤，也不宜磨水分大的煤。

四、高速磨煤机

1. 风扇磨煤机的结构特点

常用的高速磨煤机是风扇磨煤机，风扇磨煤机的结构类似风机，如图 4-12 所示。它由叶轮、外壳、轴和轴承箱等组成。叶轮上装有 8～12 块用锰钢制的冲击板；外壳形状也像风机的外壳，其内表面装有一层翼护板，它们都由耐磨的锰钢材料制成。它相当于一台经过加固的风机，叶轮以 500～1500r/min 的速度旋转，具有较高的自身通风能力。原煤从磨煤机的轴向或切向进入磨煤机，在磨煤机中同时进行干燥、磨煤和输送三个工作过程。进入磨煤机的煤粒受到高速旋转的叶轮的冲击而破碎，同样又依靠磨煤机

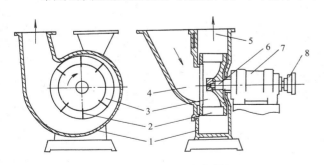

图 4-12 风扇式磨煤机
1—外壳；2—冲击板；3—叶轮；4—风、煤进口；
5—气粉混合物出口（接分离器）；6—轴；
7—轴承箱；8—联轴节（接电动机）

的鼓风作用把用于干燥和输送煤粉的热空气或高温炉烟吸入磨煤机内，一边强烈地进行干燥，一边把合格的煤粉带出磨煤机，经燃烧器喷入炉膛内燃烧。风扇磨煤机集磨煤机与鼓风机于一体，并与粗粉分离器连接在一起，使制粉系统十分紧凑。

2. 风扇磨煤机的运行特点

与中速磨煤机一样，风扇磨煤机的功率消耗随出力的增加而增加，因此它可以比较经济地在低负荷下运行，这一点是钢球磨煤机不及的。风扇磨煤机在高于额定出力的负荷下运行时，不仅功率消耗增大，而且更重要的是受到磨煤机内储煤量增加而堵塞以及叶片严重磨损。磨出的煤粉也较粗。因此，不宜磨制硬煤、强磨损性煤及低挥发分煤，一般适合磨制褐煤和烟煤。

风扇磨煤机工作时能产生一定的抽吸力，因可省掉排粉风机。它本身能同时完成燃料磨制、干燥、吸入干燥剂、输送煤粉等任务，因此而大大简化了系统。风扇磨煤机还具有结构简单，尺寸小，金属消耗少，运行电耗低等优点；其主要缺点是碾磨件磨损严重，机件磨损后磨煤出力明显下降，煤粉品质恶化，因此维修工作频繁。此外，磨出的煤粉较粗而且不够均匀。由于风扇磨煤机提供风压有限，所以对制粉系统设备及管道布置均有所限制。

五、磨煤机类型的选择

磨煤机类型的选择主要应考虑以下几个方面：燃料的性质（特别是煤的挥发分）、可磨性系数、碾磨细度要求、运行的可靠性、磨损指数、投资费、运行费（包括电耗、金属磨损、折旧费、维护费等），以及锅炉容量、负荷性质，必要时还得进行技术经济比较。原则上当煤种适宜时，应优先选用中速磨煤机和双进双出钢球磨煤机。燃用多水分的褐煤时，应优先选用风扇磨煤机。对于煤质较硬的无烟煤、贫煤以及杂质较多的劣质煤可考虑选用钢球磨煤机。

第四节　制　粉　系　统

制粉设备的连接方式不同，构成不同的制粉系统，我国采用的制粉系统分为直吹式和中间储仓式两大类。

制粉系统的主要任务是煤的磨制、干燥与输送。对于储仓式系统来说，还有煤粉的储存与调剂任务。

一、直吹式制粉系统

直吹式制粉系统是指磨煤机磨制的煤粉被直接吹入炉膛燃烧的系统。直吹式制粉系统的特点是磨煤机的磨煤量任何时候都与锅炉的燃料消耗量相等，即制粉量随锅炉负荷变化而变化，因此，锅炉正常运行依赖于制粉系统的正常运行。所以，直吹式制粉系统宜采用变负荷运行特性较好的磨煤机，如中速磨煤机、高速磨煤机、双进双出钢球磨煤机。

（一）中速磨煤机直吹式制粉系统

在中速磨煤机直吹式制粉系统中，按磨煤机工作压力可以分为正压直吹式系统和负压直吹式系统两种连接方式。

按制粉系统工作流程，排粉机在磨煤机之后，整个系统处于负压下工作，称为负压直吹式系统，如图 4 - 13 （a）所示。在负压直吹式系统中，燃烧所需的全部煤粉均通过排粉机，因此，排粉机叶片磨损严重，这一方面影响了排粉机的效率和出力，增加运行电耗，另一方面也使系统可靠性降低，维修工作量加大。负压直吹式系统的主要优点是磨煤机处于负压状态，不会向外喷粉，工作环境比较干净。

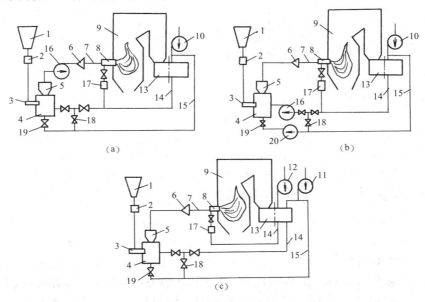

图 4-13　中速磨煤机直吹式制粉系统

（a）负压系统；（b）正压系统—带热一次风机；（c）正压系统—带冷一次风机

1—原煤仓；2—煤秤；3—给煤机；4—磨煤机；5—粗粉分离器；6—煤粉分配器；7—一次风管；
8—燃烧器；9—锅炉；10—送风机；11—一次风机；12—二次风机；13—空气预热器；14—热风道；
15—冷风道；16—排粉机；17—二次风箱；18—调温冷风门；19—密封冷风门；20—密封风机

按制粉系统工作流程，排粉机（一次风机）在磨煤机之前，整个系统处于正压下工作，称为正压直吹式系统，如图 4-13（b）所示。在正压直吹式系统中，通过排粉机的是洁净空气，正压直吹式系统的排粉机不存在叶片的磨损问题，但该系统要求排粉机在高温下工作，运行可靠性较低，另外，磨煤机需采取密封措施，否则易向外喷粉，影响环境卫生和设备安全。

如图 4-13（b）所示的正压直吹式系统中的排粉机输送的是高温空气，排粉风机的工作效率和运行可靠性有所下降。将一次风机置于空气预热器前，形成冷一次风机正压直吹式系统，如图 4-13（c），这时流过风机的介质为冷空气，温度较低，大大提高了系统安全性。由于一次风的风压比二次风机的风压高得多，所以必须采用三分仓空气预热器，将一、二次风流通区域分开，因此使空气预热器结构复杂，造价提高。

（二）风扇磨煤机直吹式制粉系统

风扇磨煤机直吹式制粉系统如图 4-14 所示。风扇磨煤机适宜磨制褐煤，对于水分高的褐煤采用热风作干燥剂，如图 4-14（a）所示。

对于磨制水分较高的褐煤，可采用热空气加炉烟作为干燥剂，以利于燃料的干燥和防爆，如图 4-14（b）所示。在抽取炉烟时，可以根据干燥和防爆的要求来决定抽取高温炉烟（炉膛出口），还是低温炉烟（除尘器后），或是高低温混合炉烟。

抽取炉烟作为干燥剂的突出优点是，当燃料水分变化较大时，可利用高温烟气来调节制粉系统的干燥能力，稳定一次风温度和一、二次风的比例，减少对燃烧过程的影响。此外，较大的炉烟比例可降低燃烧器附近的炉膛温度以防结渣，这对灰熔点较低的褐煤是很重要的。

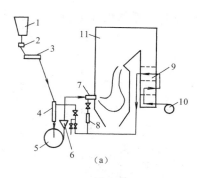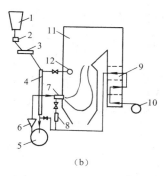

图 4 - 14　风扇磨煤机直吹式制粉系统

(a) 热风干燥；(b) 热风—炉烟干燥

1—原煤仓；2—自动磅秤；3—给煤机；4—下行干燥管；5—磨煤机；6—粗粉分离器；

7—燃烧器；8—二次风箱；9—空气预热器；10—送风机；11—锅炉；12—抽烟口

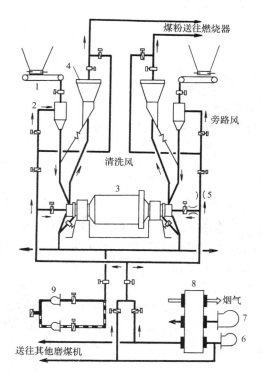

图 4 - 15　双进双出钢球磨煤机正压直吹式制粉系统

1—给煤机；2—混料箱；3—双进双出钢球磨煤机；

4—粗粉分离器；5—风量测量装置；6—一次风机；

7—二次风机；8—空气预热器；9—密封风机

（三）双进双出钢球磨煤机直吹式制粉系统

1. 双进双出钢球磨煤机直吹式制粉系统

如图 4 - 15 所示为采用冷一次风机的双进双出钢球磨煤机正压直吹式制粉系统。系统由两个相互对称、又彼此独立的系统组合在一起组成。每个系统的流程为：煤从原煤仓经刮板式给煤机落入混料箱，与进入混料箱的高温旁路风混合，在落煤管中进行预干燥，之后进入中空轴，由螺旋输送装置送入磨煤机筒内，进行粉碎。空气由一次风机送入空气预热器，加热后进入热风管道，一部分作为旁路风，一部分作为干燥剂，经中空轴内的中心管进入磨煤机筒体，与对面进入的热空气流在筒体中部相对冲后，向回折返，携带煤粉从空心轴的环行通道流出筒体。煤粉空气混合物与落煤管出口煤预热旁路空气混合，进入粗粉分离器，分离出来的粗粉经返料管与原煤混合，返回磨煤机重新磨制。圆锥形粗粉分离器上部装有导向叶片，改变导向叶片倾角可以调节煤粉细度。从分离器出来的一次风气粉混合物经煤粉分配器后进入一次风管道，经燃烧器被送入炉内燃烧。

停机时应用清洗风吹扫一次风管道和燃烧器。

双进双出钢球磨煤机正压直吹式制粉系统与中速磨煤机直吹式制粉系统比较，具有以下优点：

（1）煤种适应性广。特别适用于磨制高灰分、强磨损性的煤种，以及挥发分低、要求煤粉细的无烟煤。同时对煤中杂质不敏感。

（2）备用容量小。钢球磨煤机结构简单，故障少，在钢球磨损时无需停机即可添加，保证系统正常供粉。不像中速磨煤机需 20% 左右的备用容量。

（3）响应锅炉负荷变化性能好。系统以调节磨煤机通风量方法控制给粉量，响应锅炉负荷变化的迟延时间极短。应用双进双出钢球磨煤机直吹式制粉系统的锅炉，负荷变化率可达 20%/min。

（4）负荷调节范围大。一台磨煤机的两路制粉系统彼此独立，可两路并用或只一路，大大增加了系统的负荷调节范围。

（5）钢球磨煤机的煤粉细度稳定，不受负荷变化的影响。负荷低时，煤粉在筒内停留时间长，磨制的煤粉更细，能改善煤粉气流着火和燃烧性能，使锅炉能在更低的负荷下稳定运行，锅炉负荷调节范围扩大。

（6）煤粉浓度高。双进双出钢球磨煤机直吹式制粉系统与中速磨煤机直吹式制粉系统和风扇磨煤机直吹式制粉系统相比，一次风的煤粉浓度高，有利于低挥发分煤的燃烧。

2. 双进双出钢球磨煤机半直吹式制粉系统

当锅炉需采用分级燃烧或热风送粉时，可以采用半直吹式制粉系统。

如图 4-16（a）所示为 500MW 机组固态排渣煤粉炉采用的半直吹式制粉系统，该炉为降低 NO_x 排放量，采用双级燃烧。系统在双进双出磨煤机两个制粉回路中各设置两个粗粉分离器。一级粗粉分离器的出粉量占每侧总粉量的 70%～80%，煤粉细度 $R_{90}=10%$，直接送入锅炉主燃烧器；其余煤粉通过二级粗粉分离器和细粉分离器，煤粉细度 $R_{90}=5%$，由细粉分离器出来的乏气送入辅助燃烧器。

如图 4-16（b）所示为 350MW 机组锅炉采用的半直吹式制粉系统。系统在粗粉分离器后增设了细粉分离器。细粉分离器下来的煤粉用热风送入炉膛，参加燃烧，乏气作为三次风送入炉膛燃烧。该系统可提高一次风温度及煤粉浓度，适宜于燃用无烟煤和贫煤的锅炉。

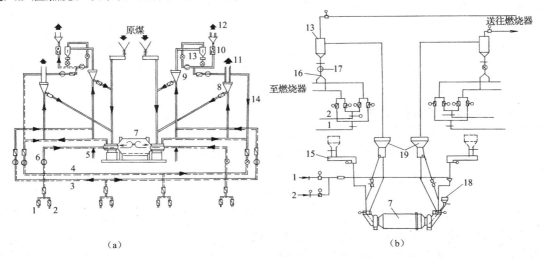

图 4-16 双进双出钢球磨煤机半直吹式制粉系统

（a）500MW 机组半直吹式制粉系统；（b）350MW 机组半直吹式制粉系统

1—冷风；2—热风；3—二级旁路风；4—一级旁路风；5—蒸汽；6—磨煤输送风；7—磨煤机；8—一级粗粉分离器；
9—二级粗粉分离器；10—煤粉测量装置；11—去主燃烧器；12—去辅助燃烧器；13—细粉分离器；
14—乏气旁路；15—给煤机；16—分配器；17—旋转锁气器；18—装球斗；19—粗粉分离器

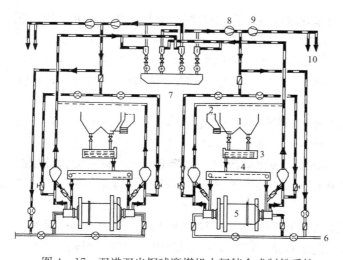

图 4 - 17　双进双出钢球磨煤机中间储仓式制粉系统
1—原煤仓；2—褐煤焦炭仓；3、4—给煤机；
5—双进双出钢球磨煤机；6—热风；7—煤粉仓；
8—磨煤风机；9—乏气风机；10—去燃烧器乏气

二、中间储仓式制粉系统

1. 双进双出钢球磨煤机中间储仓式制粉系统

双进双出钢球磨煤机中间储仓式制粉系统如图 4 - 17 所示。该系统为锅炉燃用原煤掺褐煤焦炭的混煤。

2. 单进单出钢球磨煤机中间储仓式制粉系统

单进单出钢球磨煤机中间储仓式制粉系统如图 4 - 18 所示，磨煤机磨制成的煤粉不直接送入炉膛，而是将煤粉从输送气流中分离出来送入煤粉仓储存，锅炉燃烧所需要的煤粉再从煤粉仓取用。为此，中间储仓式制粉系统除需要煤粉仓外，还需增加细粉分离器、螺旋输粉机和给粉机等设备。细粉分离器的作用是将煤粉从输粉气流中分离出来送入煤粉仓；螺旋输粉机用来将煤粉输送到邻炉的煤粉仓中；给粉机根据锅炉燃烧需要用来调节供粉量。在中间储仓式制粉系统中，磨煤机的出力不受锅炉负荷的影响，可以维持在稳定的经济工况下运行，这一点，使筒形球磨机得以广泛用于中间储仓式制粉系统。

气粉分离后，从细粉分离器上部引出的磨煤乏气中，含有约 10% 的煤粉，为了利用这部分煤粉，一般经排粉机升压后，送入炉内燃烧。乏气可作一次风输送煤粉进入炉膛，这种系统称为乏气送粉系统，如图 4 - 18（a）所示。这种系统适用于原煤水分含量较少，挥发分含量较高，易于着火和燃烧的煤种。乏气是不利于燃烧的，当燃用无烟煤、贫煤及劣质煤时，为改善着火燃烧条件，常采用热风作一次风输送煤粉，称为热风送粉系统，如图 4 - 18（b）所示。这时，磨煤乏气由燃烧器专门喷口送入炉内燃烧，称为三次风，这一系统适用于燃烧无烟煤、贫煤、劣质烟煤等不易着火和燃烧的煤种。

三、两种制粉系统的比较

（1）直吹式制粉系统简单，设备部件少，布置紧凑，耗钢材少，输粉管道短、初投资少，运行电耗较低，占地面积小；中间储仓式制粉系统相反，系统复杂，耗钢材多，输粉管道长、初投资多，运行电耗较高，占地面积大，而且煤粉易于沉积，自燃、爆炸和漏风也较严重。

（2）直吹式制粉系统的出力受锅炉负荷的制约，制粉系统的故障直接影响锅炉的正常运行，供粉的可靠性较差，要求磨煤机的备用容量较大，负压直吹式系统的排粉机磨损严重对制粉系统工作安全影响较大；中间储仓式制粉系统供粉可靠，运行工况对锅炉运行的影响相对较小，磨煤机可在经济工况下运行。

（3）当锅炉负荷变动时，中间储仓式制粉系统有煤粉仓储存煤粉，并可通过螺旋输粉机在相邻制粉系统间调剂煤粉，只要调节给粉机就能适应需要，调节灵敏方便；而直吹式制粉系统则需从改变给煤量开始，经整个系统才能达到改变煤粉量的目的，调节惰性较大。

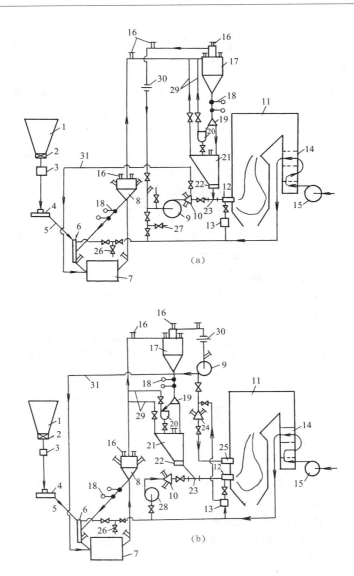

图 4-18　单进单出钢球磨煤机中间储仓式制粉系统

(a) 磨煤乏气送粉；(b) 热风送粉

1—原煤仓；2—煤闸门；3—自动磅秤；4—给煤机；5—落煤管；6—下行干燥管；7—钢球磨煤机；
8—粗粉分离器；9—排粉机；10—一次风箱；11—锅炉；12—主燃烧器；13—二次风箱；
14—空气预热器；15—送风机；16—防爆门；17—细粉分离器；18—锁气器；19—换向阀；
20—螺旋输粉机；21—煤粉仓；22—给粉机；23—混合器；24—乏气（三次风）风箱；25—乏气喷嘴；
26—冷风门；27—大气门；28—一次风机；29—吸潮管；30—干燥剂流量测量装置；31—再循环管

第五节　制粉系统的部件

一、粗粉分离器

粗粉分离器的作用是将过粗的煤粉分离出来，送回磨煤机再进行碾磨。保证煤粉细度合格，减少不完全燃烧热损失；调节煤粉细度以保证煤种改变时能维持一定的煤粉细度。

粗粉分离器的工作原理有如下几种：

（1）重力分离。利用重力作用使粗颗粒煤粉脱离气流而分离。气流速度越小，分离后的气流带走的煤粉颗粒越细。

（2）惯性分离。运动的物质具有惯性，质量越大惯性越大，气流改变方向时粗煤粉颗粒受较大惯性力的作用而被分离出来。气流初速越大、转向越急，分离作用越强，分离后气流带走的煤粉越细。

（3）离心分离。和惯性分离原理相似，随同气流作旋转运动的粗煤粉颗粒，受到较大离心力的作用而被分离。气流旋转运动越强，其分离作用越强，分离后气流带走的煤粉越细。

（4）撞击分离。煤粉颗粒受到其他物体的撞击，失去动能或得到偏离气流的动能，从而脱离气流而被分离出来。撞击分离的效果与撞击作用力的大小有关。

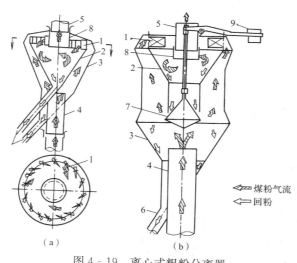

图 4 - 19　离心式粗粉分离器
(a) 普通型；(b) 改进型
1—折向挡板；2—内圆锥体；3—外圆锥体；
4—进口管；5—出口管；6—回粉管；7—锁气器；
8—出口调节筒；9—平衡重锤

1. 离心式粗粉分离器

普通型离心式粗粉分离器的结构如图 4 - 19（a）所示，是由两个空心锥体组成的。来自磨煤机的煤粉气流从底部进入粗粉分离器外锥体内，由于锥体内流通截面积增大，气流速度降低，在重力的作用下，较粗的粉粒得到初步分离，随即落入外锥体下部回粉管。然后气流经内筒上部沿整个周围装设的折向挡板切向进入粗粉分离器内锥体，产生旋转运动，粗粉在离心力的作用下被抛向圆锥内壁而脱离气流。最后，气流折向中心经活动环由下向上进入分离器出口管，气流改变方向时，气流受到惯性力的作用，再次得到分离。被分离下来的粗粉落入内锥体下部的回粉管内，而合格的细煤粉则被气流从出口管带走。

由于粗粉分离器分离出来的回粉中，总难免要夹带有少量合格的煤粉，这些合格细粉返回磨煤机后，就会磨得更细，这就增加了过细的煤粉，使煤粉的均匀性变差，同时也增加了磨煤电耗。为此，国内许多发电厂把普通型粗粉分离器改进为图 4 - 19（b）所示的结构。改进型的特点是取消了内锥体的回粉管，代之以可上下活动的锁气器。由内锥体分离出来的回粉达到一定量时，锁气器打开使回粉落到外锥体中，从而使其中的细粉又被吹起，这样可以减少回粉中的合格细粉，提高粗粉分离器的效率，达到增加制粉系统出力、降低电耗的目的。

改变折向挡板的开度可以调整煤粉细度，开度大小可用挡板与切线方向的夹角来表示。关小折向挡板的开度，进入内圆锥体气流的旋流强度增大，分离作用增强，分离出的煤粉变细；反之，折向挡板开度越大，分离出的煤粉就越粗。应当指出，当挡板开度大于 75° 而继续开大时，由于气流旋流强度变化不大，实际对煤粉细度已无影响。当挡板开度小于 30° 时，气流阻力过大，部分气流从挡板上下端短路绕过，离心分离作用反而减弱，煤粉变粗。变动出口调节筒的上下位置可改变惯性分离作用大小，也可达到调节煤粉细度的目的。此外，通风量的变化对煤粉细度也有影响，通风量增大，气流携带煤粉的能力增强，带出的煤粉也较粗。

2. 回转式粗粉分离器

回转式粗粉分离器的结构如图 4 - 20 所示。它也有一个空心锥体，锥体上部安装了一个带叶片的转子，由电动机带动旋转。气流由下部引入，在锥体内进行初步分离，进入锥体上部后，气流在转子叶片带动下作旋转运动，在离心力的作用下大部分粗粉被分离出来，气流最后通过转子进入分离器出口时，部分粗粉被叶片撞击而脱离气流。这种分离器最大的特点是可通过改变转子转速来调节煤粉细度，转子速度越高，离心作用和撞击作用越强，分离后气流带走的煤粉颗粒越细。

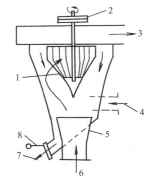

图 4 - 20　回转式粗粉分离器
1—转子；2—皮带轮；
3—细粉空气混合物切向引出口；
4—二次风切向引入口；5—进粉管；
6—煤粉空气混合物进口；
7—粗粉出口；8—锁气器

回转式粗粉分离器尺寸小，通风阻力小，煤粉细度调节方便，适应负荷的能力较强。尤其在高出力、大风量条件下，仍能获得较高的煤粉细度；但增加了转动机构，维护和检修工作量较大。

二、给煤机

给煤机的作用是根据磨煤机或锅炉负荷的需要，向磨煤机供给原煤。对于直吹式制粉系统，通过给煤机控制给煤量，以适应锅炉负荷的变化。因此要求给煤机应能满足供煤量的需要，具有良好的调节特性，能连续、均匀地给煤，保证制粉系统的经济运行和锅炉燃烧的稳定。我国各类电厂应用较多的给煤机有刮板式给煤机、皮带式给煤机、电磁振动式给煤机。

1. 刮板式给煤机

刮板式给煤机的结构如图 4 - 21 所示。刮板式给煤机有一副环形链条，链条上装有刮板。链条由电动机经减速箱传动，煤从落煤管落到上台板，通过装在链条上的刮板，将煤带到左边并落在下台板上，再将煤刮至右侧落入出煤管送往磨煤机。改变煤层厚度和链条转动速度都可以调节给煤量。

刮板式给煤机调节范围大，不易堵煤，密闭性能较好，煤种适应性广，水平输送距离大，在电厂得到广泛应用。但链条磨损后，易造成"爬链"或被煤块卡死等问题。

2. 皮带式给煤机

皮带式给煤机的结构如图 4 - 22 所示。皮带式给煤机实际上是小型皮带输送机，它可用调节煤闸门开度改变煤层厚度和调节皮带速度等方法调节给煤量。皮带式给煤机带有自动称煤装置，称煤的计量装置有机械方式和电子方式两种。称煤装置的输出信号经过比较和放大，去控制煤闸门的开度或给煤机的转速，以控制给煤量在给定值。

皮带式给煤机可适应各种煤种，不易堵煤，水平输送距离大。新型皮带式给煤机最大的特点是自动计量、累计和调节，计量精度可达 0.5% 以内，为锅炉技术管理和热效率试验提供了极大的方便。

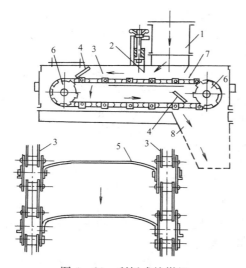

图 4-21　刮板式给煤机

1—进煤管；2—煤层厚度调节板；3—链条；4—导向板；

5—刮板；6—链轮；7—上台板；8—出煤管

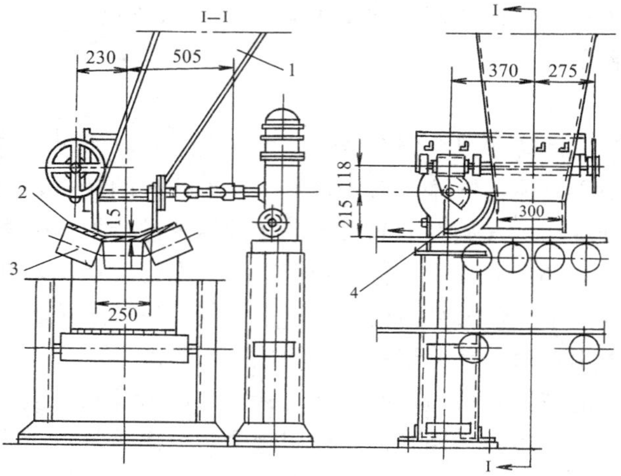

图 4-22　皮带式给煤机

1—下煤管；2—皮带；3—辊子；4—扇形挡板

3. 电磁振动式给煤机

电磁振动式给煤机的结构如图 4-23 所示，它有一个形如簸箕的给煤槽，给煤槽后部连着电磁振动器，整个组件用弹簧减振器支吊于原煤斗下。煤由煤斗落入给煤槽内，振动器按 50 次/s 的频率推动给煤槽往返振动。由于振动器振动方向与给煤槽平面有一定的角度，所以煤在给煤槽内呈抛物线形向前跳动，整个煤层有如流水一样最后落入落煤管中。调节电磁振动器的电压或电流，可改变振动器的振幅实现给煤量的调节。

电磁振动式给煤机无转动部件，结构简单，调节维护方便，耗电量较小，给煤均匀，体积小，质量轻，造价低。但不能输送过湿或过干的煤，水平输送距离较短。

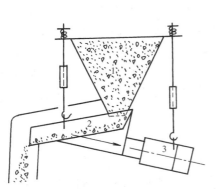

图 4-23　电磁振动式给煤机

1—煤斗；2—给煤槽；3—电磁振动器

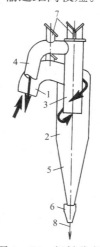

图 4-24　细粉分离器

1—气粉混合物入口管；2—分离器筒体；

3—内筒；4—干燥剂引出管；

5—分离器圆锥部分；6—煤粉斗；

7—防爆门；8—煤粉出口

三、细粉分离器

细粉分离器用于中间储仓式制粉系统，其作用是将风粉混合物中的煤粉分离出来，储存于煤粉仓中，常用的细粉分离器如图 4 - 24 所示。

细粉分离器也叫旋风分离器，它的工作原理是利用气流旋转所产生的离心力，使气粉混合物中的煤粉与空气分离开来。从粗粉分离器来的气粉混合物从切向进入细粉分离器，在筒内形成高速的旋转运动，煤粉在离心力的作用下被甩向四周，沿筒壁落下。当气流折转向上进入内套筒时，煤粉在惯性力作用下再一次被分离，分离出来的煤粉经锁气器进入煤粉仓，气流则经中心筒引至出口管。中心筒下部有导向叶片，它可使气流平稳地进入中心筒，不产生旋涡，因而避免了在中心筒入口形成真空，将煤粉吸出而降低效率。这种分离器的效率高达 90%～95%。

四、给粉机

给粉机用于中间储仓式制粉系统，其作用是连续、均匀地向一次风管给粉，并根据锅炉的燃烧需要调节给粉量。常用的给粉机是叶轮式给粉机，如图 4 - 25 所示。

叶轮式给粉机有两个带拨齿的叶轮，叶轮和搅拌器由电动机经减速装置带动。煤粉由搅拌器拨至左侧下粉孔，落入上叶轮，再由上叶轮拨至右侧的下粉孔落入下叶轮，再经下叶轮拨至左侧出粉孔。改变叶轮的转速可调节给粉量。

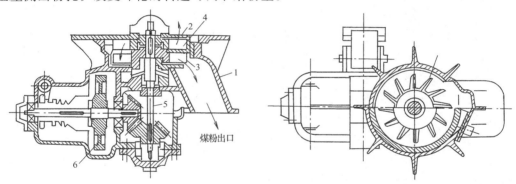

图 4 - 25 叶轮式给粉机
1—外壳；2—上叶轮；3—下叶轮；4—固定盘；5—轴；6—减速器

叶轮式给粉机给粉均匀，严密性好，不易发生煤粉自流，又能防止一次风倒冲入煤粉仓；其缺点是结构较为复杂，且易被木屑等杂物所堵塞，甚至损坏机件。

五、螺旋输粉机

螺旋输粉机的作用是相互输送相邻锅炉制粉系统的煤粉，以提高锅炉给粉的可靠性。螺旋输粉机主要由装有螺旋导叶的螺旋杆和传动装置所组成。螺旋杆由传动装置带动在壳体内旋转，螺旋导叶使煤粉由一端推向另一端，当螺旋杆作反方向旋转时，煤粉向反方向输送。

六、锁气器

锁气器是一种只允许煤粉通过而不允许气流通过的设备，装设在粗粉分离器回粉管、细粉分离器下粉管等处，防止气流随着煤粉一齐通过，破坏制粉系统的正常工作。

常见的锁气器有翻板式和草帽式两种，如图 4 - 26 所示。它们都是按杠杆原理工作的。

当翻板或草帽顶上积聚的煤粉超过一定的重量时，翻板或活门被打开，放下煤粉，随后在重锤的作用下，自行关闭，为了避免下粉时气流反向流动，锁气器总是两个一组串联一起使用。

草帽式锁气器动作灵敏，下粉均匀，严密性好。但活门容易被卡住而且不能倾斜布置，只能用于垂直管道上。

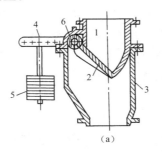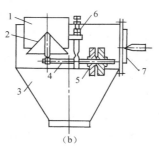

（a）　　　　　　　　　　（b）

图 4 - 26　锁气器

（a）翻板式；（b）草帽式

1—煤粉管；2—翻板或活门；3—外壳；4—杠杆；

5—平衡重锤；6—支点；7—手孔

第五章　燃烧原理及设备

　　燃烧原理是锅炉燃烧设备设计、改造及运行的理论依据，对锅炉燃烧技术有重要的指导意义。燃烧设备是组织燃料安全经济燃烧的生产装置。我国发电厂大型锅炉主要是固态排渣煤粉炉。本章着重对燃烧速度的概念、影响燃烧速度的因素、提高燃烧速度的方法、煤粉燃烧的组织与强化、煤粉燃烧器及点火装置、固态排渣煤粉炉炉膛等的种类、工作原理、结构、设计与运行特性等进行了较详细的论述。另外本章对循环流化床锅炉也做了较全面的介绍。

第一节　燃烧基本概念

一、燃烧程度

　　燃烧程度即燃烧的完全程度，燃烧有完全燃烧与不完全燃烧之分。燃料中的可燃成分在燃烧后全部生成不能再进行氧化的燃烧产物，如 CO_2、SO_2、H_2O 等，称为完全燃烧。燃料中的可燃成分在燃烧过程中，有一部分没有参与燃烧，或虽已进行燃烧，但生成的燃烧产物（烟气）中还存在可燃气体，如 CO、H_2、CH_4 等，这种情况称为不完全燃烧。

　　例如，碳在完全燃烧时生成 CO_2，可放出 32866kJ/kg 的热量，而在不完全燃烧时，生成 CO，仅能放出 9270kJ/kg 的热量。这样就有 23596kJ/kg 的热量白白地浪费了。如果碳没有燃烧，致使燃烧生成的飞灰和炉渣中含有大量的碳，其热损失就更大。

　　总之为了减少不完全燃烧热损失，提高锅炉热效率，应尽量使燃料燃烧达到完全程度。燃烧的完全程度可用燃烧效率表示，即输入锅炉的热量扣除固体未完全燃烧损失的热量和气体未完全燃烧损失的热量后占输入锅炉热量的百分比，用符号 η_r 表示，并可用式（5-1）计算，即

$$\eta_r = \frac{Q_r - Q_3 - Q_4}{Q_r} \times 100\% = 100 - q_3 - q_4 \quad (\%) \tag{5-1}$$

二、燃烧速度

　　所谓燃烧是指燃料中的可燃元素和空气中的氧进行的强烈化学反应，放出大量热量的过程。在这个化学反应过程中，燃料与氧化剂属于同一形态，称为均相燃烧或单相燃烧，例如气体燃料在空气中的燃烧。燃料与氧化剂不属于同一形态，称为多相燃烧，如固体燃料在空气中的燃烧及油在空气中的燃烧。

　　对于均相燃烧，燃烧速度是指单位时间内参与燃烧反应物质的浓度变化率；对于多相燃烧，燃烧速度是指单位时间内参与燃烧反应的氧浓度变化率。燃烧速度的快慢取决于燃烧过程中化学反应时间的快慢（即化学反应速度）和氧化剂供给燃料时间的快慢（即物理扩散速度），最终取决于两者之中的较慢者。这可从碳粒的燃烧过程来说明。

　　碳粒的燃烧反应是在碳粒表面进行的，周围环境中的氧不断向炽热碳粒表面扩散，在其表面进行燃烧，其一次反应为

$$C + O_2 \longrightarrow CO_2$$
$$2C + O_2 \longrightarrow 2CO$$

温度较高时，生成的 CO 多于 CO_2，反应生成的 CO_2 和 CO 既可向周围气体扩散，也可向碳粒表面扩散。CO 向外扩散遇氧生成 CO_2；CO_2 向碳粒扩散，在高温下与碳进行气化反应生成 CO。反应生成物的二次反应为

$$2CO + O_2 \longrightarrow 2CO_2$$
$$CO_2 + C \longrightarrow 2CO$$

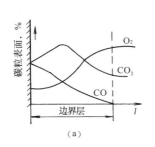 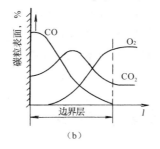

图 5-1　碳粒表面燃烧过程

一、二次反应综合的结果，在离碳粒表面一定距离处，CO_2 达最大值，从周围环境扩散来的氧不断被消耗，碳粒表面缺氧或氧量不足将限制燃烧过程的进一步发展。在相对静止的空气中燃烧的碳粒，其表面气体浓度的变化如图 5-1 所示。燃烧的温度不同，气体的分布情况将有所变化。

上述情况说明，碳粒的燃烧主要包括两个过程：一个是扩散过程，即氧扩散到碳粒表面和反应生成物从碳粒表面扩散离开，两者是相互联系的；另一个是碳粒表面的化学反应过程。碳粒燃烧过程的快慢，取决于这两个过程中的较慢者。

煤粉的燃烧属于多相燃烧，关键是指其中碳的燃烧。这是由于焦炭中的碳是煤中可燃质的主要部分，其发热量占煤总发热量的 40%（泥煤）～95%（无烟煤），同时焦炭着火迟，燃烧所占的时间最长。因此以上碳粒的燃烧过程就反映了煤粒的燃烧过程，其燃烧速度的快慢既取决于燃烧过程中化学反应时间的快慢（即化学反应速度），也取决于氧化剂供给燃料时间的快慢（即物理扩散速度）。

三、化学反应速度及其影响因素

化学反应过程的快慢用化学反应速度 W_h 表示。通常它是指单位时间内反应物或生成物浓度的变化。化学反应速度取决于参加反应的原始反应物的性质，同时还受反应进行时所处条件的影响，其中主要是浓度、压力和温度。

1. 浓度对化学反应速度的影响

化学反应是在一定条件下，不同反应物的分子彼此碰撞而产生的，碰撞的次数越多，反应速度越快。分子碰撞的次数取决于单位容积中反应物质的分子数，即分子浓度。

对多相燃烧，化学反应是在固相表面上进行的，可以认为固体燃料的浓度不变。因此化学反应速度是指单位时间碳粒单位表面上氧浓度的变化，即碳粒单位表面上的耗氧速度。在一定温度下，反应容积不变时，增加反应物的浓度，即增加反应物的分子数，分子间碰撞的机会增多，所以反应速度增快。

2. 压力对化学反应速度的影响

分子运动论认为，气体压力是气体分子撞击容器壁面的结果。压力越高，单位容积内分子数越多，在温度和容积不变的条件下，反应物压力越高，则反应物浓度越大，因此化学反应速度越快。目前大力研究的正压燃烧技术，正是通过提高炉膛压力来强化燃烧。

3. 温度对化学反应速度的影响

在实际燃烧设备中，燃烧过程是在燃料和空气按一定比例连续供应的情况下进行的，因此可以认为反应物质的浓度不变。当反应物浓度不变时，化学反应速度与温度呈指数关系，随着温度升高，化学反应速度迅速加快。这个现象可解释为：并不是所有碰撞的分子都能引起化学反应，只有其中具有较高能量的活化分子的碰撞才能发生反应。使分子活化所需最低能量称为活化能，用 E 表示。能量达到或超过活化能 E 的分子称为活化分子，活化分子的碰撞才是发生反应的有效碰撞，反应只能在活化分子之间进行。温度升高，分子从外界吸收了能量，活化分子急剧增多，化学反应速度因此加快。

在相同条件下，不同燃料的焦炭的燃烧反应，其活化能是不同的，高挥发分煤的活化能最小，低挥发分无烟煤的活化能最大。在一定温度下活化能越大，则活化分子数越少，反应速度越慢。由此可见，无烟煤的反应能力差，化学反应速度比其他煤种慢。

实际上在炉内燃烧过程中，反应物的浓度、炉膛压力基本不变，因此化学反应速度主要与温度有关，其影响相当显著，运行中常用提高炉温的方法强化燃烧。

四、氧的扩散速度及其影响因素

气体扩散过程的快慢用氧的扩散速度表示。它指单位时间向碳粒单位表面输送的氧量，即碳粒单位表面上的供氧速度。由于化学反应消耗氧，碳粒表面氧浓度小于周围介质中的氧浓度，介质中的氧就向碳粒表面扩散，氧的扩散速度不仅与氧的浓度差有关，还与碳粒直径及气流与碳粒的相对速度有关。

物质的转移有分子扩散与紊流扩散两种形式，分子扩散是由于气体中温度、浓度或速度不同引起的分子不规则运动，在静止气流或层流运动的气体中物质的转移就是属于分子扩散。紊流扩散是由于流体运动引起的分子微团的运动，质量比分子的质量大得多，因此紊流扩散比分子扩散要强烈得多，并随着流速的增大紊流扩散增强。碳粒燃烧过程中，气流与碳粒的相对速度越大，紊流扩散越强，不仅氧向碳粒表面的供应速度增大，同时燃烧产物离开碳表面扩散出去的速度也增大，使氧的扩散速度加快。

碳的燃烧是在碳粒表面进行的，碳粒直径越小，表面积越小，若碳粒表面的氧浓度不变，则单位面积的氧浓度越大。从宏观来看，碳粒越小，单位质量碳粒的表面积越大，与氧的反应面积增大，这都说明碳粒在气流中扩散能力加强，氧的扩散速度增大，因此增大气流相对速度或减小碳粒直径都会加强碳粒燃烧的扩散过程。

五、燃烧速度与燃烧区域

碳粒的燃烧速度是指碳粒单位表面上的实际反应速度，一般用耗氧速度来表示。它既与化学反应速度有关，又与氧的扩散速度有关，最终取决于两者中的较慢者。在锅炉技术上，燃烧过程按其燃烧速度受限的因素不同，分为动力燃烧控制区、扩散燃烧控制区和过渡燃烧控制区。

1. 动力燃烧控制区

当温度较低时（<1000℃），碳粒表面化学反应速度较慢，氧的供应速度远远大于化学反应的耗氧速度，燃烧速度主要取决于化学反应速度，而与扩散速度关系不大，这种燃烧工况称为处于动力燃烧控制区。随着温度的升高，燃烧速度将急剧增加，因此提高温度是强化动力燃烧工况的有效措施。

2. 扩散燃烧控制区

当温度很高时（>1400℃），碳粒表面化学反应速度很快，耗氧速度远远超过氧的供应速度，碳粒表面的氧浓度实际为零，燃烧速度主要取决于氧的扩散条件，与温度关系不大，这种燃烧工况称为处于扩散燃烧控制区。加大气流与碳粒的相对速度或减小碳粒直径都可提高燃烧速度。

3. 过渡燃烧控制区

介于上述两种燃烧工况的中间温度区，氧的扩散速度与碳粒表面的化学反应速度较为接近，燃烧速度同时受化学反应条件与扩散混合条件的影响，这种燃烧工况称为处于过渡燃烧控制区。要强化燃烧，既要提高温度，又要加强碳粒与氧的混合条件。

在一定条件下，可以使燃烧过程由一个区域移向另一个区域。例如在反应温度不变的条件下，增加煤粉与气流的相对速度或减小煤粉颗粒直径（即煤粉变细），可使燃烧过程由扩散控制区移向过渡控制区，甚至动力控制区。随着碳粒直径减小或相对速度增大，氧向碳粒表面的扩散过程加强，从动力燃烧控制区过渡到扩散燃烧控制区的温度将相应提高。

煤粉的燃烧，主要取决于焦炭的燃烧，焦炭在炉内处于什么样的燃烧控制区域，是关系到如何组织炉内煤粉燃烧的关键。就焦炭在炉内燃烧情况来看，在高温燃烧中心粗焦粒可能处于扩散控制区，大部分细焦粒则处于动力控制区或过渡控制区，所以提高炉温和加强煤粉与气流的混合都是不可忽视的；而焦炭在炉内燃尽区，由于此处烟温较低，且烟气中含氧量较少，若扩散混合条件较好，燃烧可处于动力控制区，若扩散混合条件较差，燃烧亦可能处于扩散控制区。

六、煤粉迅速而又完全燃烧的条件

良好燃烧要求燃烧过程既快又完全的进行。能否实现又快又完全的良好燃烧，除了取决于燃料的化学反应能力和颗粒大小外，主要在于能否创造下列良好燃烧的条件。

1. 相当高的炉温

炉温越高，燃烧速度越快，有利于可燃物在炉内燃烧完全，但炉温太高，由于燃烧产物的离解增强，不完全燃烧损失反而增大。任何化学反应都是可逆的，可同时向正反两个方向进行，燃烧反应也不例外，在生成燃烧产物的同时，也进行着燃烧产物的离解，在一定条件下达到动态平衡。当外界条件变化时，平衡的移动方向总是趋向于减弱外界条件的影响。离解是个吸热过程，温度越高，吸热的逆反应加速进行，所以燃烧产物的离解增强。一般锅炉炉膛内的燃烧，是在0.101MPa压力下进行的，最高温度为1500～1600℃，在此条件下燃烧产物的离解量很小，可以忽略不计，因此，可以认为炉温越高越好，但过高的炉温会引起炉膛结渣，从而影响安全经济运行。

2. 合适的空气量

炉内空气量太少，燃烧不完全。适当增加空气量，燃烧速度加快，不完全燃烧损失减小，但空气量太多，炉温下降，燃烧速度反而降低，不完全燃烧损失及排烟的热损失相应增大。因此，合适的空气量应根据最佳炉膛过量空气系数来供应。

3. 燃料与空气良好的混合

供应炉内的空气量足够，若空气中的氧不能及时补充到碳粒表面，并保证每个氧分子与可燃物分子接触，则仍不能实现完全燃烧。因此，一般常采用提高气流相对速度或减小煤粒直径，增强气流的紊流扩散来达到良好强烈的混合。煤粉炉一般采用一、二次风组织燃烧，一次风携带煤粉进入炉膛，二次风高速喷入炉内与煤粉混合，形成强烈扰动，以强行扩散代替自然扩散，从而提高扩散混合速度。

4. 足够的炉内停留时间

每种燃料在一定条件下完全燃烧都需要一定的时间，对一定的燃烧设备，燃料在炉内停留时间也是一定的，只有燃料在炉内停留时间大于燃料完全燃烧所需时间，才能保证燃料在炉内燃烧完全。一般煤粉炉煤粉从燃烧器出口到炉膛出口需要 $2\sim3s$，在这段时间内煤粉必须完全烧掉，否则到了炉膛出口处，因受热面多，烟气温度很快下降，燃烧就会停止，从而造成不完全燃烧热损失。

不难看出，若具备良好燃烧的前三个条件，则燃料完全燃烧所需时间缩短，为实现第四个条件提供了保证。

以上各个条件主要依靠燃烧设备合理的结构和布置，以及燃烧工程的合理组织来实现。

第二节　煤粉气流的燃烧过程

一、煤粉气流的燃烧过程

煤粉的燃烧过程，大致可分为着火前的准备、燃烧和燃尽三个阶段。

1. 着火前的准备阶段

煤粒受热后首先水分蒸发，接着干燥的煤进行热分解析出挥发分，挥发分析出的数量和成分取决于煤的特性、加热温度与速度，挥发分析出过程一直延续到 $1100\sim1200℃$，显然着火前的准备阶段是吸热阶段。要使煤粉着火快，可以从两方面着手：一方面应尽量减少煤粉气流加热到着火温度所需的热量，这可以通过对燃料预先干燥、减少输送煤粉的一次风风量和提高输送煤粉的一次风风温等方法来达到；另一方面应尽快给煤粉气流提供着火所需的热量，这可以通过提高炉温和使煤粉气流与高温烟气强烈混合等方法来实现。

2. 燃烧阶段

当煤粉温度升高至着火温度而煤粉浓度又合适时，煤粉就开始着火燃烧，进入燃烧阶段。燃烧阶段是一个强烈的放热阶段，燃烧阶段包括挥发分和焦炭的燃烧。首先是挥发分着火燃烧，放出热量，并加热焦炭粒，使焦炭的温度迅速升高并燃烧起来。焦炭的燃烧不仅时间长，且不易燃烧完全，所以要使煤粉燃烧又快又好，关键在于对焦炭的燃烧组织得如何，因此使炉内保持足够高的温度、保证空气充分供应并使之强烈混合，对于组织好焦炭的燃烧是十分重要的。

3. 燃尽阶段

燃尽阶段是燃烧阶段的继续，一些内部未燃尽而被灰包围的炭粒在此阶段继续燃烧，直至燃尽。这一阶段的特点是氧气供应不足，风粉混合较差，烟气温度较低，以致这一阶段需要的时间较长。为了使煤粉在炉内尽可能燃尽，以提高燃料的利用率，应保证燃尽阶段所需的时间，并应设法加强扰动，以便改善风粉混合，使灰渣中的可燃物燃透烧尽。

煤粒由水分、挥发分、固定碳和灰分组成。由于挥发分与灰分的存在，使煤粒的燃烧不同于碳粒的燃烧，特别是挥发分对煤粒的燃烧速度影响较大。大颗粒煤慢速加热时，挥发分首先析出并着火燃烧，随后才是焦炭的着火燃烧，挥发分析出与燃烧的时间仅占煤粒燃烧总时间的 1/10 左右。而煤粉在高温下快速加热时，往往是细小煤粉首先着火燃烧，接着才是挥发分的析出。因此，煤粒的着火燃烧可能发生在挥发分着火之前或之后，或同时进行，这取决于煤粒大小和加热温度。由于挥发分析出过程很长，在高温炉膛中挥发分的析出量一般比实验室的分析值高一些。

　　上述各阶段并没有明显的界限，实际上往往是相互交错进行的。对应于煤粉燃烧的三个阶段，可以在炉膛空间中划分出三个区域，即着火区、燃烧区与燃尽区。由于燃烧的三个阶段不是截然分开的，因而，对应的三个区域也就没有明确的分界线，一般认为：燃烧器出口附近的区域是着火区，与燃烧器处于同一水平的炉膛中部以及稍高的区域是燃烧区，高于燃烧区直至炉膛出口的区域都是燃尽区。其中着火区很短，燃烧区也不长，而燃尽区却比较长。根据对 $R_{90}=5\%$ 的煤粉实验，其中 97% 的可燃质是在 25% 的时间内燃尽的，而其余 3% 的可燃质却要在 75% 的时间才燃尽。

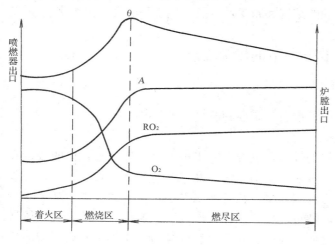

图 5-2 火炬工况曲线

θ—气流温度，℃；A—煤粉颗粒中灰分，%；
RO_2—气体中 RO_2 容积百分含量，%；
O_2—气体中 O_2 容积百分含量，%

　　图 5-2 表示三个区域的火炬情况，图中表明：气流温度 θ 的变化是在着火区和燃烧区中温度上升，在燃尽区中温度降低。煤粉气流进入炉膛时温度很低（通常只有几十度到 300℃ 左右），吸收了炉内热量后温度升高，到着火温度就开始着火，随着着火煤粉增多，温度上升速度加快。当可燃质开始大量燃烧，温度突然很快上升时，可以认为气流进入燃烧区，如果是绝热燃烧的话，火焰的最高温度可达 2000℃ 左右，但由于炉膛周围有水冷壁不断吸热，所以火焰中心温度只有 1600℃ 左右。当大部分可燃质烧掉后，气流温度开始下降，这时可以认为气流进入燃尽区，

在燃尽区内，燃烧放热很少，而水冷壁仍在不断吸热，故烟气温度不断下降，到炉膛出口降至 1100℃ 左右。

　　煤粉中灰分 A 的含量在整个过程中是不断增大的。在着火区，由于水分、挥发分析出，灰分含量逐渐增加；到燃烧区，由于固定碳大量燃烧，使灰分含量大大增加；到燃尽区，燃烧减缓，灰分的增加也就慢了；到炉膛出口，飞灰中仍会有很少量未燃尽的碳，但一般不超过飞灰总量的 5%，而灰分则高达 95% 左右。

　　气流中氧 O_2 的含量在整个过程中不断减少，但在燃烧区减少的很快。燃烧产物 RO_2 的含量在整个过程中不断增加，但在燃烧区增加的特别快。O_2 含量在燃烧器出口处约为 21%，到炉膛出口处下降到 3%～5%。RO_2 在燃烧器出口处约为零，到炉膛出口处上升到 16%～17%。

　　总之，火炬工况在燃烧区都有剧烈的变化，而在着火区，尤其是在燃尽区，变化较缓慢，由此可见，燃烧过程关键是燃烧阶段。在燃烧阶段中焦炭的燃烧是主要的，这是因为：一方面焦炭的燃烧时间最长；另一方面焦炭中的碳又是大多数固体燃料可燃质的主要部分，

因而是放出热量的主要来源，并决定其他阶段的强烈程度。因此整个燃烧过程中，关键在于组织好焦炭中碳的燃烧。

二、煤粉气流的着火与强化

煤粉气流喷入炉内，主要通过紊流扩散卷吸高温烟气进行对流加热，同时也受高温火焰的辐射加热而着火。煤粉气流的着火首先是从与烟气接触的边界层开始，然后以一定速度向射流轴心传播，形成稳定的着火面。煤粉气流最好离喷口不远就能迅速稳定地着火。着火越快，才能保证可燃物在炉内短暂的停留时间内充分燃尽，否则不仅 q_4 损失增大，而且火焰中心上移，可能造成炉膛出口结渣和过热汽温偏高。但着火点离喷口也不能太近，否则可能造成燃烧器附近结渣甚至烧坏燃烧器，恰当的着火距离一般为 300~500mm。稳定着火是指煤粉气流能连续引燃，不致因火焰中断造成灭火。

着火过程实际上是指煤粉一次风气流从入炉前的初始温度加热至着火温度的吸热过程，这个过程吸收的热称着火热。它主要用于加热煤粉和一次风，并使煤中水分蒸发和过热，因此影响着火热的因素主要有着火温度 t_{zh}、一次风煤粉混合物的初温 t_1、一次风量 V_1 和原煤水分 M_{ar} 等。

强化着火就是保证着火过程迅速稳定进行。为此一方面应减少着火热；另一方面应加强烟气的对流加热，提高着火区的温度水平，保证着火热的供应。这既与燃料性质、一次风的初始状态有关，又与燃烧设备、运行工况有关。下面分析影响煤粉气流着火的主要因素及强化着火的措施。

1. 燃料性质

挥发分是判断燃料着火特性的主要指标。挥发分越高的煤，着火温度越低，即越容易着火；而挥发分越低的煤，着火温度就越高，就越不容易着火。在煤粉炉炉内相同加热条件下测出的煤粉气流着火温度为：褐煤（$V_{daf}=50\%$）为 550℃；烟煤（$V_{daf}=20\%\sim40\%$）为 840~650℃；贫煤（$V_{daf}=14\%$）为 900℃；无烟煤（$V_{daf}=4\%$）为 1000℃。由此可见贫煤、无烟煤着火比较困难。

原煤水分 M 增大，不仅着火热增加，同时水分蒸发、过热要消耗热量，使烟温降低，显然这对着火不利。

灰分在燃烧过程中不仅不能放热，而且还要吸热。当燃用高灰分劣质煤时，由于煤本身发热量低，大量灰分在着火过程吸热较多使炉温下降，煤粉气流不仅着火推迟，而且着火的稳定性也降低。

煤粉越细，单位质量表面积越大，对流换热的热阻越小，因此细粉比粗粉着火快。另外煤粉的均匀性指数 n 越小，粗煤粉就越多，燃烧完全程度会降低。因此烧挥发分低的煤时，应该用较细较均匀的煤粉。

2. 一次风温

一次风温对气流的着火、燃烧速度影响较大，提高一次风温，可降低着火热，使着火位置提前。运行实践表明，提高一次风温还能在低负荷时稳定燃烧。有的试验发现，当煤粉气流的初温从 20℃提高到 300℃时，着火热可降低 60%左右，显而易见，提高一次风气流的温度对煤粉着火十分有利，因此提高一次风温度是提高煤粉着火速度和着火稳定性的必要措施之一。我国电厂在燃用无烟煤、劣质煤和某些贫煤时，为了使煤粉气流的初温尽可能接近 300℃，空气预热器出口的热风温度提高到 350~420℃，并采用热风作一次风输送煤粉。

　　根据煤质挥发分含量的大小，一次风温既应满足使煤粉尽快着火，稳定燃烧的要求，又应保证煤粉输送系统工作的安全性。一次风温超过煤粉输送的安全规定时，就可能发生爆炸或自燃。当然，一次风温太低对锅炉运行也不利，除了推迟着火，燃烧不稳定和燃烧效率降低之外，还会导致炉膛出口烟温升高，引起过热器超温或汽温升高。

　　3. 一次风量和风速

　　一次风量主要取决于煤质条件，当锅炉燃用的煤质确定时，一次风量对煤粉气流着火速度和着火稳定性的影响是主要的。一次风量越大，煤粉气流加热至着火所需的热量就越多，即着火热越多，这时着火速度就越慢，因而距离燃烧器出口的着火位置延长，使火焰在炉内的总行程缩短，即燃料在炉内的有效燃烧时间减少，导致燃烧不完全，显然这时炉膛出口烟温也会升高，不但可能使炉膛出口的受热面结渣，还会引起过热器或再热器超温等一系列问题，严重影响锅炉安全经济运行。但一次风量太小，着火阶段部分挥发分和细煤粉燃烧得不到足够的氧，将限制燃烧过程的发展。

　　对于不同的燃料，由于它们的着火特性的差别较大，所需的一次风量也就不同，在保证煤粉管道不沉积煤粉的前提下，应尽可能减小一次风量。显而易见，一次风量应该既能满足煤粉中挥发分着火燃烧所需的氧量，又能满足输送煤粉的需要。如果同时满足这两个条件有矛盾，则应首先考虑输送煤粉的需要。例如对于贫煤和无烟煤，因挥发分含量很低，如按挥发分含量来决定一次风量，则不能满足输送煤粉的要求，为了保证输送煤粉，必须增大一次风量；但因此却增加了着火的困难，这又要求加强快速与稳定着火的措施，即提高一次风温度，或采用其他稳燃措施。

　　一次风量通常用一次风量占总风量的比值表示，称为一次风率。一次风率的推荐值见表 5 - 1。

表 5 - 1　　　　　　　　　　　　　各种煤的一次风率推荐值

煤　　种	无　烟　煤	贫　煤	烟　煤	褐　煤
干燥无灰基挥发分（%）	<10	10～20	20～40	>40
一次风率（%）	15～20	20～25	25～45	40～45

　　煤粉气流混合物通过燃烧器一次风喷口截面的速度称为一次风速。一次风速越高，气粉混合物流经着火区的容积流量越大，要求的着火热越多，使加热过程延长，着火推迟。但一次风速也不能太低，否则紊流扩散减弱，不利于高温烟气对煤粉气流的对流加热，着火也要推迟，同时还可能造成燃烧器冷却不良而烧坏，煤粉管道堵粉等故障。挥发分高的煤易着火，一次风速应适当高一些，以免着火离燃烧器太近而烧坏燃烧器；难着火的煤，一次风速应适当低一些，使煤粉气流在着火区得到充分加热。

　　在燃烧器结构和燃用煤种一定时，确定了一次风量就等于确定了一次风速。一次风速不但决定着火燃烧的稳定性，而且还影响着一次风气流的刚度，一次风速过高，会推迟着火，引起燃烧不稳定，甚至灭火。任何一种燃料着火后，当氧浓度和温度一定时，具有一定的火焰传播速度，当一次风速过高，大于火焰传播速度时，就会吹灭火焰或者引起"脱火"，即便能着火，也可能产生其他问题。因为较粗的煤粉惯性大，容易穿过剧烈燃烧区而落下，形成不完全燃烧，有时甚至使煤粉气流直冲对面的炉墙，引起结渣。当然一次风速过低，对稳定燃烧和防止结渣也是不利的，原因在于：

（1）煤粉气流刚性减弱，易弯曲变形，偏斜贴墙，切圆组织不好，扰动不强烈，燃烧缓慢；

（2）煤粉气流的卷吸能力减弱，加热速度缓慢，着火延迟；

（3）气流速度小于火焰传播速度时，可能发生"回火"现象，或因着火位置距离喷口太近，将喷口烧坏；

（4）易发生空气、煤粉分层，甚至引起煤粉沉积、堵管现象；

（5）引起一次风管内煤粉浓度分布不均，从而导致一次风射出喷口时，在喷口附近出现煤粉浓度分布不均的现象，这对燃烧也是十分不利的。

燃烧器配风风速的推荐值见表 5-2。

表 5-2 一次风速和二次风速的推荐值 （m/s）

燃烧器的型式及风速		无 烟 煤	贫 煤	烟 煤	褐 煤
旋流式燃烧器	一次风	12～16	16～20	20～25	20～26
	二次风	15～22	20～25	30～40	25～35
直流式燃烧器	一次风	20～25	20～25	25～35	18～30
	二次风	45～55	45～55	40～55	40～60
	三次风	50～60	50～60		

4. 着火区的温度水平

煤粉气流在着火阶段的温度较低，燃烧处于动力燃烧区，迅速提高着火区的温度可加速着火过程。燃烧中心区的高温烟气回流到着火区，对煤粉进行对流加热往往是着火热的主要来源。回流的烟气量越大，着火区温度越高，着火就越快。

炉膛的温度水平是随锅炉负荷的高低而升降的。锅炉负荷降低，炉温降低，着火区的温度水平也降低，当锅炉负荷低到一定程度时，就危及着火的稳定，甚至造成灭火。固态排渣煤粉炉一般在 50%～70%MCR 为煤粉燃烧最低负荷，在最低负荷运行时应采取投油稳燃措施。

5. 煤粉气流的着火周界面

煤粉气流与烟气的接触周界面越大，传热量越多，着火越快。为此常通过燃烧器将煤粉气流分割为若干小股，或使气流旋转扩散，以增大着火周界面。

三、燃烧中心区的混合

煤粉气流一旦着火就进入燃烧中心区，在这里，除少量粗粉接近扩散燃烧工况外，大部分煤粉处于过度燃烧工况，因此强化燃烧过程既要加强氧的扩散混合，又不得降低炉温。

煤粉气流着火后，放出大量的热，炉温迅速升高，火焰中心的温度可达 1500～1600℃。燃烧速度很快。一次风中的氧很快耗尽，碳粒表面缺氧限制了燃烧过程的发展，及时供应二次风并加强一、二次风的混合，是强化燃烧的基本途径，所谓及时是指二次风应在煤粉气流着火后立即混入。混入过早，失去限制一次风的意义，将使着火推迟；混入过晚，氧量供应不足，将使燃烧速度减慢，不完全燃烧损失增加。由于二次风温比烟温低得多，为了不降低燃烧中心区的温度，二次风最好在煤粉气流着火后，随着燃烧过程的发展及时、充分的供应。煤粉在悬浮状态下燃烧，由于高温火焰的黏度很大，空气与煤粉的相对速度很小，混合条件很不理想，因此二次风除补充空气外，还得通过紊流扩散，加强一、二次风的混合，为此二次风必须以很高的速度喷入，并与一次风保持一定的速度比，其最佳值取决于煤种和燃烧器形式。二次风速一般都大于一次风速，推荐的二次风速见表 5 - 2，实际运行中，二次风速应根据具体情况决定，不必一定要符合推荐值。

当燃用的煤质一定时，一次风量就被确定了，这时二次风量随之确定。对于已经运行的锅炉，由于燃烧器喷口结构未变，故二次风速只随二次风量变化。

锅炉运行中，重要的问题是如何根据煤质和燃烧器的结构特性以最佳方式投入二次风。我国火电厂运行人员总结了"正塔型""倒塔型"和"腰鼓型"的配风方式。"正塔型"指二次风量自下而上依次递减；"倒塔型"则相反；"腰鼓型"指两头小，中间大，即上、下二次风量小，而中间二次风量大。一般认为，在燃用烟煤及烟煤类混煤时，宜采用均匀配风方式，但在有些锅炉上的实践表明，采用"腰鼓型"配风方式燃烧效率高。在燃用无烟煤、贫煤时，"倒塔型"配风方式的着火稳定性和燃烧效率比较高。运行经验表明，"正塔型"配风能托起颗粒较粗的煤粉，防止煤粉离析，可有效地降低炉渣含碳量。

可见，配风方式不仅影响燃烧稳定性和燃烧效率，还关系到结渣、火焰中心高度的变化、炉膛出口烟温的控制，从而进一步影响过热汽温与再热汽温，因此运行人员可根据煤质和燃烧设备本身的条件，在运行中不断摸索经验，合理组织燃烧器的配风，以适应运行煤质多变的需要。

从燃烧角度看，二次风温越高，越能强化燃烧，并能在低负荷运行时增强着火的稳定性，但是二次风温的提高受到空气预热器传热面积的限制，传热面积越大，金属耗量就越多，不但增加投资，而且将使预热器结构庞大，不便布置。热风温度的推荐数值见表 5 - 3。

表 5 - 3   热 风 温 度 推 荐 值

煤 种	无烟煤	贫煤、劣质烟煤	烟 煤	褐 煤	
				热风干燥	烟气干燥
热风温度（℃）	380~450	330~380	280~350	350~380	300~350

四、燃尽区的强化

大部分煤粉在燃烧中心区燃尽，剩下少量粗碳粒在燃尽区继续燃烧。从图 5 - 2 的煤粉火炬工况曲线可知，燃尽区的燃烧条件，不论可燃质的浓度、氧浓度、温度水平及气流扰动强度都处于最不利情况，因此燃烧速度相当缓慢，燃尽过程延续很长，占据了炉膛空间很大部分。为了提高燃烧过程的完全程度，减少 q_4 损失，强化燃尽过程是非常重要的。从良好燃烧的四个条件来看，燃尽区的强化主要靠延长可燃物在炉内停留时间 τ_t 来保证，具体措施有：

（1）选择适当的炉膛容积及火炬长度，保证煤粉在炉内停留的总时间。

（2）强化着火与中心区的燃烧，使着火与燃烧中心区火炬行程缩短，在一定炉膛容积内等于增加燃尽区的火炬长度，延长碳粒在炉内燃烧时间。

（3）改善火焰在炉内充满程度，实践证明，火焰并未充满整个炉膛。火焰所占容积与炉膛几何容积之比称为火焰充满程度。充满程度越高，炉膛的有效容积越大，可燃物在炉内实际停留时间越长。

（4）保证煤粉细度，提高煤粉均匀度。理论研究表明，煤粉完全燃烧所需时间 τ_{wr} 与煤粒直径的平方成正比，造成 q_4 损失的原因主要是煤粉中大颗粒的粗粉，因此细而均匀的煤粉，容易实现 $\tau_t > \tau_{wr}$ ，使 q_4 损失减小。

在煤粉气流燃烧过程中，着火是良好燃烧的前提，燃烧是整个燃烧过程的主体，燃尽是完全燃烧的保证。燃烧过程的强化，很大程度依靠燃烧设备合理的结构与布置来实现。

第三节　煤　粉　燃　烧　器

煤粉燃烧器是燃煤锅炉燃烧设备的主要部件，其作用是：向炉内输送燃料和空气，保证燃料进入炉膛后尽快、稳定地着火，组织燃料和空气及时、充分地混合，迅速完全地燃尽。煤粉燃烧器可分为直流煤粉燃烧器和旋流煤粉燃烧器两大类。

在煤粉燃烧时，为了减少着火所需的热量，迅速加热煤粉，使煤粉尽快达到着火温度，以实现尽快着火，将煤粉燃烧所需的空气量分为一次风和二次风。一次风的作用是将煤粉送进炉膛，并供给煤粉初始着火阶段中挥发分燃烧所需的氧量；二次风在煤粉气流着火后混入，供给煤中焦炭和残留挥发分燃尽所需的氧量，以保证煤粉完全燃烧。

一、直流煤粉燃烧器的类型及特点

直流燃烧器通常由一列矩形喷口组成，煤粉气流和热空气从喷口射出后，形成直流射流进入炉膛。从燃烧器喷口射出的气流以一定的速度进入炉膛，由于气流的紊流扩散，带动周围的热烟气一道向前流动，这种现象叫"卷吸"。由于"卷吸"，射流不断扩大，不断向四周扩张，同时主气流的速度由于衰减而不断减小。正是由于射流的这种"卷吸"作用，将高温烟气的热量源源不断地输送给进入炉内的新煤粉气流，煤粉气流才得到不断加热而升温，当煤粉气流吸收足够的热量并达到着火温度后，便首先从气流的外边缘开始着火，然后火焰迅速向气流深层传播，达到稳定着火状态。当煤粉气流没有足够的着火热源时，虽然局部的煤粉通过加热也可达到着火温度，并在瞬间着火，但这种着火不能稳定进行，即着火后还容易灭火，这样的着火极易引起爆燃，因而是一种十分危险的着火工况。

直流燃烧器按照配风方式不同分为均等配风直流煤粉燃烧器和分级配风直流煤粉燃烧器。

1. 均等配风直流煤粉燃烧器

均等配风方式是指一、二次风喷口相间布置，即在两个一次风喷口之间均等布置一个或两个二次风喷口，或者在每个一次风喷口的背火侧均等布置二次风喷口。在均等配风方式中，由于一、二次风喷口间距相对较近，一、二次风自喷口流出后能很快得到混合，使煤粉气流着火后不致由于空气跟不上而影响燃烧，故一般适用于烟煤和褐煤，所以又称为烟煤—褐煤型直流煤粉燃烧器。典型的均等配风直流煤粉燃烧器喷口布置方式如图 5 - 3 所示。

图 5 - 3（a）和图 5 - 4（c）所示均等配风燃烧器为一、二次风喷口间隔布置，即在每一个一次风喷口的上、下方有二次风喷口，而且喷口间距较小，所以这种喷口布置方式只适用于挥发分较高且很容易着火的烟煤和褐煤。燃烧器最高层为上二次风喷口，其作用除供应上排煤粉燃烧器所需空气外，还可提供炉内未燃尽的煤粉继续燃烧所需空气。燃烧器最底层为下二次风喷口，其作用除供应下排煤粉燃烧器所需空气外，还能把煤粉气流中析出的粗煤粉托住，使其燃烧而减少固体未完全燃烧热损失。一次风从两侧吸取炉内高温烟气，有利于点燃。由于喷口之间有一定距离，可以减少气流两侧压差，所以气流偏斜较小。一、二次风喷口可以做成固定不动或上下摆动，其上下摆动倾角范围一般为±20°，摆动式可通过改变一、

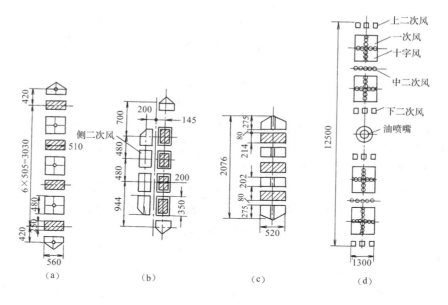

图 5 - 3　均等配风直流煤粉燃烧器

(a) 锅炉容量 400t/h，适用烟煤；(b) 锅炉容量 220t/h，适用贫煤和烟煤；
(c) 锅炉容量 220t/h，适用褐煤；(d) 锅炉容量 927t/h，适用褐煤

二次风喷口倾角的办法来改变一、二次风的混合时机，以适应不同煤种的需要，还可用来调整炉内火焰的位置。在二次风喷口内部可装设油喷嘴，必要时可以烧油。

　　如图 5 - 3（b）所示为侧二次风均等配风燃烧器，其作用如下：一次风布置在燃烧器的向火侧，这样有利于煤粉气流卷吸高温烟气和接受炉膛空间的辐射热，同时也有利于接受邻角燃烧器火炬的加热，这就改善了煤粉着火；二次风布置在背火侧，可以防止煤粉火炬贴墙和煤粉离析，并可在水冷壁附近区域保持氧化气氛，不致使灰熔点降低，这些都有助于避免水冷壁结渣；此外这种并排布置，降低了整组燃烧器的高宽比，可以增强气流的穿透能力，这就有利于燃烧的稳定和完全。由于这种燃烧器的着火性能较好，故适合于烧贫煤和挥发分低的烟煤。

　　如图 5 - 3（d）所示为大功率褐煤均等配风燃烧器，每只燃烧器分两层布置，在更大容量锅炉中尚可采用多层布置，每一层均可看成是一个均等配风的燃烧器。由于一次风面积较大，其内布置有十字形风管并送入空气，称为中心十字风，其作用是冷却一次风喷口，以免喷口受热变形或烧坏，将一个喷口分割成为四个小喷口，可减少煤粉和气流速度分布的不均匀程度。

　　2. 分级配风直流煤粉燃烧器

　　分级配风方式是指把燃烧所需要的二次风分级分阶段地送入燃烧的煤粉气流中，即将一次风喷口较集中地布置在一起，而二次风喷口分层布置，且一、二次风喷口保持较大的距离，以便控制一、二次风的混合时间，这对于无烟煤的着火与燃烧是有利的，故此种燃烧器适用于无烟煤、贫煤和劣质煤，所以又称为无烟煤型直流煤粉燃烧器。典型的分级配风直流煤粉燃烧器喷口布置方式如图 5 - 4 所示。

　　分级配风直流燃烧器的特点是：

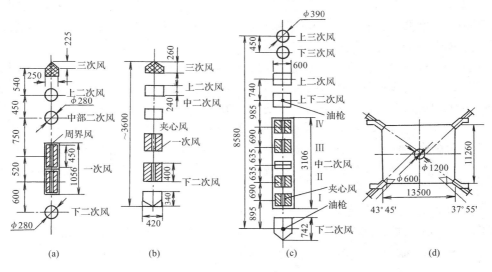

图 5-4　分级配风直流煤粉燃烧器

(a) 锅炉容量 130t/h，适用无烟煤；(b) 锅炉容量 220t/h，适用无烟煤；
(c) 锅炉容量 670t/h，适用无烟煤；(d) 670t/h 锅炉燃烧器布置

（1）一次风喷口狭长，即高宽比比较大，这样可以增大煤粉气流的迎火周界，从而增加对高温烟气的卷吸能力，有利于煤粉气流着火，但狭长喷口会使气流的刚性减弱，造成气流过分偏斜而贴墙，形成炉墙结渣。

（2）一次风喷口集中布置，由于煤粉燃烧放热集中，火焰中心温度会有所提高，这就有利于煤粉的着火与燃烧。

（3）一、二次风喷口各自集中在一起，且一、二次风喷口的间距较大，使一、二次风混合较迟，对于无烟煤和劣质煤的着火有利。

（4）二次风分层布置，即按着火和燃烧需要分级分阶段将二次风送入燃烧的煤粉气流中，这既有利于煤粉气流的前期着火，又有利于煤粉气流后期的燃烧。

（5）该型燃烧器燃用无烟煤、贫煤、劣质烟煤时，为了保证着火的稳定性，都采用中间储仓式热风送粉制粉系统，该系统中细粉分离器将煤粉和输送煤粉的空气分离后，形成乏气，乏气中带有 10%～15% 的细煤粉，为了提高燃烧的经济性和避免环境受到污染，这部分乏气一般送入炉膛燃烧，形成三次风。三次风的特点是温度低、水分大、煤粉细。运行经验证明，三次风对燃烧有明显的不利影响。在大容量锅炉上，三次风的投入对过热汽温、再热汽温的影响也很大。

三次风温一般低于 100℃，煤中水分较大时，只有 60℃。大量低温三次风进入炉内，会对整个燃烧过程产生很大的影响。实践证明，如三次风喷口布置不当，不仅影响主气流着火与燃烧，而且还会恶化燃尽，使固体未完全燃烧热损失增加，此外还会使火焰中心上移，炉膛出口烟温升高，从而引起炉膛出口附近结渣，过热器超温等事故。由此可见，合理布置三次风喷口就有着十分重要的意义。

三次风喷口一般布置在燃烧器的最上方，距相邻二次风喷口有较大间距，以便减小其对主煤粉气流燃烧的影响；但也不宜距相邻二次风间距过大，布置过高，使三次风中细煤粉不

易燃尽，并使炉膛出口烟温升高，造成炉膛出口附近结渣，过热器超温等。三次风喷口应有一定的下倾角，以便起压火作用，并增加三次风在炉内逗留时间，有利于三次风细煤粉燃尽，减少固体未完全燃烧热损失。

为了减轻三次风对燃烧的不利影响，在大容量锅炉上可以将三次风分为两段，即上三次风和下三次风。三次风的分级送入和合理布置，不仅能减轻其对燃烧的不利影响，还能把制粉系统乏气中的煤粉烧掉，并加强燃烧后期可燃物与空气的混合，促进燃烧。三次风风速不宜过低，一般为 50～60m/s，这可保证三次风穿透火焰，加强对主煤粉火焰气流的搅动作用，从而改善燃烧，使不完全燃烧热损失降低。三次风量占总风量的 10%～18%，有时可达 30%，三次风量的大小与煤质的挥发分含量，着火的难易程度，水分含量以及制粉系统的漏风情况等有关。

3. 直流煤粉燃烧器的周界风和夹心风

现代大型电站锅炉直流煤粉燃烧器的一次风喷口周围或中间布置有一股高速二次风，就形成周界风和夹心风燃烧器喷口，如图 5-4 所示。在一次风喷口外缘布置的周界风作用如下：

（1）冷却一次风喷口，防止喷口烧坏或变形。

（2）少量热空气与煤粉火焰及时混合。由于直流煤粉火焰的着火首先从外边缘开始，火焰外围易出现缺氧现象，这时周界风就起着补氧作用。周界风量较小时，有利于稳定着火；周界风量太大时，相当于二次风过早混入一次风，因而对着火不利。

（3）周界风的速度比煤粉气流的速度要高，能增加一次风气流的刚度，防止气流偏斜，并能托住煤粉，防止煤粉从主气流中分离出来而引起不完全燃烧。

（4）高速周界风有利于卷吸高温烟气，促进着火，并加速一、二次风的混合过程，但周界风量过大或风速过小时，在煤粉气流与高温烟气之间形成"屏蔽"，反而阻碍加热煤粉气流，故当燃用的煤质变差时，应减少周界风量。

周界风的风量一般为二次风量的 10% 或略多一些，风速为 30～40m/s，风层厚度为 15～25mm。

夹心风有如下四个作用：

（1）补充火焰中心的氧气，同时也降低了着火区的温度，而对一次风射流外缘的烟气卷吸作用没有明显的影响。

（2）高速的夹心风提高了一次风射流的刚度，能防止气流偏斜，而且增强了煤粉气流内部的扰动，这对加速外缘火焰向中心的传播是有利的。

（3）夹心风速度较大时，一次风射流扩展角减小，煤粉气流扩散减弱，这对于减轻和避免煤粉气流贴壁，防止结渣有一定作用。

（4）可作为变煤种、变负荷时燃烧调整的手段之一。

如前所述，周界风或夹心风主要是用来解决煤粉气流高度集中时着火初期的供氧问题，数量占二次风量的 10%～15%。实际运行中，由于漏风，周界风或夹心风的风率可达 20% 以上。在燃用无烟煤、贫煤或劣质煤时，周界风或夹心风的速度比较高，为 50～60m/s；在燃用烟煤时，周界风的速度为 30～40m/s，主要是为了冷却一次风喷口。燃烧褐煤的燃烧器一次风喷口上一般布置有十字风，其作用类似于夹心风。

实践表明，周界风和夹心风使用不当时，对煤粉着火产生不利影响。

4. 摆动式燃烧器

直流式煤粉燃烧器的喷口可做成固定式的，也可做成摆动式的。摆动式燃烧器的各喷口一般可同步上、下摆动20°或30°，用来改变火焰中心位置的高度，调节再热蒸气温度，并便于在启动和运行中进行燃烧调节，控制炉膛出口烟温，避免炉膛内受热面结渣。

为了适应煤质的变化，在有些燃烧器上把一次风口做成固定式的，二、三次风口做成摆动式的，这样可以改变二次风和一次风的相交混合位置，以根据煤质变化条件适当推迟或提前一、二次风的混合。这种燃烧器喷口的摆动幅度不能太大，以免一、二次风过早混合，因而对火焰中心位置的调节范围有限，其摆动喷口的目的并不是用来调节汽温，而是为了稳定燃烧。

摆动式燃烧器运行中容易出现的问题是：因喷口受热变形，使摆动机构卡死，或摆动不灵活。摆动机构上的传动销磨损或受热太大时，容易被剪断，这时应立即停止摆动，待修复后再投入运行。

摆动式燃烧器一般适用于燃烧烟煤，也可燃烧较易着火的贫煤，但不适于烧难于着火的无烟煤、贫煤、劣质烟煤，这是因为燃烧器喷口向上摆动时，会减弱上游火焰对邻角煤粉气流的引燃作用，使燃烧变得不稳定，燃烧效率降低，炉膛上部受热面结渣。

在大容量锅炉上，采用摆动式燃烧器主要是为了调节再热汽温，但摆动角度必须有一定限度，一般为$-20\sim+30℃$，汽温调节幅度可达$\pm(40\sim50)℃$。当大量投入三次风时，将明显降低摆动式燃烧器的调温效果。

采用摆动式燃烧器的调温方法是：当汽温下降时，喷口向上摆动；当汽温上升时，喷口向下摆动。

二、直流煤粉燃烧器的布置及工作特性

1. 直流煤粉燃烧器布置方式

直流煤粉燃烧器一般布置在炉膛四角上，如图5-5所示。煤粉气流在射出喷口时，虽然是直流射流，但当四股气流到达炉膛中心部位时，以切圆形式汇合，形成旋转燃烧火焰，同时在炉膛内形成一个自下而上的旋涡气流，因而这种燃烧方式称为四角切圆燃烧。

直流式燃烧器的布置，直接关系到四角切向燃烧的组织。比较理想的炉内气流流动状况是在炉膛中心形成的旋转火焰不偏斜、不贴墙、火焰的充满程度好、热负荷分布比较均匀。当然，要达到上述要求，还与燃烧器的高宽比和切圆直径等因素有关，甚至还与炉膛负压大小有关。

直流式燃烧器的布置不仅影响火焰的偏斜程度，还影响燃烧的稳定性和燃烧效率。例如一次风对冲布置时，气流扰动强烈、混合好，但着火条件差，炉内气流流动不稳定。而上下不等切圆布置时，上层小切圆减弱了切向燃烧方式邻角互相点燃的作用，使着火条件变差。

我国电站在组织四角切圆燃烧方面具有丰富的经验，不少电厂对四角切圆燃烧方式进行了改进，其主要特点有如下几个方面：

（1）一、二次风不等切圆布置。这种方法是将一、二次风喷口按不同角度组织切圆，二次风靠炉墙一侧，一次风靠内侧布置。这种布置方式既保持了邻角相互点燃的优势，又使炉内气流流动稳定、火焰不贴炉墙，因而防止了结渣，但容易引起煤粉气流与二次风的混合不良、可燃物的燃烧不充分。

（2）一次风正切圆、二次风反切圆布置。这种布置方法可减弱炉膛出口气流残余旋转，

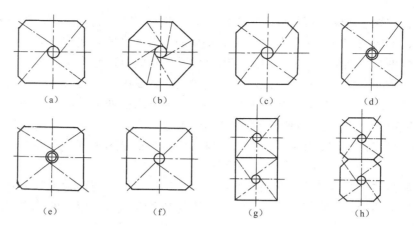

图 5-5 直流煤粉燃烧器的布置方式

(a) 正四角布置；(b) 正八角布置；(c) 大切角正四角布置；(d) 同向大小双切圆方式；
(e) 正反双切圆方式；(f) 两角相切，两角对冲方式；(g) 双室炉膛切圆方式；
(h) 大切角双室炉膛切圆方式

从而减小了过热器的热偏差，并能防止结渣。

（3）一次风对冲、二次风切圆布置。这种方法减小了炉内一次风气流的实际切圆直径，使煤粉气流不易贴壁，因而能防止结渣，而且能减弱气流的残余旋转。

（4）一次风喷口侧边布置侧边二次风，也称为偏转二次风。这种方法的特点是在燃料着火后，及时供应二次风，将火焰与炉墙"隔开"，形成一层"气幕"，在水冷壁附近区域造成氧化性气氛，可提高灰熔点温度，减轻水冷壁的结渣，还可以降低 NO_x 的生成量，适用于燃用烟煤及挥发分较高的贫煤。

2. 直流煤粉燃烧器四角切圆燃烧的着火特性

在直流煤粉燃烧器四角切圆布置时，炉膛四角的四股煤粉气流具有相互"自点燃"作用。即煤粉气流向火的一侧受到上游邻角高温火焰的直接撞击而被点燃，这是煤粉气流着火的主要条件。背火的一侧也卷吸炉墙附近的热烟气，但这部分卷吸获得的热量较少，此外，一次风与二次风之间也进行着少量的过早混合，但这种混合对着火的影响不大。

煤粉气流着火的热源不仅来自卷吸热烟气和邻角火焰的撞击，而且还来自炉内高温火焰的辐射加热，但着火的主要热源来自卷吸加热，占总着火热源的 $60\%\sim70\%$。

煤粉气流在正常燃烧时，一般在距离喷口 0.3～0.5m 处开始着火，在离开喷口1～2m的范围内，煤粉中大部分挥发分析出并烧完，此后是焦炭和剩余挥发分的燃烧，需要延续 10～20m，甚至更长的距离。当燃料到达炉膛出口处时，燃料中 98% 以上的可燃物可以完全燃尽。

四角燃烧方式具有较好的着火、燃烧、燃尽能力。气流由四角喷入炉内后，一方面由于气流在炉膛中心发生旋转，另一方面由于引风机抽力，迫使气流上升，结果在炉膛中心形成一股螺旋上升的气流。从着火的角度来看，每股煤粉气流除依靠本身卷吸高温烟气和接受炉膛辐射热外，由于每只燃烧器都能将一部分高温火焰吹向相邻燃烧器的根部，从而形成相邻煤粉气流互相引燃。此外，气流旋转上升时，由于离心力的作用，气流向四周扩展，使炉膛中心形成负压，造成高温烟气由上向下回流到火焰根部，由此看来，煤粉气流的着火条件是理想的。从燃烧角度看，由于气流在炉膛中心强烈旋转燃烧，使炉膛中心形成一个高温火球，而且煤粉与空气的混合也较好，这就加速了煤粉的燃烧，所以煤粉气流的燃烧条件也是理想的。从燃尽角度来看，由于旋转上升气流改善了炉内气流的充满程度，又延长了煤粉在炉内停留时间，这对于煤粉的燃尽是有利的。由于切圆燃烧具有良好的炉内空气动力场，对煤种具有较广的适应性，因而在我国得到广泛的应用。

　　值得注意的是在四角切圆燃烧锅炉中，燃烧器区域形成的旋转火焰不但旋转稳定、强烈，而且黏性很大。高温烟气流到达炉膛出口的过程中，其旋转强度虽然逐渐减弱，但仍有残余旋转。残余旋转不但造成炉膛出口处的烟温偏差，而且造成烟速偏差。气流逆时针方向旋转时，右侧烟温高于左侧烟温，右侧烟速高于左侧烟速；气流顺时针方向旋转时，左侧烟温高于右侧烟温，左侧烟速高于右侧烟速。一般烟温偏差达100℃左右，偏差严重的甚至达到300℃。

三、四角切圆燃烧的气流偏斜及切圆直径

1. 气流偏斜问题

　　采用四角燃烧方式的锅炉，运行中容易发生气流偏斜而导致火焰贴墙，引起结渣以及燃烧不稳定现象。引起燃烧器出口气流偏斜的主要原因如下：

　　(1) 邻角气流的横向推力是气流偏斜的主要原因。横向推力的大小与炉内气流的旋转强度，即炉膛四角射流的旋转动量矩有关，其中二次风射流的动量矩是起主要作用的，二次风动量及其旋转半径越大，中心旋转强度越大，横向推力亦越大，致使一次风射流的偏转加剧。一次风射流抵抗偏斜的能力与本身的动量有关，一次风射流动量越大，刚性越强，射流的偏斜也就越小。

　　试验和运行实践证明，增加一次风动量或减少二次风动量，或者就降低二次风与一次风的动量比，会减轻一次风射流的偏斜，但应注意二次风动量降低导致气流扰动减弱对燃烧带来的不利影响。

　　(2) 射流偏斜还受射流两侧"补气"条件的影响。由于射流自喷口射出后仍然保持着高速流动，射流两侧的烟气被卷吸着一道前进，射流两侧的压力就随着降低，这时，炉膛其他地方的烟气就纷纷赶来补充，这种现象称为"补气"。如果射流两侧的补气条件不同，就会在射流两侧形成压差：向火面的一侧受到邻角气流的撞击，补气充裕，压力较高；而背火面的一侧补气条件差，压力较低。这样，射流两侧就形成了压力差，在压力差的作用下，射流被迫向炉墙偏斜，甚至迫使气流贴墙，引起结渣。

　　燃烧器四角布置的炉膛，如果炉膛断面成正方形或接近正方形时，射流两侧补气条件不会差别较大。由于射流两侧炉墙夹角相差较大，射流两侧的补气条件就会显著不同，造成较大的射流偏斜。

　　(3) 燃烧器的高宽比对射流弯曲变形影响较大。燃烧器的高宽比值越大，射流卷吸能力越强，速度衰减越快，其刚性就越差，因而，射流越容易弯曲变形。

　　在大容量锅炉上，由于燃煤量显著增大，燃烧器的喷口通流面积也相应增大，所以喷口数量必然增多。为了避免气流变形和减小燃烧器区域水冷壁的热负荷，将燃烧器沿高度方向拉长，并把喷口沿高度分成2~3组，相邻两组喷口间留有空挡，空挡相当于一个压力平衡孔，用来平衡射流两侧的压力，防止射流向压力低的一侧弯曲变形。

2. 切圆直径

炉内四股气流的相互作用，不仅影响到气流的偏斜程度，也影响到假想切圆直径。而切圆直径又影响着气流贴墙、结渣情况和燃烧稳定性，此外还影响着汽温调节和炉膛容积中火焰的充满程度。当锅炉燃用的煤质变化较大时，切圆直径的调整十分重要，这种情况下，单纯依靠运行调节如果难以见效，就需要对燃烧器和燃烧系统进行技术改造，以适应煤质的变化。

当切圆直径较大时，上游邻角火焰向下游煤粉气流的根部靠近，煤粉的着火条件较好，这时炉内气流旋转强烈，气流扰动大，使后期燃烧阶段可燃物与空气流的混合加强，有利于煤粉的燃尽。但是切圆直径过大，也会带来下述的问题：

（1）火焰容易贴墙，引起结渣；

（2）着火过于靠近喷口，容易烧坏喷口；

（3）火焰旋转强烈时，产生的旋转动量矩大，同时因为高温火焰的黏度很大，到达炉膛出口处，残余旋转较大，这将使炉膛出口烟温分布不均匀程度加大，因而既容易引起较大的热偏差，也可能导致过热器结渣，还可能引起过热器超温。

在大容量锅炉上，为了减轻气流的残余旋转和气流偏斜，假想切圆直径有减小的趋势。对于 300MW 机组锅炉，切圆直径一般设计为 700～1000mm，同时适当增加炉膛高度或采用燃烧器顶部消旋二次风（一次风和下部二次风正切圆布置，顶部二次风反切圆布置），对减弱气流的残余旋转，减轻炉膛出口的热偏差有一定的作用，但不可能完全消除。当然切圆直径也不能过小，否则容易出现对角气流对撞，四角火焰的"自点燃"作用减弱，燃烧不稳定，燃烧不完全，炉膛出口烟温升高一系列不良现象，影响锅炉安全运行，或者给锅炉运行调节带来许多困难。

四、旋流煤粉燃烧器

旋流煤粉燃烧器的一、二次风喷口为圆形喷口，这种燃烧器的二次风是旋转射流，一次风射流可为直流射流或旋流射流。气流在离开燃烧器之前，在圆形喷管中作旋转运动，当旋转气流离开喷口失去管壁控制时，气流将沿螺旋线的切线方向运动，形成辐射状的空心锥气流。

旋流射流有如下特性：

（1）旋转射流的扩散角比较大，扰动强烈，而且在气流中心距离喷口不远处轴向速度出现负值，说明气流中心出现烟气回流区。显然，这有助于煤粉气流的着火。

（2）切向速度和轴向速度都衰减得较快，致使气流速度旋转的强度很快减弱，气流射程较短。这是因为气流大量卷吸周围的烟气和消耗动能之故。

旋流强度表征了旋转气流切向运动相对于轴向运动的强度，它由气流的旋转动量矩和轴向动量及喷口的定性尺寸来决定。射流外边界所形成的夹角称为扩散角，用符号 θ 表示。旋流强度越大，则切向运动速度越大，气流的扩散角也越大，射程越短，回流区越大。旋流强度小，气流的扩散角小，气流中心回流区变小甚至失去回流区。

旋流强度过大，气流扩散角随之增大，射流外缘与炉墙之间间距减小，气流周界回流区补气困难，负压增大，射流在内侧压力的作用下被压向炉墙，气流贴墙流动，形成"飞边"现象。"飞边"容易引起喷口附近严重结渣、烧坏喷口以及附近水冷壁被严重磨损等问题，所以在锅炉运行中，应注意控制旋流强度不应过大，避免"飞边"现象的产生。

旋流强度是由燃烧器中的旋流器产生的。按旋流器的不同，旋流燃烧器主要有两类，即蜗壳式旋流燃烧器和叶片式旋流燃烧器。前者由于阻力大，调节性能差，大型锅炉已很少采用，后者应用较多。

叶片式旋流燃烧器按其结构分为切向叶片式和轴向叶轮式两种，如图 5-6 所示。这两种燃烧器，一次风为直流或弱旋射流，二次风则用切向叶片或轴向叶片产生旋转气流。切向叶片式的叶片是可调的，调节叶片倾角即可调节气流的旋流强度。轴向叶轮式叶片是不可调的，但叶轮通过拉杆可在轴向移动。叶轮推到底部就和圆锥套紧贴，二次风全部通过叶轮，旋流强度最大，叶轮外拉时，叶轮与锥套之间构成环形通道，部分二次风在叶轮外环形通道直流通过，旋流强度减弱，叶轮外移距离越大，旋流强度越小。

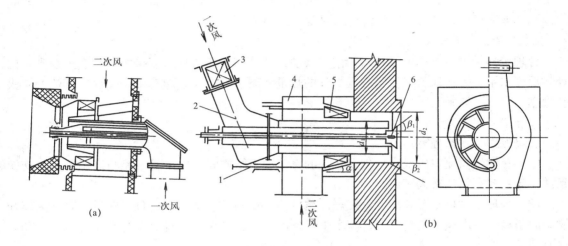

图 5-6 叶片式旋流燃烧器
（a）切向叶片式；（b）轴向叶轮式
1—拉杆；2—一次风管；3—一次风舌形挡板；4—二次风筒；
5—二次风叶轮；6—油枪

叶片式旋流燃烧器的调节性能较好，一、二次风阻力也较小，出口气流煤粉分布较均匀，所以应用较广。旋流燃烧器扩散角大，扰动大，动能衰减快，射程短，适应高挥发分燃料。

旋流式燃烧器在炉膛的布置多采用前墙或两面墙对冲式交错布置，其布置方式对炉内空气动力场和火焰充满程度影响很大。一般来说，燃烧器前墙布置，煤粉管道最短，且各燃烧器阻力系数相近，煤粉气流分配较均匀，沿炉膛宽度方向热偏差较小，但火焰后期扰动混合较差，气流死滞区大，炉膛火焰充满程度往往不佳。燃烧器对冲布置，两火炬在炉膛中央撞击后，大部分气流扰动增大，火焰充满程度相对较高，若两燃烧器负荷不对称，易使火焰偏向一侧，引起局部结渣和烟气温度分布不均。两面墙交错布置时，炽热的火炬相互穿插，改善了火焰的混合和充满程度。

五、煤粉稳定燃烧技术

多年以来，在燃煤锅炉燃烧技术中，为了提高煤粉气流的着火和燃烧稳定性，在锅炉燃烧设备中采取了各种技术措施，目的在于建立稳定的着火热源、增强对煤粉气流的供热能力和降低一次风气流的着火热。常用的技术措施可归纳如下。

1. 制粉系统方面

（1）加强燃煤的统筹调度和管理，尽量避免煤质的大幅度变化。

（2）根据煤质特性、磨煤机型式、燃烧方式、炉膛结构和热负荷等因素，选择经济的煤粉细度。

（3）提高一次风粉混合物温度。

（4）提高风粉混合物中煤粉浓度。燃烧反应速度与一次风粉气流中煤粉浓度和氧浓度有关，在一定的煤粉细度和空气温度条件下，一定的煤粉浓度范围内，随着煤粉浓度的增大，反应速度加快，煤粉气流的着火和燃烧稳定性也变好。国外在一台 200MW 四角切圆燃烧锅炉上的试验表明，当将煤粉浓度提高 1.7 倍，即在 50%MCR 负荷时，煤粉浓度由 0.39kg/kg 提高到 0.65kg/kg，可使煤粉气流着火温度降低到 700℃。

2. 炉膛设计方面

合理选择炉型。炉膛的结构对炉内空气动力特性和传热条件有直接影响，它关系到炉内烟气温度水平、一次风粉气流与高温烟气的热量和质量交换等，即直接影响煤粉气流的着火和稳燃。

3. 燃烧方面

燃烧方面技术措施有：

（1）在燃烧器喷口内或出口创造合理的空气动力结构和一次风粉气流与高温的热质交换条件，建立起有利的着火区。

（2）合理的喷口布置和配风。燃烧器喷口的布置和配风情况影响着火热量，着火区离开喷口的距离，一次风粉气流升温速度和供氧条件，一、二次风气流混合时间，火炬长度和燃尽时间等。

（3）增加预燃点火稳燃装置，提供稳定的着火和稳燃热源。

在上述各项技术措施中，最关键的是燃烧器的作用。在过去十几年中，为改善锅炉燃烧，节油和节煤，我国开发出多种新的煤粉燃烧器，取得了显著的社会经济效益，为国内外所瞩目。近年来，为拓宽煤燃烧技术的途径，又从国外引进了一些先进的煤粉燃烧设备。目前国内电站锅炉上主要应用的为浓淡分离式的新型煤粉燃烧器，如钝体燃烧器、火焰稳定船燃烧器、多级浓缩燃烧器、宽调节比燃烧器等。

浓淡型煤粉燃烧器的原理及特点：

（1）浓淡型煤粉燃烧器的原理。所谓浓淡燃烧器，就是利用离心力或惯性力及燃烧器喷口内特殊的结构将一次风煤粉气流分成富粉流和贫粉流两股气流，分别通过不同喷口进入炉膛内燃烧。这样，可在一次风总量不变的条件下，分离出一股高煤粉浓度的富粉流。富粉流中燃料在过量空气系数远小于 1 的条件下燃烧，贫粉流中燃料则在过量空气系数大于或接近 1 的条件下燃烧，两股气流合起来使燃烧器出口的总过量空气系数仍保持在合理的范围内。由于高浓度煤粉气流具有良好的着火和稳燃性，因此它不需要特别强的热回流，这样，不仅可实现强化着火，而且技术上简单易行，还可避免热回流强带来的弊端。这种燃烧器有较宽的煤种适应性，不仅用于燃用高灰分劣质烟煤和高水分褐煤，也用于燃用无烟煤和贫煤。

富粉流中煤粉浓度的提高，即该股气流一次风份额降低，将使着火热减少，火焰传播速度提高，燃料着火提前。但是，煤粉浓度并非越高越好，如果煤粉浓度过高，则会因氧量不足影响挥发分燃烧，煤粉颗粒升温速度降低，反而使火焰传播速度下降，着火距离拉长，并会产生煤烟。所以，有一个使火焰传播速度最大、着火距离最短的最佳煤粉浓度值，最佳煤粉浓度值与煤种有关，试验研究表明一般低挥发分煤和劣质烟煤的最佳煤粉浓度值高于烟煤。

富粉流着火后，为贫粉流提供了着火热源，后者随之着火，整个火炬的燃烧稳定性增强，从而扩大了锅炉不投油助燃的负荷调节范围及煤种适应性。

（2）浓淡型煤粉燃烧器的特点。煤粉燃烧时有 NO 和极少量的 NO_2 生成，它们统称为氮氧化合物，用 NO_x 表示，是一种有害的气体排放物。要降低 NO_x 的生成量，要求火焰温度降低，燃烧区段内氧浓度减小，燃料在高温区内的停留时间缩短。

浓淡燃烧器因能降低燃烧产物中 NO_x 的排放量，所以也是一种低 NO_x 燃烧器。这种降低 NO_x 的方法是使大部分煤粉形成的浓煤粉气流在过量空气系数远小于 1 的条件下燃烧，而另一部分煤粉气流在过量空气系数远大于 1 的条件下燃烧。煤粉在高浓度燃烧时，由于缺氧产生的燃料型 NO_x 减少，煤粉低浓度燃烧时，由于空气量多，使燃烧温度降低，产生的温度型 NO_x 减少。这样，就形成了两个燃烧区段，有效地控制了燃烧产物中 NO_x 的排放量。

煤粉颗粒在高温还原性气氛下，煤灰的灰熔点将大大降低，这样当烟中的灰粒接触到受热面或炉墙时，仍可能保持软化状态或熔化状态，会黏结在壁面上，形成结渣。对于浓淡型煤粉燃烧器，将一次风煤粉气流沿水平方向进行浓淡分离，淡煤粉气流位于背火侧，即水冷壁一侧，使水冷壁附近煤粉浓度降低，氧浓度提高，还原性气氛水平下降，提高了灰粒的熔化温度，可减少炉膛结渣的可能性。同时，浓煤粉气流位于向火侧，有利于获取着火热，稳定燃烧。

很多新型燃烧器已达到正常的运行水平，并在改善锅炉着火过程、稳定燃烧、节约点火和稳燃用油、增大锅炉对负荷变化的适应能力、改善调峰特性等方面取得了程度不同的效果，为燃煤电厂的节能和安全运行创造了良好的条件，产生了很大的经济和社会效益。

第四节 煤粉炉及点火装置

煤粉炉是以煤粉为燃料进行燃烧的，它具有燃烧迅速、完全、容量大、效率高、适应煤种广、便于控制调节等优点，因而它是目前电厂锅炉的主要型式。

煤粉炉按排渣方式可分为两种类型：一种是将灰渣在固体状态下由炉中清除出去，称为固态排渣煤粉炉；另一种是将灰渣在熔化的液体状态下由炉中清除出去，称为液态排渣煤粉炉。本书仅介绍固态排渣煤粉炉。

一、炉膛结构及要求

炉膛也称为燃烧室，它是供煤粉燃烧的地方。

固态排渣煤粉炉的炉膛结构如图 5-7 所示。它是一个由炉墙围成的长方体空间，其四周布满水冷壁，炉底是由前后水冷壁管弯曲而成的倾斜冷灰斗，炉顶一般是平炉顶结构，高压以上锅炉一般在平炉顶布置顶棚管过热器，炉膛上部悬挂有屏式过热器，炉膛后上方为烟气出口。为了改善烟气对屏式过热器的冲刷，充分利用炉膛容积并加强炉膛上部气流的扰动，炉膛出口的下部有后水冷壁弯曲而成的折焰角。

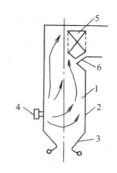

图 5-7　固态排渣煤粉炉
炉膛结构示意
1—炉膛；2—水冷壁；
3—冷灰斗；4—燃烧器；
5—屏式过热器；6—折焰角

炉膛既是燃烧空间，又是锅炉的换热部件，因此它的结构应既能保证燃料完全燃烧，又能使炉膛出口烟温降低到灰熔点以下，以便使出口以后对流受热面不结渣。为此，炉膛应满足以下要求：

（1）要有良好的炉内空气动力特性，这不仅能够避免火焰冲击炉墙，防止炉膛水冷壁结渣，而且还能使火焰在炉内有较好的充满程度，减少炉内死滞旋涡区，从而充分利用炉膛容积，以保证煤粉燃烧过程有足够空间和时间。

（2）应能布置足够的受热面，将炉膛出口烟温降到允许的数值，以保证炉膛出口及其后的受热面不结渣。

（3）要有合适的热强度，按热强度确定的炉膛容积及其截面尺寸和高度应能满足煤粉气流在炉内充分发展、均匀混合和完全燃烧的要求。

二、炉膛热强度

炉膛热强度包括炉膛容积热强度、炉膛断面热强度和燃烧器区域壁面热强度。

1. 炉膛容积热强度和断面热强度

炉膛容积常由炉膛容积热强度来决定。炉膛容积热强度是指单位时间、单位炉膛容积燃料燃烧放出的热量，即

$$q_V = \frac{BQ_{ar,net}}{V_1} \quad kW/m^3 \tag{5-2}$$

q_V 过大，炉膛容积过小，煤粉在炉内停留时间短，燃烧不完全，同时水冷壁面积小，炉温过高，容易造成结渣。q_V 过小，炉膛容积过大，炉膛温度过低，对燃烧不利，同时使锅炉造价和金属耗量增加。因此，q_V 这个数值要选得合适，根据经验，对于各种煤和炉型规定了不同的 q_V，其数值见表 5-4。从表中可以看出，越是容易燃烧的煤，所允许的 q_V 值越大。实际锅炉的 q_V 值都应接近并小于表上所列的数据。

炉膛容积确定后，炉膛尺寸仍未定，同样的炉膛容积，可以把炉膛做成瘦长形或矮胖形。过于瘦长的炉膛，火焰的充满程度好，但

表 5-4　炉膛容积热强度推荐值　　　（kW/m³）

煤　　　种	无烟煤	贫煤	烟　煤	褐　煤
固态排渣炉	110~140	116~163	140~198	93~151

燃烧器区域由于没有足够水冷壁冷却烟气，从而使燃烧器区域局部温度过高，引起燃烧器区域结渣。过于矮胖的炉膛，会使燃烧器附近温度低，对着火不利，而且火焰不易很好充满炉膛，煤粉在炉内停留时间短，不完全燃烧热损失增加。因此，炉形必须合适。

炉膛的大体形状常由炉膛断面热强度 q_A 和炉膛容积热强度 q_V 一起来确定。炉膛断面热强度是指单位时间、单位炉膛横断面积燃料燃烧放出的热量，即

$$q_A = \frac{BQ_{ar,net}}{A_1} \quad kW/m^2 \tag{5-3}$$

显然，当 q_V 一定时，q_A 取得大，炉膛横断面 A_1 就小，炉膛就瘦长些；q_A 取得小，炉膛横断面 A_1 就大，炉膛就矮胖些。

根据经验，对于不同容量的锅炉规定了不同的炉膛断面热强度 q_A，其数值见表 5-5。

炉膛断面热强度确定后，用式(5-3)求得炉膛横断面积，用它除炉膛容积，就得出炉膛平均高度，但炉膛宽度和深度仍需要决定。

表 5-5　　　　炉膛断面热强度推荐值

锅炉容量（t/h）	220	400~410	670	1000
q_A（kW/m²）	2.1~3.5	2.8~4.5	3.3~4.7	4.3~5

根据我国实际情况，低挥发分煤趋向于用直流燃烧器四角布置，这种炉子要求炉膛宽度与深度相等，亦即宽深比等于1，最大也不超过1.2。另外，在决定炉膛宽度时还应考虑如下因素：

（1）为了获得良好的蒸汽品质，汽包必须保持一定长度，而炉膛宽度与汽包长度是相配合的。

（2）炉膛宽度还应适应过热器系统的布置。既不能太宽也不能太窄，太宽了蒸汽流速过低，对过热器保护不利，而且烟气流速也低，传热效果也差；太窄了蒸汽流速过高使过热蒸汽系统压降过大，而且烟气流速也高，飞灰磨损严重。

（3）为了简化布置，尾部烟道宽度通常和炉膛宽度相同，因而在决定炉膛宽度时还必须考虑尾部受热面的布置。

2. 燃烧器区域壁面热强度

对于大容量锅炉，仅仅采用q_v、q_A指标，还不能全面反映出炉内的热力特性。因此，近年来又采用燃烧器区域壁面热强度q_r作为炉膛设计和判断运行工况的辅助指标。燃烧器区域壁面热强度是指单位时间、单位燃烧器区域壁面面积燃料燃烧放出的热量，即

$$q_r = \frac{BQ_{ar,net}}{A_r} \quad kW/m^2 \tag{5-4}$$

q_r越大，说明火焰越集中，燃烧器区域的温度水平就越高，这对燃料的着火和维持燃烧的稳定是有利的。但q_r过高，意味着火焰过分集中，使燃烧器区域局部温度过高，容易造成燃烧器区域水冷壁结渣。按固态排渣煤粉炉，对于褐煤，q_r可取0.93~1.16MW/m²；对贫煤和无烟煤，q_r可取1.4~2.1MW/m²；对烟煤，q_r要取1.28~1.4MW/m²。

三、煤粉炉的结渣

在固态排渣煤粉炉中，熔融的灰黏结并积聚在受热面或炉壁上的现象，称为结渣或结焦。

1. 结渣的危害

结渣会严重危害及影响锅炉运行的安全性和经济性，并造成以下不良后果：

（1）受热面上结渣时，会使传热减弱，工质吸热量减少，排烟温度升高，排烟热损失增加，锅炉效率降低。为了保持锅炉蒸发量，在增加燃料量的同时必须相应增加风量，这就使送、引风机负荷增加，厂用电增加。因此，结渣会降低锅炉运行的经济性。

（2）受热面结渣时，为了保持蒸发量，就必须增加风量，若此时通风设备容量有限，加上结渣容易使烟气通道局部堵住，影响风量增加，锅炉只好降低蒸发量运行。

（3）炉内结渣时，炉膛出口烟温升高，导致过热汽温升高，加上结渣不均匀造成的热偏差，很容易引起过热器超温损坏。此时，为了不使过热器超温，也需要限锅炉蒸发量。

（4）水冷壁结渣，会使自身各部分受热不均，以致膨胀不均或水循环不良，引起水冷壁管损坏。

（5）炉膛上部结渣掉落时，可能会砸坏冷灰斗的水冷壁管。

（6）冷灰斗处结渣严重时，会使冷灰斗出口逐渐堵住，使锅炉无法继续运行。

（7）燃烧器喷口结渣，会使炉内空气动力工况受破坏，从而影响燃烧过程的进行，喷口结渣严重而堵住时，锅炉只好降低蒸发量运行，甚至停炉。

（8）结渣严重时，除渣时间过长，可能导致灭火。

总之，结渣不但严重危及锅炉安全运行，还可能使锅炉降低蒸发量运行，甚至停炉，而且增加了锅炉运行和检修工作量，所以应尽最大努力来减轻和防止锅炉结渣。

　2. 结渣的过程和原因

在炉膛高温区域内，燃料中的灰分一般为液态或呈软化状态。随着烟气的流动，烟温会因水冷壁吸热而不断降低。当接触到受热面或炉墙时，如果烟中的灰粒已冷却到固体状态，就不会造成结渣，如果烟中的灰粒仍保持软化状态或熔化状态，就会黏结在壁面上，形成结渣。

结渣通常发生在炉内和炉膛出口的受热面上。结渣是一个自动加剧的过程。这是因为发生结渣后，由于传热受阻，炉内烟气温度和渣层表面温度都将升高，再加上渣层表面粗糙，渣与渣之间的黏附力很大，渣粒就更容易黏附上去，从而使结渣过程愈演愈烈。显而易见，形成结渣的主要原因是炉膛温度过高或灰熔点过低。

造成炉膛温度过高的原因有：

炉膛设计的容积热强度过大或锅炉超负荷运行，使温度过高；火焰偏斜，使高温火焰靠近水冷壁；炉膛设计的断面热强度或燃烧器区域壁面热强度过大，使燃烧器区域水冷壁温度过高；炉底漏风等使火焰中心上移，以至炉膛出口烟温增高，这些都容易引起结渣。

除煤质不好造成结渣外，炉内空气供应不足，燃料与空气混合不充分等都会在炉内产生较多的还原性气体，以致灰的熔点降低，引起或加剧了结渣。

吹灰、除渣不及时也会加剧结渣，这是因为积灰、结渣的壁面粗糙，容易结渣，而且随着渣面温度的升高，结渣将自动加剧，越来越重。

　3. 防止结渣的措施

防止结渣主要也是从不使炉温过高和防止灰熔点降低着手。主要措施如下：

（1）防止壁面及受热面附近温度过高。设计中应力求使炉膛容积热强度、炉膛断面热强度、燃烧器区域壁面热强度设计合理；运行中避免锅炉超负荷运行，从而达到控制炉内温度水平，防止结渣；堵塞炉底漏风，降低炉膛负压，不使漏入空气量过大；直流燃烧器尽量利用下排燃烧器，旋流燃烧器适当加强二次风旋流强度等都能防止火焰中心上移，以免炉膛出口结渣。

保持各喷口给粉量平衡，使直流燃烧器四角气流的动量相等，切圆合适，一、二次风正确配合，风速适宜，防止燃烧器变形等，都能防止火焰偏斜，以免水冷壁结渣。

（2）防止炉内生成过多还原性气体。保持合适的空气动力场，不使空气量过小，能使炉内减少还原性气体，防止结渣。

（3）做好燃料管理，保持合适的煤粉细度和均匀度等。尽量固定燃料品种，避免燃料多变，清除煤中的石块，均可使炉膛结渣的可能性减小，或者因煤粉落入冷灰斗又燃烧而形成结渣。

（4）加强运行监视，及时吹灰除渣。运行中应根据仪表指示和实际观察来判断是否有结渣。例如发现过热汽温偏高、排烟温度升高、燃烧室负压减小等现象，就要注意燃烧室及炉膛出口是否结渣。一旦发现结渣，就应及时清除。此外吹灰器也应处于完好状态，以保证定时有效地进行受热面的吹灰工作。

（5）做好设备检修工作。检修时应根据运行中的结渣情况，适当地调整燃烧器，检查燃烧器有无变形或烧坏情况，及时校正修复。检修时应彻底清除已积灰渣，而且应做好堵塞漏风工作。

四、煤粉炉的点火装置

煤粉炉的点火装置除了在锅炉启动时利用它来点燃主燃烧器的煤粉气流外，在运行中当锅炉负荷过低时或煤质变差引起燃烧不稳定时，也可以利用点火装置维持燃烧稳定。

煤粉炉的点火装置主要有无油点火装置和采用过渡燃料的点火装置。

1. 无油点火装置

最近几年，由于气体和液体燃料供应出现紧张局面，国内外已开始向无油点火方式发展，其中之一就是利用高能电弧来代替燃油直接点燃煤粉气流。它的原理是：利用等离子喷枪将空气加热至几千度，使氧气部分电离，形成一个高能电弧，用它点燃预燃室内的煤粉气流，再由预燃室喷出的煤粉火炬点燃主燃烧器喷出的煤粉气流。

2. 采用过渡燃料的点火装置

采用过渡燃料的点火装置有气—油—煤三级系统和油—煤二级系统两种。

通常采用的电气引燃方式有电火花点火、电弧点火和高能点火等。

（1）电火花点火装置。电火花点火装置主要由打火电极、火焰检测器和可燃气体燃烧器三部分组成。点火杆与外壳组成打火电极。点火装置是借助于 5000～10000 V 高电压在两极间产生电火花把可燃气体点燃，再用可燃气体火焰点燃油枪喷出的油雾，最后由油火焰点燃主燃烧器的煤粉气流，这种点火装置击穿能力较强，点火可靠。

（2）电弧点火装置。电弧点火装置是由电弧点火器和点火轻油枪组成。电弧点火的起弧原理与电焊相似，即借助于大电流在电极间产生电弧。电极由碳棒和碳块组成，通电后，碳棒和碳块先接触再拉开，在其间隙处形成高温电弧，足以把气体燃料或液体燃料点着。

煤粉点燃的顺序是：电弧点火器点燃轻油或点燃燃气，轻油再点燃重油，再由重油点燃煤粉；也可直接点燃重油，再由重油点燃煤粉。点火完成后，为防止碳极和油枪嘴被烧坏，利用气动装置将点火器退入风管内。由于电弧点火装置可直接引燃油类，且性能比较可靠，因而是国内煤粉炉上使用的点火装置的主要型式。

（3）高能点火装置。为了简化点火程序，近年来又出现了高能点火装置。这种高能点火装置中装有半导体电阻，当它的两极处在一个能量很大、峰值很高的脉冲电压作用下时，在半导体表面就可产生很强的电火花，足以将重油点着。高能点火装置是一种有发展前途的锅炉点火装置。

五、油燃烧设备

燃油炉与煤粉炉一样均属于悬浮燃烧，因此燃油炉的燃烧设备也是由炉膛和燃烧器所组成的。

（一）燃油炉炉膛特点

炉膛是燃料燃烧的场所，燃油炉的炉膛结构与煤粉炉基本相同，但由于燃油灰分很少，燃烧后基本没有炉渣，故燃油炉的炉底不像煤粉炉那样，构成角度很大的冷灰斗，而是做成具有一定角度的平炉底，炉底用耐火泥盖住，同时在最低处还设有放水孔。这样的炉底结构，能充分利用炉膛的容积和高度，同时，又能起到以下作用：

（1）炉底水冷壁管覆盖一层耐火泥，既能提高炉内温度，又能防止炉底水冷壁管内工质流动时发生汽水分层。

（2）在冲洗炉膛或爆管时，可使水汇集在炉底最低处，然后从放水孔排出；

（3）油喷嘴漏出的油也可从放水孔排出，以防积油过多而发生爆燃。

考虑到油着火容易，燃烧迅速，因此燃油炉的炉膛容积可较煤粉炉为小，即燃油炉的炉膛容积热强度较煤粉炉为高。燃油炉采用的炉膛容积热强度为 $232\sim348kW/m^3$。燃气炉的炉膛比燃油炉还要小些，炉膛容积热强度还要高些。

油燃烧器在炉膛中的布置方式也与煤粉炉一样，通常有前墙布置、前后墙对冲或交错布置、四角布置等数种。近年来，国内外还发展了油燃烧器炉底布置方式，这种布置较适于长方形的塔型和 Ⅱ 型锅炉。其主要优点是：火焰可不受任何阻挡地向上伸展；炉膛火焰能沿整个长度均匀地向水冷壁辐射放热，因而热负荷不会有局部过高的峰值。

燃油炉比其他型式锅炉更适宜于微正压锅炉和低氧燃烧，此时就要求锅炉的炉墙有很高的密封性，否则就容易造成向外喷烟或向内漏风。前者会降低锅炉工作的可靠性，并使锅炉房的工作条件恶化；后者会使炉内过量空气系数无法控制，形成不了低氧燃烧。

（二）油燃烧器

油燃烧器由油雾化器和配风器组成，油雾化器一般叫油枪或油喷嘴，其作用是将油雾化成细小的油滴以增加和空气的接触面积，强化燃烧过程，提高燃烧效率。配风器的作用是及时给油雾火炬根部送风并使油与空气能充分混合，造成良好的着火条件，保证燃烧迅速完全地进行。

1. 油雾化器

燃油炉用的雾化器主要有压力式雾化器和蒸汽机械雾化器两种。

（1）压力式雾化器。压力式雾化器是靠油压强迫燃油流经雾化器喷嘴使其雾化。它又可分为简单机械雾化器和回油式机械雾化器两种。

简单机械雾化器主要由雾化器片、旋流片和分流片三部分组成。压力油进油管经分流片 12 个小孔汇合到一个环形槽中，然后流经旋流片的切向槽切向进入旋流片中心的旋流室，从而得到高速的旋转运动，最后由喷孔喷出。油经中心喷出后在离心力的作用下克服了黏性力和表面的张力，被粉碎成细小油滴，并形成具有一定角度的圆锥形雾化炬，雾化角一般在 $60°\sim100°$ 范围内。

简单机械雾化器的调节是依靠改变进油压力来调节油的流量的。当负荷降低时，油压需降低较大幅度，这又会使油喷出的旋转速度变小，紊流脉动不强烈，油滴变粗，炉内不完全燃烧损失增加。为了在低负荷时能保证一定的雾化质量，只有提高额定负荷下的进油压力，但油压提高后，会增大油泵电耗，加速雾化片的磨损，影响雾化质量。所以这种雾化器只适用于带基本负荷或不需要经常调节负荷的锅炉。

为了扩大雾化器的调节幅度又不影响雾化质量，在简单机械雾化器的基础上又发展成内回油式机械雾化器。内回油孔雾化器调节锅炉负荷，是让从切向槽流入旋流室的油，一部分经回油孔流回到回油管路，即利用改变回油量来调节喷油量。在进行回油调节时，由于进入旋流室的油压基本保持不变，因而仍可保持原有的旋转速度，使雾化质量不受影响，故可适应较大的负荷变动。但当负荷降低时，由于进入炉膛的油量减少，喷孔出口的轴向流速相应降低，但切向速度因进油压力不变而不变，因此出口雾化角相应扩大，结果可能使燃烧器扩口处烧坏。这是内回油雾化器的主要缺点，故运行中回油量一般不宜过大。

（2）蒸汽机械雾化器。蒸汽机械雾化器的种类较多，近年来电厂燃油炉中应用最多的是蒸汽雾化Y形喷嘴，如图5-8所示。它是利用高速蒸汽的喷射使燃油破碎和雾化。喷嘴头由油孔、汽孔和混合孔三者构成一个Y字形，故得名Y形喷嘴。油压为0.5～2.0MPa，汽压为0.6～1.0MPa。油汽进入混合孔相互撞击，形成乳状的油、汽混合物，然后由混合孔喷入炉内雾化成细小油滴，由于喷头上有多个混合孔，所以容易和空气混合。

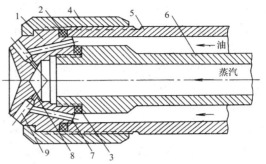

图5-8 蒸汽雾化Y形喷嘴

1—喷嘴头；2、3—垫片；4—压紧螺帽；5—外管；6—内管；7—油孔；8—汽孔；9—混合孔

Y形喷嘴是一种双流体内混式喷嘴，提高蒸汽压力虽然可以改善雾化质量，但汽耗增加，同时容易引起熄火。通常为便于控制，将蒸汽压力保持不变，用调节油压的方法来改变喷油量。这种喷嘴的主要优点是：出力大，目前单只喷嘴容量已达到10t/h；雾化质量好；负荷调节幅度大；汽耗量小，每公斤的汽耗量为0.02～0.03kg/kg；另外它的结构简单，易于安装维护。由于上述一系列优点，这种喷嘴近年来得到国内外广泛应用。

2. 配风器

配风器是油燃烧器的另一个重要组成部分。油在炉膛里的燃烧是否迅速而又完全，关键在于雾化和配风。从目前烧油所产生的问题来看，燃烧不好的原因往往在配风方面。油燃烧器的配风应满足以下要求：

（1）一次风和二次风的配比要适当。油燃烧的配风器与煤粉燃烧器一样，也将供应的空气分为一次风和二次风。为了解决油的着火与稳定燃烧，减少或避免炭黑的生成，应将一部分空气先和油混合，这部分空气是送到油雾根部的，称为一次风，通常也称为根部风或中心风。剩余的空气是送到油雾周围的，称为二次风，通常也称为周围风或主风，其作用是解决油雾的完全燃烧。一次风量为总风量的15%～30%。二次风主要起强烈混合和扰动作用，风速应较高，其喉部风速较大。

（2）要有合适的回流区。油雾加热到着火温度需要一定的着火热量，因此，在燃烧器出口需要有一个适当的回流区，它是保证及时着火，稳定火焰的热源。为了将一次风送入油雾根部而又不影响回流的形成，可装置稳焰器。

（3）油雾和空气混合要强烈。油的燃烧质量取决于油雾与空气的混合情况如何，因而强化混合是保证燃烧迅速而又完全的关键。配风器应能组织一、二次风气流有一定的出口速度、扩散角和射程来达到强烈的初期和后期扰动，从而强化整个燃烧过程。

按配风器出口气流的流动工况，可将现有油燃烧器的配风器分为旋流配风器和直流配风器两大类。

油燃烧器的旋流配风器与旋流煤粉燃烧器一样，采用旋流装置使一、二次风产生旋转并形成扩散的环形气流。通常将一次风的旋流装置称为稳焰器，其作用是使一次风产生一定的旋转扩散，以便在接近火焰根部处形成一个高温回流区，使油雾稳定地着火与燃烧。

目前我国最常用的旋流配风器又可分为切向可动叶片式和轴向可动叶轮式两种。切向可动叶片式配风器的特点是：将空气分为两股，一股通过切向可动叶片产生旋转，为二次风；另一股通过多孔由中心进入，为一次风，出口处装有一个轴向叶片式稳焰器使其产生旋转，雾化插在中心管内。

二次风的旋流强度，可以用改变叶片角度的方法来调整，出口角越大，旋流强度越大。一次风上装有筒形风门，可以用来调整一、二次风的比例。

轴向可动叶轮式配风器结构和工作原理，与同型的煤粉燃烧器是相同的，由于这些配风器的二次风气流有较高的旋流强度，在油雾的根部会产生一股很强的高温回流，致使油雾一离开喷嘴就处于高温缺氧的环境中，结果产生很多炭黑粒子，增加了不完全燃烧损失。同时高旋转气流的强度衰减快，后期扰动小，所以这种配风器很难在低过量空气系数下运行。

控制过量空气系数能有效地减少燃烧时生成的三氧化硫，使烟气露点降低，这是防止燃油炉低温腐蚀常用的方法。一般来说，过量空气系数控制在 1.05 以下时，低温腐蚀很轻微；若能控制过量空气系数在 1.02 以下，锅炉几乎不会发生低温腐蚀。为了适应低氧燃烧，一次风为旋流，二次风为直流的直流配风器在燃油炉上得到了发展。

直流配风器又叫平流配风器，这种配风器的二次风不经叶片，直接送入炉膛。直流配风器由稳焰器供给根部风，而且使一次风旋转切入油雾，形成合适的回流区。它的二次风是直流的，以较大的交角切入油雾，而且二次风的风速高，衰减慢，能进入火焰核心，加强了后期混合，强化了燃烧过程，这就为低氧燃烧提供了十分有利的条件。

直流配风器有两种结构，一种是直管式，另一种是文丘里管式，后者是缩放管。文丘里管式配风器的优点是其缩颈处的风压可以正确反映通过的风量，有利于发展低氧燃烧，也便于采用自动调节。

第五节　循环流化床锅炉简介

一、流化床锅炉的构成及工作过程

1. 流化床燃烧技术

循环流化床燃烧是在鼓泡流化床燃烧的基础上发展起来的，二者可统称为流化床燃烧技术。众所周知，煤的两种经典燃烧方式是层燃（包括固定炉排和链条炉排等）和悬浮燃烧（包括固态排渣炉和液态排渣炉）。层燃是将煤均布在金属栅格即炉排上，形成一均匀的燃料层，空气以较低速度自下而上通过煤层使其燃烧。悬浮燃烧则是先将煤磨成细粉，然后用空气流经燃烧器将煤粉喷入炉膛，并在炉膛空间内进行燃烧。层燃时燃料层在铅垂方向是固定的，空气流与燃烧颗粒间的相对速度较大，但由于一般不对燃料进行专门处理，燃料粒度组成不均且燃烧反应面积有限，风速受细煤粒的制约不能太高，因而反应速度低、燃烧强度不高，燃烧效率也低。悬浮燃烧时虽然气流与燃料颗粒间的相对速度最小，但由于燃烧反应面积的极大增加，使得反应速度极快，燃烧强度和燃烧效率都很高。流化床燃烧介于这两者之间，如图 5 - 9 所示。它是将一定粒度固体颗粒均布在炉膛底部的布风板之上，燃烧用的大部分空气从布风板下送入，燃料颗粒从布风板上送入。

当风速较低时，颗粒层固定不动，表现出层燃的特点。当风速增加到一定值（最小流化速度或初始流化速度）时，布风板上的煤粒子将被气流"托起"，从而使整个煤层具有类似流体的特性，形成流化床燃烧。当风速继续增加，超过多数粒子的终端速度时，大量灰粒子及未燃尽的煤粒子将被气流带出流化床层和炉膛。为将这些煤粒子燃尽，可将它们从燃烧产物的气流中分离出来，送回并混入流化床继续燃烧，进而建立起大量灰粒子的稳定循环，这就形成了循环流化床燃烧。如果空气流速继续增加，将有越来越多

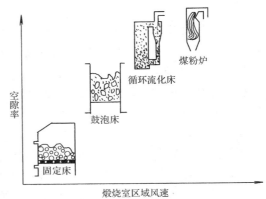

图 5-9 燃烧方式与风速的关系

的煤粒子被带出，而气流与燃料颗粒之间的相对速度则越来越小，以致难以保持稳定的燃烧。当气流速度超过所有粒子的终端速度时，就成了煤的气力输送。反之，如果使煤粒子足够细，则空气通过专门的管道和燃烧器送入炉膛使其燃烧，这就是煤粉的悬浮燃烧。

下面我们分别认识一下鼓泡流化床锅炉和循环流化床锅炉。

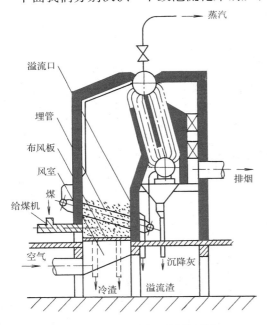

图 5-10 鼓泡床锅炉结构示意

图 5-10 所示是鼓泡床锅炉结构示意。该种炉子的底部为一多孔的布风板，空气以高速穿过孔眼，均匀的进入布风板上的床料层中，床层中的物料为炽热的灰渣粒子和煤粒，其中布置有埋管受热面。当高速空气穿过时，床料上下翻滚，形成"沸腾"状态，因此鼓泡流化床又称"沸腾床"。燃料在炽热的沸腾物料中被加热、着火、燃烧。

鼓泡流化床燃烧技术一出现，便显现出强大的生命力。其最吸引人的优点是燃料适应性好和低污染排放。鼓泡床锅炉几乎适合于任何固体燃料，甚至适用于有一定发热量的垃圾，其低温燃烧也有利于脱硫和降低 NO_x 排放。

但是对于鼓泡床锅炉来说，它还存在一些缺点和自身难以解决的问题：

（1）当燃用宽筛分的燃料时，飞灰可燃物增大，降低了燃烧效率。

（2）炉床内埋管受热面磨损严重。

（3）尽管燃烧热强度大，截面热负荷可达 $1.5MW/m^2$，但是要制造一台 400t/h 鼓泡床锅炉，其炉床面积将可达 $100m^2$ 以上，这会给设备布置带来许多困难，鼓泡床锅炉大型化受到炉床面积的限制。

（4）当采用直接加入石灰石脱硫时，石灰石的钙利用率很低，如果脱硫效率可达 90%，则脱硫所需钙硫比（Ca/S，摩尔比）一般要在 3 以上，即石灰石耗量较大。

　　为了解决上述问题，20 世纪 80 年代，国外在总结和研究鼓泡流化床锅炉的基础上又开发、研制出循环流化床锅炉（CFB 锅炉）。通常把鼓泡床锅炉（又称沸腾炉）称为第一代流化床锅炉，循环流化床锅炉称为第二代流化床锅炉。

　　2. 循环流化床锅炉结构及工作过程

　　循环流化床锅炉与鼓泡床锅炉两者之间既有联系，也有差别。两者结构上最明显的区别是循环流化床锅炉在炉膛出口安装了气固分离器，可以将烟气中的固体颗粒收集起来，送回炉膛继续燃烧，一次未燃尽而飞出炉膛的颗粒可以参与循环燃烧，大大提高了燃尽率，循环流化床锅炉的"循环"一词因颗粒循环燃烧而得名。

　　循环流化床锅炉通常由炉膛、气固分离器、灰回送系统、尾部受热面和辅助设备组成。一些循环流化床锅炉还有外置热交换器（也称外置式冷灰床）。图 5 - 11 所示为带有外置热交换器的循环床锅炉系统示意。

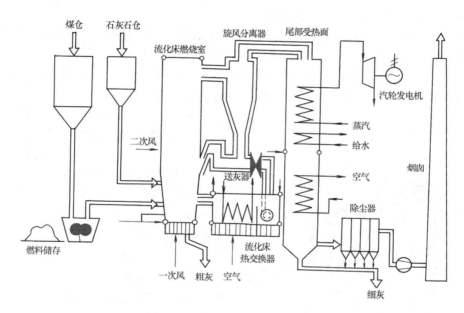

图 5 - 11　循环流化床锅炉系统示意

　　从图 5 - 11 中可以看出，燃料及石灰石脱硫剂经破碎至合适粒度后，由给煤机和给料机从流化床燃烧室布风板上部给入，与燃烧室内炽热的沸腾物料混合，被迅速加热，燃料迅速着火燃烧，石灰石则与燃料燃烧生成的 SO_2 反应生成 $CaSO_4$，从而起到脱硫作用。燃烧室温度控制在 850℃左右，在较高气流速度的作用下，燃烧充满整个炉膛，并有大量固体颗粒被携带出燃烧室，经高温旋风分离器分离后，一部分热炉料直接送回流化床燃烧室继续参与燃烧，另一部分则送回冷灰床，在冷灰床中与埋管受热面和空气进行热交换，被冷却至 400～600℃后，经送灰器送回燃烧室或排出炉外。经旋风分离器导出的高温烟气，在尾部烟道与对流受热面换热后，通过布袋除尘器或静电除尘器，由烟囱排出。

　　由此可以看出，循环流化床锅炉的特点是：

　　（1）燃料制备系统相对简单，循环流化床锅炉无须煤粉炉的复杂的制粉系统，只需简单的干燥及破碎装置即可满足燃烧要求。另外，与循环流化床锅炉相比，链条炉虽一般无须燃料制备装置，但其燃烧效率很低，为保证燃料在链条炉排上的高效燃烧，燃料颗粒必须很均匀，这样的燃料制备装置同样会比循环流化床锅炉的复杂。

（2）循环流化床锅炉的燃烧温度较低，一般为 850～950℃。

（3）循环流化床锅炉由流化床燃烧室、物料分离器和回料阀送灰器构成了其独有的物料循环系统，这是循环流化床锅炉区别于其他的锅炉的一大结构特点。燃烧室下部为密相区，上部为稀相区。密相区一般不布置埋管受热面，上部稀相区仅布置少量屏式受热面或不布置受热面，二次风口以下为耐火混凝土炉衬结构。再热器和过热器受热面布置在外部流化床热交换器和尾部对流烟道中。

（4）根据锅炉燃料的差异，流化速度在 5～8m/s 之间变化，固体床料循环倍率因不同炉型而相差较大。

（5）采取分段送风燃烧方式，一次风经布风板送入燃烧室，二次风在布风板上方一定高度送入，一、二次风比例因炉型、燃料、负荷不同而有较大差异，一般为 4∶6，过量空气系数为 1.15～1.20。因此，在燃料室下部的密相区为欠氧燃烧，形成还原性气氛；在二次风口上部为富氧燃烧，形成氧化性气氛。通过合理调节一、二次风比，可维持理想的燃料效率并有效地控制 NO_x 生成量。

（6）炉膛出口布置高温旋风分离器，分离器入口烟温约为 850℃，分离器一般采用钢制外壳，内衬为耐火和防磨衬里结构。

可见，循环流化床与传统煤粉炉和层燃炉只是在燃烧系统方面存在较大的区别。

二、循环流化床锅炉的发展概况

流化床技术于 20 世纪 20 年代初在德国首先应用于工业，此后，美国、德国、法国、芬兰和英国等发达国家均开始研究开发及应用流化床技术，尤其是其在石油催化裂化过程中的应用，更是加快了该技术的发展。至 20 世纪 40 年代，流化床技术几乎在各工业部门（如石油、化工、冶炼、粮食、医药等）中得到了广泛的应用。通过这些应用，大大提高了它的技术水平和理论水平。

流化床技术真正用于煤的燃烧，即流化床煤燃烧是 20 世纪 60 年代初的事情。由于当时对能源的需求量不断增加，世界能源供应开始紧张，各国开始十分重视能源问题，千方百计开源节流。于是人们开始研究流化床燃烧技术，特别是积极从事燃煤流化床锅炉的研究与开发。

我国从 1988 年第一台循环流化床锅炉问世以来，不断发展进步。至今已有超临界压力的循环流化床锅炉投入运行，处于世界先进水平。

三、循环流化床锅炉的主要优缺点

1. 循环流化床锅炉的优点

循环流化床锅炉技术在较短的时间内能够在国内外得到迅速发展和广泛应用，是因为它具有一般常规锅炉所不具备的优点，主要有：

（1）燃料适应性广。循环流化床锅炉几乎可以燃烧各种煤（如泥煤、褐煤、烟煤、贫煤、无烟煤、洗煤厂的煤泥），以及洗矸、煤矸石、焦炭、油页岩等，并能达到很高的燃烧效率。它的这一优点对充分利用劣质燃料具有重大的意义。

（2）有利于环境保护。向循环流化床锅炉内直接加入石灰石、白云石等脱硫剂，可以脱去燃料在燃烧过程中产生的 SO_2。另外，循环床锅炉燃烧温度一般控制在 850～950℃ 的范围内，这不仅有利于脱硫，而且可以抑制氮氧化物（热反应型 NO_x）的形成，由于循环流化床锅炉普遍采用分段（或分级）送入二次风，这样又可限制燃料型 NO_x 的产生。在一般情况下，循环流化床锅炉 NO_x 的生成量仅为煤粉炉的 $1/4\sim1/3$，NO_x 的排放量可以控制在标准状态下 $300mg/m^3$ 以下，因此，循环流化床燃烧是一种经济、有效、低污染的燃烧技术。与煤粉炉加脱硫装置相比，循环流化床锅炉的投资可降低 $1/4\sim1/3$，这也是它在我国受到重视并得到迅速发展的主要原因。

（3）负荷调节性能好。煤粉炉负荷调节范围通常在 $70\%\sim110\%$，而循环流化床锅炉负荷调节幅度比煤粉炉大得多，一般在 $30\%\sim110\%$。即使在 20% 负荷情况下，有的循环流化床锅炉也能保持燃烧稳定，甚至可以压火备用。对于调峰电厂或热负荷变化较大的热电厂来说，选用循环流化床锅炉作为动力锅炉非常有利。

（4）燃烧热强度大。循环流化床锅炉热强度比常规锅炉高得多，其截面热负荷可达 $3\sim6MW/m^2$，是鼓泡床锅炉到 $2\sim4$ 倍，是链条炉的 $2\sim6$ 倍。其炉膛容积热负荷为 $1.5\sim2MW/m^3$，是煤粉炉的 $8\sim11$ 倍，所以循环流化床锅炉可以减少炉膛体积，降低金属消耗。

（5）炉内传热能力强。循环流化床炉内传热主要是上升的烟气和流动的物料与受热面的对流传热和辐射传热，炉膛内气固两相混合物对水冷壁的传热系数比煤粉炉炉膛的辐射传热系数大得多，一般在 $50\sim450W/(m^2\cdot K)$。

（6）灰渣综合利用性能好。循环流化床锅炉燃烧温度低，灰渣不会软化和黏结，活性较好。另外，炉内加入石灰石后，灰渣成分也有变化，含有一定的 $CaSO_4$ 和未反应的 CaO。循环流化床锅炉灰渣可以用于制造水泥的掺合料或其他建筑材料的原料，有利于灰渣的综合利用。对于那些建在城市或对环保要求较高的电厂采用循环流化床锅炉十分有利。

2. 循环流化床锅炉的缺点

虽然循环流化床锅炉几乎可以消除鼓泡床锅炉的所有缺点，但是它与常规煤粉炉相比还存在一些问题。

（1）大型化问题。尽管循环流化床锅炉发展得很快，已投运 300MW、600MW 级别机组，但其大规模推广仍存在不少难题。

（2）烟—风系统阻力较大，风机用电量大。这是因为送风系统的布风板及床层远大于煤粉炉及链条炉的送风阻力，而烟气系统中又增加了气固分离器的阻力。

（3）自动化水平要求高。由于循环流化床锅炉风烟系统和灰渣系统比常规锅炉复杂，各炉型燃烧调整方式有所不同，控制点较多。所以采用计算机自动控制比常规锅炉难得多。

（4）磨损问题。循环流化床锅炉的燃料粒径较大，并且炉膛内物料浓度是煤粉炉的十至几十倍。虽然采取了许多防磨措施，但在实际运行中循环流化床锅炉受热面的磨损速度仍比常规锅炉大得多，受热面磨损问题可能成为影响锅炉长期连续运行的重要原因。

（5）对辅助设备要求较高。某些辅助设备，如冷渣器或高压风机的性能或运行问题都可能严重影响锅炉的正常安全运行。

（6）理论和技术问题。循环流化床锅炉技术虽然开发时间不长，但在国外已基本成熟，不论是在理论研究还是锅炉设计、制造以及运行方面都取得了很大的成绩，而国内仍处于研制阶段，仍有许多基础理论和设计制造技术问题没有根本解决。至于运行方面，还没有成熟的经验，更缺少统一的标准，这就给电厂设备改造和运行调试带来了诸多困难。

第六章　自然循环蒸发系统及蒸汽净化

　　自然循环锅炉是火力发电厂锅炉的主要型式。本章重点论述自然循环锅炉蒸发设备的组成和各部件的作用及特点，汽水两相流的流型及流动特性，影响自然循环安全性的因素及提高自然循环安全性的措施，蒸汽净化的基本方法等。

第一节　自然循环汽包锅炉的蒸发设备

一、蒸发设备的组成

　　蒸发设备是锅炉的重要组成部分，其作用是吸收炉内燃料燃烧放出的热量，把炉水转变成饱和蒸汽。

　　自然循环蒸发设备示意如图6-1所示，它由汽包、下降管、联箱、水冷壁管、导汽管等组成。汽包、下降管、导汽管、联箱等都位于炉外，不受热。水冷壁布置在炉膛四壁，炉膛高温火焰对其辐射传热。给水通过省煤器加热后送入汽包，在汽包内保持一定的水位。汽包内的水通过下降管、下联箱送入水冷壁，水在水冷壁内受热，达到饱和温度之后继续受热使水部分转变成饱和蒸汽，形成汽水混合物。这样，水冷壁内汽水混合物的密度小于下降管内水的密度，该密度差使蒸发设备内的工质依次沿着汽包、

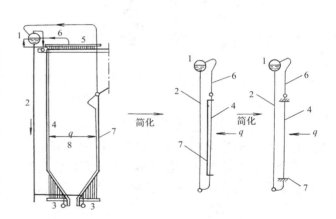

图6-1　自然循环蒸发设备及系统示意
1—汽包；2—下降管；3—下联箱；4—水冷壁；
5—上联箱；6—导汽管；7—炉墙；8—炉膛

下降管、下联箱、水冷壁管、上联箱、导汽管、汽包循环路线流动，其流动动力是由汽水密度差产生的，故称为自然循环。

　　由水冷壁管进入汽包的汽水混合物，在汽包内靠汽水密度差及汽水分离装置的作用进行汽水分离。分离出的饱和蒸汽由汽包顶部引出，直接进入过热器，饱和水回到汽包水空间。

二、汽包

（一）汽包的结构

　　汽包是由钢板制成的长圆筒形容器，其结构实例如图6-2所示，它由筒身和两端的封头组成。筒身是由钢板卷制焊接制成，封头用钢板模压制成，焊接于筒身。在封头中部留有椭圆形或圆形人孔门，以备安装和检修时工作人员进出。在汽包上开有很多管孔，并焊上短管，称为管座，用以连接各种管子。现代锅炉的汽包都用吊箍悬吊在炉顶大梁上，悬吊结构有利于汽包受热温升后自由膨胀。

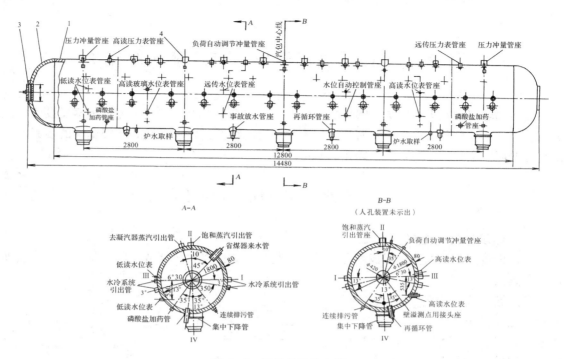

图 6-2　汽包的结构实例

1—筒身；2—封头；3—人孔门；4—管座

表 6-1 列出了几种大型锅炉汽包的尺寸和钢材牌号。汽包的长度应适合锅炉的容量、宽度和连接管子的要求，汽包的内径由锅炉的容量、汽水分离装置的要求来决定，汽包壁厚由锅炉的压力、汽包的直径与结构以及钢材的强度来决定。

锅炉压力越高及汽包直径越大，汽包壁就越厚。但是汽包壁太厚制造困难，变工况运行又会产生较大的热应力。为了限制汽包的壁厚，一方面汽包内径不宜过大，一般不超过 1600～1800mm，另一方面使用强度较高的低合金钢，如超高压以上的锅炉汽包钢材常用 15MnMoVNi、18MnMoNb 和 BHW35 等钢材。

表 6-1　　　　　　　　　大型锅炉汽包的尺寸和钢材牌号

锅炉型号	汽包内径（mm）	汽包壁厚（mm）	汽包长度（mm）	汽包钢材牌号
HG220/9.8	1600	90	12700	22g
HG410/9.8	1800	97	10000	22g
SG400/13.6	1600	75	11886	15MnMoVNi
DG670/13.6	1800	90	20000	18MnMoNb
DG1000/16.7	1778	145	22250	BHW35

（二）汽包的作用

（1）汽包是工质加热、蒸发、过热三个过程的连接点和分界点。如图 6-3 所示，省煤器出口与汽包连接，水冷壁、下降管分别连接于汽包，形成了自然循环回路，汽包出口与过热器连接。汽包成为省煤器、水冷壁及过热器的连接中心。

（2）汽包增加了锅炉的蓄热量能使锅炉快速适应外界负荷的变化，具有较好的负荷调节特性。汽包、下降管、水冷壁管、联箱等金属和锅炉内存储的炉水在一定的温度下具有的热量称为锅炉的蓄热量。

当锅炉输出热量大于输入热量时，锅炉就自发释放部分蓄热量补充输入热量的不足，以快速适应外界负荷的需要；反之，当锅炉增加蓄热量时就吸收部分多余的输入热量。锅炉蓄热量的变

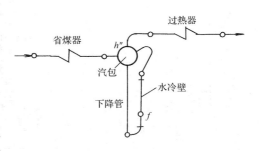

图 6-3　受热面与汽包的连接

化是靠锅炉汽压的变化来实现的。单位压力变化引起锅炉蓄热量变化的相对大小称为锅炉的蓄热能力。锅炉蓄热量越大，其蓄热能力也越大。汽包直径大、长度长、壁厚，其内部空间储水量多，故使汽包锅炉的蓄热能力大大地增加了。蓄热能力大的锅炉，在运行中汽压稳定，并能快速适应外界负荷的变化，具有较好的负荷调节特性。

（3）汽包内有汽水分离装置和排污装置，用来保证蒸汽品质。由水冷壁进入汽包的汽水混合物，利用汽包内部的蒸汽空间和汽水分离元件进行汽水分离，使离开汽包的饱和蒸汽中的水分降到最低值。利用汽包水空间对炉水加药、排污，进行炉内水处理。

（4）汽包上装有压力表、水位计、事故放水门、安全阀等附属设备，保证锅炉安全工作。

三、水冷壁

水冷壁是自然循环回路中的受热面，它是由连续排列的管子组成的辐射传热平面，紧贴炉墙形成炉膛四壁。光管水冷壁炉墙的结构如图 6-4 所示。

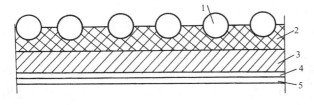

图 6-4　光管水冷壁的炉墙结构
1—光管水冷壁管；2—耐火塑料；3—保温塑料；
4—覆面层；5—外壳

水冷壁管大都用 20g 无缝钢管，有的也采用低合金无缝钢管。水冷壁管进口由联箱连接，出口可以由联箱连接再通过导汽管接于汽包，也可以直接连接于汽包。炉膛每侧水冷壁的进出口联箱分成数个，其个数由炉膛宽度和深度决定，每个联箱与其连接的水冷壁管组成一个水冷壁屏。如图 6-5 所示为 1000t/h 自然循环锅炉炉膛水冷壁屏布置简图，其前墙和后墙各由 8 个管屏组成，侧墙由 7 个管屏组成。

（一）水冷壁的作用

锅炉水冷壁有三大作用：

（1）炉膛中的高温火焰对水冷壁进行辐射传热，水冷壁内的工质吸收了热量由水逐步变成汽水混合物；

（2）使炉墙温度大大下降，因而炉墙结构简化，减轻了炉墙的重量；

（3）降低炉墙附近和炉膛出口处的烟气温度，防止或减少炉膛结渣。

（二）水冷壁的类型

现代锅炉的水冷壁可分成两种类型。

1. 光管水冷壁

用外形光滑的管子连续排列成平面形成水冷壁。水冷壁的结构要素有管子外径 d、管壁

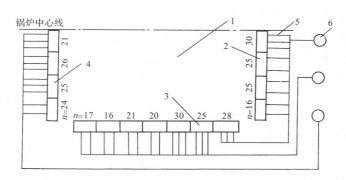

图 6-5   1000t/h 自然循环锅炉水冷壁屏布置图

1—炉膛；2—前墙水冷壁；3—侧墙水冷壁；
4—后墙水冷壁；5—下降管支管；6—大直径下降管；
n—每个水冷壁管屏并联管根数

厚度 δ、管中心节距 s 及管中心与炉墙内表面之间的距离 e，如图 6-6 所示。

水冷壁管子排列的紧密程度用相对管中心节距 s/d 表示。s/d 越小，管子排列越紧密，炉膛壁面单位面积的吸热量增多，但每根管子的吸热量减少。此外，较小的 s/d 对炉墙的保护作用也较好。

对水冷壁管子的吸热量与保护炉墙作用有影响的另一因素，是管中心与炉墙内表面之间的相对距离 e/d，当 e/d 增大时，炉墙内表面对管子背火面的辐射热增多，但对炉墙和固定水冷壁拉杆的保护作用下降。

现代大型锅炉的光管水冷壁结构有两个特点：

（1）水冷壁管紧密排列，其 $s/d=1\sim1.1$。因为随着锅炉容量的增大，炉壁面积的增长速度低于炉膛容积的增长速度，必须力求增加炉壁单位面积的辐射传热量；

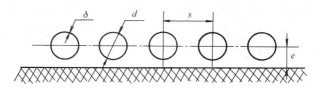

图 6-6   水冷壁结构要素

（2）广泛采用敷管式炉墙，即水冷壁管一半埋入炉墙至管中心线与炉墙内表面重合（$e/d=0$），并使 $s/d=1.05$。这种结构的优点是炉墙温度低，可做成薄而轻的炉墙，并能简化水冷壁炉墙的悬吊结构。

2. 膜式水冷壁

膜式水冷壁是由鳍片管连接而成的。鳍片管有两种类型：一种是轧制而成，称轧制鳍片管如图 6-7（a）所示；另一种是在光管之间焊接扁钢制成的，称焊接鳍片管，如图 6-7（b）所示。

目前，国产 400t/h、670t/h 超高压锅炉都采用 $\phi60\times6.5$mm 的轧制鳍片管焊接而成的膜式水冷壁，国产亚临界压力自然循环锅炉采用 $\phi63.5\times7.5$mm 焊接鳍片管膜式水冷壁，鳍片扁钢厚 6mm，宽 12.6mm。焊接鳍片膜式水冷壁结构简单，没有轧制鳍片管的制作工艺，但是焊接工作量大，每根扁钢有两条焊缝，焊接工艺要求高。

现代大型锅炉广泛采用膜式水冷壁，

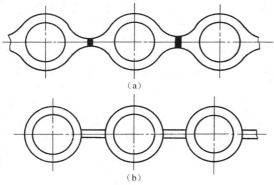

图 6-7   鳍片管的类型

（a）轧制鳍片管；（b）焊接鳍片管

其优点是：

（1）膜式水冷壁的炉膛的严密性良好，适用于正压或负压的炉膛，对于负压炉膛还能大大降低漏风系数。

（2）膜式水冷壁把炉墙与炉膛完全隔离开来，可采用无耐火塑料的敷管炉墙，只要保温塑料就可以了。炉墙蓄热量可降低 3/4～4/5，可加快锅炉启动速度，而且由于炉墙重量减轻而简化了悬吊结构。

（3）膜式水冷壁能承受较大的侧向力，增加了抗炉膛爆炸的能力。

（4）在相同的炉壁面积下，膜式水冷壁的辐射传热面积比一般光管水冷壁大，因而膜式水冷壁可节约钢材。

膜式水冷壁的主要缺点是制造、检修工艺较复杂，此外在运行过程中为了防止管间产生过大的热应力，一般相邻管间温差不大于 50℃。

四、下降管

1. 下降管的作用

下降管的作用是把汽包内的水连续不断地通过下联箱供给水冷壁。

2. 下降管的种类

下降管有小直径分散型和大直径集中型两种。大直径集中下降管的直径一般为 400～600mm，大直径下降管接自汽包，垂直引至炉底，再通过小直径分支管引出接至各下联箱。现代大型锅炉大都用大直径集中下降管，见表 6 - 2，它的优点是流动阻力小，有利于自然循环，并能节约钢材，简化布置。

表 6 - 2	大型锅炉的大直径集中型下降管			
锅炉容量 （t/h）	大 直 径 管		分 支 引 出 管	
	根 数	管径（mm）	根 数	管径（mm）
670	6	$\phi419\times36$	56	$\phi159\times16$
1000	6	$\phi558.8\times65$	74	$\phi159\times18$

第二节　自然循环的流动特性及安全性

一、自然循环的基本概念

自然循环的实质是由重位压差造成的循环动力克服了上升系统和下降系统的流动阻力，从而推动工质在循环回路中流动。即由于水冷壁管吸热，管内产生汽水混合物，而汽水混合物的密度 ρ_{hu} 小于下降管内水的密度 ρ_{xj}，从而在高度为 H 的回路中形成了重位压差。回路高度越高，工质密度差越大，形成的循环动力越大。而密度差与水冷壁管吸热强度有关，在正常循环的情况下，吸热越多，密度差越大，工质循环流动越快。

设进入上升管的工质的质量流量为 G（kg/s），管子的流通断面积为 A（m²），水冷壁的实际蒸发量为 D（kg/s），工质的密度为 ρ（kg/m³），则用于描述自然循环的几个主要概念如下。

1. 质量流速 ρw

工质流过单位流通断面积的质量流量称为质量流速 ρw，其工质可以是单相水、单相汽或汽水混合物。质量流速表示为

$$\rho w = G/A \quad kg/(m^2 \cdot s)$$

$$(6 - 1)$$

2. 循环流速 w_0

指在汽包压力下饱和水流过上升管水冷壁流通断面时的流速，可表示为

$$w_0 = G/A\rho \quad \text{m/s} \tag{6-2}$$

3. 质量含汽率 x

指汽水混合物中，蒸汽的质量流量与汽水混合物的总质量流量之比，可表示为

$$x = D/G \tag{6-3}$$

4. 循环倍率 K

指进入上升管的循环水流量 G 与上升管出口的蒸汽流量 D 之比值，表示为

$$K = G/D \tag{6-4}$$

由于 $x = D/G$，故 K 又可表示为

$$K = 1/x \tag{6-5}$$

二、管内流型及传热区段

工质在锅炉水冷壁管内流动的同时还吸收炉内的热量，使水沿管子流程逐步升温到沸点，随后进入沸腾状态产生蒸汽，形成汽水混合物。因此，水冷壁管内存在着水的单相流动和汽水两相流动，同时进行着沸腾传热。

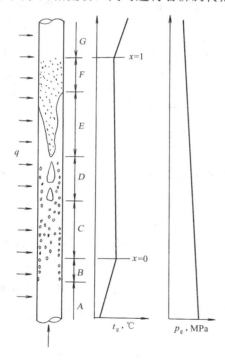

图 6-8　垂直受热上升管中汽水两相流型

（一）汽水两相流的流型

图 6-8 表示在实验装置（压力不高、受热均匀）中两相流的流型变化情况。欠热水进入受热均匀的上升管后经历了下列流型：

（1）单相水的流动（A 段）。水温逐渐升高，未达到饱和温度。

（2）过冷气泡状流动（B 段）。壁面产生的汽泡遇过冷水又凝结。

（3）饱和气泡状流动（C 段）。水温达到饱和温度，气泡不再凝结并不断增加。

（4）弹状流动（D 段）。工质含汽量不断增大，气泡聚合成汽弹并逐渐增大。

（5）环状流动（E 段）。工质含汽量进一步增大，汽弹连接成汽柱，形成环状流动。

（6）雾状流动（F 段）。工质含汽量很大，壁面环状水膜蒸干，蒸汽携带水滴流动。

（7）单相汽流动（G 段）。水滴全部蒸干，进入过热状态，工质温度不断升高。

实际上，压力超过 10MPa 以后，汽弹状已不存在，管内通常处于气泡状流动工况。

（二）管内传热区段

如图 6-9 所示为管内沸腾传热过程的传热区段试验结果示意，试验条件为：垂直管子，管内工质上升流动，进口为欠热水，管子受热均匀，热负荷为 q。管内进行着单相水的传热、沸腾传热、单相汽的传热过程。

管内汽水两相流的流型示于图 6-9（a），含汽率的变化示于图 6-9（b），压力变化示于图 6-9（c）。

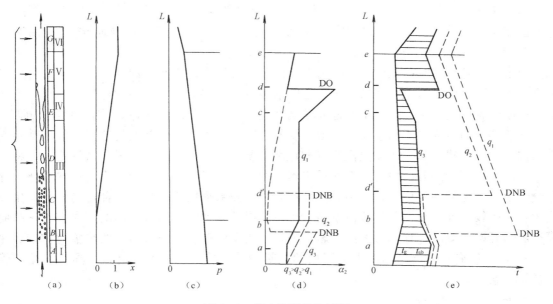

图 6-9　管内沸腾传热过程

其传热过程相对于流型划分为六个区段，即单相水的对流传热区段Ⅰ，欠热核态沸腾区段Ⅱ，饱和核态沸腾区段Ⅲ，两相强迫对流区段Ⅳ，液体欠缺对流区段Ⅴ，单相过热蒸汽对流区段Ⅵ。

（1）单相水的对流传热区段Ⅰ。处在管子入口的单相液体流动阶段，流体温度低于当地压力下的饱和温度，管壁温度低于产生气泡所需的温度，为单相的过冷水对壁面的对流传热，表面传热系数基本不变。

（2）欠热核态沸腾区段Ⅱ。处在汽泡状流动的初级阶段即过冷汽泡状流动阶段，因为此时的壁面温度大于饱和温度，在壁面上产生小气泡，而管子中心流体温度尚未达到饱和温度，气泡被带到水流中很快地凝结而消失，表面传热系数增大。

（3）饱和核态沸腾区段Ⅲ。处在饱和汽泡状流动到环状流动初始阶段，由于不断吸热，管内的水流达到饱和温度，在壁面上产生的蒸汽不再凝结，壁面上不断产生气泡，又不断脱离壁面，水流中分散着许多小气泡，此时饱和核态沸腾开始，并一直持续到环状流动阶段结束。此阶段中，管内换热表面传热系数变化不大，管壁温度接近流体温度。

（4）两相强迫对流区段Ⅳ。处在环状流动阶段后期，环状流的液膜变薄，管子壁面上的热量很快通过液膜传递到液膜表面，此时在管子壁面上不再产生气泡，蒸发过程转移到液膜表面进行。表面传热系数略有提高，管壁温度接近流体温度。

（5）液体欠缺对流区段Ⅴ。处在雾状流动阶段，由于管子壁面的水膜被蒸干，只有管子中心的蒸汽流中夹带着小液滴，壁面由雾状蒸汽流冷却，工质对管壁的表面传热系数急剧减小，管壁温度发生突变性提高。随后，由于流动速度的增加，工质对管壁的表面传热系数又有所增大，管壁温度略有下降。

（6）单相过热蒸汽对流传热区段Ⅵ。当雾状流蒸汽中水滴全部被蒸干以后，形成单相的过热蒸汽流动，表面传热系数低，随着蒸汽流速的增加而上升，管壁温度进一步上升。

（三）沸腾传热恶化

沸腾传热恶化是一种传热现象，它表现为管壁对沸腾工质的表面传热系数 α_2 急剧下降，管壁温度随之迅速升高。沸腾传热恶化分为第一类沸腾传热恶化和第二类沸腾传热恶化两类。

1. 第一类沸腾传热恶化

当水冷壁管受热时，在管子内壁面上开始蒸发，形成许多小气泡。如果此时管外的热负荷不大，小气泡可以及时地被管子中心的水流带走，并受到"趋中效应"的作用力，向管子中心转移，而管中心的水不断地向壁面补充，这时的管内沸腾称为核态沸腾。如果管外的热负荷很高，在管子内壁上，气泡产生的速度大于气泡脱离壁面的速度，气泡就会在管子内壁面上聚集起来，形成蒸汽膜（即在水冷壁管子内壁面上产生了"蒸汽垫"），将管子中心的水与管壁隔开，使管子壁面得不到水的冷却，引起管子壁面处出现传热恶化，导致管壁超温，这种现象称为膜态沸腾，也称为第一类沸腾传热恶化。这种传热恶化发生在质量含汽率较低处，是由于热负荷过高，核态沸腾转变为膜态沸腾造成的。由核态沸腾向膜态沸腾开始转变的过程称为偏离核态沸腾。开始发生核态沸腾偏离时的热负荷称临界热负荷 q_{lj}。影响临界热负荷的因素有工质的质量流速、质量含汽率、进口工质的欠焓、管内径等因素。

2. 第二类沸腾传热恶化

第二类沸腾传热恶化发生在含汽率较高的液体欠缺对流传热区，该区的水膜很薄，它可能被蒸干，也可能被速度较高的气流撕破，管壁得不到水冷却，其表面传热系数 α_2 明显下降，这类传热恶化是由于含水欠缺造成的，故又被称为蒸干传热恶化。发生第二类沸腾传热恶化时的含汽率称为临界含汽率 x_{lj}。临界含汽率的影响因素有热负荷 q、工质压力 p、质量流速和管径等。

3. 自然循环锅炉水冷壁的沸腾传热恶化分析

对于超高压以下的自然循环锅炉，在循环正常的情况下，水冷壁不会发生传热恶化。

亚临界压力的自然循环锅炉，水冷壁中的工质压力接近临界压力，质量含汽率也相对较大。这样，虽然临界热负荷有所下降，但仍高于运行时水冷壁的局部最高热负荷，故一般不会发生第一类传热恶化。但是临界含汽率是随着压力的上升而下降的，故有可能发生第二类传热恶化。理论计算和经验证明，水冷壁安全运行的主要任务之一是防止沸腾传热的恶化。

4. 沸腾传热恶化的防护措施

对沸腾传热恶化的防护有两个途径：一是防止沸腾传热恶化的发生；二是把沸腾传热恶化发生位置推移至热负荷较低处，使其管壁温度不超过许用值。一般防护措施有以下几项：

（1）保证一定的质量流速。提高质量流速，可以大幅度地降低传热恶化时的管壁温度，还可提高临界含汽率，使传热恶化的位置向低热负荷区移动或移出水冷壁工作范围而不发生传热恶化。

（2）降低受热面的局部热负荷。降低受热面的局部热负荷可使传热恶化区管壁温度下降。

（3）管内结构措施。受热管的内壁做成特殊形状结构，使流体在管内产生旋转扰动，增加边界层的水量，以增大临界含汽率，传热恶化位置向后推移。实现这个目的的管内结构目前已有多种，如内螺纹管、来复线管及扰流子管。

内螺纹管抵抗膜态沸腾、推迟传热恶化的机理是：由于工质受到螺纹的作用产生旋转，增强了管子内壁面附近的扰动，使水冷壁管内壁面上产生的气泡可以被旋转向上运动的液体及时带走，而水流受到旋转力的作用，紧贴内螺纹槽壁面流动，从而避免了气泡在管子内壁面上的积聚所形成的"汽膜"，保证了管子内壁面上有连续的水冷却。目前亚临界压力的自然循环锅炉水冷壁管，大都在高热负荷区使用内螺纹管。

三、自然循环的安全性

（一）水冷壁安全工作的条件

在沸腾传热过程中，管子内壁温度 t_{nb} 可按下式计算：

$$t_{nb} = t_g + \beta q / \alpha_2 \tag{6-6}$$

式中　t_g——工质温度，℃；

　　　β——管子的外径与内径之比；

　　　q——管子外壁热负荷，kW/m^2；

　　　α_2——管内壁对工质的表面传热系数，$kW/(m^2 \cdot ℃)$。

由式（6-6）可知，管子内壁温度与工质温度之差和热负荷 q 成正比，与表面传热系数 α_2 成反比。

水冷壁在正常运行情况下，管内壁处于核态沸腾传热，表面传热系数 α_2 很大 [$\alpha_2 = 10^4 \sim 10^5 \, kW/(m^2 \cdot ℃)$]，管内壁金属与工质的温差只有 20～30℃，比金属的许用温度低得多，水冷壁的工作是足够安全的。而管内工质保持一定的流速，并在管内壁维持一层连续流动的水膜，即质量含汽率在一定的限度内，是保持核态沸腾传热的必要条件。

要保证质量含汽率在一定的限度内，循环回路工作循环倍率 K 应大于界限循环倍率 K_j，即

$$K > K_j \tag{6-7}$$

界限循环倍率 K_j 是自然循环的一个安全限值，它是由两个因素来确定的：

（1）循环倍率 K 下降将使水冷壁出口工质含汽率 x'' 上升，过大的 x'' 可能使水冷壁中的含汽率在高热负荷区达到临界含汽率，发生第二类传热恶化，管壁可能过热烧坏。

（2）x''（即 $1/K$）与 w_0 的关系如图 6-10 所示。x'' 上升，w_0 的变化规律是先升后降，在 w_0 上升区热负荷增大会使循环流量上升，有利于对水冷壁的冷却，即它有良好的自补偿

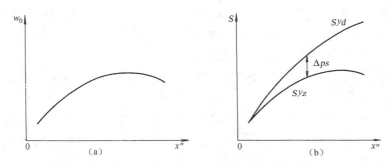

图 6-10　循环流速与质量含汽率的关系

作用。在 w_0 下降区，热负荷增大反而会使循环流量下降，是不安全的工作区。自然循环锅炉要求 x''（或 K）必须在 w_0 上升区。

推荐的界限循环倍率和推荐循环倍率见表 6-3。

表 6-3　　　　界限循环倍率和推荐循环倍率

锅炉蒸发量（t/h）		35～240	160～420	185～670	＞800
汽包压力（MPa）		4～6	10～12	14～16	17～19
界限循环倍率 K_j		10	5	3	＞2.5
推荐循环倍率 K	燃煤锅炉	15～25	8～15	5～8	4～6
	燃油锅炉	12～20	7～12	4～6	3.5～5

（二）影响水冷壁安全运行的主要因素

锅炉运行中，影响水冷壁安全运行的因素很多，既有管内诸多因素的影响，也有管外复杂因素的影响。

管内的影响因素有：水质不良导致的水冷壁管内结垢与腐蚀；水冷壁受热偏差影响导致的个别或部分管子出现循环流动的停滞或倒流；水冷壁热负荷过大导致的管子内壁面附近出现膜态沸腾；汽包水位过低引起水冷壁中循环流量不足，甚至发生更为严重的"干锅"。

管外的影响因素有：燃烧产生的腐蚀性气体对管壁的高温腐蚀，结渣和积灰导致的对管壁的侵蚀，煤粉气流或含灰气流对管壁的磨损。

管内的影响因素一般导致管子金属内壁面上的连续水膜被破坏，即由水的冷却变为汽的冷却，冷却能力急剧下降，从而出现传热恶化，使管壁工作温度超过金属材料的允许温度，超温严重时管子强度下降，承压能力下降。这时由于管内的工质压力的作用，可导致管子局部"鼓包"、裂口，以致发生爆管事故。管外的因素则是一般直接导致管子的管壁减薄或金属管壁超温，同样使管子承压能力下降，引起爆管或泄漏。

（三）蒸发管内的停滞、倒流

1. 停滞

水冷壁是将几百根管子并联组合成几个独立的循环回路，由于炉膛中温度场分布不均，随燃料和燃烧调整以及锅炉负荷（锅炉蒸发量）变化等因素变化，温度场分布也发生变化。这样，水冷壁管屏之间或管子之间的吸热强度就会存在偏差，加上上升系统的结构偏差和流量分配偏差，将导致每根管子和管屏间的受热强度不同，阻力不同，循环推动力就不同。虽然管屏进出口联箱的压差是相同的，但每根管子的流动表现可能不同。受热弱的管子中，工质密度大，当这根管子的重位压头接近于管屏的压差时，管屏的压差只能托住液柱，而不能推动液柱的运动。这时，管内就出现了流体的停滞现象。

从循环特性来看，停滞现象的表现是：循环流速 $w_0 \to 0$，但 $w_0 \neq 0$，即循环流量 $G=D$，但 $G \neq 0$；停滞管的压差等于下降管的压差，即 $Y_{tz}=Y_{xj}$，但停滞管的流动阻力 $\Delta P_{tz} \to 0$。当汽水混合物从汽包空间引入时，还会出现自由水面。这种现象的具体表现是：进入上升管的循环流量微小，以至在管子微弱吸热后被蒸发成气泡。

在管内工质不流动的情况下，气泡容易聚集在管子的弯头和焊缝处，由于管子受热和气泡合并，可能形成大气泡，造成蒸汽塞，管子局部就会过热超温。当存在自由水面时，管子上半部是汽，下半部是水，管子上部就会过热超温，且当自由水面的位置波动时，还会引起管子的疲劳应力。不过，超高压和亚临界参数自然循环锅炉水冷壁出口的汽水混合物引入汽水分离器，不会出现自由水面。所以，水循环的停滞实际上导致的是水冷壁管的传热恶化。水循环停滞现象主要发生在受热弱的管子上。

2. 倒流

在并联工作的水冷壁管子之间，由于受热不均，上升管之间形成了自然循环回路。这时，有的管中工质向上流，有的管中工质向下流，工质向下流的管子就叫"倒流管"。从而倒流现象的定义就是本来应该是工质向上流的上升管，变成了工质向下流的下降管。

从循环特性来看，倒流现象的表现是：倒流管的压差大于同一片管屏或同一回路的平均压差，从而迫使工质向下流动。

在发生倒流的管子中，水向下流动，而气泡由于受到浮力向上运动。当倒流速度较慢且等于气泡向上运动的速度时，向下流的水带不走气泡，造成气泡不上不下的状态，引起汽塞，发生传热恶化，以致使管子出现局部过热超温。当管内工质倒流速度很快时，管子仍能得到良好的冷却，不会出现超温。当汽水混合物引出管从汽包汽空间引入时，不会出现倒流。

当水冷壁受热不均比较严重时，受热最差的管子有时可能出现停滞，有时可能出现倒流。所以，同一根管子出现停滞和倒流以及向上流动的机会并不是固定的，而是随管外吸热状态和管内工质密度的变化而变化的。

四、影响循环安全性的主要运行因素

影响循环安全性的主要运行因素包括：

1. 水冷壁受热不均或受热强度过高

锅炉运行中，炉内火焰偏斜、水冷壁局部结渣和积灰是造成水冷壁吸热不均的主要原因。如前所述，那些受热很弱的管子容易出现停滞或倒流，受热很强的管子可能出现膜态沸腾，其结果都是导致管子局部发生传热恶化，管壁温度升高。

2. 下降管带汽或自汽化

下降管入口产生旋涡漏斗时，旋涡中心将有部分蒸汽被水流抽吸进入下降管。这样，一方面进入下降管的实际水流量减少，即循环流量降低；另一方面，由于下降管内出现汽水两相流动，工质密度减小，使下降管侧的重位压差降低，且流动阻力也相应增大，使下降管压差下降。这两方面的因素都会导致水循环安全裕度下降，即产生停滞、倒流的可能性增大。

防止下降管带汽的办法，除了在下降管入口安装隔栅外，运行时，应注意维持正常的汽包水位。水位过低，下降管入口不但容易产生旋涡漏斗，而且下降管入口处的静压力降低，容易产生水的自汽化。

3. 水冷壁管内壁结垢

锅炉运行水质不合格，含盐量超标，当水在管内受热蒸发时，盐分从水中析出，沉积在管壁上，管子金属内壁上无水膜冷却，而管外吸收高温火焰的热量不能被水流及时带走，管壁温度就会升高。这种破坏绝不亚于停滞、倒流和膜态沸腾的影响。与此同时，水冷壁管内结垢时，流动阻力也随着增大，容易引起停滞或倒流。

4. 上升系统的流动阻力

影响上升系统流动阻力的因素很多，如分配水管、水冷壁、汽水导管的管径、流通截面及管子弯头数量，汽水分离器的结构阻力系数，循环流速及锅炉负荷等。

5. 变负荷速度过快或低负荷运行时间过长

锅炉低负荷运行时，蒸发量减少，水冷壁管内工质密度增大，使水冷壁重位压差增大，循环回路的运动压头减小，循环流速就会降低，因而低负荷运行时的水循环安全性较差。在快速变负荷，尤其是在快速降负荷时，循环系统内由于压力降低，工质的自汽化过程加快，由于汽包室内水的自汽化和下降管内水的自汽化，使循环流量和运动压头同时减小，循环安全性大幅降低。因此，控制变负荷速度是保证水循环系统安全工作的重要条件之一。

五、提高自然循环安全性的措施

从循环回路的结构分析如何防止自然循环故障。

1. 水冷壁管内径 d

表 6-4 表示了水冷壁管内径与锅炉压力，容量的关系。

水冷壁管内径减小将使循环倍率减小，如要保持循环倍率，则需要增大质量流速。在其他条件不变时，缩小水冷壁管内径，将使循环倍率 K 和循环流量 G 下降，水冷壁出口含汽率增大。

表 6-4　　　　　自然循环锅炉的水冷壁管内径

名　称	单　位	数	据		
汽包压力	MPa	4～6	10～12	14～16	17～19
锅炉容量	t/h	30～120	160～420	400～670	>850
水冷壁高度	m	10～24	20～40	25～45	30～55
水冷壁管内径	mm	36～54	35～50	34～48	40～60

2. 循环回路中水冷壁管屏的宽度

炉膛周界水冷壁由多个管屏组成，管屏宽度应考虑一个管屏内的横向热负荷均匀，减小并联管的热偏差，一般炉膛一面墙的水冷壁可分成 3～4 个或更多的管屏。为了减小吸热不均，有的锅炉把炉角上 3～4 个水冷壁管节距的宽度切成斜角。

3. 下降管和导汽管

减小下降管的流动阻力压力降，可提高循环流速和循环倍率。减小导汽管的流动阻力压力降，不仅可提高有效压头，也能提高循环流速和循环倍率。

增大管内径，其相对摩擦阻力系数下降，从而减小了其摩擦阻力压力降。故现代大型锅炉广泛采用大直径集中下降管。

增大下降管和导汽管总流通断面积，可降低工质流速及流通阻力压力降。

第三节　蒸　汽　净　化

蒸汽品质对汽轮机、锅炉等热力设备的安全经济运行有很大影响，尤其是高参数及以上的热力设备，对蒸汽品质提出了极为严格的要求。为此，自然循环锅炉采取了各种蒸汽净化措施，以保证蒸汽品质合格。

一、蒸汽污染的危害和对蒸汽品质的要求

电厂锅炉生产的蒸汽除必须符合设计规定的压力和温度外，同时还必须要求蒸汽品质良好。蒸汽品质通常指的是蒸汽清洁度，常用单位质量的蒸汽中含有的杂质来衡量，其单位用 $\mu g/kg$ 或 mg/kg 表示。蒸汽中所含的杂质绝大部分为各种盐类，所以蒸汽中的杂质含量多用蒸汽中的含盐量来表示。

（一）蒸汽污染对电厂热力设备的危害

电厂锅炉产生的蒸汽，如果盐分含量高，清洁度差，会引起汽轮机、锅炉等热力设备结盐垢，从而给锅炉和汽轮机的安全运行带来很大的危害。

以一台 400t/h 的电厂锅炉为例，假如每千克蒸汽含有 1mg 的盐分，运行 5000h 后，其

携带出来的盐分总量将达 2000kg。这些盐分随蒸汽流经过热器、蒸汽管道及阀门、汽轮机的通流部分并沉积下来，将会引起很大的问题。如盐垢沉积在过热器管壁上，必将影响传热。轻则使蒸汽吸热量减少，排烟温度升高，锅炉效率降低；重则使管壁温度超过金属允许的极限温度使管子烧坏。如盐垢沉积在蒸汽管道的阀门处，可能引起阀门动作失灵以及阀门漏汽。如沉积在汽轮机的通流部分，会使蒸汽通流截面减小，喷嘴和叶片的粗糙度增加，甚至改变喷嘴和叶片的型线，从而使汽轮机的阻力增加，出力和效率降低；此外还将使汽轮机轴向推力和叶片应力增加，如汽轮机转子积盐不均匀还会引起机组振动，造成事故。

由此可见，蒸汽含盐过多，对锅炉、汽轮机等热力设备的安全经济运行影响很大，因此，必须对蒸汽品质提出严格的要求。在运行中，必须有严格的化学监督，以保证蒸汽品质符合规定。对于直流炉只需监督过热蒸汽；对于汽包炉，饱和和过热蒸汽都要进行监督。

（二）对蒸汽品质的要求

为了保证锅炉、汽轮机等热力设备的长期安全经济运行，我国 GB12145—1989《火力发电厂水汽质量标准》对蒸汽的含盐量提出了明确要求，见表 6-5。从表中可以看出，监督的主要项目是含钠量和含硅量。

表 6-5　　　　　　　　　　　　　　蒸 汽 品 质 标 准

炉型	压力（MPa）	钠　（μg/kg）		二氧化硅（μg/kg）
		磷酸盐处理	挥发性处理	
汽包炉	3.82～5.78	凝汽式发电厂≤15 热　电　厂≤20		≤20
	5.88～18.62	≤10	≤10*	
直流炉	5.88～18.62	≤10*		

＊争取标准为≤5μg/kg。

含钠量：蒸汽中盐类一般以钠盐为主，所以可通过测量蒸汽含钠量以监督蒸汽的含盐量。表 6-5 中规定的蒸汽含钠量的允许值，是根据我国电厂长期运行经验制定的。

含硅量：蒸汽中含有的硅酸化合物会沉积在汽轮机内，形成难溶于水的二氧化硅的附着物，难以用湿蒸汽清洗法除掉，对汽轮机的安全经济运行有很大的影响。因此，含硅量也是蒸汽品质的主要监督项目之一。国内电厂的实践表明，蒸汽中硅酸化合物的含量（以二氧化硅表示）小于表 6-5 所列数值时，基本上可以防止汽轮机内沉积二氧化硅的附着物。

从表 6-5 中可以看出，蒸汽压力越高，对蒸汽品质的要求也越高。这是由于蒸汽压力提高时，蒸汽的比体积减小，使汽轮机的通流截面相对减小，因而叶片上少量盐分的沉积，都将使汽轮机的出力和效率降低很多，还将导致汽轮机轴向推力增加，危及机组安全运行。

二、蒸汽污染的原因

蒸汽被污染的原因是进入锅炉的给水中含有杂质。给水进入锅炉汽包以后，由于在蒸发受热面中不断蒸发产生蒸汽，给水中的盐分就会浓缩在炉水中，使炉水含盐浓度大大超过给水含盐浓度。炉水中的盐分是以两种方式进入到蒸汽中的：一是饱和蒸汽带水，也称之为蒸汽的机械携带；二是蒸汽直接溶解某些盐分，也称之为蒸汽的选择性携带。在中、低压锅炉中，由于盐分在蒸汽中的溶解能力很小，因而蒸汽的清洁度取决于蒸汽带水；在高压以上的锅炉中，盐分在蒸汽中的溶解能力大大增加，因而蒸汽的清洁度取决于蒸汽带水和蒸汽溶盐两个方面。

下面就蒸汽带水和蒸汽溶盐的原因及影响因素加以分析。

（一）饱和蒸汽带水

蒸汽带水的含盐量，取决于携带水分的多少及炉水含盐量的大小，其关系可用下式表示，即

$$S_q^s = \omega S_{ls}/100 \tag{6-8}$$

式中　S_q^s——蒸汽带水的含盐量，mg/kg；

　　　ω——蒸汽的湿度，它表示蒸汽中所带炉水质量占蒸汽质量的百分数，%；

　　　S_{ls}——炉水的含盐量，mg/kg。

影响蒸汽带水的主要因素为锅炉负荷、蒸汽压力、汽包蒸汽空间高度和汽包内炉水含盐量，下面分别对这几个因素加以分析。

1. 锅炉负荷的影响

锅炉负荷增加时，由于产汽量增加，一方面使进入汽包的汽水混合物动能增加，从而导致锅炉生成的细水珠增多；另一方面也使汽包蒸汽空间的汽流速度增大，因而蒸汽湿度增加，蒸汽品质随之恶化。

在炉水含盐量一定的情况下，锅炉负荷与蒸汽湿度的关系可用下式表示：

$$\omega = AD^n \tag{6-9}$$

式中　A——与压力和汽水分离装置有关的系数；

　　　n——与锅炉负荷有关的指数。

式（6-9）的关系如图6-11所示。

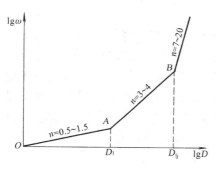

图6-11　锅炉负荷与蒸汽湿度的关系

从图中可以看出，随着锅炉负荷的增加，蒸汽的湿度增加。但蒸汽湿度的增加存在着三种不同的情况：在A点以前，蒸汽湿度随负荷增加而变化的数值较小，蒸汽只携带细微的水滴；在A点以后，蒸汽湿度增加较快；到B点以后，蒸汽湿度急剧增加。B点对应的蒸汽负荷称为临界负荷，用D_{lj}表示。显然，如果锅炉在运行中的负荷D超过了临界负荷，则蒸汽湿度将迅速增加，蒸汽品质将得不到保证。因此对一切正常运行的锅炉，为了保证蒸汽品质符合要求，均应满足$D < D_{lj}$的条件。对于现代汽包锅炉，蒸汽湿度一般不允许超过0.1%，而第二负荷区域（即$A-B$负荷区域）内对应的蒸汽湿度为0.03%~0.2%，故一般应在第二负荷区域前半段工作。锅炉临界负荷及允许的工作负荷（即$\omega \leqslant 0.1\%$的工作负荷）可由热化学试验来确定。

2. 蒸汽压力的影响

随着蒸汽压力的增加，汽水密度差减小，这就使汽水分离更加困难，导致蒸汽携带水滴的能力增加，即在较小的蒸汽速度下就可卷起水滴，使蒸汽更易带水；此外，蒸汽压力高，饱和湿度也高，水分子的热运动加强，相互间的引力减小，这就使饱和水的表面张力减小，水就越容易破碎成细小水滴被蒸汽带走。以上说明蒸汽压力越高，蒸汽越容易

带水。

蒸汽压力急剧降低也会影响蒸汽带水。这是因为压力降低时，相应的水的饱和温度也降低，蒸发管和汽包中的水以及管壁金属都会放出热量产生附加蒸汽，使汽包水位膨胀，而且穿经水位面的蒸汽量也增多，其结果使蒸汽大量带水，蒸汽的湿度增加，蒸汽的品质恶化。

3. 蒸汽空间高度的影响

蒸汽空间高度对蒸汽带水也有影响，空间高度很小时，蒸汽不仅能带出细小的水滴，而且能将相当大的水滴带进汽包顶部蒸汽引出管，使蒸汽带水增多。随着蒸汽空间高度的增加，由于较大水滴在未达蒸汽引出管高度时，便失去自身的速度落回水面，从而使蒸汽湿度迅速减少。但是，当蒸汽空间高度达 0.6m 以上时，由于被蒸汽带走的细小水滴不受蒸汽空间高度的影响，因而蒸汽湿度变化就很平缓，甚至到达 1m 以上时，蒸汽湿度几乎不变化。所以采用过大的汽包尺寸，对汽水分离并无必要，反而增加金属耗量。

为了保证汽包有足够的蒸汽空间高度，通常汽包的正常水位应在汽包中心线以下 100～200mm 处。锅炉正常运行时，水位应保持在正常水位线±（50～75）mm 范围内波动，因为水位过高，会使蒸汽空间高度减小，使蒸汽湿度增加。此外，水位过高，当负荷突然增加或压力突然降低时，都将导致虚假水位出现，使水位猛涨。因此，在运行中应注意监视水位，以防止蒸汽大量带水。

4. 炉水含盐量的影响

蒸汽湿度与炉水含盐量的关系如图 6-12 所示。当炉水含盐量在最初一段范围内提高时，蒸汽湿度不变。但由于炉水含盐量增多，蒸汽含盐量也相应有所增加。

当炉水含盐量增大到某一数值时，将使蒸汽带水量急剧增加，从而使蒸汽含盐量猛增。这时的炉水含盐量称为临界炉水含盐量。出现临界炉水含盐量的原因是炉水含盐量增加，特别是炉水碱度增强，会使炉水的黏性增大，使气泡在汽包水容积中的含汽量增多，促使汽包水容积膨胀。此外，炉水含盐量增加，还将使水面上的气泡水沫层增厚。这些原因都将使蒸汽汽空间的实际高度减小，使蒸汽带水量增加。

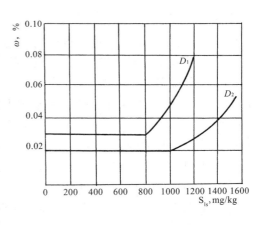

图 6-12 蒸汽湿度与炉水含盐量的关系（$D_1 > D_2$）

不同负荷下的临界炉水含盐量是不同的，锅炉负荷越高，临界炉水含盐量越低。临界炉水含盐量除与锅炉负荷有关外，还与蒸汽压力、蒸汽空间高度、炉水中的盐质成分以及汽水分离装置等因素有关。由于影响因素较多，故对具体锅炉而言，其临界炉水含盐量应通过热化学试验确定，并应使实际炉水含盐量远小于临界炉水含盐量。

（二）蒸汽的溶盐

1. 高压蒸汽溶盐原因及影响因素

高压蒸汽不同于中低压蒸汽的一个很重要的性质，就是不论饱和蒸汽或过热蒸汽，都具有溶解某些盐分的能力，而且随着压力的增加，直接溶解盐分的能力增强。高压蒸汽之所以能直接溶解盐类，主要是因为随着压力提高，蒸汽的密度不断增大，同时饱和水的密度相应降低，蒸汽的密度逐渐接近于水的密度，因而蒸汽的性质也越接近水的性质，水能溶解盐类，则蒸汽也能直接溶解盐类。同时，在相同条件下，蒸汽对各种盐类的溶解能力也是不同的，而且差别很大，也就是说高压蒸汽的溶盐具有选择性。

高压蒸汽的溶盐量，可用下式表示，即

$$S_q^{\eta} = aS'_{ls}/100 \tag{6-10}$$

式中　S_q^{η}——某种盐分在蒸汽中的溶解量，mg/kg；

　　　S'_{ls}——某种盐分在炉水中的含量，mg/kg。

a 为溶解系数，它表示溶解于蒸汽中的某种盐分含量与此种盐分在炉水中的含量的比值百分数，其大小与蒸汽压力和盐的种类有关。试验表明，它们存在如下关系

$$a = (\rho''/\rho')^n \tag{6-11}$$

式中　ρ'、ρ''——饱和水与饱和汽的密度，随着压力增大，ρ'减小，而ρ''增大，所以ρ''/ρ'增大；

　　　n——溶解指数，与盐的种类有关。

表 6-6　　几种盐类的指数 n

盐分种类	SiO_2	$NaOH$	$NaCl$	$CaCl_2$	Na_2SO_4
n	1.9	4.1	4.4	5.5	8.4

各种盐类的溶解指数见表 6-6。

由于蒸汽对各种盐类的溶解能力不同，具有选择性，因而可将锅炉炉水中的各种盐分分为三类。第一类为硅酸（SiO_2、H_2SiO_3 等），其溶解系数最大，例如在 8MPa 时，$a = 0.5\% \sim 0.6\%$；11MPa 时，$a = 1\%$；到 18MPa 时，$a = 8\%$。而在一般情况下，蒸汽机械携带的水分含量 $\omega = 0.01\% \sim 0.1\%$。可见在高压锅炉中，蒸汽溶盐要比蒸汽机械携带大数十倍到数百倍，所以蒸汽溶解硅酸是影响蒸汽品质的主要因素。第二类盐分有 $NaOH$、$NaCl$、$CaCl_2$ 等，这类盐分的溶解系数比硅酸低得多，但当压力超过 14MPa 时，其溶解系数也能达到相当大的数值。例如 $NaCl$，在 15MPa 时，$a = 0.06\%$；到 18MPa 时，$a = 0.3\%$。第三类盐分有 Na_2SO_4、Na_2SiO_3 等，这是一些难溶的盐分，其溶解系数很低，在 20MPa 时，$a = 0.02\%$。

由上可知，当压力超过 6MPa 时，则应考虑蒸汽溶解硅酸对蒸汽品质的影响；当压力超过 15MPa 时，则应在考虑硅酸溶解的同时还应考虑第二类盐分的溶解；对于第三类盐分，因其溶解系数很小，当压力小于 20MPa 时，可以不考虑其对蒸汽品质的影响。

2. 硅酸在蒸汽中的溶解特性

硅酸在高压蒸汽中的溶解具有两个重要特性：其一是硅酸在蒸汽中的溶解度最大，其二是硅酸以分子形式溶解在蒸汽中。

在炉水中同时存在有硅酸和硅酸盐，它们在蒸汽中的溶解能力很不相同，硅酸属于第一类盐分，易溶于蒸汽中；而硅酸盐属于第三类盐分，难溶于蒸汽中。炉水中的硅酸和硅酸盐能够根据条件的不同互相转化，硅酸和强碱作用形成硅酸盐，而硅酸盐又可以水解成为硅酸，它们之间有如下的化学平衡关系：

$$Na_2SiO_3 + 2H_2O \Longleftrightarrow 2NaOH + H_2SiO_3$$
$$Na_2Si_2O_5 + 3H_2O \Longleftrightarrow 2NaOH + 2H_2SiO_3$$

上述反应究竟朝硅酸盐方向进行，还是朝硅酸方向进行，取决于炉水中碱度（即 pH 值）大小。提高炉水碱度（即 pH 值增大），有利于硅酸转变为难溶于蒸汽的硅酸盐，从而

使蒸汽中的硅酸含量减少，蒸汽品质得到提高；反之降低炉水碱度（即 pH 值减小），则蒸汽中的硅酸含量增多，蒸汽品质下降。由此可知，为了减少炉水中的硅酸含量，改善蒸汽品质，应使炉水中的 pH 值大些。但 pH 值亦不宜过大，这是因为过大的 pH 值（即过大的碱度），不仅炉水泡沫增多，汽包的蒸汽空间高度减小，蒸汽带水急剧增加，而且还会引起金属的碱性腐蚀。此外，当炉水 pH≥12 时，对硅酸溶解系数的影响逐渐缩小。所以炉水的 pH 值应控制适当。

3. 硅酸的沉积部位

硅酸一般不会在过热器中沉积，因为它易溶于高压蒸汽中。而在进入汽轮机后，随着压力降低溶解度下降，便在中低压缸中开始大量析出，形成难溶于水的 SiO_2，因此很难用水和湿蒸汽将其清洗干净。严重时往往迫使汽轮机停机进行机械清理。因此，对于高压以上锅炉，应严格控制硅酸在蒸汽中的含量。

（三）提高蒸汽品质的基本途径

由以上分析可知，要获得清洁度很高的蒸汽，必须降低饱和蒸汽带水、减少蒸汽中的溶盐和降低炉水含盐量。

为了降低饱和蒸汽带水，应建立良好的汽水分离条件和采用完善的汽水分离装置，目前高压以上锅炉汽包内装有的汽水分离装置有内置旋风分离器、百叶窗分离器及均汽孔板等；为了减少蒸汽中的溶盐，可适当控制炉水碱度及采用蒸汽清洗装置；为了降低炉水含盐量，可采用提高给水品质、进行锅炉排污及采用分段蒸发等办法。

三、汽包内部装置

汽包内部装置主要由汽水分离装置和蒸汽清洗装置组成。

（一）汽水分离装置

汽水分离装置的任务是要把蒸汽中的水分尽可能地分离出来，以提高蒸汽品质。

汽水分离装置一般是利用以下基本原理进行工作的：重力分离，利用汽与水的质量差进行自然分离；惯性力分离，利用汽流改变方向时进行汽水分离；离心力分离，利用汽流旋转运动时所产生的离心力进行分离；水膜分离，使水黏附在金属壁面上形成水膜流下，进行分离。在实际的汽水分离设备中，一般不是简单地利用上述某一种原理，而是综合利用两种或几种原理来实现汽水分离。

汽包内的汽水分离过程，一般分为两个阶段：一是粗分离阶段（一次分离阶段），其任务是消除汽水混合物的动能，并进行初步的汽水分离，使蒸汽的湿度降到 0.5%～1%；二是细分离阶段（二次分离阶段），其任务是将蒸汽中的水分作进一步的分离，使蒸汽湿度降低到 0.01%～0.03%。

为了保证蒸汽品质符合规定，对汽水分离设备的主要要求是：一是分离效果要好（即分离效率要高）；二是尽可能地降低汽水混合物的动能，以减少汽包水面的波动和水滴的飞溅；三是均衡汽包内的蒸汽流速，并使其不过高，以便充分利用自然分离作用。

目前我国电厂锅炉采用的汽水分离装置有进口挡板、旋风分离器、波形板分离器、多孔板等几种，下面分别就其结构和工作原理作一介绍。

1. 进口挡板

进口挡板也称之为导向挡板，当汽水混合物引入汽包的蒸汽空间时，可在其管子进入汽包处装设进口挡板。

进口挡板的作用主要是用来消除汽水混合物的动能，使汽水初步分离。当汽水混合物碰撞到挡板上时，动能被消耗，速度降低。同时，汽水混合物从板间流出来时，由于转弯和板上的水膜黏附作用，从而使蒸汽中的水滴分离出来，以达到粗分离的目的。为了避免在分离过程中汽流将水滴打碎和挡板上形成的水膜撕破，使蒸汽二次带水，影响分离效果，装设进口挡板时应注意以下几点：挡板与汽流间的夹角不应大于45°；管子出口的汽水混合物流速不应太高，对于中压锅炉应小于3m/s，对于高压锅炉为2～2.5m/s；挡板出口处的汽流速度，对于中压锅炉为1～1.5m/s，对于高压锅炉应小于1m/s；管口至挡板的距离应不小于二倍管径。

2. 旋风分离器

旋风分离器是一种效果很好的粗分离装置，它被广泛应用于近代大、中型锅炉上。

旋风分离器有内置式和外置式两种，装置在汽包内的叫内置式旋风分离器，装置在汽包外的叫外置式旋风分离器，以内置式旋风分离器为最常用。

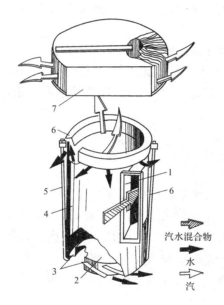

图 6-13　内置式旋风分离器
1—连接罩；2—底板；3—导向叶片；
4—筒体；5—拉杆；6—溢流环；
7—波形板分离器顶帽

内置式旋风分离器的构造如图6-13所示，它由筒体、波形板分离器顶帽、底板、导向叶片和溢流环等部件组成。其工作原理是：汽水混合物由连接罩切向进入分离器筒体后，在其中产生旋转运动，依靠离心力作用进行汽水分离，分离出来的水分被抛向筒壁，并沿筒壁流下，由筒底导向叶片排入汽包水容积中，蒸汽则沿筒体旋转上升，经顶部的波形板分离器径向流出，进入汽包的蒸汽空间。其次，蒸汽在筒体内向上流动的过程中，由于重力作用有一部分水分从蒸汽中被分离出来，由筒体下部进入水容积中。此外，蒸汽通过波形板分离器时，也有一些水分被分离出来，经其出口落入水容积中。

由于汽水混合物的旋转，筒体内的水面将呈漏斗形状，贴在上部筒壁的只是一层薄水膜，为了避免上升的蒸汽流从这层薄水膜中带出水分，在筒体顶部装有溢流环，溢流环与筒体的间隙既要保证水膜顺利溢出，又要防止蒸汽由此窜出。

为了防止蒸汽从筒的下部穿出并使水缓慢平稳地流入筒体下部水室，在筒体下部装有由圆形底板与导向叶片组成的筒底。

导向叶片虽能使水平稳注入汽包水空间，但不能消除水的旋转运动。为了得到稳定的汽包水位，在汽包内布置旋风分离器时常采用左旋与右旋交错布置，以互相消除旋转动能。

为了使筒体分离出来的蒸汽平稳地引入汽空间，在筒体顶部装有波形板分离器，用来增加分离器蒸汽端的阻力，以便蒸汽沿径向均匀引出并使各旋风分离器的蒸汽负荷分布比较均匀，同时蒸汽在曲折的波形板间通过时，使水分得到进一步分离。

为了提高内置旋风分离器的分离效果，应采用较高的汽水混合物入口速度和较小的筒体直径。但过高的汽水混合物入口速度又会使阻力过大，对水循环不利，故一般推荐：中压锅炉为 5～8m/s，高压和超高压锅炉为 4～6m/s。而过小的筒体直径，会使布置的台数增多，安装检修不便，一般采用的筒体直径为 260、290、315、350mm。不同尺寸的内置旋风分离器的允许出力推荐值见表 6-7。

内置旋风分离器的主要优点有：

（1）消除并有效地利用汽水混合物的动能。

（2）汽水混合物进入旋风分离器后，分离出来的蒸汽不从汽包水容积中通过，因此不致引起汽包水容积膨胀，故允许在炉水含盐浓度较高的情况下工作。

（3）沿汽包长度均匀布置，使汽流分布较均匀，避免局部蒸汽流速较高的现象发生。

表 6-7	旋风分离器的允许出力推荐值		(t/h)
旋风分离器直径（mm）	汽包压力（MPa）		
	4.3	10.78	14.7
260	2.5～3.0	4.0～5.0	—
290	3.0～3.5	5.0～6.0	7.0～7.5
315	3.5～4.0	6.0～7.0	8.0～9.0
350	4.0～4.5	7.0～8.0	9.0～11.0

（4）不承受内压力，因而可用薄钢板制成，加工容易，金属耗量小。

但是，内置旋风分离器由于装在汽包内，其高度受到限制，因而它的分离效果不能得到充分发挥，故一般把它作为粗分离设备，与其他分离设备配合使用。同时，由于内置旋风分离器的单只出力受汽水混合物入口流速和蒸汽在筒内上升速度的限制，故需旋风分离器的数量很多，使汽包内阻塞程度加大，给拆装、检修工作带来不便。

3. 波形板分离器

汽水混合物进入汽包经粗分离设备进行分离以后，较大水滴已被分离出去，但细小水滴因其质量小，难以用重力和离心力将其从蒸汽中分离出去。特别是当汽包内装有清洗设备时，蒸汽经过清洗水层还会带出一些水滴，这些水滴因上部蒸汽空间高度减小，自然分离作用减弱，很难从蒸汽中分离出来。因此现代锅炉广泛采用波形板分离器作为蒸汽的细分离设备。

波形板分离器也叫百叶窗分离器，它是由密集的波形板组成的，每块波形板的厚度为 1～3mm，板间距离约 10mm，组装时应注意板间距离均匀。它的工作原理是汽流通过密集的波形板时，由于汽流转弯时的离心力将水滴分离出来，黏附在波形板上形成薄薄的水膜，靠重力慢慢向下流动，在板的下端形成较大的水滴落下。

波形板分离器可分为水平布置（卧式布置）和立式布置两种。水平布置为水流和汽流方向平行，立式布置为水流和汽流方向垂直。

波形板分离器内的蒸汽流速不宜过高，否则会将水膜撕破，降低分离效果。因此对于水平布置的波形板分离器，其蒸汽流速：中压锅炉不大于 0.5m/s；高压锅炉不大于 0.2m/s；超高压锅炉不大于 0.1m/s。对于立式波形板分离器，其蒸汽流速可为卧式波形板分离器的 1.5～2 倍。

4. 顶部多孔板

顶部多孔板也叫均汽孔板，它装在汽包上部蒸汽出口处，如图 6-14 所示。其目的是利用孔板的节流作用，使蒸汽空间的负荷分布均匀。

顶部多孔板由 3～4mm 厚的钢板制成，孔径一般为 6～10mm。为了使蒸汽空间的汽流上升速度均匀，从而改善分离效果，蒸汽穿孔速度不应过低，对于中压锅炉为 8～12m/s，

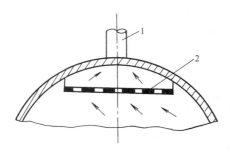

图 6-14　顶部多孔板

1—蒸汽引出管；2—顶部多孔板

对于高压锅炉为 $6\sim8m/s$，对于超高压锅炉为 $4\sim6m/s$。

顶部多孔板和波形板分离器配合使用时，为了避免流经多孔板的高速汽流将已经分离出来的水分吸走，要求多孔板与波形板分离器之间的距离一般至少保持 $20\sim25mm$。多孔板的位置应尽量提高，以增加汽包的有效分离空间。

（二）蒸汽清洗装置

蒸汽清洗装置的任务是要降低蒸汽中的溶盐，尤其是应注意降低蒸汽中溶解的硅酸以改善蒸汽品质。目前我国高压以上锅炉广泛采用给水清洗蒸汽的方法来降低蒸汽中溶解的盐分。

溶于饱和蒸汽的硅酸量取决于同蒸汽接触的水的硅酸含量和硅酸的溶解系数，压力一定时，溶解系数为常数。因此，要减少蒸汽中溶解的硅酸，就只有设法降低同蒸汽接触的水的硅酸浓度，采用给水清洗蒸汽的方法可以达到这一目的。

蒸汽清洗的基本原理是让含盐低的清洁给水与含盐高的蒸汽接触，使蒸汽中溶解的盐分转移到清洁的给水中，从而减少蒸汽溶盐，同时，又能使蒸汽携带炉水中的盐分转移到清洗的给水中，从而降低蒸汽的机械携带含盐量，使蒸汽的品质得到了改善。

目前我国广泛采用起泡穿层式清洗装置，其型式有两种：钟罩式，如图 6-15（a）所示；平孔板式，如图 6-15（b）所示。

现代超高压锅炉多采用平孔板式穿层清洗装置。它是由若干块平孔板组成，相邻两块平孔板之间装有 U 形卡。在平孔板的四周焊有溢流挡板，以形成一定厚度的水层。平孔板用 $2\sim3mm$ 厚的薄钢板制成，其上钻有许多 $5\sim6mm$ 的小孔，开孔数应根据所要求的孔中蒸汽流速大小而定。

蒸汽自下而上通过孔板，由清洗水层穿出，进行起泡清洗。给水均匀分配到孔板上，然后通过挡板溢流到汽包水室，清洗板上的水层靠一定的蒸汽穿孔速度将其托住。

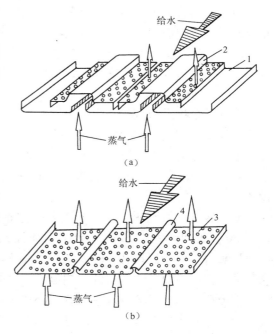

图 6-15　穿层式清洗装置

（a）钟罩式；（b）平孔板式

1—底盘；2—孔板顶罩；3—平孔板；4—U 形卡

平孔板式穿层清洗装置结构简单，阻力损失小，有效清洗面积大，清洗效果也很好。唯一缺点是锅炉在低负荷下工作时，清洗水会从孔板的小孔中漏下，出现干孔板区。为了保证低负荷时不出现干孔板区，高负荷时又不至于造成大量带水，对于高压和超高压锅炉蒸汽的穿孔速度推荐为 $1.3\sim1.6m/s$。

蒸汽清洗效果主要与清洗水品质、清洗水量、水层厚度等因素有关。

（1）清洗水越干净，清洗过程中的物质交换也越强烈，清洗效果也就越好。

（2）给水可以全部作为清洗水，也可以部分作为清洗水，而另一部分可直接进入汽包水室。目前超高压以上锅炉，一般采用40%～50%的给水作为清洗水。

（3）清洗水层厚度对蒸汽清洗效果也有影响。当水层厚度太薄时，由于蒸汽与清洗水的接触时间短，清洗不充分而使清洗效果变坏。但过大的水层厚度，对清洗效果的改善并不显著。一般水层厚度以 50～70mm 为宜。

（三）高压和超高压锅炉汽包内部装置介绍

高压和超高压锅炉典型汽包内部装置及其布置如图6-16所示。它是由内置旋风分离器、蒸汽清洗装置、百叶窗分离器、顶部多孔板等组成，内置旋风分离器沿整个汽包长度分前后两排布置在汽包中部，每两个旋风分离器共用一个联通箱，且其旋向相反。旋风分离器上部装有平孔板式蒸汽清洗装置，配水装置布置在清洗装置的一侧或中部。布置于清洗装置一侧的为单侧配水方式（见图6-16），布置于清洗装置中部的为双侧配水方式，清洗水来自锅炉给水。平孔板

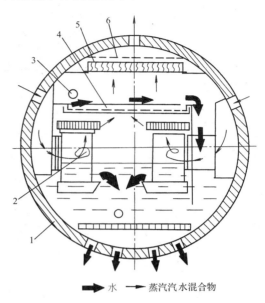

图6-16　典型汽包内部装置
1—汽包壁；2—旋风分离器；3—清洗水配水装置；
4—蒸汽清洗装置；5—波形板；6—顶部多孔板

型蒸汽清洗装置的上部装有百叶窗分离器和顶部多孔板。除上述设备外，汽包内还装有连续排污管、炉内加药管、事故放水管、再循环管等。

从上升管进入汽包的汽水混合物先进入联通箱，然后沿切线方向进入内置旋风分离器进行汽水分离。被分离出来的水从筒底导叶排出，被分离出来的蒸汽上升经立式波形板分离器顶帽进入汽包的有效分离空间。被初步分离后的蒸汽，经汽包的有效分离空间均匀地由下而上通过上部平孔板型蒸汽清洗装置，进行起泡清洗。清洗后的蒸汽，最后再顺次经过波形板（百叶窗）分离器和顶部多孔板，使蒸汽得到进一步分离后，均匀地从汽包引出。

四、锅炉排污

锅炉排污是控制炉水含盐量、改善蒸汽品质的重要途径之一。排污就是将一部分炉水排除，以便保持炉水中的含盐量和水渣在规定的范围内，以此改善蒸汽品质并防止水冷壁结水垢和受热面腐蚀。

锅炉排污可分为定期排污和连续排污两种。定期排污的目的是定期排除炉水中的水渣，所以定期排污的地点应选在水渣积聚最多的地方，即水渣浓度最大的部位，一般是在水冷壁下联箱底部。定期排污量的多少及排污的时间间隔主要视给水品质而定。

连续排污的目的是连续不断地排出一部分炉水，使炉水含盐量和其他水质指标不超过规定的数值，以保证蒸汽品质，所以连续排污应从炉水含盐浓度最大部位引出。一般炉水含盐

浓度最大的部位位于汽包蒸发面附近，即汽包正常水位线以下 $200\sim300\text{mm}$ 处。连续排污主管布置在汽包水的蒸发面附近，主管上沿长度方向均匀地开有一些小孔或槽口，排污水即由小孔或槽口流入主管，然后通过引出管排走。

排污量与额定蒸发量的比值称为排污率，即

$$p = \frac{D_{\text{pw}}}{D} \times 100(\%) \tag{6-12}$$

对于凝汽式电厂，其最大允许的排污率为 2%，最小排污率取决于炉水含盐量的要求，一般不得小于 0.5%。

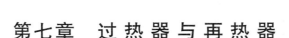

第七章　过热器与再热器

过热器与再热器是现代锅炉的重要组成部分，它们的作用是提高电厂循环热效率。提高蒸汽初温可提高电厂循环热效率，但蒸汽初温的进一步提高受到金属材料耐热性能的限制，过热器和再热器受热面金属温度是锅炉各受热面中的最高值，其出口汽温对机组安全经济运行有十分重要的影响。过热器、再热器设计与运行的主要原则有下列三个：

（1）防止受热面金属温度超过材料的许用温度；

（2）过热器与再热器温度特性好，在较大的负荷范围内能通过调节维持额定汽温；

（3）防止受热面管束积灰和腐蚀。

本章重点论述过热器与再热器的结构、作用和特点，过热器与再热器平行管热偏差和汽温调节。本章还介绍过热器与再热器受热面管束的积灰、腐蚀机理及防止方法。

第一节　过热器与再热器的工作特点

一、过热器与再热器的作用

过热器将饱和蒸汽加热成具有一定温度的过热蒸汽，并且在锅炉变工况运行时，保证过热蒸汽参数在允许范围内变动；再热器将汽轮机高压缸的排汽加热成具有一定温度的再热蒸汽，并且在锅炉变工况运行时，保证再热蒸汽参数在允许范围内变动。

提高蒸汽初压是提高电厂循环效率的另一途径，但过热蒸汽压力的进一步提高受到汽轮机排汽湿度的限制，因此为了提高循环效率且减少排汽湿度，采用再热器成为必然。过热器与再热器在系统中的位置如图7-1所示。过热器出口的过热蒸汽又称为主蒸汽或一次汽，由主蒸汽管送至汽轮机高压缸。高压缸的排汽由低温蒸汽管道送至再热器，经再一次加热升温到一

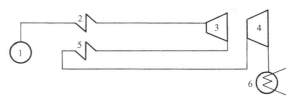

图7-1　过热器与再热器在热力系统中的位置
1—汽包；2—过热器；3—汽轮机高压缸；
4—汽轮机中、低压缸；5—再热器；6—凝汽器

定的温度后，返回汽轮机的中压缸和低压缸继续膨胀做功。

蒸汽再热有一次再热和二次再热之分，后者就是蒸汽在汽轮机内做功过程中经过两次蒸汽再热。目前，我国超高压及以上压力的大容量机组都采用一次中间再热系统，再热蒸汽压力为过热蒸汽压力的20%左右，再热蒸汽温度通常与过热蒸汽温度相同。

提高过热蒸汽、再热蒸汽的压力与温度均可提高循环效率。表7-1表示出蒸汽参数与发电厂循环效率和热耗的关系。

表 7 - 1　　　　　　　　　　　蒸汽参数与电厂循环热效率和热耗关系

项　　目	数　　值			
过热蒸汽压力（MPa）	9.8	13.7	16.7	24.1
过热蒸汽温度（℃）	540	540	555	538
再热蒸汽温度（℃）	—	540	555	566
热耗［kJ/（kW·h）］	9254	8332	7972	7647.6
电厂循环热耗率（%）	30.5	37	40	≥40

有计算表明对于亚临界压力机组，当过热蒸汽/再热蒸汽温度由 535/535℃ 提高到 566/566℃，热耗下降约 1.8 个百分点，若采用两次再热，热耗可下降 2 个百分点。

二、蒸汽温度的选择

在发电机组的发展过程中，呈现不断提高蒸汽压力与温度，以提高机组的循环热效率的趋势。蒸汽温度的选择要考虑三个因素：循环热效率，汽轮机末级叶片的蒸汽湿度，高温钢材的许用温度。现在绝大多数发电机组的蒸汽温度限制在 540~555℃ 的水平，少数采用较好合金钢材，过热蒸汽温度达到 570℃ 左右。因此目前机组容量不断增大后，只提高压力而不相应地提高温度。对于超临界压力的机组，为了控制汽轮机末级叶片的蒸汽湿度等，再热蒸汽的温度常提高到 566℃。国产超高压与亚临界压力机组的主蒸汽、再热蒸汽温度为 540~555℃，过热器高温部分用钢 102，再热器高温部分有的机组用 1Cr18Ni9Ti 奥氏体钢。

由于过热器和再热器内流动的为高温蒸汽，其传热性能差，而且过热器和再热器又位于高温烟区，所以管壁温度高。为了降低锅炉成本，应尽量避免采用高级别的合金钢。设计过热器和再热器时，所选管材的工作温度接近其极限温度，因此如何使过热器和再热器长期安全工作是其设计和运行中的重要问题。锅炉过热器和再热器常用钢材的许用温度见表 7 - 2。

表 7 - 2　　　　　　　　　　过热器、再热器常用钢材的许用温度

钢　材　牌　号	许用温度（℃）	钢　材　牌　号	许用温度（℃）
20 号碳钢	≤500	X20CrMoWV（F11）	≤650
12CrMo，15MnV	≤540	X20CrMoV121（F12）	≤650
15CrMo，15MnMoV	≤550	T91	≤700
12Cr1MoV	≤580	1Cr18Ni9Ti	≤800
12Cr2MoWVB（钢 102）	≤600~620	Cr6SiMo	≤750
12Cr3MoVSlTiB（Ⅱ11）	≤600~620	Cr25Ni12MnSi2	≤900~1000
10CrMo910	≤540	Cr20Ni14Si2	≤900~1000
X12CrMo91（HT7）	≤560	Cr18Mn9Ni2Si2N（钢 101）	≤900~1000

如果钢材的工作温度超过了其许用温度，将引起钢材的热强度、热稳定性下降，材质恶化，导致受热面损坏。因此，锅炉运行中必须十分注意防止过热器和再热器等受热面的超温现象。

三、过热器和再热器受热面的布置

将水加热成过热蒸汽需经过水的加热、蒸发和蒸汽过热三个阶段。随着蒸汽参数的提高，过热蒸汽和再热蒸汽的吸热份额增加，锅炉受热面的布置会发生变化。不同参数下工质的吸热份额见表 7 - 3。

表 7-3 不同参数下工质的吸热份额

过热蒸汽压力（MPa）	1.27	3.83	9.82	13.74	16.69
过热蒸汽温度（℃）	300	450	540	555	555
再热蒸汽温度（℃）	—	—	—	550	555
给水温度（℃）	105	150	215	240	260
加热份额（%）	14.8	16.3	19.3	21.3	22.9
蒸发份额（%）	75.6	64.0	53.6	31.4	26.4
过热份额（%）	9.6	19.7	27.2	29.9	34.9
再热份额（%）	—	—	—	17.4	15.8

早期的低压锅炉，主蒸汽温度为 350～370℃，过热器的吸热量少，因而其受热面积也少，在过热器前布置了大量的对流管束以满足蒸发热比例较大的要求。

中压煤粉锅炉，炉膛内水冷壁吸收的辐射热量与水的蒸发热大致相当，过热器布置在炉膛出口少量凝渣管束之后的烟道内，其吸收的热量能适应蒸汽过热热的需要。

高压煤粉锅炉，炉膛内的辐射热量已超过水蒸发热，同时为适应过热器吸热量的增大，故把部分过热器的受热面布置在炉膛内，吸收炉膛内的部分辐射传热量。

对于超高压、亚临界压力和超临界压力的锅炉，上述变化趋势随着压力的升高更为明显，必须在炉膛内布置更多的过热器，过热器系统也变得更复杂了。

超高压锅炉的再热器一般布置在烟道内，随着压力的进一步提高，还需要把部分再热器也布置在炉膛内。

因此，在现代高参数大容量锅炉中，蒸汽过热和再热所需的热量很大，过热器和再热器在锅炉总受热面中占很大比例，需把一部分过热器和再热器受热面布置在炉膛内，即采用辐射式、半辐射式过热器和再热器。

第二节 过热器与再热器的型式和结构

过热器有多种结构型式，现在一般按照受热面的传热方式分类，分为对流式、辐射式及半辐射式三种型式。高压以上的大型锅炉大多采用辐射、半辐射与对流型多级布置的联合型过热器，如图 7-2 所示。过热器的蒸汽高温段采用对流型，低温段采用辐射型或半辐射型，以降低受热面管壁钢材温度。再热器实际上相当于中压蒸汽的过热器，但再热蒸汽温度比中压蒸汽温度高很多。再热器以对流型为主，并位于高温对流型过热器之后烟气温度较低处，因为再热蒸汽压力较低、蒸汽密度较小，表面传热系数较低，蒸汽比热容也较小，其受热面管壁金属温度比过热器更高。但是有些锅炉的部分低温蒸汽段再热器采用辐射型，布置在炉膛上部吸收炉膛的辐射热。

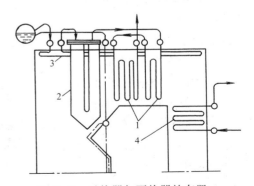

图 7-2 过热器与再热器的布置
1—对流过热器；2—屏式过热器；
3—顶棚过热器；4—再热器

一、对流过热器

布置在锅炉对流烟道中，主要以对流传热方式吸收烟气热量的过热器，称对流过热器。对流过热器一般采用蛇形管式结构，即由进出口联箱连接许多并列蛇形管构成，如图7-2所示。蛇形管一般采用外径为32～63.5mm的无缝钢管。300MW机组锅炉的过热器管径为51～60mm，其壁厚由强度计算确定，一般为3～9mm。管子选用的钢材取决于管壁温度，低温段过热器可用20号碳钢或低合金钢，高温段常用15CrMo或12Cr1MoV，高温段出口甚至需用耐热性能良好的钢102或Π11等材料。

对流过热器根据烟气与管内蒸汽的相对流动方向，可分为逆流、顺流和混合流三种方式。根据对流受热面的放置方式可分为立式和卧式两种。

（一）流动方式

如图7-3（a）所示为逆流方式，烟气的流向与蒸汽总体的流向相反。逆流布置时蒸汽

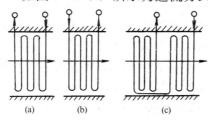

图7-3　工质流动方向

（a）逆流；（b）顺流；（c）混合流

温度高的一段管子处于烟气高温区，金属壁温高，必须考虑其安全性。逆流方式由于烟气和蒸汽的平均传热温差较大，所需受热面较少，可节约钢材，但蒸汽最高温度处恰恰是烟气最高温度处，使该处受热面的金属管壁温度较高，工作条件最差。因此，这种布置方式常用于过热器的低温级。如图7-3（b）所示为顺流布置方式，与图7-3（a）相反，蒸汽温度高的一段处于烟气低温区，金属壁温较低，安全性好，但由于平均传热温差小，所需受热面较多，金属耗量最多，经济性差。因此，顺流布置方式多用于蒸汽温度较高的最末级。如图7-3（c）所示是混合流布置方式，综合了逆流和顺流布置的优点，蒸汽低温段采用逆流方式，蒸汽的高温段采用顺流方式。这样，它既获得较大的平均传热温压，又能相对降低管壁金属最高温度，因此在高压锅炉中得到了广泛应用。

（二）放置方式

对流过热器在锅炉烟道内有立式与卧式两种放置方式。蛇形管垂直放置时称为立式布置，立式布置对流过热器都布置在水平烟道内。蛇形管水平放置时称卧式布置方式，卧式布置对流过热器都布置在垂直烟道内。下面分析两种放置方式的特点。

1. 支吊结构

立式过热器的支吊结构比较简单，它用多个吊钩把蛇形管的上弯头钩起，整个过热器被吊挂在吊钩上，吊钩支承在炉顶钢梁上。立式过热器通常布置在炉膛出口的水平烟道中，如图7-4所示。

卧式过热器的支吊结构比较复杂，蛇形管支承在定位板上，定位顶板与底板固定在有工质冷却的受热面（如省煤器出口联箱引出的悬吊管）上，悬吊管垂直穿出炉顶墙通过吊杆吊在锅炉顶钢梁上，卧式过热器通常布置在尾部竖井烟道中。

2. 运行条件

立式过热器的支吊结构不易烧坏，蛇形管不易积灰，但是停炉后管内存水较难排出，升温时由于通汽不畅易导致管子过

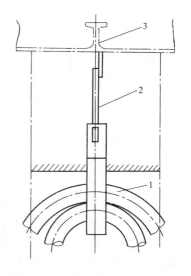

图7-4　立式过热器的支吊结构

1—过热器蛇形管上弯头；

2—吊钩；3—炉顶横梁

热。卧式过热器在停炉时蛇形管内存水排出简便，但是容易积灰。

（三）蛇形管束结构

对流过热器受热面由很多并联蛇形管组成，蛇形管在高参数大容量锅炉中采用较大的管径，有 51、54、57mm 等规格。壁厚由强度计算决定，随承受压力、钢材牌号而定，通常为 3～9mm。蛇形管的管径与并联管数应适合蒸汽质量流速要求。由于锅炉宽度的增加落后于锅炉容量的增加，大容量锅炉为了使对流过热器与再热器有合适的蒸汽

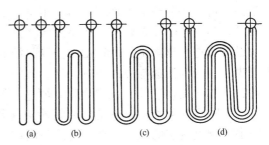

图 7-5　蛇形管的管圈数

(a) 单管圈；(b) 双管圈；(c) 三管圈；(d) 四管圈

流速，常做成双管圈、三管圈甚至更多的管圈，以增加并联管数，如图 7-5 所示。

选取过热器的蒸汽质量流速要考虑蒸汽对管壁的冷却能力和蒸汽在管内流动引起的压力损失两个因素。

管内工质冷却管壁的能力取决于工质流速及密度，常用质量流速 ρw 来反映。为了有效地冷却过热器管子金属，蒸汽应采用较高的质量流速，但工质流动的压降也随之增大，并且质量流速与受热面的热负荷有关。处于高温烟气区的受热面热负荷大，蒸汽质量流速高，同时蒸汽质量流速提高，流动压降增大。为了保证汽轮机的效率，整个过热器的压力降应不超过其工作压力的 10%。建议锅炉对流过热器低温段蒸汽质量流速 $\rho w = 400 \sim 800 \mathrm{kg/(m^2 \cdot s)}$，高温段 $\rho w = 800 \sim 1100 \mathrm{kg/(m^2 \cdot s)}$。

当烟道宽度一定时，管束的横向节距选定了，过热器并联的蛇形管数就确定了。若蒸汽的质量流速不在推荐范围内，则可用改变重叠的管圈数进行调节。根据锅炉容量的不同，可做成单管圈、双管圈和多管圈，大型锅炉过热器的管圈数可达五圈。

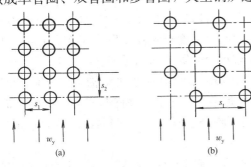

图 7-6　顺列和错列管束

(a) 顺列；(b) 错列

对流式过热器的蛇形管有顺列和错列两种排列方式，如图 7-6 所示。在其他条件相同时，错列管的传热系数比顺列管的高，但管间易结渣，吹扫比较困难，同时支吊也不方便。国产锅炉的过热器，一般在水平烟道中采用立式顺列布置；在尾部竖井中则采用卧式错列布置。目前，大容量锅炉的对流管束趋向于全部采用顺列布置，以便于支吊，避免结渣和减轻磨损。

管束的排列特性用横向相对节距 s_1/d 与纵向节距 s_2/d 表示。垂直于烟气流动方向称横向；平行于烟气流动的方向称纵向。在管束排列特性、烟气流速和烟气冲刷受热面等条件相同时，错列管束的传热系数比顺列的大。但是，错列管束的吹灰通道较小，吹灰器不易把管束表面积灰吹扫清除，增大横向节距可以增大吹灰通道，可是烟道空间的利用率降低了，顺列管束的积灰容易吹扫。我国大多数锅炉的过热器在高温水平烟道中采用立式顺列布置，相对横向节距 $s_1/d = 2 \sim 3$，相对纵向节距 $s_2/d = 2.5 \sim 4$，后者取决于管子的弯曲半径 r。靠近炉膛的前几排过热器管束，为了防止结渣适当增大其管节距，使 $s_1/d \geqslant 4.5$、$s_2/d \geqslant 3.5$。

流经对流受热面的烟气流速受到多种因素的相互制约。烟速越高，传热越好。在传热量相同条件下可减小受热面的面积，节约钢材，但受热面金属的磨损加剧，通风电耗也大。若烟速太低，不仅影响传热，而且还将导致受热面严重积灰。

通过对流过热器的烟气流速由防止受热面的积灰、磨损、传热效果和烟气流动压力降等诸因素决定。烟气流速与煤的灰分含量、灰的化学成分组成与颗粒物理特性等有关，还与锅炉型式、受热面结构有关。选取合理的烟速，既有较好的传热效果，又能防止受热面的磨损和积灰。为防止管束积灰，额定负荷时对流受热面的烟气流速不宜低于 6m/s；为了防止磨损，应限制烟气流速的上限。在靠近炉膛出口烟道中，烟气温度较高，灰粒较软，受热面的磨损不明显，煤粉炉可采用 10～14m/s 的流速；当烟气温度降至 600～700℃以下时，灰粒变硬，磨损加剧，烟气流速不宜高于 9m/s。

二、辐射式过热器

布置在炉膛内，以吸收炉膛辐射热为主的过热器，称辐射式过热器。在高参数大容量再热锅炉中，蒸汽过热及再热的吸热量占的比例很大，而蒸发吸热所占的比例较小。因此，为了在炉膛中布置足够的受热面以降低炉膛出口烟气温度，就需要布置辐射式过热器。在大型锅炉中布置辐射式过热器对改善汽温调节特性和节省金属消耗是有利的。

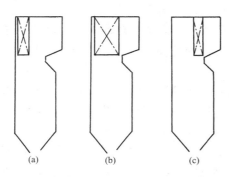

图 7-7 屏式过热器的类型
(a) 前屏；(b) 大屏；(c) 后屏

辐射式过热器的布置方式很多，有布置在水冷壁墙壁上的壁式过热器；布置在炉膛、水平烟道和垂直烟道顶部的炉顶（或顶棚）过热器；布置在炉膛上部靠近前墙的前屏过热器（见图 7-7）；此外在垂直烟道和水平烟道的两侧墙上布置了大量贴墙的包墙管（包覆管）过热器。

壁式过热器的管子通常是垂直地布置在炉膛四壁的任一面墙上；可以仅布置在炉膛上部，也可以按一定的宽度沿炉膛全高度布置；可以集中布置在某一区域，也可以与水冷壁管子间隔排列。

现代大型锅炉广泛采用平炉顶结构，全炉顶上布置顶棚管式过热器，吸收炉膛及烟道内的辐射热量。水平烟道，转向室及垂直烟道的周壁也都布置包墙管过热器，称包覆管。包墙管过热器由于贴墙壁的烟气流速极低，所吸收的对流热量很少，主要吸收辐射热，故亦属于辐射过热器。

壁式过热器、炉顶过热器及包覆管过热器一般都采用膜式受热面结构，使整个锅炉的炉膛、炉顶及烟道周壁都由膜式受热面包覆，简化了炉墙结构，炉墙质量减轻，并减少了炉膛烟道的漏风量。过热器膜式受热面的管径、鳍片宽度及金属材料等由受热面的热负荷、蒸汽在管内流动的质量流速、管壁金属工作温度等通过计算选取。壁式过热器一般选用内径 40mm 左右的管子作受热面。

国产 1000/16.7—Ⅰ型自然循环汽包锅炉的顶棚管及包覆管都为膜式受热面。顶棚管的管子直径为 $\phi48.5\times6$mm，管中心节距 114.3mm，鳍片宽 65.8mm，管子材料为 15CrMo 合金钢；包覆管的管子直径为 $\phi50\times7$mm，管中心节距 130mm，鳍片宽 79mm，管子材料为 20 号钢和 12Cr1MoV 合金钢。

布置在炉膛内高热负荷区的壁式过热器，对改善汽温调节特性和节省金属材料有利，但由于炉膛热负荷很高，辐射过热器的工作条件较差，管壁金属温度的最大值通常比管内蒸汽温度高出 100～120℃，尤其在启动和低负荷运行时，管内工质流量很小，问题更突出，因此，对其安全性应特别注意。为改善其工作条件，一般将辐射式过热器作为低温段，即以较低温度的蒸汽流过这些受热面，以增强金属的冷却；同时采用较高的质量流速，一般 $\rho w=1000～1500\text{kg}/(\text{m}^2 \cdot \text{s})$；并将其布置在热负荷较低的远离火焰中心的区域等。启动时也要采取适当的冷却方式，对辐射式过热器进行冷却，以防管子被烧坏。

三、半辐射式过热器

由图 7-7 可知，屏式过热器有前屏、大屏及后屏三种。大屏或前屏过热器布置在炉膛前部，屏间距离较大，屏数较少，吸收炉膛内高温烟气的辐射传热量。后屏过热器布置在炉膛出口处，屏数相对较多，屏间距相对较小，它既吸收炉膛内的辐射传热量，又吸收烟气冲刷受热面时的对流传热量，故又称半辐射过热器。

现代大型锅炉广泛采用屏式过热器，其主要优点是：

（1）利用屏式受热面吸收一部分炉膛的高温烟气的热量，能有效地降低进入对流受面的烟气温度，防止密集布置的对流受热面产生结渣。后屏过热器的横向节距比对流管束大很多，接近灰熔点的烟气通过它时减少了灰黏结在管子上的机会，有利于防止结渣。烟气通过后屏烟温下降，也防止了其后的对流管束结渣。

（2）装置屏式过热器后，使过热器受热面布置在更高的烟温区域，因而减少了过热受热面的金属消耗量。

（3）由于屏式过热器吸收相当数量的辐射热量，适应大容量高参数锅炉过热器吸热量相对增加、水冷壁吸热量相对减少的需要，它补充了水冷壁吸收炉膛辐射热的不足，也适应了大型锅炉过热器吸热量相对增加的需要。同时使过热器辐射吸热的比例增大，改善了过热汽温的调节特性。由于屏式过热器吸收了相当数量的辐射热量，使炉膛出口烟气温度能降低到合理的范围内。

（4）对于燃烧器四角布置切圆燃烧方式的炉膛，由于炉内气流的旋转运动，在炉膛出口处会发生流动偏转、速度分布不均、烟温左右有偏差，屏式过热器对烟气流的偏转能起到阻尼和导流作用。

后屏过热器和前屏过热器的结构基本相同。每片屏由联箱并联 15～30 根 U 形管或 W 形管组成，如图 7-8 所示。管子外径一般为 32～57mm。管间纵向节距很小，一般 $s_2/d=1.1～1.25$。为了将并列管保持在同一平面内，每片屏用自身的管子作包扎管，将其余的管子扎紧。屏的下部根据折焰角的形状可做成三角形，也可做成方形。为了避免结渣，相邻管屏间的横向节距很大，一般 $s_1=600～$

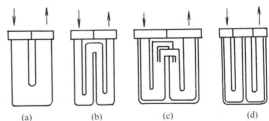

图 7-8 屏的结构型式
（a）U 形；（b）W 形；
（c）双 U 形（并联）；（d）双 U 形（串联）

2800mm。相邻管屏间各抽一根管子互相连接，如图 7-9 所示，以保持屏间距离。

半辐射式过热器的热负荷很高，特别是各并列管的结构尺寸和受热条件差异较大，管间壁温可能相差 80～90℃，往往成为锅炉安全运行的薄弱环节，除采取与辐射式过热器相类似的安全措施外，同时烟速应控制在 5～6m/s。

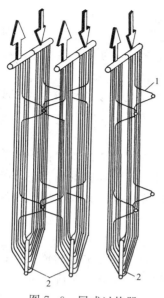

图 7-9　屏式过热器
1—连接管；2—包扎管

屏的并联管数是由管内工质的质量流速确定的，屏位于炉膛内，其热负荷是很高的。为了屏受热面管子的安全，必须采用较高的质量流速，一般推荐 $\rho w = 700 \sim 1200 \, \mathrm{kg/(m^2 \cdot s)}$。

四、再热器的结构与布置特点

对流式再热器的基本结构与过热器相类似，一般由蛇形管和联箱组成。我国原先设计的锅炉大多采用对流式再热器。随着大型电厂锅炉的发展，为了改善汽温调节特性，也采用辐射、对流联合型再热器。如在亚临界压力控制循环锅炉（见图7-10）中，再热器系统就是由壁式辐射再热器、后屏再热器和对流式再热器组成的。

但是，由于再热器的蒸汽来自汽轮机高压缸的排汽，其压力为过热蒸汽压力的20%～25%，再热后的蒸汽温度一般与过热汽温相同，流过再热器的蒸汽量约为过热蒸汽量的80%。再热蒸汽属于中压高温蒸汽，其性质与高压高温的过热蒸汽有很大差别。因此，再热器的工作和结构布置有它本身的一些特点，见表7-4。

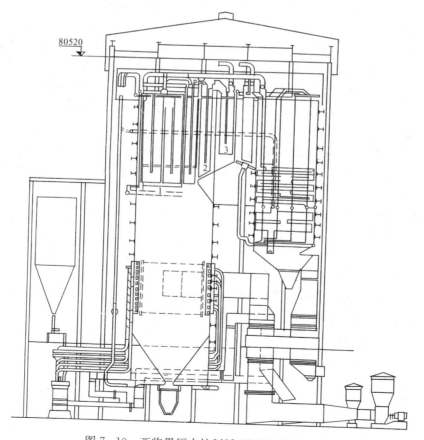

图 7-10　亚临界压力控制循环锅炉再热器系统
1—壁式辐射再热器；2—后屏再热器；3—对流式再热器

表7-4　　　　　　　对流过热器和再热器结构对比（1000/16.7-Ⅰ）

受热面	蒸汽流量（t/h）	管径（mm）	节距（mm）	管圈数	管子金属材料	联箱直径进/出（mm）
低温过热器	1000	$\phi51\times7$	130/126	5	20号，12Cr1MoV	$\phi406\times50/\phi406\times50$
低温再热器	854	$\phi60\times4$	342.9/70	9	12Cr2MoWVTiB 12CrMoV	$\phi457.2\times25/\phi508\times25$
高温过热器	1000	$\phi51\times8$	171.45/100	6	12Cr1MoV，102	$\phi355.6\times50/\phi457.2\times80$
高温再热器	854	$\phi60\times4$	228.6/153	7	102，SUS304HTB	$\phi508\times25/\phi508\times30$

由于再热蒸汽压力较低，比体积较大，再热蒸汽的体积流量比过热蒸汽的大很多，因此再热蒸汽的流动阻力也较大。再热器系统的流动阻力增加会使蒸汽在汽轮机内做功的有效压力降减小，从而导致机组的热耗增加。计算表明，再热器的流动阻力增加0.1MPa，热耗将增加0.2%～0.3%。因此，一般再热器的流动阻力不应超过再热器进口压力的10%，限制在0.2～0.3MPa以内。

为了限制再热器的压力降，一般可采取以下措施：

（1）适当降低再热器中蒸汽的质量流速，推荐对流再热器的质量流速$\rho w=250\sim400kg/(m^2\cdot s)$，辐射再热器的质量流速$\rho w=1000\sim1200kg/(m^2\cdot s)$；

（2）再热器多采用大直径、多管圈结构，管径为42～63.5mm，常用管圈数为5～9；

（3）简化再热器系统，尽量减少蒸汽的中间混合与交叉流动次数。

蒸汽压力越低时，密度越小，传热性能越差。再热蒸汽不仅压力较低，而且蒸汽的质量流速也较低，所以再热器管壁的表面传热系数α_2很小（仅为过热器的1/5），再热蒸汽对管壁的冷却能力较差。同时，由于再热器的压降受到一定限制，不宜采用提高工质流速的方法来加强传热，所以再热器中管壁温度与工质温度的温差比过热器的大。

此外，由于再热蒸汽压力低，比热容小，因而再热器对热偏差特别敏感，即在相同的热偏差条件下，再热器出口汽温的偏差比过热器的大。再热器由于流动阻力的限制，不能采用过多的混合、交叉来减小受热偏差。通常可采用以下一些措施来防止再热器管壁温度超过金属材料的允许温度：

（1）将对流式再热器布置在高温对流过热器后的烟道内（一般烟温不超过850℃）；

（2）选用允许温度较高的钢材，如WG-670/13.7型锅炉高温段再热器受热面选用了奥氏体合金钢；

（3）有的锅炉把部分再热器做成壁式再热器，布置在炉膛一面或几面墙上，主要吸收炉膛辐射传热量，或做成后屏再热器，布置在后屏过热器之后作为第二后屏，这时壁式再热器和后屏再热器中的蒸汽必须是低温段再热蒸汽。

第三节　热　偏　差

一、基本概念

过热器与再热器受热面管子能长期安全工作的首要条件是管壁温度不能超过金属最高允许温度。过热器与再热器受热面管子外壁温度的计算公式为

$$t_{wb} = t_g + \beta q \left[\frac{1}{\alpha_2} + \frac{2\delta}{(1+\beta)\lambda} \right]$$

式中　t_{wb}——管子外壁温度，℃；

　　　t_g——管内工质温度，℃；

　　　β——管子外径与内径之比；

　　　q——外壁热流密度，kW/m^2；

　　　α_2——管子内壁与工质间的表面传热系数，$kW/(m^2 \cdot ℃)$；

　　　δ——管壁厚度，m；

　　　λ——管壁金属的导热系数，$kW/(m \cdot ℃)$。

　　显然，管内工质温度和受热面负荷越高，管壁温度越高；工质表面传热系数越小，管壁温度越高。由于过热器与再热器中工质温度高，受热面的热负荷高，而蒸汽的表面传热系数较小，因此过热器和再热器是锅炉受热面中金属工作温度最高、工作条件最差的受热面，运行中管壁温度往往接近甚至超过管子钢材的最高允许温度。所以，必须避免个别管子由于设计不良或运行不当而超温损坏。

　　过热器与再热器以及锅炉的其他受热面都是由许多并联管子组成的。其中每根管子的结构尺寸、热负荷和工质流量大都不完全一致，工质焓增也就不同，这种现象称为热偏差。严格来讲，热偏差是在并列工作管中，个别管（偏差管）内工质的焓增偏离管组平均焓增的现象。热偏差的大小可用热偏差系数 φ 来表示。

　　受热面并联管中个别管子工质焓增与并联管子工质平均焓增的比值称为热偏差系数，即

$$\varphi = \frac{\Delta h_p}{\Delta h_o} \tag{7-1}$$

$$\Delta h_p = \frac{q_p A_p}{G_p}$$

$$\Delta h_o = \frac{q_o A_o}{G_o}$$

式中　Δh_p——偏差管中工质的焓增，kJ/kg；

　　　Δh_o——管组中工质平均焓增，kJ/kg；

　　q_p、q_o——偏差管、并联管的单位面积平均吸热量，$kJ/(m^2 \cdot s)$；

　　A_p、A_o——偏差管、并联管的平均受热面积，m^2；

　　G_p、G_o——偏差管、并联管的平均流量，kg/s。

显然式（7-1）可变化为

$$\varphi = \frac{q_p A_p G_o}{q_o A_o G_p} = \frac{\eta_q \eta_A}{\eta_G} \tag{7-2}$$

式中　η_q——热负荷不均系数，$\eta_q = q_p / q_o$；

　　　η_A——结构不均系数，$\eta_A = A_p / A_o$；

　　　η_G——流量不均系数，$\eta_G = G_p / G_o$。

　　可见，热偏差系数与热负荷不均系数、结构不均系数成正比，与流量不均系数成反比。并联管中 η_q 和 η_A 大、而 η_G 小的个别管子热偏差最大，管壁金属温度最高。通常把管壁金属温度到达该金属材料的最高许用值时的热偏差称为允许热偏差 φ_r：

$$\varphi_r = \Delta h_r / \Delta h_o \tag{7-3}$$

式中　Δh_r——管壁金属温度达到该材料的最高许用温度时的管内工质焓增，kJ/kg。

因此，并联管中各管子的安全工作条件为

$$\varphi_p \leqslant \varphi_r$$

式中　φ_p——偏差管的热偏差。

显然，热偏差是由于并列工作管子的吸热不均匀、结构不均匀和流量不均匀造成的。并列管间受热面间的结构不均匀差异除屏式过热器外，一般很小，所以，造成热偏差的主要原因是并列管热负荷不均与工质流量不均。对于过热器和再热器而言，热负荷较大而蒸汽流量较小的那些管子的热偏差最大。

二、热偏差产生的原因

热负荷不均匀和工质流量不均匀是热偏差产生的原因，热负荷不均匀反映并列管烟气侧分配热量的情况，而流量不均匀反映的是并列管工质侧带走热量的情况，二者共同构成吸热不均，也就是热偏差。

（一）热负荷不均匀

热负荷不均匀由炉内烟气温度场与烟气速度场的不均匀所造成，而在锅炉设计、安装和运行中均可能形成这种不均匀。

锅炉炉膛很宽，炉膛四壁通常都布置有水冷壁，烟气温度场和速度场存在不均匀，炉膛中部的烟温和烟速比炉壁附近的高，在炉膛出口处的对流过热器沿宽度的热负荷不均系数一般达 $\eta_q = 1.2 \sim 1.3$。烟道内沿宽度方向热负荷的分布如图 7-11 所示，烟气温度场与速度场仍保持中间高、两侧低的分布情况。

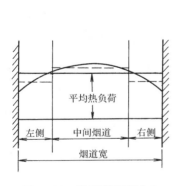

图 7-11　沿烟道宽度方向
热负荷分布

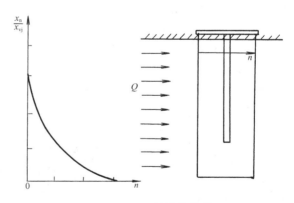

图 7-12　屏管沿管排的
深度角系数的变化

对流过热器管排间的横向节距不均匀时，在个别蛇形管片间具有较大的烟气流通截面，称为烟气走廊。该处烟气流速快，加强了对流传热量；烟气走廊还具有较大的烟气辐射层厚度，加强了辐射传热量。因此烟气走廊中的受热面热负荷不均系数较大。

屏式过热器在接受炉膛的辐射热中，同一屏的各排管子的角系数沿着管排的深度不断减小，如图 7-12 所示。因此，屏式过热器各排管子的热负荷有很大的差别，面对炉膛的第一排管子，角系数最大，热负荷最高。

在锅炉燃烧器采用四角布置时，在炉膛内会产生旋转的烟气流，在炉膛出口处，烟气仍有旋转，两侧的烟温与烟速存在较大差别，烟温差可达 100℃ 以上，即所谓的"扭转残余"。

烟气流的扭转残余会使烟道内的烟气温度和流速分布不均匀。

此外，运行中炉膛中火焰偏斜，各燃烧器负荷不对称和煤粉与空气流量分布不均匀，炉膛结渣和积灰等，都会引起并联管壁面热负荷偏差。

（二）流量不均匀

蒸汽流过由许多并列管圈组成的过热器管组时，其中任一管圈进出口压降一般由流动阻力和重位压头组成，即

$$\Delta p = \Delta p_{lz} \pm \Delta p_{zw} \tag{7-4}$$

对立式布置的管组，由于进出口联箱位置高度相差不大，重位压头很小；对卧式布置的管组，由于管圈的长度比管组高度大得多，重位压头相对流动阻力很小，可忽略不计，因此过热器管圈的进出口压降就基本等于流动阻力 Δp_{lz}，则任一管圈的进出口压降为

$$\Delta p \approx \Delta p_{lz} = \left(\sum \xi + \lambda \frac{l}{d}\right)\frac{\rho w^2}{2}$$

$$= \left(\sum \xi + \lambda \frac{l}{d}\right)\frac{G^2}{2A^2 \rho} = \frac{KG^2}{\rho} \tag{7-5}$$

$$K = \left(\sum \xi + \lambda \frac{l}{d}\right)\frac{1}{2A^2}$$

式中 K ——阻力特性系数；

G ——工质流量，kg/s；

ρ ——工质密度，kg/m³；

$\sum \xi$ ——管子局部阻力系数总和；

λ ——摩擦阻力系数；

l ——管子长度，m；

d ——管子内径，m；

A ——管子工质流通截面积，m²。

由式（7-5）可得

$$G = \sqrt{\frac{\rho \Delta p}{K}} \tag{7-6}$$

$$\eta_G = \frac{G_p}{G_o} = \sqrt{\frac{K_o}{K_p} \cdot \frac{\rho_p}{\rho_o} \cdot \frac{\Delta p_p}{\Delta p_o}} \tag{7-7}$$

由式（7-7）分析可知，影响管内工质流量的主要因素是管圈进出口压降、工质密度、阻力特性等。现分析如下。

1. 管圈进出口压降

在过热器进出口联箱中，蒸汽引入、引出的方式不同，各并列管圈的进出口压降就不一样。压降大的管圈，蒸汽流量大，因而造成流量不均。

首先我们来分析一下联箱中的静压变化情况。过热器并联管进口联箱一般都水平放置。进口联箱又称为分配联箱，出口联箱又称汇集联箱。

如图7-13所示，蒸汽从分配联箱一侧端部引入，沿联箱长度不断分配给各并联管子，联箱中的蒸汽流量减小，流速也随之下降。按能量守恒定理，动能转换成压力能，故联箱中的静压随着流速的下降而上升。

同时蒸汽在联箱中的流动阻力，使静压力沿着流动方向有所下降。联箱中的静压增加最

大值称分配联箱的最大静压。

同样，汇集联箱的附加静压变化如图 7-14 所示。

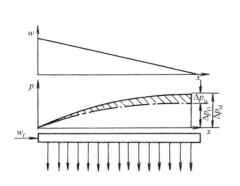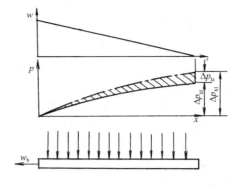

图 7-13 分配联箱中的附加静压   图 7-14 汇集联箱中的附加静压

图 7-15 所示为过热器联箱采用不同连接方式对联箱中压力分布的影响。蒸汽从进口联箱左端引入，从出口联箱右端引出的连接方式，称 Z 型连接。在进口联箱中，沿联箱长度由于蒸汽不断分配给并列管圈而蒸汽流量逐渐减少，蒸汽流速逐渐降低，部分动压转变为静压，因此静压逐渐升高。在出口联箱中，沿着蒸汽流向，速度逐渐升高，部分静压转变为动压，因此静压逐渐降低。进出口联箱中的压力分布如图 7-15（a）所示。

图 7-15（a）中上下两根曲线分别表示进出口联箱中压力的变化，两曲线之差即为各并列管圈进出口压降。由图看出，各并列管圈进出口压降有很大差异，左侧管圈压降小，流量也小；右侧管圈压降大，流量也大。可见 Z 型连接方式各并列管圈的蒸汽流量偏差最大。

图 7-15（b）所示的 Ⅱ 型连接，各并列管圈的流量分配比 Z 型连接均匀得多；图 7-15（d）所示的双 Ⅱ 型连接又比 Ⅱ 型的好；流量分配最均匀的是图 7-15（e）所示的多点引入引出型，但这种连接系统耗钢材较多，布置也较困难。

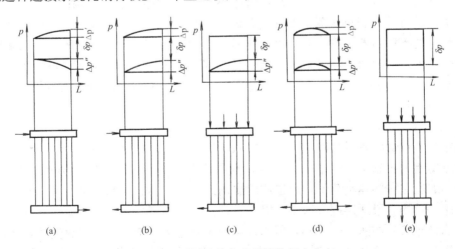

图 7-15 不同连接方式联箱的压力分布
(a) Z 型；(b) Ⅱ 型；(c) 多点引入型；
(d) 双 Ⅱ 型；(e) 多点引入引出型

2. 管圈的阻力特性

阻力特性系数 $K = \left(\sum \xi + \lambda \dfrac{l}{d}\right)\dfrac{1}{2A^2}$。它与管子的结构特性、粗糙度等有关。管圈的阻力越大，K 值越大，则流量越小。阻力特性的差异对屏式过热器的影响比较突出。屏式过热器的最外圈管最长，阻力最大，因而流量最小，但它却是受热最强的管，因此，外圈管的热偏差最大。

3. 工质密度

当并列管热负荷不均导致受热不均时，受热强的管吸热量多、工质温度高，使密度减小，由于蒸汽容积增大使阻力增加，因而蒸汽流量减小。也就是说，受热不均将导致流量不均，使热偏差增大。

三、减小热偏差的措施

现代大型锅炉由于几何尺寸较大，烟温很难分布均匀，炉膛出口烟温偏差可达 $200\sim300℃$，易产生热负荷偏差。而过热器和再热器的面积较大，系统复杂，蒸汽焓增又很大，以致个别管圈汽温的偏差可达 $50\sim70℃$，严重时可达 $100\sim150℃$。这些特点使过热器、再热器一方面产生较大的热偏差，另一方面减小了允许热偏差，这个问题是容易发生管壁金属温度超过其许用温度的原因。要完全消除热偏差是不可能的，但应针对造成热偏差的原因，采取相应的措施，尽量减小热偏差，使金属壁温控制在允许范围内。

在过热器和再热器设计时，常常从结构上采取以下措施来减小热偏差。

1. 受热面分级（段）

由式（7-1）可知

$$\Delta h_p - \Delta h_o = (\varphi - 1)\Delta h_o \qquad (7-8)$$

在热偏差系数 φ 一定的情况下，偏差管工质焓增的偏差（$\Delta h_p - \Delta h_o$）与管组平均工质焓增 Δh_o 成正比。由水蒸气性质知道蒸汽焓值与蒸汽温度相对应，蒸汽温度偏差受到管壁金属许用温度的限制。因此，若将过热器和再热器受热面分成多级时，由于每一级工质的平均焓增减小，并列管焓增的偏差就减小，从而可减小热偏差对偏差管壁温的影响。

现代锅炉的过热器和再热器都设计成多级串联的形式，不同级过热器和再热器分别布置在炉膛或烟道的不同位置。有时某一级过热器又沿烟道宽度分成冷热两段，以消除因吸热不均引起的热偏差。一般再热器分成 $2\sim3$ 级，过热器分成 $4\sim5$ 级或更多。每一级（段）焓增不超过 $250\sim400kJ/kg$。对于末级（段）过热器，由于蒸汽温度高，比热容对热偏差更敏感，因此焓增一般不超过 $125\sim200kJ/kg$。

2. 级间连接

过热器和再热器的各级之间常通过中间联箱进行混合，使蒸汽参数趋于均匀一致，避免前一级的热偏差延续到下一级中去。同时，常利用交叉管或中间联箱使蒸汽左右交叉流动，以减小由于烟道左右侧热负荷不均所造成的热偏差。过热器、再热器分段后，要把它们各自串联成整体，受热面段间连接方法常有以下几种：

（1）单管连接，如图 7-16（a）所示。该种段间连接系统简单，但热偏差较大。

（2）联箱端头连接并左右交错，如图 7-16（b）所示。该种段间连接系统也比较简单，可消除左右热偏差，但钢材耗量比较大。

（3）多管连接左右交错，如图 7-16（c）所示。该种段间连接的管子较多，系统较复杂，钢耗较大，但热偏差小。

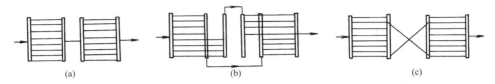

图 7 - 16　过热器与再热器的段间连接

(a) 单管连接；(b) 联箱端头连接左右交错；(c) 多管连接左右交错

另外，在进出口联箱引入和引出的连接方式中，应尽量采用流量分配均匀的Π型、双Π型或多点均匀引入引出的连接方式，尽量避免 Z 型连接方式，以减小流量不均引起的热偏差。

3. 受热面结构

在过热器和再热器的结构设计中，要尽量防止因并列工作管的管长、流通截面积等结构不均匀引起的热偏差。

(1) 管束的横向节距与纵向节距在各排管子中都要均匀，个别管排的横向节距过大，形成"烟气走廊"，将使该处的烟速升高，烟气辐射层厚度增大，传热量增多。多管圈结构的内圈管子，往往由于管子弯头曲率半径较大，使其纵向管中心节距增大，烟气辐射层厚度增厚。

(2) 减小管束前烟气空间的深度，它对第一排管子辐射传热最强，以后各排管子的辐射传热逐渐减弱。

(3) 屏式过热器外圈管子受热较强，受热面积较多，流动阻力较大。因此，为了减小屏式过热器的热偏差，应特别注意改善外圈管的工作条件，一般采用以下几种方法减小其热偏差：

1) 最外两圈管截短或外圈管短路，如图 7 - 17 (a)、(b)、(d) 所示。外圈管截短或短路的目的都是缩短外圈管长度，减小流动阻力，使管内通过的蒸汽量增加。

2) 管屏内外圈管子交叉或内外管屏交叉，如图 7 - 17 (c)、(d) 所示。这种型式可使管屏的并列管吸热情况与流量分配趋于均匀，从而减小热偏差。

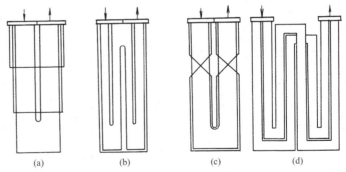

图 7 - 17　屏式过热器防止外圈管子超温的改进措施

(a) 外圈管子截断；(b) 外圈管子短路；

(c) 内外圈管子交错；(d) 内外圈管子交错

3) 采用双 U 形管屏取代 W 形管屏。双 U 形管屏如图 7 - 17 (b) 所示。它将管子分为两段，并增加一次中间混合，这比管子长、弯曲多的 W 形管屏热偏差小。

(4) 增大联箱直径减小附加静压。

锅炉运行中，还应从烟气侧尽量使热负荷均匀，具体作法是：

1) 燃烧器负荷均匀，切换合理，确保燃烧稳定，火焰中心位置正常，防止火焰偏斜，提高炉膛火焰充满度。

2）健全吹灰制度，防止受热面局部积灰、结渣。

第四节 汽 温 调 节

一、汽温要求

为了保证锅炉机组安全经济的运行，必须维持过热和再热汽温稳定。在设计时，为了提高发电厂的循环效率，锅炉的过热蒸汽温度与再热蒸汽温度都是按金属材料的许用温度取安全限值。

运行中汽温升高可能会引起过热器和再热器管壁及汽轮机汽缸、转子、汽门等金属的工作温度超过其允许温度，金属的热强度、热稳定性都将下降。如果汽温下降，将得不到设计的热效率，热损失增大，如蒸汽压力在 $12\sim25MPa$ 范围内，主蒸汽温度（过热器出口汽温）每降低 $10℃$，循环热效率下降 0.5%。再热汽温下降，还会增加汽轮机末级叶片蒸汽湿度。此外，汽温过大的波动，会加速部件的疲劳损伤，甚至使汽轮机发生剧烈的振动。为此，一般要求当负荷在 $70\%\sim100\%$ 额定负荷范围内时，其蒸汽温度与额定汽温的偏差值范围应为 $-10\sim+5℃$。在现代锅炉中，由于负荷变动较大，要求锅炉具有更大的运行机动性，保持额定汽温的负荷范围还应扩大。对于燃煤粉的自然循环锅炉，保持过热汽温的负荷范围为 $60\%\sim100\%$ 额定负荷；对燃油锅炉，为 $50\%\sim100\%$ 额定负荷；对直流锅炉可扩大到 $30\%\sim100\%$ 额定负荷。再热汽温的负荷范围也扩大到 $60\sim100\%$ 额定负荷。因此，对汽温调节的要求越来越高，必须设置可靠的汽温调节装置，以维持汽温的稳定。

二、汽温特性

对于不同传热方式的过热器和再热器，当锅炉负荷变化时，其出口蒸汽温度的变化规律是不同的。蒸汽温度与锅炉负荷的关系，即 $t_q = f(D)$，称为汽温特性。

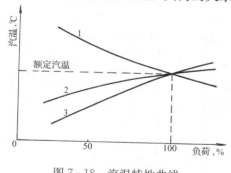

图 7-18 汽温特性曲线
1—辐射过热器；2、3—对流过热器，$\theta_2' > \theta_3'$

对于布置在炉膛中的辐射过热器，其吸热量取决于炉膛烟气的平均温度。当锅炉负荷增加时，辐射过热器中蒸汽流量按比例增大，而炉膛火焰的平均温度却变化不大，辐射传热量增加不多。这样，辐射传热量的增加小于蒸汽流量的增加，因此每千克蒸汽获得的热量减少，即蒸汽焓增减少。所以，随着锅炉负荷的增加，辐射过热器的出口汽温下降，如图 7-18 中曲线 1 所示。

对于布置在烟道中的对流过热器，锅炉负荷增加时，由于燃料消耗量增大，烟气量增大，烟气在对流过热器中的流速增高，对流换热表面传热系数增大；同时炉膛出口烟温也随着增加，对流过热器中烟气与蒸汽间的温度差增大。因而传热系数与传热温差同时增大，使对流传热量的增加超过蒸汽流量的增加，对流过热器中蒸汽焓增增大。所以，随着锅炉负荷的增加，对流过热器出口汽温升高，如图 7-18 中曲线 2 所示。对流过热器进口烟温越低，即离炉膛越远，辐射传热的影响越小，汽温随负荷增加而升高的幅度越大，如图 7-18 中曲线 3 所示。

半辐射式过热器则介于辐射与对流过热器之间，汽温变化特性比较平稳，但仍具有一定的对流特性。

现代高参数大容量锅炉的过热器均由对流、辐射、半辐射三种型式组合而成，因此，能获得较平稳的汽温特性。在一般自然循环锅炉中，对流过热器的吸热仍然是主要的，因此过热汽温的变化具有对流特性，即过热汽温随锅炉负荷增加而增加，在70％～100％额定负荷范围内，过热汽温的变化为30～50℃。

直流锅炉的汽温变化特性则与自然循环锅炉不同，直流锅炉在加热受热面、蒸发受热面与过热受热面之间没有固定的分界线，也即过热器的受热面是移动的，随工况的变动而变动。如在给水量保持不变时，如果减少燃料量，则加热段和蒸发段的长度增加，而过热段的长度减小，过热器的出口汽温就要降低。因此，直流锅炉过热蒸汽温度的调节方法也是与自然循环锅炉不同的，要维持汽温稳定，就必须保持一定的煤水比。

再热器的汽温变化特性原则上是与自然循环锅炉中过热器的汽温变化特性相一致的，但又有其不同的特点。在过热器中，负荷变化时，其进口工质温度是保持不变的，等于汽包压力下的饱和温度。而在再热器中，其工质进口参数取决于汽轮机高压缸排汽的参数。在负荷降低时，汽轮机高压缸排汽温度降低，再热器的进口汽温也随之降低。因此，为了保持再热器出口汽温不变，必须吸收更多的热量。一般当锅炉负荷从额定值降到70％负荷时，再热器进口汽温下降30～50℃。此外，对流式再热器一般都布置在烟温较低的区域，加上再热蒸汽的比热容小，因此再热汽温的变化幅度较大。

在锅炉运行过程中，影响蒸汽温度变化的因素很多，其主要因素可分为烟气侧和蒸汽侧两个方面。烟气侧的影响因素有燃料量的变化，燃煤水分和灰分的变化，过量空气系数的变化，锅炉各处漏风系数的变化，燃烧器运行方式的变化，受热面的污染程度等。蒸汽侧的影响因素，除锅炉负荷的变化外，还有减温水量或水温的变化，给水温度的变化等。

三、汽温调节装置

由于影响汽温波动的因素很多，在运行中汽温的波动是不可避免的，为了保证机组安全、经济运行，锅炉必须采取适当的调温方法来减少各运行因素对汽温波动的影响。汽温调节是指在一定的负荷范围内（对过热蒸汽而言为50％～100％额定负荷，对再热蒸汽而言为60％～100％额定负荷）保持额定的蒸汽温度，并且具有调节灵敏、惯性小、对电厂热效率影响小的特点。

汽温的调节方法很多，可以分为蒸汽侧调节和烟气侧调节两大类。蒸汽侧调节是指通过改变蒸汽的焓值来调节汽温；烟气侧调节是指通过改变流经受热面的烟气量或通过改变炉内辐射受热面和对流受热面的吸热量份额来调节汽温。蒸汽侧调节方法有喷水减温器、汽—汽热交换器法、蒸汽旁通法等；烟气侧调节方法有烟气再循环、烟气挡板、调节燃烧火焰中心位置等。下面分别介绍几种不同的汽温调节方法。

（一）混合式减温器

1. 结构原理与评价

减温水通过喷嘴雾化后直接喷入蒸汽的减温器称混合式减温器，也称为喷水减温器。这种减温器是水在加热、汽化和过热过程中吸收了蒸汽的热量，从而达到调节汽温的目的。如图7-19所示为混合式减温器的一种型式，它由雾化喷嘴、连接管、保护管及外壳等组成。雾化喷嘴由多个3～6mm直径的小孔组成，减温水从小孔中喷出雾化。保护套管长4～5m，

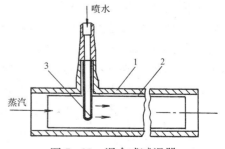

图7-19　混合式减温器
1—外壳；2—保护套管；3—雾化喷嘴

保证水滴在套管长度内蒸发完毕，防止水滴接触外壳产生热应力。因外壳温度与蒸汽温度是一致的，喷管与外壳之间用套管连接，可防止较低温度的减温水使喷管与外壳之间产生较大的热应力。这种结构由于蒸汽对悬臂喷管的冲刷，喷管有可能发生振动，引起喷管断裂。

混合式减温结构简单，调节幅度大，惯性小，调节灵敏，有利于自动调节，因此，在现代大型锅炉中得到广泛的应用。

这种减温器的减温水直接与蒸汽接触，因而对水质要求高。我国 13.6MPa 以上锅炉的给水都除盐，可直接用给水作减温水，若给水品质不合格，可采用自制凝结水减温水系统，即由汽包引出饱和蒸汽冷凝（给水作为冷凝介质）后作为减温水喷入过热蒸汽。

2. 减温器调节汽温的设计原理

减温器的作用是降低蒸汽温度。因此，采用减温器调节汽温时，过热器的设计吸热量大些，如图 7-20 曲线 1 所示，在低负荷时就能达到额定汽温，高负荷时高于额定汽温。这样，在高负荷时用减温器来降低高出部分的汽温，以维持汽温的额定值。没有汽温调节下的额定汽温对应负荷越低，通过调节能维持的额定汽温的负荷范围越宽，锅炉的性能越好。过去国产机组的额定汽温负荷范围为 70%～100% 额定负荷，现在有的机组低限到 50% 左右。

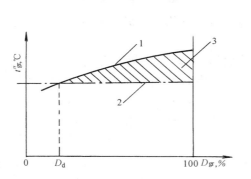

图 7-20 减温器调节汽温原理
1—汽温特性；2—额定汽温；3—减温器减温部分

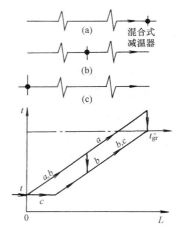

图 7-21 混合式减温器在过热器系统中的位置
（a）出口；（b）中间；（c）进口

混合式减温器适用于过热汽温的调节。而再热汽温的调节不宜用混合式减温器。因为水喷入再热蒸汽后汽轮机中低压缸蒸汽流量增加，在机组负荷一定时势必减少高压缸的蒸汽流量，也就是高压蒸汽的做功减少，低压蒸汽的做功增加，使机组的循环热效率降低。计算结果表明再热蒸汽中喷入 1% 减温水，循环热效率下降 0.1%～0.2%。

混合式减温器在过热器系统中的布置如图 7-21 所示。

当混合式减温器位于过热器出口端时，进入过热器的蒸汽温度，沿着过热器长度逐渐升高如图 7-21 中的曲线 a 所示，在出口端通过减温器降低汽温至额定的蒸汽值。这种布置方式的汽温调节灵敏，但在减温器前的汽温超过了正常值，其受热面的金属温度高，需选用高一级的金属材料。假如根据额定汽温选择金属材料，受热面金属将会超温。

混合式减温器布置在过热器进口端，汽温沿过热器受热面长度升高过程如图 7-21 中的曲线 c 所示，汽包中的饱和蒸汽通过减温器后变成湿蒸汽，过热器受热面起始段用于蒸发湿蒸汽中的水分，汽温不变，水分蒸发完毕后再升温。这种方法虽然可保持过热器金属温度较低，但是由改变减温水量至过热器出口汽温改变所需时间长。此外，湿蒸汽中的水滴在分配联箱中很难分配均匀，特别是水滴接触减温器外壳、联箱壁，会产生热应力。

混合式减温器位于过热器中间，汽温沿过热器受热面长度升高过程如图 7-21 中的曲线 b 所示，它能降低高温段过热器的管壁金属温度，汽温调节也较灵敏。减温器的位置越接近过热器出口端，汽温调节灵敏度越好。

现代锅炉有二级或三级减温器，都布置在过热器中间位置，它既可保护前屏，后屏及高温段过热器，使其管壁金属材料工作温度不超过许用温度，高温段过热器前的减温器又可得到较高的汽温调节灵敏度。

混合式减温器有各种结构，根据喷水的方式分为喷头式、文丘里式、旋涡式、笛形管式四种。

（1）喷头式减温器。喷头式减温器以过热器连接管或过热器联箱为外壳，插入喷嘴或喷管，减温水从数个 $\phi3$ 的小孔喷出，如

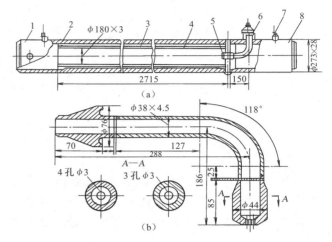

图 7-22　喷头式减温器
(a) 喷水减温器；(b) 喷嘴结构
1、8—联箱；2、3—支撑环；4—保护套管；
5—喷头；6—连接头；7—连接座

图 7-22 所示。为了避免水直接喷在管壁上而引起热应力，装有 3～5m 长的保护套管（或称为混合管）。该种减温器由于喷孔数有限、阻力较大，一般用于中、小容量的锅炉上。

（2）文丘里式减温器。文丘里式减温器由文丘里喷管、水室和混合管组成，如图 7-23 所示。在文丘里管的喉部，布置有多排 $\phi3$ 的小孔，减温水经水室从小孔喷入蒸汽流中，孔中水速为 1～2m/s，喉部蒸汽流速达 70～100m/s，使水和蒸汽激烈混合而雾化。该种减温

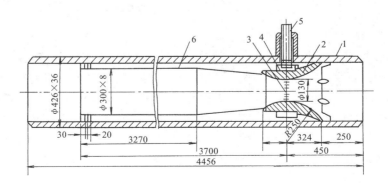

图 7-23　文丘里式减温器（单位：mm）
1—减温器联箱；2—文丘里管；3—喷水孔；4—环形水式；5—减温水室；6—混合室

器由于蒸汽流动阻力小、水的雾化效果良好，在我国得到广泛应用。

（3）旋涡式减温器。旋涡式减温器由旋涡式喷嘴、文丘里管和混合管组成，如图 7 - 24 所示。减温水经喷嘴强烈旋转，雾化成很细的水滴，在很短距离就汽化。该种减温器由于雾化效果好、减温幅度较大，适用于减温水量变化大的场合。

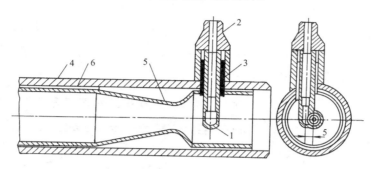

图 7 - 24　漩涡式喷水减温器

1—漩涡式喷嘴；2—减温器管座；3—支撑钢碗；
4—减温器联箱；5—文丘里管；6—混合管

（4）笛形管减温器。笛形管减温器布置在蒸汽管道上，由多孔笛形喷管和内衬混合管组成，如图 7 - 25 所示。笛形喷孔直径为 $\phi 5 \sim \phi 7$，喷水速度 $3 \sim 5 \mathrm{m/s}$；喷水方向与汽流方向一致，减温器喷管采用上下两端固定，稳定性好，喷孔阻力比喷头式小，大型锅炉采用较多。

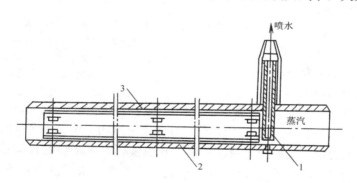

图 7 - 25　笛形管喷水减温器

1—多孔笛形管；2—混合管；3—减温器联箱

（二）汽—汽热交换器

汽—汽热交换器用于调节再热汽温，它通过使用过热蒸汽来加热再热蒸汽，从而达到调节再热汽温的目的。根据布置方式的不同，汽—汽热交换器有烟道外布置和烟道内布置两种类型。

布置在烟道外的汽—汽热交换器有管式和筒式两种，如图 7 - 26 所示。管式热交换器采用 U 形套管结构，过热蒸汽在小管内流动，再热蒸汽在管间流动。筒式热交换器是在 $\phi 800 \sim \phi 1000$ 的圆筒内设置了蛇形管，再热蒸汽在筒内多次横向迂回冲刷，具有更高的传热系数。例如 670t/h 自然循环锅炉，采用筒式热交换器时只需 4 台，而采用管式热交换器时需要 48 台，金属耗量可减少 45%。

布置在烟道内的汽—汽热交换器采用管套管结构。过热蒸汽在内管中流动，再热蒸汽在管间流动，管外受烟气加热。这种热交换器的制造工艺较高，穿墙管的数量较多，锅炉气密

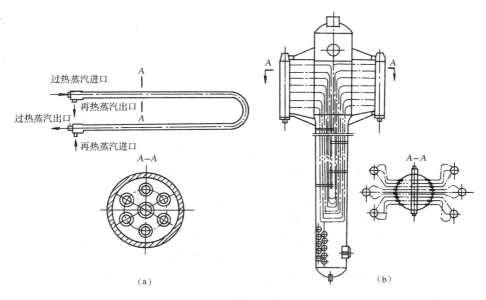

图 7-26　外置式汽—汽热交换器
(a) 管式；(b) 筒式

性较差。

汽—汽热交换器适用于以辐射过热器为主的锅炉中，由于此时过热汽温随负荷降低而升高，可用多余的热量来加热再热蒸汽。

（三）蒸汽旁通法

蒸汽旁通法用于再热蒸汽温度的调节。通常将再热器分成两级，第一级设在低烟温区，第二级设在高烟温区。

在低温再热器进口联箱前设置三通调节阀，在炉外连接一旁通管道至低温再热器出口联箱。当再热汽温偏高时，调节三通阀，使旁通蒸汽流量增大、低温再热器内蒸汽流量减少，低温再热器出口汽温升高，烟温与低温再热器平均汽温之差降低，低温再热器吸热量减少。在低温再热器出口联箱内，低温再热器出来的蒸汽与未被加热的旁通蒸汽混合，使高温再热器入口汽温降低，由于高温再热器处于较高烟温区，进口汽温的降低对其传热温压的增加影响不大，吸热量增加不大，因此再热器的总吸热量降低，出口汽温下降；反之，当再热汽温偏低时，通过蒸汽旁通法可使再热汽温升高。

蒸汽旁通法结构简单，惯性小，对过热汽温没影响，但再热器金属耗量增加。

（四）烟气挡板调节汽温装置

烟汽挡板调节汽温是用来调节再热蒸汽温度，它有旁通烟道和平行烟道两种，如图7-27所示。

平行烟道又可分再热器与省煤器并联和再热器与过热器并联两种。

烟气挡板调节汽温装置的原理是通过挡板改变再热器的烟气流量，使烟气侧的表面传热系数变化，从而改变其传热量，其出口汽温随之变化。

对于旁通烟道方式，当锅炉负荷降低时，烟气挡板开度关小，再热器烟气流量增多，再热汽温上升至额定值。由于旁通烟道烟气通流量减少，进入省煤器的烟气温度下降，省煤

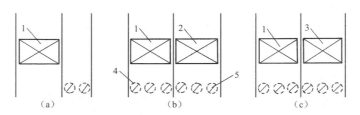

图 7 - 27　烟气挡板调节汽温装置
(a) 旁通烟道；(b) 再热器与过热器并联的平行烟道；
(c) 再热器与省煤器并联的平行烟道
1—再热器；2—过热器；3—省煤器；4、5—烟气挡板

吸热量减少，使过热汽温升高。旁通烟道方式的缺点是烟气挡板温度高，进入省煤器的烟气温度不均匀，有较大的烟温偏差。

　　再热器与省煤器并联方式的调节汽温原理与旁通烟道方式相似，再热汽温升高的同时过热汽温也有所升高。但是它没有了旁通烟道的缺点，挡板位于烟温较低处，下级省煤器的进口烟温比较均匀。

　　再热器与过热器并联方式挡板调节汽温的原理如图 7 - 28 所示。锅炉负荷降低时，再热器侧挡板开大，过热器侧挡板关小，再热器烟气流量增加，过热器的烟气流量减小，前者使再热汽温升高，后者使过热汽温下降，形成反相调节，在调节负荷范围内过热汽温都高于额定值，再用减温器降低其温度至额定值。

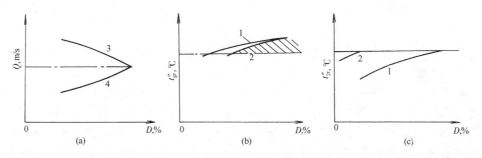

图 7 - 28　再热器与过热器并联方式挡板调节汽温原理
(a) 再热器与过热器烟气流量变化；(b) 过热汽温特性；(c) 再热汽温特性
1—调节前汽温；2—调节后汽温；3—再热器烟气流通量；4—过热器烟气流通量

（五）改变燃烧器倾角的汽温调节

　　改变燃烧器倾角的汽温调节必须采用摆动式燃烧器。燃烧器的倾角在运行中可上下调节。倾角向上时火焰中心位置上移，炉膛出口烟气温度升高；倾角向下时火焰中心位置下移，炉膛出口烟气温度下降。炉膛出口烟气温度的变化，改变了炉膛辐射传热量和烟道对流传热量的分配比例。由于再热器与过热器都是对流传热为主的受热面，因而在调节倾角时，它们的吸热量发生了相应的变化，出口汽温也随着改变。在相同的燃烧器倾角改变幅度下，受热面吸热量变化的大小主要取决于其布置位置，越靠近炉膛出口的受热面的吸热量变化越大。

　　用改变燃烧器倾角来调节再热汽温时，在调节过程中对过热汽温的影响用改变混合式减温器的喷水量来修正。为了达到理想的汽温调节效果，在锅炉设计中应注意以下几点：

（1）再热器的主要受热面应尽可能布置在靠近炉膛出口处；

（2）燃烧器摆动角度与再热汽温的关系尽可能与再热器及过热器的负荷汽温特性匹配，以减少过热器的减温喷水量。

此外，改变燃烧器的倾角将会直接影响炉膛内的燃烧工况。燃烧器倾角向上摆动时煤粉在炉内燃烧时间缩短，飞灰中碳量增加，还可能在炉膛出口处发生结渣；燃烧器向下摆动时可能发生炉底冷灰斗结渣。一般燃烧器的倾角改变范围为±30°，在运行中应根据燃烧工况确定倾角上限与下限值。

改变燃烧器倾角调节再热汽温的优点是调节简便，灵敏度高；缺点是锅炉热效率下降，炉膛出口可能发生结渣。

第五节　过热器与再热器的烟气侧工作过程

一、过热器与再热器的积灰

烟气中的飞灰在管束外表面的现象称为积灰。积灰使传热量减少，烟气流动阻力增大，严重时锅炉出力被迫降低；积灰还会引起受热面金属的腐蚀。因此，将管束积灰减少到最低量，经常保持受热面清洁，是锅炉设计、运行的重要任务。

1. 飞灰特性

煤燃烧后的灰分，其中一部分在炉膛高温区熔化聚结成大块渣落入炉底称为炉渣，其他随烟气离开炉膛的细灰称为飞灰。

根据灰的易熔程度可分为三部分：低熔灰、中熔灰和高熔灰。低熔灰的主要成分是钙金属氯化物和硫化物，如 $NaCl$、Na_2SO_4、$CaCl_2$、$MgCl_2$、$Al_2(SO_4)_3$ 等，它们的熔点大都在 $700\sim850℃$。中熔灰的主要成分是 FeS、Na_2SO_4、Na_2SiO_3 等，熔点在 $900\sim1100℃$。高熔灰是纯氧化物 SiO_2、Al_2O_3、CaO、MgO、Fe_2O_3 等，熔点在 $1600\sim2800℃$。高熔灰的熔点超过了火焰区的温度，它通过燃烧区时不发生状态变化，颗粒直径细微，是飞灰的主要成分。飞灰按直径分细径灰群（$<10\mu m$）、中径灰群（$10\sim30\mu m$）和粗径灰群（$>30\mu m$）三个灰群。

2. 高温过热器和高温再热器的积灰

高温过热器和高温再热器布置在烟温高于 $700\sim800℃$ 的烟道内。管子外表面的灰层由两部分组成：内层灰紧密，与管子黏结牢固；外层灰松散，容易清除。

低熔灰在炉膛内高温烟气区成为气态，随着烟气流向烟道。由于高温过热器、高温再热器区的烟温高，低熔灰还未凝固，但当它接触温度较低的受热面时就凝固在受热面上，形成黏性灰层。同时，一些中熔、高熔灰粒被黏附在黏性灰层中。烟气中的氧化硫气体在对灰层的长期作用下，形成白色硫酸盐的紧密实灰层，这个过程称为烧结。随着灰层厚度增加，其外表面温度升高，低熔灰的黏结结束。但是中熔和高熔灰在紧密实灰层表面进行着动态沉积，形成松散而且多孔外灰层。

内灰层的坚实程度称为烧结强度，烧结强度越大的灰层越难以清除。烧结强度和温度、灰中 Na_2O 及 K_2O 的含量和烧结时间等因素有关。炉内过量空气系数、燃烧方式和炉膛结渣等都会影响对流烟道的烟气温度，从而影响烧结强度。烧结强度随着时间而增大，时间越长越结实，故积灰必须及时清除。

　　此外，灰中氧化钙含量大于 40％的煤，开始时积在管外表的是松散的灰层，但是当烟气中存在氧化硫气体时，在高温长期作用下，也会烧结成坚实的灰层。

　　对于灰中钙较多的燃料，设计过热器与再热器时应重点考虑防止烧结成坚实灰层或减轻其危害性的措施。如加大管子横向中心节距，减小管束深度，采用立式管束，装置有效的吹灰器保证每根管子都能被吹灰和易于将积灰清除。

　　3. 低温过热器和低温再热器的积灰

　　烟气温度低于 600～700℃的烟道内的低温过热器与低温再热器在其管子表面形成松散的积灰层。因为此处温度较低，低熔灰已凝固成固体颗粒，氧化钙等灰也无烧结现象。图 7-29 表示了在不同流动方式和流速下管表面松散灰层的形成。如图所示，管后面的积灰比正面的严重，因为管正面受到烟气流的直接冲刷，而管后面存在涡流区，只有在烟气流速较小时才有管正面明显积灰。

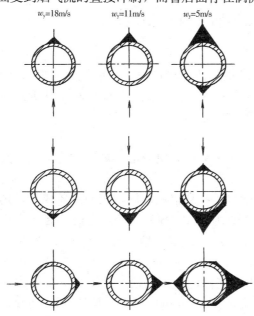

$w_y=18\text{m/s}$　　$w_y=11\text{m/s}$　　$w_y=5\text{m/s}$

图 7-29　不同流动方式和流速下的积灰情况

　　下面说明松散灰层的形成机理。细径灰群随着烟气的流线运动，在管表面积灰是极少的。中径灰群在烟气绕流管子流动时，由于灰粒运动的惯性，直接接触管子，沉积在管子外表面，是形成松散层主要灰群。粗径灰具有较大的动能，在撞击管子表面的灰层时起着破坏灰层的作用。因此，中径灰和粗径灰对积灰的作用是相反的，灰层的最终厚度取决于中径灰在管子表面的连续沉积和粗径灰对灰层的连续破坏的动态平衡。它与烟气流速有关，前者与烟气速度成正比，后者与烟气流速的三次方成正比，故烟气流速增大，灰层厚度减薄。当烟气流速＜3m/s 时，灰层明显增厚，一般不允许在这种流速下运行。

　　此外，松散灰层的厚度还与管束的错、顺列结构，立式、卧式布置方式及错列管束的纵向相对节距等有关。在烟气流速和管径不变时，顺列管束的灰层厚度约是错列管束的 1.7～3.5 倍，错列管束的纵向相对节距越大灰层厚度也越厚。水平管与倾斜管的积灰比垂直管严重。

　　对于燃烧高硫油的锅炉，低温过热器与低温再热器的管表面会产生黏性的玻璃状沉积层，其中主要成分是氧化钒（V_2O_5）、硫酸盐、硫化铁和钙钠的氧化物。

　　二、烟气侧的高温腐蚀

　　高参数锅炉的高温过热器与高温再热器的管束，以及管束的固定件、支吊件，它们的工作温度很高，烟气和飞灰中的有害成分与管金属发生化学反应，使管壁变薄，强度下降，这种现象称为高温腐蚀。下面分别对油、煤两种燃料的高温腐蚀进行简要分析。

　　1. 燃煤锅炉的高温腐蚀

　　高温过热器与高温再热器管表面的内灰层有较多的钙金属，它与飞灰中的铁、铝等成分，以及通过松散的外灰层扩散进来的氧化硫烟气，经过较长时间的化学作用，生成碱金属

的硫酸盐 [$Na_3Fe(SO_4)_3$、$KAl(SO_4)_2$] 复合物，对高温过热器与高温再热器金属发生强烈的腐蚀。这种腐蚀从 540～620℃开始发生，700～750℃时腐蚀速度最大。

2. 燃油锅炉的高温腐蚀

燃油锅炉在炉膛高温区会产生 V_2O_5 气体，同时燃油中含有氧化钠时，产生熔点很低（约600℃）的 $5V_2O_5 \cdot Na_2O \cdot V_2O_4$ 复合物。当过热器、再热器以及固定件、支吊件的温度达到610℃或以上时，就会在它的表面形成液态灰层，它对碳钢、低合金钢及奥氏体钢等都会发生腐蚀作用。当烟气中存在氧化硫时，产生 $Na_2S_2O_7$ 与 V_2O_5，合在一起具有严重的腐蚀作用。内灰层温度接近600℃时就发生腐蚀，700～950℃时腐蚀最严重。燃油锅炉的这种高温腐蚀又称为钒腐蚀。

在燃油中加入各种碱性剂（如 $MgCl_2$），可降低钒腐蚀。每吨油中加入 0.6～0.8kg 的 $MgCl_2$，可有效地防止钒腐蚀。如果限制过热器与再热器的管壁温度在600℃以下，也能有效地防止钒腐蚀。

第八章　省煤器和空气预热器

由于省煤器和空气预热器布置在锅炉对流烟道的最后或下方，进入这些受热面的温度也较低，因此省煤器和空气预热器也称为尾部受热面或低温受热面。在锅炉承压的受热面中，省煤器金属温度最低；而在锅炉的所有受热面中，空气预热器的金属温度最低。

本章着重介绍省煤器和空气预热器的工作原理、结构和布置特点，尾部受热面的布置及烟气侧工作过程。

第一节　省　煤　器

一、省煤器的作用和分类

省煤器是利用锅炉尾部烟道中烟气的热量来加热给水的一种热交换器。省煤器在锅炉中的主要作用如下：

（1）省煤器吸收尾部烟道中的烟气热量，降低锅炉排烟温度，提高锅炉热效率，节约燃料。这也是最初使用省煤器的目的，由此而称为省煤器。

（2）在现代大型高参数电站锅炉中，普遍采用回热循环，给水经由汽轮机抽汽加热，给水温度提高，并用空气预热器来降低排烟温度。这样，应用省煤器的目的则是以其较高的温差和传热系数，来减少蒸发受热面，用廉价的小管径省煤器受热面来代替较昂贵的部分水冷壁蒸发受热面，可节省初投资。

（3）省煤器的采用，提高了进入汽包的水温，减少了汽包壁与给水之间的温度差，从而使汽包热应力降低，提高了机组的安全性。

因此，省煤器已成为现代电站锅炉中必不可少的重要设备。

根据省煤器出口工质的状态，可将省煤器分为非沸腾式省煤器和沸腾式省煤器两种，即：当出口工质为至少低于饱和温度30℃的水时称为非沸腾式省煤器；当出口工质为汽水混合物时称为沸腾式省煤器，汽化水量不大于给水量的20%。

现代大容量高参数锅炉中均采用非沸腾式省煤器，这是由于随着锅炉压力的升高，水的蒸发吸热量所占比例下降，水加热至饱和温度吸热比例增加。同时，保持省煤器出口水有一定的欠焓，可使水从下联箱进入水冷壁时不出现汽化，保持供水的均匀性，防止出现水循环的不良现象。而沸腾式省煤器常用于中压以下锅炉，现代大型电站锅炉已不再采用。

根据省煤器所用材料不同，可分为铸铁式省煤器和钢管式省煤器两种。铸铁式省煤器耐磨损、耐腐蚀，但强度不高，因此只用于低压的非沸腾式省煤器。钢管式省煤器可用于任何压力和容量的锅炉，置于不同形状的烟道中。其优点是体积小，重量轻，布置自由，价格低廉，被现代大型锅炉广泛采用；缺点是钢管容易受氧腐蚀，给水必须除氧。

直流锅炉没有汽包，省煤器出口的水送到锅炉炉膛的下部，这时省煤器出口水温应有一定的过冷度，通常水的欠焓为150～170kJ/kg，因为要使汽水混合物沿平行连接的管子分配均匀是很困难的，故要求出口工质不沸腾。

二、省煤器的结构及布置

大型电站锅炉所用钢管式省煤器由一系列平行排列的蛇形管组成。管子外径25～51mm，目前常采用42～51mm的管子以提高运行的安全性，管子壁厚3～6mm，通常为错列布置，结构紧凑，其横向节距 s_1 取决于烟气流速和管子支承结构，一般横向相对节距 s_1/d 为2～3；纵向节距 s_2 受管子的弯曲半径限制，一般纵向相对节距 s_2/d 为1.5～2，使用小弯曲半径弯管技术时可做到 s_2/d 为1～1.2。

为了便于检修，省煤器管组高度应加以限制。当管子排列紧密时（$s_2/d \leqslant 1.5$），管组高度不超过1.0m；当管子排列稀疏时，管组高度不超过1.5m。如省煤器分成几组时，管组之间应留出高度不小于600～800mm的空间，省煤器与空气预热器之间的空间高度应大于800mm，以方便检修。

省煤器中的工质一般自下向上流动，以利于排除空气，避免造成局部的氧气腐蚀。烟气从上向下流动，既有利于吹灰，又与水形成逆向流动，增大传热温差。省煤器进口水的质量流速为600～800kg/（m²·s）。水速过低不易排走气体，在沸腾式省煤器中会造成汽水分层；水速过高则使流动阻力增大。在非沸腾式省煤器及沸腾式省煤器的非沸腾部分水速应不小于0.3m/s，在沸腾式省煤器的沸腾部分则应不小于1m/s。省煤器中的水阻力，在高压和超高压锅炉中不大于汽包压力的5%，中压锅炉不大于8%。

蛇形管在烟道中的布置方向对水速影响很大，如图8-1所示。当蛇形管垂直于前墙时称为纵向布置，由于尾部烟道的宽度大于深度，所以并联管子数多，水速低，在大型锅炉中采用，较易满足水速要求；当蛇形管平行于前墙时称为横向布置，当单面进水时，管排最少，宜在小容量锅炉中采用，大容量锅炉可用双面进水的连接方式使水速达到要求值。

由于烟道深度小，当蛇形管平面垂直于前墙时，支吊较简单，但每排蛇形管均受到飞灰磨损；当平行于前墙时，只有靠近烟道后墙的几根蛇形管磨损剧烈，损坏后只要换几根蛇形管即可。

省煤器可采用支承或悬吊两种方式来承重，如图8-2所示。还可以将支承梁布置在两段省煤器管组中间（支承梁外敷耐火混凝土、中间通风进行冷却），联合使用悬吊和支托的方法支承其重量。当省煤器不重时也可直接以蛇形管或联箱作为支持件，联箱置于烟道内，减少了管子穿墙，炉墙的气密性要比联箱置于炉墙外好得多。

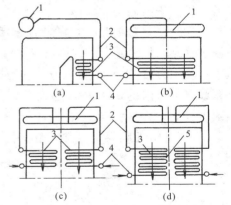

图8-1　省煤器蛇形管的布置
（a）垂直前墙布置；（b）平行前墙布置；
（c）、（d）双面进水平行前墙布置
1—汽包；2—水连通管；3—省煤器蛇
形管；4—进口联箱；5—交混连通管

三、配300MW机组的1025t/h亚临界压力自然循环锅炉的省煤器

1025t/h亚临界压力自然循环锅炉采用烟气挡板来调节再热汽温，其尾部烟道为并联双烟道。尾部烟道分成前、后两个烟道，前烟道为低温再热器烟道，后烟道为低温过热器和省煤器烟道。在低温过热器下面布置了单级省煤器，省煤器由一组水平蛇形管组成，顺列布

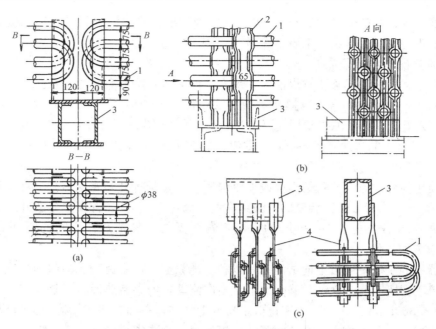

图 8-2　省煤器的几种支持结构

（a）应用角钢支架；（b）应用冲压制成的支架；（c）应用吊杆

1—蛇形管；2—支架；3—支持梁；4—吊杆

置，垂直于前墙。

1025t/h 亚临界压力自然循环锅炉的省煤器采用悬吊结构，由每排两根悬吊杆悬吊在低温过热器的悬吊管上。省煤器有进口联箱（$\phi406\times65$mm）和出口联箱（$\phi365\times55$mm）各一个，均用材料 SA—106B 制成。联箱放在尾部烟道内，其左端支在后部烟道的左侧墙上。联箱放在烟道内的最大好处是大大减少了因管子穿墙而造成的漏风，但却给检修工作带来困难。

1025t/h 亚临界压力自然循环锅炉省煤器的特性见表 8-1。

表 8-1　　　　　　　　　　　1025t/h 亚临界压力自然循环锅炉省煤器的特性

名　称	单位	数值	名　称	单位	数值	备　注
管径及壁厚	mm	$\phi51\times6$	进口烟温	℃	437	
横向节距	mm	120	出口烟温	℃	409	
纵向节距	mm	114.3	进口水温	℃	274	在额定负荷下
管子排数	排	110	出口水温	℃	297	在额定负荷下
材料		20G	平均烟速	m/s	7.3	在额定负荷下
受热面积	m²	821.2	平均水速	m/s	1.14	在额定负荷下

给水由省煤器下联箱的左侧进入，水由下而上流动，这样便于排除其中的空气和气泡，避免引起局部氧腐蚀。烟气从上而下流动，既有自身吹灰作用，又使得烟气相对于水是逆向流动，增大了传热温压。在省煤器中加热了的水，由省煤器出口联箱的两端引出，经连接管道引入汽包。

省煤器的引出管与汽包连接处装有套管，这是因为省煤器出口水温低于汽包中水的温度较多，如果省煤器出口引出管直接与汽包相连接，会在汽包金属壁上造成附加的热应力。特别是在锅炉工况变动时，省煤器出口温度可能变化较大，这就容易使汽包金属因受较大的热应力而产生裂纹。装上套管后，就可以避免温差较大的两种金属的直接接触，保护汽包不受损伤。

四、省煤器的启动保护

省煤器在锅炉启动时，常常是不连续进水的，但如果省煤器中水不流动，就可能使管壁温度超温，而使管子损坏，因此，可以在省煤器与除氧器之间装一根带阀门的再循环管来保护省煤器，如图 8 - 3 所示。

通常是在省煤器进口与汽包之间装有再循环管，如图 8 - 4 所示。再循环管装在炉外，是不受热的。在锅炉启动时，省煤器便开始受热，因而就在汽包—再循环管—省煤器—汽包之间，形成自然循环。省煤器内有水流动，管子受到冷却，就不会烧坏。但要注意，在锅炉汽包上水时，再循环阀门应关闭，否则给水将由再循环管短路进入汽包，省煤器又会因失水而得不到冷却。上完水以后，就可关闭给水阀，打开再循环阀。

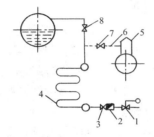

图 8 - 3　省煤器与除氧器之间的再循环管

1—自动调节阀；2—止回阀；3—进口阀；4—省煤器；

5—除氧器；6—再循环管；7—再循环门；8—出口阀

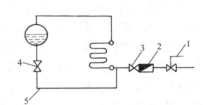

图 8 - 4　省煤器的再循环管

1—自动调节阀；2—止回阀；3—进口阀；

4—再循环阀；5—再循环管

五、省煤器设计中应考虑的问题

省煤器蛇形管中的水流速度不仅影响到传热，而且对金属的腐蚀也会有一定的影响。当给水除氧不完善时，进入省煤器的水在受热后放出氧气，这时如果水流速度很小，氧气会附着在金属内壁上，造成局部金属腐蚀。对于沸腾式省煤器，蛇形管后段内是汽水混合物，这时如水平管中的水流速度较小，就易出现汽水分层现象，即水在管子下部流动而汽在管子上部流动。同蒸汽接触的那部分受热面传热较差，金属温度较高，甚至可能超温。而在汽水分界面附近的金属，会由于水面上下波动，导致温度时高时低，引起金属疲劳破裂。因此，对沸腾式省煤器，蛇形管进口水速不应低于 1.0m/s。

省煤器管外烟速应综合考虑传热、磨损、流动阻力和积灰等因素进行选取。高的烟气速度可增强传热，节省受热面，但管子磨损也较严重，同时也增加了风机耗电量；反之，过低的烟气速度，不仅传热性能较差，还会导致管子严重积灰。烟气速度不宜过高或过低，一般在 7～13m/s 的范围内选取。煤中灰分多和灰分磨损性强时取低值，灰分少和灰分磨损性较弱时取较高值。

烟气速度较高时，在设计和运行上要有一定的技术和管理措施。此时，省煤器的设计可以采用较大管径、较大节距、顺列布置的蛇形管束，在运行中要保证良好的吹灰、堵塞漏风、高质量的运行和维护条件。

第二节　空　气　预　热　器

一、空气预热器的作用和分类

空气预热器是利用烟气余热加热燃烧所需要的空气的热交换设备。其主要作用是：

（1）降低排烟温度提高锅炉效率，随着蒸汽参数提高，回热循环中用汽轮机抽汽加热的给水温度越来越高，单用省煤器难以将锅炉排烟温度降到合适的温度，使用空气预热器就可进一步降低排烟温度，提高锅炉效率。

（2）改善燃料的着火条件和燃烧过程，降低不完全燃烧损失，提高锅炉热效率。尤其是着火困难的无烟煤等，需将空气加热到380～400℃，以利着火和燃烧。

（3）热空气进入炉膛，减少了空气的吸热量，有利于提高炉膛燃烧温度，强化炉膛的辐射传热。

（4）热空气还作为煤粉锅炉制粉系统的干燥剂和输粉介质。

现代大容量锅炉中，空气预热器已成为锅炉不可缺少的部件。

根据传热方式不同空气预热器可分为传热式和蓄热式（再生式）两大类。传热式空气预热器用金属壁面将烟气和空气隔开，空气与烟气各自有自己的通道，烟气通过传热壁面将热量传给空气。而蓄热式空气预热器是烟气和空气交替地流过一种中间载热体（金属板、钢球、陶瓷和液体等）来传热。当烟气流过载热体时将其加热；空气流过载热体时将其冷却，而空气吸热升温。这样反复交替，故又称为再生式空气预热器。

根据结构型式不同空气预热器可分为管式空气预热器和回转式空气预热器。

二、管式空气预热器

管式空气预热器按布置形式可分为立式和卧式两种；按材料可分为钢管式、铸铁管式和玻璃管式等几种。立式钢管式空气预热器应用最多，其优点是结构简单、制造方便、漏风较小；缺点是体积大，钢材耗量大，在大型锅炉及加热空气温度高时，会因体积庞大而引起尾部受热面布置困难。

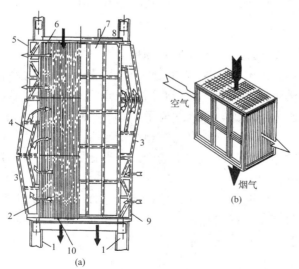

图8-5　管式空气预热器
（a）纵向剖面图；（b）管箱
1—锅炉钢架；2—管子；3—空气连通罩；4—导流板；5、9—出口、进口连接法兰；6、10—上、下管板；7—墙板；8—膨胀节

目前中小容量锅炉中用得较多的是立式钢管式空气预热器，其结构如图8-5所示。它由许多薄壁钢管焊在上下管板上形成管箱。烟气在管内流动，空气在管子外部横向流动，两者的流动方向互相垂直交叉。中间管板用来分隔空气流程。常用$\phi 40 \times 1.5$mm有缝钢管错列布置，以便单位空间中可布置更多的受热面和提高传热系数。选用相对节距要从传热、阻力、振动等因素综合考虑，一般取$s_1/d = 1.5 \sim 1.9$，$s_2/d = 1.0 \sim 1.2$。管箱高度通常不超过5m，使管箱具有足够刚度，便于制

造和清灰。立式布置低温段的管箱应取 1.5m 左右，以便维修和更换。

烟气速度对固体燃料为 10～14m/s，对液体、气体燃料还可适当提高，空气速度应取为烟气速度的一半左右以提高传热效果，管子直径、节距和管子数目的选用应保证预热器具有合适的烟气速度和空气速度。

卧式钢管空气预热器中空气在管内流动，烟气在管外横向冲刷，其管壁温度可比立式布置提高 10～30℃，有利于减轻烟气侧的低温腐蚀，但易堵灰，一般在燃用多硫重油的锅炉中采用，并需配以钢珠吹灰设备。一般烟速为 8～12m/s，空气流速为 6～10m/s。

图 8-6 所示为管式空气预热器在烟道中的几种典型布置。单道多流程如图 8-6（a）所示，流程数目越多，越接近于逆流传热，可以得到较大的传热平均温差，此外流程数目增多，空气流速增加，也有利于增强传热，不利的是会使流动阻力增加很多。单道单流程如图 8-6（b）所示。烟气与空气一次交叉流动，此种布置方式简单，空气通道截面大，流动阻力小，但其缺点是传热平均温差小。在大型锅炉中，为了得到较大的传热温差，又不使空气流速过大，可采用双道多流程，如图 8-6（c）所示，或单道多流程双股平等进风，如图 8-6（d）所示，甚至多道多流程，如图 8-6（e）所示。

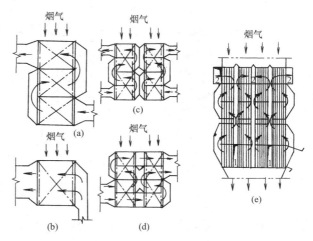

图 8-6　管式空气预热器的布置方式
（a）单道多流程；（b）单道单流程；（c）双道多流程；
（d）单道多流程双股平行进风；（e）多道多流程
1、2—空气的进出口流道

三、回转式空气预热器

回转式空气预热器结构紧凑，耗金属量少，可解决大型锅炉尾部受热面布置困难问题，故在大型锅炉中得到广泛应用，通常，300MW 及以上的机组就不再采用管式空气预热器。两者相比较，同等容量下，回转式空气预热器的体积是管式空气预热器的 1/10，金属消耗量为 1/3；同样的外界条件下，回转式空气预热器因其受热面金属温度高，因而低温腐蚀的危险较管式空气预热器轻些。回转式空气预热器的缺点是结构较复杂，漏风量较大，在状态良好时为 8%～10%，密封不良时可达 20%～30%。

回转式空气预热器按部件旋转方式分为受热面回转和风罩回转两种。

1. 受热面回转式空气预热器

图 8-7 所示为 1000t/h 亚临界压力直流锅炉上所用的直径 ϕ9500 的回转式空气预热器。其转子截面分为三部分：烟气流通部分、空气流通部分及密封区。转子截面的分配要达到尽量高的传热系数和受热面利用率，并要使通风阻力小，有效地防止漏风。由于锅炉中烟气的体积比空气的体积大，从技术经济上要求烟气的流通面积占转子流动面积的 50% 左右，空气流通面积占 30%～40%，其余截面则为扇形板所遮盖的密封区。这样，烟气和空气的速度相近，通常为 8～12m/s。

回转式空气预热器的传热元件主要由波形板组成。高温段主要考虑强化传热；低温段着重防止腐蚀积灰。故波形板的形状和厚度都不同。高温段用 0.5～0.6mm 厚的低碳钢板制成

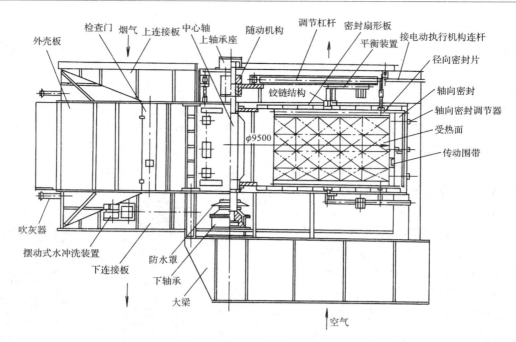

图 8-7　φ9500 受热面回转式空气预热器

密形波形板;低温段用 0.5~1.2mm 厚的低碳钢或低合金耐腐蚀钢板制成空隙大的波形板,
如图8-8所示。低温段传热元件在需要更强的耐腐蚀性时可用陶瓷传热元件代替。波形板的
型式对传热特性、气流阻力和积灰污染有很大影响,一般在 1m³ 空间要放置 300~400m² 的
传热元件。

　　当锅炉的一次风和二次风温度不同,则可将转子的空气通道分成两部分,分别与一次
风、二次风通风道相接,称为三分仓回转式空气预热器,如图8-9所示。

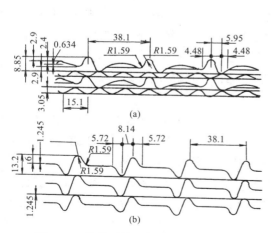

图 8-8　传热元件示例 (单位:mm)
(a) 用于高温段;(b) 用于低温段

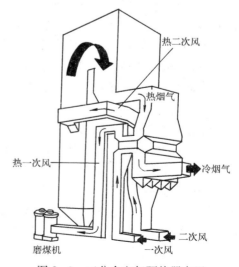

图 8-9　三分仓空气预热器布置

从图8-9可见，这种空气预热器主要由轴、转子、外壳、传动装置和密封装置组成。电动机经减速器带动转子以1.5~4r/min速度转动。转子传动除了齿轮和销链方式外，也可用无级调速液压装置来进行。

回转式空气预热器中，空气可从下列三个途径漏入烟气侧：

(1) 由转子中的通道空间带入烟气侧，称为携带漏风，该漏风一般不会超过1%；

(2) 通过转子与外壳之间的间隙，沿转子周界进入到烟气侧；

(3) 通过径向密封件漏入烟气侧。

(2)、(3) 两项称为直接漏风，以第(3)项为主。

安装好密封装置是减少回转式空气预热器漏风的重要环节之一。其密封装置通常包括轴向密封、径向密封和周向（环向）密封。

轴向密封由装在转子外周与径向隔板相对应的轴向密封片和装在外壳内侧密封区的弧形板组成。用调节装置可使弧形板相对于转子作径向移动和转动。轴向密封的密封周界仅与转子高度有关，因此密封周长较短，调节点少，调整方便。

径向密封是转子端面与上、下端板密封区之间的密封，它由径向密封板和扇形密封板组成。转子直径大于5m时，扇形密封板设有调节装置。

周向密封有中心轴周向密封（转子轮壳平面与上、下端板之间的密封）和转子外圆周向密封（烟、风道接口与转子两端面外周之间的密封）。为了减少沿转子周向的漏风量，在大型空气预热器中的热端采用了挠性的扇形板，形成一个柔性的密封表面，它可形成一个接近于转子在热态下的轮廓曲线形状。外侧端的密封表面，在锅炉负荷改变时起追踪转子的作用。

2. 风罩回转式空气预热器

图8-10所示为风罩回转式空气预热器，主要由定子、回转风罩和密封装置等组成。其优点是旋转部件的重量轻，特别是在大型空气预热器中可避免笨重受热面旋转时产生的受热面变形、轴弯曲等缺点。可使用重量大、强度低但能防腐蚀的陶质受热面，但其结构较复杂。烟气在风罩外流经定子并加热受热面，空气在风罩内逆向流动，吸收受热面的蓄热。电动机经减速器使风罩以0.75~1.4r/min转速旋转。风罩与固定风道的接口为圆形，另一端罩在定子受热面上的为8字形风口，上下风罩结构相同，上下两个8字形风口互相对准且同步回转，两风罩用穿过中心筒的轴连成一体。回转风道与固定风道之间有环形密封，与定子之间也有密封装置。平面密封是回转风罩与定子上、下端面之间的密封，因此两个端面的平行度和平整度要高，要正确控制密封框架压向定子的密封力，弹簧在支承密封框架重量和烟气压差后要能把密封块压紧。颈部密封是固定风道

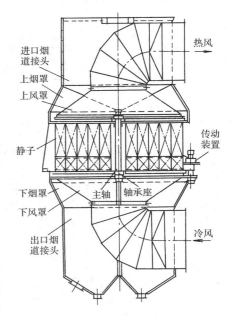

进口烟道接头
上烟罩
上风罩
热风
传动装置
静子
主轴　轴承座
下烟罩
下风罩
出口烟道接头
冷风

图8-10　风罩回转式空气预热器

与回转风罩接口处的密封，动密封环和铸铁密封块的表面要求光滑，其间应留有一定的间隙，以保证在热胀和不同心度时密封良好但又不会卡住。

在定子整个截面上，烟气流通截面积占50%~60%，空气流通截面积占35%~45%，

密封区占 5%～10%。当风罩每旋转一次，受热面进行二次吸热和放热。

回转式空气预热器由于其结构紧凑、质量轻，易于布置在锅炉的任何部位，故可用于各种布置形式的锅炉中。当热空气温度在 300～350℃以上时，可联合使用回转式及管式空气预热器，此时高温段采用管式，低温段采用回转式。

回转式空气预热器存在的主要问题是漏风量大。管式空气预热器的漏风量一般不超过 5%，而回转式空气预热器在设计良好时漏风量为 8%～10%，密封不好时可达 30%或更高。由于空气的压力较大，故漏风主要是指空气漏入烟气中。

携带漏风部分由于回转式空气预热器的转速不高，故其漏风量不大。密封漏风是由于空气侧与烟气侧之间的压差造成的，其漏风大小与两侧压差的平方根成正比。漏风大的主要原因是转子、风罩和静子制造不良或受热变形，使漏风间隙增大所造成。

回转式空气预热器存在的另一个问题是受热面上易积灰，这是因为蓄热板间烟气通道狭窄的缘故。积灰不仅影响传热，而且增加流动阻力，严重时甚至会将气流通道堵死，影响预热器的正常运行。因此，在预热器受热元件的上、下两端都装有吹灰装置，吹灰介质通常采用过热蒸汽或压缩空气，如积灰严重，亦可采用压力水冲洗。

第三节　尾部受热面的布置

在现代锅炉中，省煤器和空气预热器装在锅炉烟道的最后，进入这些受热面的烟温不高，故把它们统称为尾部受热面或低温受热面。

尾部受热面在尾部烟道中的布置方式有单级布置和双级布置两种。

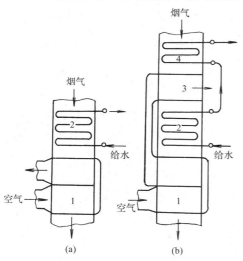

图 8-11　锅炉尾部受热面的布置

(a) 单级布置；(b) 双级布置

1、3—低温级和高温级空气预热器；

2、4—低温级和高温级省煤器

一、单级布置

单级布置如图 8-11（a）所示，它是由一级省煤器和一级空气预热器组成。一般总是把空气预热器布置在省煤器之后，即烟气先经过省煤器后再经过空气预热器，这样可以得到较低的排烟温度，提高锅炉效率，同时又能节省价格较高的省煤器受热面金属并防止省煤器被腐蚀。尾部受热面的单级布置较为简单，但热风温度一般只能达到 300℃左右，再高则不可能。这是因为烟气的容积 V_y 和比热容 c_y 均比空气的容积 V_k 和比热容 c_k 大。因此，烟气的热容量大于空气的热容量，即 $V_y c_y > V_k c_k$，这样当烟气将热量传给空气时，烟气温度的下降值就小于空气温度的上升值。一般烟气温度下降 1℃，空气温度升高 1.25～1.5℃。如需把空气从 20℃加热到 320℃，则烟温只需下降 200～240℃即可。若排烟温度保持在 120℃，那么这时预热器进口烟温应为 320～350℃。进口烟温与出口空气温度如此接近，即传热温差很小，这不可能将空气温度提高到更高的温度。因此，在一定排烟温度限制下，采用单级布置时，热风温度就被限制在一定的范围内。如需再提高热风温度，则需提高排烟温度，这是不经济的。为了得到较高的热风温度而不增加排烟热损失，可采用双级布置。

二、双级布置

双级布置如图 8 - 11 （b）所示，它由两级省煤器和两级空气预热器组成。第一级空气预热器（按空气流向）与第二级空气预热器之间放置第一级省煤器（按水流向），第二级省煤器位于第二级空气预热器的上方，即省煤器与空气预热器成交错布置。由于把一部分空气预热受热面，即第二级空气预热器置于烟温较高的地段，因此在排烟温度受到限制的情况下，也能将空气加热到比单级更高的温度。此外，这种布置使省煤器和空气预热器都具有较高的传热温压，增强了尾部受热面的传热，节省了受热面金属。

图 8 - 11 中的空气预热器均为管式空气预热器，若采用回转式空气预热器，其布置形式如图 8 - 12 所示，图 8 - 12 （a）为单级布置，它由一级省煤器与一级回转式空气预热器组成，如 SG－400/13.7 型锅炉即属此种布置形式。为了得到较高的热风温度，可采用如图 8 - 12 （b）所示的双级布置，此时高温级采用管式，低温级采用回转式。由于回转式空气预热器直径较大，故多布置在锅炉尾部烟道的外面（见图 8 - 12）。

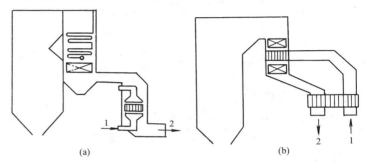

图 8 - 12　回转式空气预热器的布置
(a) 单级布置；(b) 双级布置
1—空气；2—烟气

在超高压以上锅炉中，尾部烟道除布置省煤器和空气预热器外，都布置有再热器，有的还布置有低温对流过热器。其尾部受热面的布置特点为：

（1）由于尾部烟道中布置了再热器，有的还布置了低温对流过热器，因而尾部受热面（即省煤器和空气预热器）大多采用单级布置；

（2）再热器与低温对流过热器都是布置在省煤器之前；

（3）再热器与低温对流过热器在尾部烟道中按烟气流程可以串联布置（如 1000t/h 炉），也可以并联布置（如 400t/h 直流炉）。

第四节　尾部受热面的积灰、磨损和低温腐蚀

一、尾部受热面的积灰

（一）积灰及其危害

当携带飞灰的烟气流经各个受热面时，部分灰粒会沉积到受热面上形成积灰。积灰会带来以下危害：

（1）由于灰的导热系数小，因此在锅炉对流受热面上一旦积灰，将会使受热面热阻增加，传热恶化，以致排烟温度升高，排烟热损失增加，锅炉效率降低。

（2）对于通道截面较小的对流受热面，积灰会堵塞烟气通道，甚至被迫停炉检修。

（3）由于积灰，烟气温度升高，还可能影响后面受热面的运行安全。

尾部受热面的积灰可分为松散积灰和低温黏结积灰两种。松散积灰是烟气携带的灰粒沉

积在受热面上形成的；低温黏结积灰成硬结状，难以清除，对锅炉工作影响较大。低温黏结积灰与低温腐蚀是相互促进的，这是因为堵灰使传热减弱，受热面金属壁温降低，而积灰又能吸附 SO_3，使腐蚀加剧，腐蚀又将使堵灰加剧，以致形成恶性循环。尤其是在空气预热器腐蚀泄漏以后，这种恶性循环将更加严重。因此，应设法防止或减轻低温腐蚀，下面就松散积灰问题进行讨论。

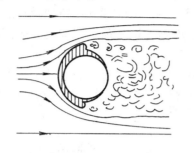

图 8-13　烟气流绕过管子的流动情况

灰粒在管子上的沉积情况与烟气流经管子的流动工况有关。如图 8-13 所示为烟气流横向冲刷省煤器管子的情况。当含灰烟气流由正面绕过管子流向后面时，管子的背风面积灰多，迎风面积灰很少。迎风面积灰少是由于迎风面受到气流和粗灰粒冲击的结果。而面背风面积灰多是由于管子背风面产生了旋涡区，使大量小于 $30\mu m$ 的灰粒子旋进了旋涡区并沉积在管子的背风面上。灰粒之所以能黏附到管子表面，主要是依靠分子引力或静电引力。灰粒越小，其分子引力或静电引力越容易超过灰粒自身重量而使它吸附在管子上。

飞灰的沉积情况，还与烟速的大小有关。图 8-14 表示烟气流自上而下冲刷省煤器管子时，在三种不同烟速下的积灰情况。烟速很低时，不论是管子迎风面或背风面都将发生积灰；随着烟速的升高，积灰减小；烟速增加到一定数值时，迎风面一般不沉积灰粒。

（二）影响松散积灰的因素

由上可知，积灰与烟气流速，飞灰颗粒度、管束结构特性等因素有关。

1. 烟气流速

如图 8-14 所示，烟速越大，灰粒的冲击作用越大，积灰程度越轻；反之则积灰较多。当烟速大于 8～10m/s 时，背风面积灰减轻，迎风面则一般不积灰。当烟速为 2.5～3m/s 时，不仅背风面积灰严重，而且迎风面也会有较多的积灰，甚至会发生堵灰。

2. 飞灰的颗粒度

粗灰多，冲刷作用大使积灰减轻；反之积灰就多。实践表明，液态排渣炉，由于烟气中细灰多，因而积灰比固态排渣炉严重。

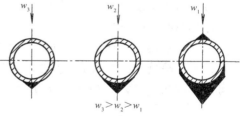

图 8-14　不同烟速下错列管束的积灰情况

w—烟速

3. 管束结构特性

错列布置的管束不仅迎风面受冲刷，而且背风面也较易受到冲刷，故积灰较轻。顺列布置的管束背风面受冲刷少，从第二排起，管子的迎风面也不受冲刷，因此积灰较重。减小管束纵向节距 s_2 时，错列管束的背风面冲刷更强烈，可使积灰减轻；而顺列管束，却因相邻管子的积灰易搭积在一起，形成更严重的积灰。

积灰还与管径有关。减小管径，飞灰冲击的机会增加，积灰减轻。

（三）减轻积灰的方法

（1）控制烟速。对燃用固体燃料的锅炉，在额定负荷时，为了减轻积灰烟速不得低于 6m/s，一般可保持在 8～10m/s，过大会使磨损加剧。

（2）采用小管径、错列布置。对省煤器可采用 $\phi25\sim\phi42$ 的管子，管束的相对节距为 $s_1/d=2.25$、$s_2/d=1\sim1.5$，这样积灰可减轻。

（3）定期吹灰。尾部受热面一般都装有吹灰装置，运行人员应定期吹灰，以减轻积灰。

（4）防止省煤器泄漏。

二、尾部受热面的磨损

（一）磨损及其危害

燃煤锅炉尾部受热面的飞灰磨损是一种常见的现象。当含有大量飞灰和未燃尽碳粒的烟气流经尾部受热面时，会造成受热面的飞灰磨损。磨损会使受热面管壁逐渐变薄，最终导致泄漏和爆破事故，直接威胁锅炉安全运行；停炉时更换磨损部件还要耗费大量的工时和钢材，造成经济损失。

（二）磨损的机理

由于锅炉中的灰粒在700℃以下时，具有足够的硬度和动能，当这些灰粒长时间冲击受热面金属时，会不断地从上削去一些小的金属屑，使其逐渐变薄，从而造成了受热面的磨损。

气流对管子表面的冲击有两种。冲击角（气流方向与管子表面线方向之间的夹角）为90°时称为垂直冲击，小于90°时称为斜向冲击，如图8-15所示。垂直冲击引起的磨损叫冲击磨损。斜向冲击受热面的冲击力可分解为法线方向（即垂直方向）和切线方向的分力，法向分力引起冲击磨损，切向分力引起摩擦磨损。当灰粒斜向冲击受热面时，管子表面既受冲击磨损又受摩擦磨损，受热面的磨损主要由摩擦磨损产生。

受热面的磨损是不均匀的，不仅是烟道截面不同部位受热面的磨损不均匀，而且沿管子周界的磨损也是不均匀的。试验表明，当烟气横向冲刷错列布置的受热面（如省煤器）管子时，磨损情况如图8-16（a）所示，最大磨损发生在管子迎风面两侧30°～50°范围内。

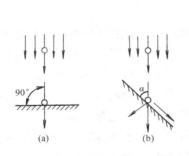

图8-15　灰粒对管子表面的冲击

（a）垂直冲击；（b）斜向冲击

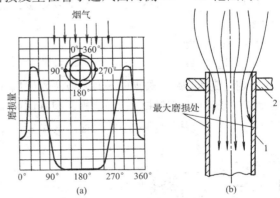

图8-16　受热面管子的飞灰磨损

（a）烟气在管外横向冲刷；（b）烟气在管内纵向冲刷

1—空气预热器管子；2—上管板

烟气在管内纵向流动时（如管式空气预热器），磨损情况减轻很多。这时只在距管口 $(1\sim3)\,d$ 的一段管子内，磨损较为严重，如图8-16（b）所示。这是因为气流进入管口后先收缩再扩张，在气流扩散时灰粒由于离心力作用从气流中分离出来并撞击管壁的缘故。

（三）影响磨损的因素

1. 飞灰速度

受热面管子金属表面的磨损正比于冲击管壁的灰粒动能和冲击次数。灰粒动能与烟气流速的平方成正比，冲击次数与烟气流速的一次方成正比。这样，管子金属的磨损就同烟气流速的三次方成正比，可见烟气流速的大小对受热面磨损的影响是很大的。

2. 飞灰浓度

飞灰浓度大，则灰粒冲击次数多，磨损加剧。例如烧多灰燃料的锅炉，烟中飞灰浓度大，因而磨损严重。又如锅炉中转弯烟道外侧的飞灰浓度大，因而该处的管子磨损严重。

3. 飞灰撞击率

飞灰撞击管壁的几率与多种因素有关。研究表明，飞灰粒径大、飞灰硬度大、烟气流速高、烟气黏度小，则飞灰撞击率大。这是因为含灰烟气绕过管子流动时，粒径大、密度大、速度高的灰粒子产生的惯性力大于烟气黏性力，使灰粒不随烟气拐弯，而撞击在管壁上，从而使飞灰撞击率大。

4. 灰粒特性

灰粒越粗、越硬、磨损越严重。此外也与灰粒形状有关，具有锐利棱角的灰粒比球形灰粒磨损严重。

省煤器的磨损常大于过热器，这是因为除与管束错列布置有关外，还与省煤器区的烟温低，灰粒变硬有关。又如燃烧工况恶化，灰中含碳量增加，由于焦炭的硬度大，磨损加重。

5. 管束的结构特性

烟气纵向冲刷管束的磨损要比横向冲刷轻得多，这是因为灰粒运动与管壁平行，只有靠近管壁的少量灰粒形成的摩擦磨损。

当烟气横向冲刷时，错列管束的磨损大于顺列管束。错列管束第二、三排磨损最严重，这是因为烟气进入管束后，流速增加，动能增大。经过第二、三排管子以后，由于动能被消耗，因而磨损又轻了。顺列管束第五排以后磨损严重，这是因为灰粒有加速过程，到第五排达到全速。

（四）减轻磨损的措施

1. 控制烟气流速

降低烟气流速是减轻磨损的最有效方法，但烟气流速降低，不仅会影响传热，同时还会增加积灰和堵灰，所以烟气流速应控制适当。根据国内调查表明，省煤器中烟速最大不宜超过 9m/s，否则会引起较大的磨损。但采用较大管径（42~57mm）时，可将烟气流速提高 50%左右。

为了不使局部地区，如从烟道内壁到管子弯头之间的走廊区，出现烟气流速过高的现象，可采取避免受热面与烟道墙壁之间的间隙过大，并使管间距离尽量均衡等措施。

2. 加装防磨装置

由于种种原因，烟气速度场和飞灰浓度场不可能做到均匀，因而局部烟速过高以及局部飞灰浓度过高的现象也就难以避免，所以应在管子易磨损的那些部位加装防磨装置。

省煤器的防磨装置如图 8-17 所

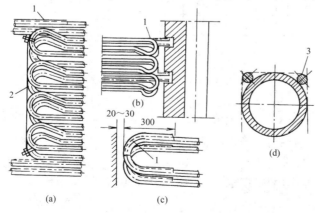

图 8-17 省煤器的防磨装置
1—护瓦；2—护帘；3—钢条

示。图 8-17（a）是在弯头处加装护瓦和护帘；图 8-17（b）是穿过烟气走廊区的护瓦，此法会加大烟气走廊的阻力；图 8-17（c）是弯头处的护瓦；图 8-17（d）是在管子磨损最严重处焊上钢条，此法用料少，对传热影响小。此时受磨损的不是受热面管子，而是保护部件，检修时只需更换这些部件即可。

管式空气预热器的防磨装置是在管子入口处加装一段管子，该保护短管磨损后，在检修时可以更换。

三、尾部受热面的低温腐蚀

（一）低温腐蚀及其危害

尾部受热面的低温腐蚀是指硫酸蒸汽凝结在受热面上而发生的腐蚀，这种腐蚀也称硫酸腐蚀，它一般出现在烟温较低的空气预热器的冷端。低温腐蚀带来的危害是：

（1）导致受热面破坏泄漏，使大量空气漏入烟气中，既影响锅炉燃烧，又使引风机负荷增大，电耗增加；

（2）与腐蚀同时，还会出现低温黏结积灰，积灰使排烟温度升高，引风阻力增加，锅炉出力降低，甚至强迫停炉清灰；

（3）腐蚀严重，还将导致大量受热面更换，造成经济上的巨大损失。

（二）低温腐蚀的机理

由于锅炉燃用的燃料中都含有一定的硫分，燃烧时生成二氧化硫，其中一部分会进一步氧化生成三氧化硫。三氧化硫与烟气中的水蒸气结合形成硫酸蒸汽。当受热面的壁温低于硫酸蒸汽露点（烟气中的硫酸蒸汽开始凝结的温度，简称酸露点）时，硫酸蒸汽就会凝结成为酸液而腐蚀受热面。

烟气中三氧化硫的形成主要有两种方式：一是燃烧反应中火焰里的部分氧分子会离解成原子状态，它能与二氧化硫反应生成三氧化硫，即 $SO_2 + [O] = SO_3$；二是烟气中二氧化硫流经对流受热面时遇到氧化铁（Fe_2O_3）或氧化钒（V_2O_5）等催化剂，会与烟气中的过剩氧反应生成三氧化硫。

烟气中的三氧化硫量是很少的，但极少量的三氧化硫也会使酸露点提高到很高的程度。如烟气中硫酸蒸汽的含量为 0.005％时，露点可达 130～150℃。

（三）烟气露点（酸露点）的确定

烟气露点与燃料中的硫分和灰分有关，燃料中的折算硫分越高，燃烧生成的 SO_2 就越多，导致 SO_3 也增多，致使烟气露点升高；此外，烟气中的灰粒子含有钙镁和其他碱金属氧化物以及磁性氧化铁，它们可以部分地吸收烟气中的硫酸蒸汽，从而降低它在烟气中的浓度。由于硫酸蒸汽分压力减小，烟气露点也会降低。烟气中灰粒子数量越多，这个影响就越显著，烟气中灰粒子对烟气露点的影响可用折算灰分和飞灰份额来表示。

考虑以上各影响因素，烟气露点可用下面的经验公式进行计算：

$$t_{ld} = t_{sld} + \beta(S_{d,zs})^{1/3}/(1.05 a_{fh} A_{d,zs}) \qquad ℃ \qquad (8-1)$$

式中　t_{ld}——烟气露点，℃；

　　　t_{sld}——按烟气中水蒸气分压力计算的水蒸气露点，℃，一般小于 60℃；

　　$S_{d,zs}$——燃料折算硫分，％；

　　$A_{d,zs}$——燃料折算灰分，％；

　　a_{fh}——飞灰份额；

β——系数，炉膛出口过量空气系数为 $1.2\sim1.25$ 时，$\beta=121$。

（四）腐蚀速度

研究表明，腐蚀速度与管壁上凝结下来的硫酸浓度、管壁上凝结的酸量以及管壁温度有关。凝结酸量越多，腐蚀速度越快，但当凝结酸量大到一定程度时，再增加凝结酸量也不会影响腐蚀速度。金属壁温越高，腐蚀速度也越快；硫酸浓度与腐蚀速度不是成正比关系，图8-18 表示了碳钢的腐蚀速度与硫酸浓度的关系。由图可知，随着硫酸浓度的增大，腐蚀速度先是增加，到浓度为 56% 时达到一个相当高的数值。

在尾部受热面上，沿烟气流向，腐蚀速度的变化是比较复杂的，它是管壁温度、凝结酸量与硫酸浓度三者的综合。如图8-19 所示，在受热面壁温达到酸露点 a 时，硫酸蒸汽开始凝结，发生腐蚀。但由于此处硫酸浓度极高（80% 以上），且凝结酸量少，因而虽然壁温较高，腐蚀速度却并不高。沿着烟气流向，金属壁温逐渐降低，但凝结酸量逐渐增多，其影响超过温度降低的影响，因而腐蚀速度很快上升，至 b 点达到最大。以后壁温继续降低，同时凝结酸量开始减少，而浓度仍处较弱腐蚀浓度区，因而腐蚀速度随壁温下降而逐渐减小，到 c 点达到最低。再往后，虽然壁温更低，但因酸浓度也在下降并逐渐接近于 56%，因此腐蚀速度又上升。到 d 点壁温达到水蒸气露点（简称水露点），大量水蒸气会凝结在管壁上与烟气中的 SO_2 结合，生成亚硫酸溶液（H_2SO_3），严重地腐蚀金属。所以，在水露点 d 后，腐蚀速度急剧上升。实际上，受热面壁温不可能低于水露点，但有可能低于酸露点，因此为避免尾部受热面严重腐蚀，金属壁温应避开腐蚀速度高的区域。

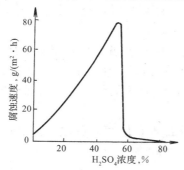

图 8-18 腐蚀速度与硫酸浓度的关系

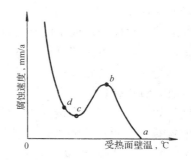

图 8-19 金属壁温对腐蚀速度的影响

（五）影响低温腐蚀的因素

影响低温腐蚀的主要因素是烟气中三氧化硫的含量。这是因为烟气中三氧化硫含量的增加，一方面会使烟气露点上升，另一方面会使硫酸蒸汽含量增加。前者使受热面结露引起腐蚀，后者使腐蚀程度加剧。

烟气中三氧化硫的含量与下列因素有关：

（1）燃料中的硫分越多，则烟气中的三氧化硫越多；

（2）火焰温度高，则火焰中的原子氧增多，因而三氧化硫增多；过量空气系数增加也会使火焰中的原子氧增多，使三氧化硫增多；

（3）氧化铁（Fe_2O_3）或氧化钒（V_2O_5）等催化剂含量增加时，烟气中三氧化硫量增加。

由以上分析可知，燃油炉的低温腐蚀可能更严重，因为油中有钒的氧化物，且燃油炉的燃烧强度大而飞灰少，因而燃油炉生成的三氧化硫较多，烟气露点高，腐蚀程度严重。

（六）减轻低温腐蚀的措施

减轻低温腐蚀可从两个方面着手：一是减少烟气中三氧化硫的生成量；二是提高金属壁温或使壁温避开严重腐蚀的区域。此外还可用抗腐蚀材料制作低温受热面来防止或减轻低温腐蚀。具体措施如下：

1. 燃料脱硫

煤中黄铁矿可利用重力不同而设法分离出一部分，但有机硫很难除掉。

2. 低氧燃烧

对于燃用高硫分煤的锅炉，将过量空气系数 α'' 保持在 $1.01\sim1.02$，能使烟气露点大大降低，从而有效地减轻低温腐蚀及低温黏结积灰。低氧燃烧必须保证燃烧完全，否则不但经济性差，而且仍会有较多剩余氧，达不到降低三氧化硫的目的。低氧燃烧还必须控制漏风，否则氧量仍会增大。

3. 加入添加剂

用白云粉（$MgCO_3 \cdot CaCO_3$）作为添加剂在燃油上已取得一定的效果。它能与烟气中的 SO_3 发生作用而生成 $CaSO_4$，从而减轻低温腐蚀。但是烟气中将增加大量粉尘，使受热面积灰增多，故应加强吹灰和清扫。

4. 热风再循环

将空气预热器出口的热空气，送一部分回到送风机入口，称之为热风再循环。这种方法提高了金属壁温，但排烟温度升高，锅炉效率降低，同时还会使送风机电耗增加。

5. 采用暖风器

此方法是在汽轮机与空气预热器之间安装暖风器（即热交换器），利用汽轮机低压抽汽来加热冷空气，蒸汽凝结水返回热力系统。采用暖风器后，虽然因排烟温度升高而降低了锅炉效率，但由于利用了低压抽汽，减少了凝汽器中蒸汽凝结热损失，因而提高了热力系统的热经济性。比较下来，全厂经济性有所提高。

6. 空气预热器冷端采用抗腐蚀材料

用于管式空气预热器的抗腐蚀材料有铸铁管、玻璃管、09钢管等；用于回转式空气预热器的，有耐酸的搪瓷波形板，陶瓷砖等。

采用抗腐材料可减轻腐蚀，但不能防止低温黏结积灰，因而必须加强吹灰。

第九章　强制流动锅炉及其水动力特性

强制流动锅炉是大型锅炉发展的主要型式之一，强制流动锅炉有控制循环锅炉、直流锅炉和复合循环锅炉三种基本型式，本章简要介绍它们的基本结构、工作原理和水动力特性。

第一节　控制循环锅炉

控制循环锅炉通常指控制循环汽包锅炉和低倍率循环锅炉两类，是由自然循环锅炉发展而来，它在循环回路的下降管上装置循环泵，因而其循环动力得到大大提高。控制循环回路能克服较大的流动阻力。

一、控制循环汽包锅炉

（一）控制循环汽包锅炉的工作原理

在自然循环锅炉中，工质在循环回路中的流动，是依靠下降管中的水与受热上升管中汽水混合物的密度差来进行的。它的工作特点是：在受热上升管组中，受热强的管子产汽量多，汽水混合物的密度小，运动压头加大，因此流过该管的循环水量也多，可以保证对受热管的足够冷却。

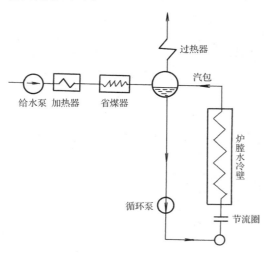

图 9-1　控制循环汽包锅炉工作原理

随着锅炉压力的提高，水与水蒸气间的密度差越来越小，当工作压力高到 16～19MPa 时，水的自然循环就不够可靠。此外，随着锅炉压力和容量的提高，希望采用管径较小的蒸发受热面，以提高管内工质的质量流速，加强换热；但管径小，流速高，则流动阻力增大，自然循环的安全性就将进一步下降。为解决这个矛盾，可以在循环回路中串接一个专门的循环泵，以增加循环回路中的循环推动力，并可人为地控制锅炉中工质的流动，因此称这种锅炉为控制循环锅炉。控制循环锅炉有控制循环汽包锅炉和低循环倍率锅炉两种。控制循环汽包锅炉有时也称为多次强制循环锅炉，其工作原理如图 9-1 所示。

控制循环汽包锅炉与自然循环锅炉在工作原理上的主要差别在于，控制循环汽包锅炉主要依靠循环泵使工质在蒸发管中作强制流动，而自然循环锅炉则靠汽水密度差使工质在循环回路中进行自然循环。在控制循环汽包锅炉的循环系统中，除了有自然循环回路中由于下降管和上升管工质密度差所形成的运动压头之外，还有循环泵所提供的压头。自然循环所产生的运动压头一般只有 0.05～0.1MPa，而循环泵可提供的压头在 0.25～0.5MPa 之间。由此可见，控制循环汽包锅炉的运动压头是自然循环锅炉的 5 倍左右，因而控制循环能克服较大的流动阻力。

循环倍率 K 的大小对蒸发管的工作安全有很大的影响。当 K 值较小时，由于管子内壁的冷却不够，管壁温度会随热负荷的升高而显著提高。为保证管子能得到足够的冷却，还要求管内工质有一定的质量流速 pw。目前大容量控制循环汽包锅炉的循环倍率 K 值在 $3\sim8$ 之间，一般为 4 左右；质量流速 pw 为 $1000\sim1500\mathrm{kg/(m^2 \cdot s)}$。

控制循环汽包锅炉与自然循环锅炉在结构上的最大差异就是控制循环锅炉在循环回路中装置了循环泵。大容量控制循环汽包锅炉一般装有 $3\sim4$ 台循环泵，其中 1 台备用，循环泵通常垂直装置在下降管的汇总管道上。由于循环回路中装置了循环泵，控制循环汽包锅炉与自然循环锅炉相比具有许多特点。

（二）控制循环汽包锅炉的特点

1. 结构特点

（1）水冷壁方面。由于控制循环汽包锅炉的循环推动力要比自然循环锅炉大许多倍，可以采用较小管径的蒸发受热面，而强制流动又使管壁得到足够的冷却，壁温较低，管壁也可减薄，因此锅炉的金属耗量减少。另外，可更自由地布置蒸发受热面，锅炉的形状和蒸发受热面都能采用较好的布置方案，不必受到垂直布置的限制。水冷壁管进口一般装置节流孔板，用以分配各并联管的工质流量，改善工质流动的水动力特性和热偏差。

（2）汽包方面。由于控制循环汽包锅炉的循环倍率低、循环水量少以及采用循环泵的压头来克服汽水分离元件的阻力，可以充分利用离心分离的效果，因而分离元件的直径可以缩小。在保持同样分离效果的条件下，能提高单个旋风分离器的蒸汽负荷，因此汽包直径可以缩小，而且整个汽包的结构和布置与自然循环锅炉相比也有很大的差异。

图 9-2 为亚临界压力控制循环汽包锅炉汽包的内部装置示意。采用流动阻力大、分离效率高的轴向进口带内置螺旋形叶片的轴流式分离器作为一次分离，然后蒸汽经波形板百叶窗分离器分离后引出。因采用的给水品质好，可以不用蒸汽清洗装置，给水直接送至下降管入口附近。

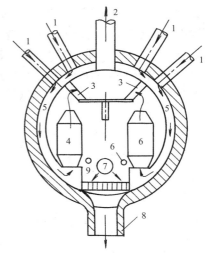

图 9-2　控制循环锅炉的汽包
1—汽水混合物引入管；2—饱和蒸汽引
出管；3—百叶窗；4—旋风分离器；
5—环形通道；6—加药管；7—给水管；
8—下降管；9—排污管

与超高压锅炉相比，亚临界压力控制循环汽包锅炉汽包内部装置的主要特点为：除可以采用轴流式旋风分离器和不用蒸汽清洗装置外，汽包内装有弧形衬板，与汽包内壁间形成一环形通道，构成汽水混合物汇流箱。汽水混合物从汽包上部引入，沿环形通道自上而下流动，最后进入旋风分离器。这种结构，汽包内壁只与汽水混合物接触，避免了汽包壁受锅水冲击，减小了汽包上下壁温差和壁温波动幅度，从而使汽包热应力减小，对汽包有较好的保护作用。

2. 运行特点

由于控制循环汽包锅炉在低负荷或启动时可以靠水的强制流动，所以各受压部件能得到均匀的冷却，并且这种锅炉的汽包结构也有利于锅炉在启动、停运及变负荷过程中减小汽包的热应力，因此可以大大提高启动及升降负荷的速度。由于采用了循环泵，除增加了设备的制造费用外，锅炉的运行及维护费用也相应增加。此外，循环泵的压头（扬程）虽然不高，一般为 0.3～0.5MPa，但需要长期在高压、高温（250～330℃）下运行，需用特殊结构，其运行的安全可靠性相应地影响着整个锅炉运行的可靠性。

（三）控制循环汽包锅炉的应用

1. 适用范围

对中压和高压锅炉来说，采用控制循环在水冷壁受热面的布置上并未显示出有多大的好处。一般说来，汽压低于 16MPa 时，采用自然循环方式完全能保证水循环的安全可靠性。因此，此时采用自然循环可以避免因增加循环泵而带来的一系列问题。在 16～19MPa 的压力范围内，尤其对大容量锅炉，采用控制循环更为有利。当锅炉容量超过 500MW 时，则应在更低的压力范围内就考虑采用控制循环方式。

2. 应用实例

我国制造的控制循环汽包锅炉有 1000、2000t/h 两个等级的容量，都是采用亚临界压力参数。

哈尔滨锅炉厂制造的配 600MW 汽轮发电机组的亚临界压力控制循环汽包锅炉的型号为HG－2008/186－M。锅炉主要参数为：额定蒸发量 2008t/h，额定主蒸汽压力 18.24MPa，主蒸汽温度 540.6℃；再热蒸汽流量 1634t/h，再热蒸汽进口压力 3.86/3.64MPa，再热蒸汽进出口温度 315/540.6℃；设计给水温度（省煤器出口）278.3℃；空气预热器出口二次风温度 314℃；锅炉排烟温度 128℃；锅炉效率 91.5%。

锅炉的整体结构为单炉膛 Ⅱ 型半露天布置，炉顶为平炉顶结构，并配以后墙上部的折焰角来改善炉内气流的流动；锅炉燃烧方式为四角双切圆燃烧，燃烧器为摆动式直流煤粉燃烧器，用以改变炉内火焰中心位置和调节再热汽温。汽包布置在炉膛顶部，材料为碳钢，汽包内径 1778mm、筒身长 25760mm，两端采用球形封头，总长 27700mm，为了减少上下壁温差，汽包内设有内夹层，与汽包内壁形成环形汽水混合物通道。

图 9-3 所示为该锅炉的循环回路示意。循环回路中工质的流程为：锅水经下降管、循环泵、连接管、环形联箱进入水冷壁，在水冷壁中上升、受热、蒸发形成汽水混合物，通过出口联箱经导汽管引入汽包，在汽包内沿环形通道进入汽水分离器；分离出的蒸汽通过汽包顶部连接管送入过热系统进行过热；分离出来的水与给水混合后进入下降管进行再循环。

该锅炉炉膛采用气密式结构，由炉膛水冷壁、折焰角及延伸水冷壁组成。在高热负荷区的水冷壁采用内螺纹管，以防止出现偏离核态沸腾。过热器系统由顶棚管、尾部包覆管、延伸侧包覆管、悬吊管、卧式低温过热器、立式低温过热器、分隔屏、后屏过热器和高温过热器组成。过热器、再热器各级之间全部采用大口径连接管，以减小汽侧

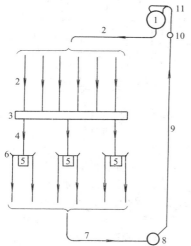

图 9-3　HG－2008/186－M 锅炉
循环回路示意

1—汽包；2—下降管；3—循环泵入口汇集联箱；4—进水管；5—循环泵；6—排放阀；7—出水管；8—水冷壁进口联箱；9—水冷壁；10—水冷壁出口联箱；11—导汽管

阻力，简化炉顶布置，在分隔屏之前设置一级混合式减温器。

二、低循环倍率锅炉

(一) 低循环倍率锅炉的工作原理

循环倍率 $K=1.5$ 左右的控制循环锅炉称为低循环倍率锅炉。低循环倍率锅炉与控制循环汽包锅炉相比，基本工作原理相似，但在结构上它没有大直径的汽包，只有置于炉外的汽水分离器，而且循环倍率较低。图 9-4 是低循环倍率锅炉的循环系统简图。其工质的流程为：给水经省煤器与从汽水分离器分离出的饱和水在混合器内混合后，经过过滤器，进入循环泵，升压后再把水送入分配器，由分配器用连接管分别引到水冷壁各回路的下联箱。每个回路接一根连接管，连接管的入口都装有节流圈。水经过蒸发受热面引入汽水分离器，分离出来的水引到混合器，进行再循环，而分离出来的蒸汽引向过热器系统进行过热。

在循环泵前装设过滤器是为了滤去管路中的杂质，使循环泵和水冷壁等能安全运行。设节流圈是为了调整各回路的流量，使各回路的流量能与水冷壁热负荷的分布相适应，防止管壁超温。循环泵共 3 台，2 台运行，1 台备用，布置在给水主流程上（即与给水泵是串联的），这样可以保证引到循环泵的水温总是低于饱和温度。当运行的循环泵发生故障时，备用泵立即投入运行。在切换过程中，给水通过备用管路进入分配器，不影响锅炉安全工作。

(二) 低循环倍率锅炉的特点

这种锅炉中，当锅炉负荷变化时，由于循环泵的特性，水冷壁管中工质流量变化不大，因此质量流速变化亦小。蒸发受热面可以采用一次上升膜式水冷壁，而且不需要用很小管径的水冷壁管来保证质量流速。由于循环流量随锅炉负荷变化不大，因此在锅炉负荷降低时循环倍率增加，流动较稳定，管壁也得到了较好的冷却。另外，水冷壁受热面布置比较自由。

低循环倍率锅炉因循环泵产生的压头高，循环倍率低，循环水量少，可以采用直径小的汽水分离器取代汽包。由于循环水量少，锅炉负荷变动时水位波动较小，取消汽包成为可能，节省了钢材和减轻了汽包制造、运输的难度。由于低循环倍率锅炉循环倍率大于 1，水冷壁出口为汽水混合物，与一次上升直流锅炉相比，膜态沸腾传热恶化的影响程度可大为减轻。因水冷壁中工质的质量流速可根据需要选择，所以炉膛蒸发受热面可采用一次垂直上升且无中间混合联箱的膜式水冷壁。垂直上升管屏中，锅炉循环倍率为 1.3～1.8，而且水冷壁流

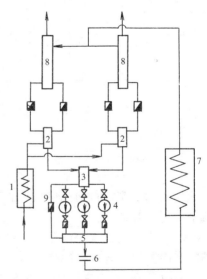

图 9-4　低循环倍率锅炉循环系统
1—省煤器；2—混合器；3—过滤器；
4—循环泵；5—分配器；6—节流圈；
7—水冷壁；8—汽水分离器；
9—备用管路

动阻力不大，因而受热强的管子中工质流量也会相应有所增加，即有一定的自补偿特性，因此一般不必在每根水冷壁管中加装节流圈，只需按管屏装节流圈。此外，由于低循环倍率锅炉的启动流量小，启动系统简化，启动时工质和热量的损失小。这种锅炉与自然循环汽包锅炉相比，没有汽包而只有汽水分离器，锅炉的启动和停运的速度可加快。与控制循环汽包锅炉相比，循环倍率要低得多，控制循环汽包锅炉的循环倍率为 3～8，而低循环倍率锅炉的循环倍率只有 1.5 左右，因此循环泵的功率较小。低循环倍率锅炉便于滑压运行，适用于亚临

界压力锅炉。由于有以上一系列优点，在国外有较好发展，我国也有一些机组采用了这种锅炉。

　　但是低循环倍率锅炉也存在着两个方面的问题：一是汽水分离器的分离效率低于自然循环锅炉和控制循环汽包锅炉，其出口蒸汽有一定湿度，对受热面的布置影响较大，而且水位及汽温调节较为复杂；二是需要解决长期在高温高压下运行的循环泵的安全问题。

第二节　直　流　锅　炉

　　直流锅炉没有汽包，整个锅炉是由许多管子并联且并用联箱而成的。给水在给水泵压头

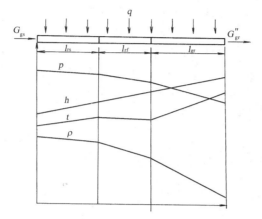

图9-5　直流锅炉工作原理

的推动下，依次流过省煤器、水冷壁、过热器受热面，完成水加热、汽化和蒸汽过热过程，循环倍率 $K＝1$，图9-5示出了临界压力下直流锅炉的工作原理。图中受热管均匀吸热，热负荷为 q，给水流量为 G_{gs}，出口蒸汽流量为 D''_{gr}，各曲线表示了沿受热管子长度工质参数的变化过程。在加热水的热水段中，水温 t 与焓 h 逐步升高，压力 p 因流动阻力而有所下降，密度 ρ 也略有下降；在蒸发段中，水逐渐变成蒸汽，压力降低较快，密度也有较大的减小，蒸发段中的工质温度为饱和温度，随着压力下降而下降，但工质焓 h 不断上升；在过热段中，蒸汽的温度与焓都不断上升，压力和密度都不断下降。

一、直流锅炉的特点

　　（1）直流锅炉给水泵压头比汽包锅炉的高，给水泵电耗相应也较大。但直流锅炉可不受工质压力的限制，目前汽包锅炉的工质压力最高达到亚临界压力，而直流锅炉超临界压力或亚临界压力都适用。

　　（2）直流锅炉水冷壁允许有较大的压力降，由于给水泵能提供较高的压头，因此直流锅炉的水冷壁允许有较大的流动阻力，由此带来了以下特点：

　　1）可选用较小直径的水冷壁管，水冷壁在炉膛内的布置有较多的自由度；

　　2）可提高水冷壁内的工质流速，这对水冷壁的安全工作创造了条件。

　　（3）直流锅炉不用汽包。直流锅炉水冷壁出口工质质量含汽率 $x''＝1$，不需要汽水分离，蒸汽直接进入过热器，水冷壁的进水全部来自省煤器，故不用汽包，这带来了以下特点：

　　1）锅炉给水品质要求高；

　　2）锅炉蓄热量小，运行参数稳定性较差，但在启动和停运过程中无汽包热应力限制，可提高启动和停运速度；

　　3）锅炉钢耗低，制造及由制造厂运至安装工地也较方便；

　　4）直流锅炉在结构上虽然有省煤器、水冷壁和过热器，但在运行工况下，水、汽水混合物、过热蒸汽的分界点在受热面上的位置随工况不同而变化，从而使其运行特性和汽包锅

炉有明显的差别。

二、直流锅炉类型

直流锅炉的类型主要由水冷壁的结构型式和其系统的不同来区分。直流锅炉的水冷壁管由于布置自由，故其型式很多。

图 9 - 6 为传统的直流锅炉水冷壁的基本型式，即水平围绕管圈型（拉姆辛型）、垂直多管屏型（本生型）和回带管圈型（苏尔寿型）。

水平围绕管圈型是由多根平行管子组成管带，沿炉膛上四周围绕上升，三面水平一面倾斜。

垂直多管屏型是在炉膛四周布置多个垂直管屏，管屏之间由炉外管子连接，整台锅炉的水冷壁管可串联成一组或几组，工质顺序流过一组内的各管屏，组与组之间并联连接。

回带管圈型的水冷壁是由多行程迂回管带形成。管带迂回方式分为上下迂回和水平迂回两种。

现代直流锅炉的水冷壁形式有很大的发展，主要有螺旋管圈型和垂直管屏型两类。螺旋管圈型水冷壁是在水平围绕管圈型的基础上发展而成，垂直管屏型是在垂直多管屏的基础上发展而成。

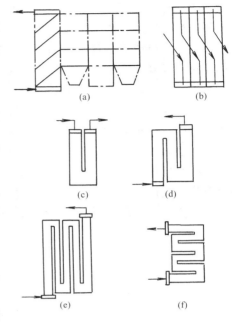

图 9 - 6　传统的直流锅炉水冷壁的基本型式
（a）水平围绕管圈型；（b）垂直多管屏型；
（c）～（f）回带管圈型

三、螺旋管圈形直流锅炉

螺旋管圈形直流锅炉是 20 世纪 70 年代以来发展较快的一种类型，如图 9 - 7 所示。水冷壁管组成管带，沿炉膛周界倾斜螺旋上升。它无水平围绕管圈型中的水平段，管带中的并联管数也增多了。螺旋管圈形水冷壁适用于滑压运行，能适用超临界和亚临界压力，平行管热偏差小，燃料适应性广泛，还可采用整体焊接膜式水冷壁。它的缺点是水冷壁支吊结构较复杂，制造、安装工艺要求高。

下面对螺旋管圈形直流锅炉的水冷壁及其系统进行分析。

（1）水冷壁的组成及结构。水冷壁的布置与支吊螺旋管圈型直流锅炉的水冷壁一般都由螺旋管圈和垂直管屏两部分组成。炉膛下部热负荷高，布置螺旋管圈；炉膛上部热负荷较低，布置垂直管屏。螺旋管与垂直管之间的连接方式有两种类型：一种是通过联箱连接，螺旋管出口接至联箱，垂直管由联箱接出；另一种是分叉管连接。

螺旋管支吊采用均匀受载型支吊结构。这种支吊方式，支吊点分散、均匀，避免了应力集中。

（2）水冷壁的工质质量流速。水冷壁的工质质量流速是水冷壁安全工作的重要指标。水冷壁安全

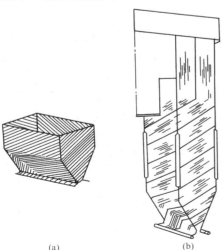

图 9 - 7　螺旋管圈型水冷壁与冷灰斗
（a）螺旋管圈冷灰斗；（b）螺旋管圈型水冷壁

工作的最低质量流速称为界限质量流速，它与水冷壁的结构、热负荷大小等有关。为使水冷壁安全工作，水冷壁中的实际质量流速必须大于界限值，但是在全负荷范围内都要满足是不合理的，故实际上锅炉给水流量不低于 25%～30%MCR。

（3）汽水分离器。螺旋管圈型直流锅炉在直流负荷以下运行或启停的过程中，水冷壁的最低质量流速是由汽水分离器及其疏水系统来实现的。疏水系统是机组启动系统的组成部分，它主要考虑在启动与停运过程中对排放工质和热量的回收。

螺旋管圈型直流锅炉通常采用内置式圆筒形立式旋风分离器，它在系统中位于水冷壁与过热器之间，锅炉运行时承受锅炉运行压力。在启动和低于直流最低负荷运行时，水冷壁出口为汽水混合物，在汽水分离器中进行汽水分离，分离出的蒸汽直接进入过热器，水由分离器下部疏水口排出。这时，锅炉的汽温特性与汽包锅炉相同，即水冷壁产生蒸汽、过热器过热蒸汽受热面固定不变。当进入直流负荷运行时，汽水分离器入口已是过热蒸汽，汽水分离器处于干式运行状态，只起到通道的作用。

第三节　复合循环锅炉简介

复合循环锅炉是由直流锅炉发展形成的，它与直流锅炉的基本区别是在省煤器和水冷壁

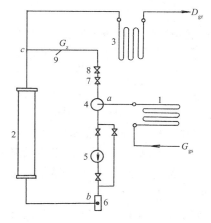

图 9-8　复合循环锅炉原则性系统
1—省煤器；2—水冷壁；3—过热器；
4—混合器；5—循环泵；6—分配器；
7—止回阀；8—再循环阀；9—再循环管

之间连接循环泵、混合器、分配器和再循环管，如图 9-8 所示。它可使部分工质在水冷壁中进行再循环，再循环的负荷范围可分部分负荷再循环和全负荷再循环两种。部分负荷再循环就是在低负荷时进行再循环，高负荷时转入直流运行，故又称复合循环锅炉。对全负荷范围内进行再循环的锅炉，额定负荷时，循环倍率 $K=1.25～2$，随着负荷降低，循环倍率有所增大，这种锅炉称为低循环倍率，它是复合循环锅炉的一种特例。

复合循环锅炉和低循环倍率锅炉与直流锅炉相比具有以下特点：

（1）对于容量不大的机组，采用一次上升型水冷壁和较大的管径也能保持安全质量流速。因为水冷壁中工质流量由于再循环而增大了。

（2）低循环倍率锅炉、复合循环锅炉的水冷壁质量流速在全负荷范围内比较合理，高负荷时的电耗比直流锅炉低了很多。

（3）循环泵要消耗一定的电能，一般大容量机组循环泵功率为机组功率的 0.2%～0.3%。

（4）锅炉最低负荷在额定负荷的 5% 左右，它由过热器冷却所需的最低流量决定。与直流锅炉比较最低负荷大大降低了，启动系统可按 5%～10%MCR 设计，使设备费用下降，又可减小启动热损失和工质损失。

（5）再循环流量与给水流量在混合器混合后进入水冷壁，使水冷壁进口工质焓值提高，欠焓减小，工质在水冷壁内的焓增也减小，有利于水冷壁中工质流动和减小热偏差。

（6）循环泵在高温、高压下长期工作，必须有安全可靠性。循环泵的流量—压头特性必须要与水冷壁系统压力降特性匹配，符合设计要求。

第四节　强 制 流 动 特 性

一、管路压力降特征

蒸发受热面管路压力降 Δp 略去加速度压力降后可表示为

$$\Delta p = \Delta p_{lz} \pm \Delta p_{zw} \qquad \text{Pa} \qquad (9-1)$$

式中　Δp_{lz}——流动阻力压力降，Pa；

　　　Δp_{zw}——重位压头，工质上升流动时为"＋"，下降流动时为"－"，Pa。

自然流动时，管路压力降特性是重位压头为主要部分；强制流动时，管路压力降特征是流动阻力为主要部分。强制流动管路压力降略去次要部分可表示为

$$\Delta p = \Delta p_{lz} \qquad (9-2)$$

因此，管路流动阻力压力降与质量流速的关系为

$$\Delta p = f(\rho w) \qquad (9-3)$$

式（9-3）称为强制流动特性函数，其关系曲线称为强制流动特性曲线。

对于受热管道的汽水两相流动，其关系比较复杂，它可能出现一个压力降下有几个质量流速或质量流速发生周期性的变化，前者称为多值性，后者称为脉动，都是水动力不稳定现象。

二、强制流动多值性

设有一均匀受热的管道，单位长度的热负荷为 q，进入管道的工质为欠热的水，在单相水段内被加热至饱和水，在汽水混合物段内水逐渐蒸发形成汽水混合物。

被分析的蒸发管的吸热量是固定不变的，进入蒸发管的是欠热的水。当入口水流量很大时（见图9-9中 D 点后），管子的吸热量只能使水温提高而不产生蒸汽，故从管子流出的仍是单相水。当入口水流量很少时（见图9-9中 B 点前），水进入管子后很快被汽化成蒸汽，管内主要是单相蒸汽的流动。上述两流动区域，是单相或接近单相的流动，其特性函数是单值的。在管子出口工质质量含汽率在1～0之间，其流动阻力不仅与汽水混合物的质量流速有关，还与流体的平均密度的变化有关。

如图9-9所示，从 B 点开始，在质量流速逐步上升过程中，一方面热水段长度增长，蒸发段长度缩短，另一方面蒸发段中平均质量含汽率减小，使总管段的平均密度增大。质量流速上升使流动阻力压力降增大，平均密度增大使流动阻力压力降下降。A 点以前，质量流速起主要作用，故管压力降随着质量流速上升而增大；$A \sim C$ 段，管中平均密度的增大起主要作用，故管路压力降随着质量流速上升而下降；$C \sim D$ 段，蒸汽含量很少，工质质量流速又起主要作用，故管路压力降又上升。

当进入管子的水是饱和水时，热水段长度等于0，管子全部是蒸发段，管中产汽量不变，故只有质量流速的变化起作用，质量流速上升，压力降增大，特性函数是单值的。

在蒸发管结构固定的情况下，影响水动力多值性的因素

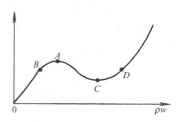

图9-9　两相流多值性

有：管子热负荷 q，工质压力 p，管子进口水的欠焓。热负荷增大，水动力不稳定加剧；压力增高，水、汽密度差减小，水动力特性趋于稳定。

但是超临界压力也可能发生水动力多值性，这是因为超临界压力的相变区内，比体积随着温度上升急剧增大，即密度急剧下降，与亚临界压力下水汽化成蒸汽密度急剧下降相似。因此，超临界压力的锅炉蒸发受热面也应防止发生水动力多值性。

蒸发管入口欠焓减小，热水段长度缩短，当入口水达到饱和温度时，水动力多值性消失。压力一定时，入口水温上升，水动力趋向稳定。

超临界压力锅炉，提高蒸发管入口水焓值也能使水动力特性趋向稳定。

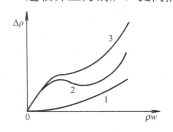

图 9 - 10　节流圈使水动力稳定
1—节流圈的水动力曲线；
2—原管路特性曲线；
3—加节流圈后管路的特性曲线

现代锅炉为防止水动力特性多值性，除了改进锅炉形式外，还有两个常用的方法，它们是减小蒸发管进口欠焓及蒸发管进口端加装节流圈。图 9 - 10 表明蒸发管进口端加装节流圈后消除水动力多值性的情况。节流圈应装在热水段进口，保证流过节流圈的为单相水。

节流圈的阻力压降可由下式表示：

$$\Delta p_{jl} = \xi_{jl}(\rho w)^2/(2\rho') \qquad (9 - 4)$$

式中　Δp_{jl}——节流圈压力降，Pa；

　　　ξ_{jl}——节流圈阻力系数；

　　　ρ'——饱和水密度，kg/m^3。

可见节流圈的压力降与质量流速是二次方的正比关系，节流圈的孔径越小，其阻力系数越大。蒸发端进口加装节流圈后，管路特性曲线陡度上升、使水动力特性曲线趋向稳定。

三、强制流动工质脉动

（一）脉动现象与原因

在强制流动蒸发管中，工质压力、温度、流量发生周期性变化，称为脉动。

当发生脉动时，热水段和蒸发段长度发生周期性变化，相应壁温也随着变化，产生周期性热应力，导致金属疲劳损伤甚至破坏。

发生脉动的原因大致如下。例如在一个并联管组内，当某一根或几根管子的吸热量偶然增大时，加热水段缩短，原来的热水段变成了汽水混合物段，使产汽量增加，流动阻力增大，管内的压力升高。但是进口联箱压力并未改变，故进入这些管子的水流量减小；出口联箱压力也未改变，故这些管子的排出流量增大。上述过程结果使管子输入输出能量失去平衡，管内压力下降到低于正常值，流量开始向反方向变化。在上述管内压力升高期间，工质的饱和温度也升高，蓄热增大。当管内压力下降，工质饱和温度也下降，较高温度的管金属向工质放热即释放蓄热，这相当于吸热量的增大。上述过程的重复进行，脉动继续下去。

（二）脉动种类

水冷壁的脉动有三种类型：管间脉动、屏间脉动和锅炉整体脉动。

1. 管间脉动

在蒸发管进、出口联箱的压力和总流量基本不变的情况下，管中流量等发生周期性的变化，一些管子水流量增大时，另一些管子水流量减小，对一根管子说，进口水流量和出口水流量的脉动有 $180°$ 的相位差，进口流量最大时出口流量最小。脉动过程中沿管长的压力分布发生周期性的变化，管间脉动一旦发生，就会自动地以一定频率进行下去。脉动频率大小与管子结构、受热以及工质参数有关。

垂直管屏中的重位压头对流量脉动有影响，尤其在低负荷时重位压头的影响较大，比流量脉动滞后一个相位角，它起到推动流量脉动的作用。

2. 管屏间脉动

在并联管屏之间也会出现与管间脉动相似的脉动现象。在发生脉动时，进出口总流量和总压头并无明显变化，只是各管屏间的流量发生变化。

3. 锅炉整体脉动

蒸发管同期发生脉动的现象称整体脉动。当发生整体脉动时，各并联蒸发管子入口处水流量发生同方向的周期性波动，蒸汽流量也发生相应的波动，与此同时汽压、汽温也发生波动。整体脉动与给水泵的特性有关，离心式给水泵的流量随压头的增加而减小，当锅炉蒸发区段由于短期热负荷升高压力上升时，离心泵送给蒸发管的给水流量减少，同时蒸发流量增大，随着短期热负荷增值的消失，蒸发区段压力下降，给水流量上升，蒸汽流量下降。离心泵特性曲线越平坦，流量波动越大。

（三）脉动的影响因素

1. 压力

蒸发管脉动是由工质的汽水密度差别引起的。在相同的条件下，提高工质压力可使管内脉动压力增值减小，脉动减轻。

2. 热水段阻力

蒸发管脉动压力增值发生在汽水两相流区段。增加热水段的阻力可降低脉动压力增值的影响。热水段阻力大小是相对蒸发段的阻力来说的，故用热水段阻力与蒸发段阻力之比作为影响脉动的主要因素。

锅炉中增大热水段阻力的方法主要有下面几种：

（1）热水段进口端加装节流圈，是提高热水段阻力的常用方法。

（2）增大管中质量流速，可使热水段阻力与蒸发段阻力之比增大，脉动增值的影响减小。

（3）蒸发管进口欠焓越大，热水段就越长，使热水段阻力与蒸发段阻力之比增大。

第十章　锅炉机组的启动和停运

　　锅炉机组的启动和停运过程对锅炉的安全性和经济性有至关重要的影响，存在许多需要重点解决的问题，而且大型火力发电机组都采用单元制运行方式，锅炉机组运行启停的好坏在很大程度上决定了整个单元机组运行启停的安全性和经济性。本章着重分析锅炉的启动、停运和锅炉停炉保护。

第一节　锅炉机组运行概述

一、锅炉运行特点及任务

　　大型中间再热机组的运行都采用单元机组的运行方式，即机组的三大主机纵向串联组成一个不可分割的整体，相互紧密联系，相互制约。在单元机组的运行中，主要的调节任务在锅炉，汽轮机侧重于监视，而电气则主要是与外界电力系统的联系和维护厂用电的正常。电厂锅炉在单元机组的运行中主要任务是锅炉蒸发量随时满足电网负荷的需要，并稳定汽压和汽温，保证锅炉的安全性和经济性。

　　电力系统在运行调度中，为了更好地适应用电负荷的"峰谷"变化，通常将系统中的机组分为三大类，一是担负基本负荷的机组，其锅炉长期在经济负荷和满负荷之间运行，干扰少，效率高，运行稳定，其经济性、安全性指标都有较高的要求。二是担负中间负荷的机组，其锅炉的调节特性、启动特性、动态特性、静态特性、负荷变化速率以及负荷范围等都要符合承担变负荷的特点，如能快速启停，工况调节灵敏稳定，负荷变化率大，负荷控制范围与允许范围宽等。三是担负尖峰负荷的机组，其锅炉要求在非常短的时间内启动，具有高度的灵活性。

　　负荷控制范围是指机组在自动控制系统的作用下能适应负荷变化的范围，在这个负荷范围内不需人工参与调节。一般，燃油、燃气和燃高挥发分煤的锅炉，负荷控制范围为 $40\% \sim 100\% \mathrm{MCR}$；挥发分低的煤为 $60\% \sim 100\% \mathrm{MCR}$。锅炉的负荷范围是指最大连续负荷（MCR）至最低连续负荷的范围。能长期安全运行的负荷称为最大连续负荷，最低连续负荷受到锅内水动力特性的稳定、受热面管壁不超温、炉内燃烧的稳定等限制。一般，性能锅炉最低连续负荷为 $30\% \sim 40\% \mathrm{MCR}$。

　　在负荷控制范围内，蒸汽参数在稳定工况时稳定在额定值的允许偏差范围内，在负荷变化过程中有良好的蒸汽参数变化特性，调节过程中的蒸汽参数偏离额定值在允许范围内，并能快速完成调节任务。

　　总之，锅炉机组在运行时总是处于不断的变化调整中，运行人员要随时监视其运行情况，能及时地、正确地进行调整操作。

　　锅炉机组在运行过程中的主要任务是：

　　（1）锅炉的蒸发量适应机组承担的外界负荷的需要；

　　（2）燃烧稳定，热损失尽量小，提高锅炉机组的热效率；

（3）保持正常的过热和再热蒸汽的汽温和汽压；

（4）炉水品质、给水品质和蒸汽品质合格；

（5）给水正常，汽包锅炉能维持正常的水位。

二、锅炉启动与停运特点

锅炉由停止状态转变为运行状态的过程称为锅炉启动。包括汽包锅炉的上水或直流锅炉建立启动流量，炉膛吹扫和点火，升温升压直到蒸汽参数达到额定值的过程。

由运行状态转变为停止状态的过程称为锅炉停运，包括减少燃料及蒸发量、投油助燃、炉膛熄火和降压冷却过程。

锅炉启动的实质就是投入燃料对锅炉进行加热，使工质建立循环，产生蒸汽并使其参数不断升高。在启动过程中，锅炉受热面金属的温度不断升高。锅炉停运的实质就是停投燃料对锅炉进行冷却，蒸汽的流量不断下降，蒸汽参数也相应变化。在停运过程中，锅炉受热面金属的温度是不断下降的。

按照锅炉启动时的温度状况，可以划分为冷态启动和热态启动两种，热态启动又可以进一步划分为温态启动、热态启动和极热态启动三种。冷态启动是指锅炉启动开始时没有压力，锅炉温度与环境温度相接近条件下的启动。一般，新建锅炉、检修后的锅炉和长期备用后的锅炉，属于冷态启动。温态启动和热态启动则是指锅炉蒸汽还保持有一定的压力，锅炉温度高于环境温度情况下的启动。一般，停炉时间不长都属于温态启动或热态启动。实际上，温态启动或热态启动可以看作是以冷态启动过程中的某个中间阶段作为启动的起始点，以后的启动操作则与冷态启动相差不大。

锅炉的启动与停运过程是不稳定的变化过程，存在着各种矛盾。如锅炉启动与停运过程为了保护锅炉的受热面和汽包等厚壁部件，需要一定的加热时间和冷却时间，与为了节约启停费用和尽早并网发电，要求尽量缩短启停时间的矛盾；启动与停运中必须要消耗一定的燃料（特别是柴油等轻质油）和工质与节能的矛盾；要求金属元件温度场均匀，减小热应力与提高锅炉加热、冷却速度的矛盾；受热面工作温度较高与金属材料的许用温度间的矛盾。

过热器和再热器等受热面，在启动与停运过程中常存在管内工质流动不正常与管外燃料"过烧"现象（启动过程中燃料投入量超过冷却受热面必需的工质流量的现象称为燃料"过烧"），因而在启动与停运过程中容易发生管壁金属超温的现象。

启动初期炉膛温度低、燃料量投入少是启动过程中的燃烧特点，因而可能发生燃烧不稳、燃烧不完全、炉膛热负荷不均匀等问题。启动停运技术管理与运行操作就是要正确地处理各种矛盾，遵循安全、经济的原则，实现最完善的启动与停运。

现代大型锅炉启动与停运的质量目标大致有以下几项：

（1）缩短启动与停运过程的时间，以适应机组承担的负荷性质的要求；

（2）燃烧稳定，燃烧热损失少，避免燃烧事故；

（3）蒸汽流量与蒸汽参数要满足汽轮机冲转、升速、并网和带负荷的要求；

（4）锅炉各级受热面金属的工作温度不超过其材料的许用温度；

（5）汽包等厚壁部件温升均匀，减少寿命损耗；

（6）炉水品质与给水品质合格，防止锅内腐蚀和盐分对阀门管道与汽轮机叶片的侵蚀；

（7）工质和热量排放量少，并最大可能地回收工质和热量；

（8）技术指令和运行操作正确无误。

三、锅炉的启动与停运方式

电厂锅炉的启动与停运方式有锅炉单独启停和锅炉、汽轮发电机联合启停两种类型。对主蒸汽母管制的锅炉可采用单独启停方式。对单元制的锅炉，都采用联合启停的方式。我国 125MW 及以上容量的再热机组都是单元制，机组采用滑参数联合启动与停运的方法。

（一）锅炉的滑参数启停方式

滑参数联合启动就是在启动过程中某一阶段开始，锅炉与汽轮机之间的隔绝阀、调节阀全开，随着锅炉压力温度上升，汽轮机冲转、升速、并网和升负荷。在启动过程中，锅炉与汽轮机之间关系密切，相互制约，启动各阶段和工况必须相互配合，协调一致。滑参数联合停运过程中锅炉与汽轮机之间的阀门也全开，在锅炉降燃料、降压和降温的同时，汽轮机也降压、降温和降负荷。

滑参数联合启动与停运有下列优点：

（1）汽轮机冲转、暖机、暖管、升负荷和锅炉增加燃料、升压、升温同时进行，使整机启动时间缩短。在停运过程中，负荷随着蒸汽参数下降而减小，加快了汽轮机转子、汽缸的冷却速度，使汽轮机开缸检修时间提前。

（2）启动时汽轮机利用低压蒸汽发电；停运时汽轮机利用锅炉余热发电，减少了启动、停运过程中的燃料损失，并消除了蒸汽排放大气的噪声。据 100MW 机组滑参数联合启动的实践表明，每启动一次可以缩短启动时间约 7h，节约标准煤 30t 以上，回收凝结水 150t，多发电 20000kWh。

（3）滑参数联合启动、停运时，机组内流动的蒸汽有两个特点，即蒸汽处于微过热状态或湿蒸汽状态，蒸汽压力低，比体积大。前者使蒸汽的表面传热系数大，对金属加热、冷却效果好，对汽轮机叶片还有清洗作用；后者使蒸汽容积流量大，提高了蒸汽侧的表面传热系数，有利于降低过热器、再热器的受热面壁温，提高了启动时汽轮机的暖机速度、停运时汽轮机的冷却速度。

（4）滑参数联合启动和停运过程中，汽轮机调速汽门全开，无节流损失，增加了汽轮机中蒸汽的有效焓降，还提高了高压缸排汽焓，使再热汽温上升，启动热耗下降，并提高了停运时的余热利用能力。

但是滑参数联合启动与停运使锅炉低负荷运行时间变长，炉膛在较长时间内处于低烟温、少燃料量条件下工作，燃烧稳定性差，燃烧热损失大，并且未燃尽的可燃产物带入尾部，可能发生再燃烧事故。燃用高硫油时还会引起尾部受热面的低温腐蚀。

现代大型机组大都采用压力法滑参数联合启动。它的特点是在锅炉出口蒸汽达到一定压力、温度时再冲转汽轮发电机，然后逐步进入滑压运行。在汽轮机冲转前主汽门关闭，蒸汽通过汽轮机旁路排入凝汽器。

冲转汽轮机的蒸汽参数由汽轮机冲转时控制转速的要求而定，压力太低冲转动力不够，压力太高节流损失太大；冲转蒸汽温度要高于对应压力下的饱和温度 50℃，是微过热蒸汽，同时通常情况下还要求高于汽轮机汽缸、转子温度。汽轮机冷态启动时，冲转蒸汽参数在无盘车预热时为 $p=1.5\sim2$MPa，$t\geqslant250$℃。对启动前采用盘车预热的机组，冲转的蒸汽参数较高，一般为 $p=4\sim6$MPa，$t\geqslant300$℃。汽轮机热态启动时，汽轮机汽缸、转子温度较高，一般要求冲转蒸汽温度高于汽轮机内缸金属温度 $50\sim100$℃。

（二）锅炉的停运

锅炉停止运行，一般分为正常停炉和事故停炉两种情况。有计划的停炉检修和根据调度命令停炉的情况属于正常停炉；由于事故的原因必须停止锅炉运行时，属于事故停炉。

正常停炉又分为检修停炉和热备用停炉两种。前者预期停炉时间较长，一般为大小修或冷备用时安排的停炉，要求停炉至冷态；后者停炉时间短，一般为负荷调度或紧急抢修时安排的停炉，要求停炉后机组的金属保持较高的温度水平，以便重新启动时，能按热态或极热态方式进行，从而缩短启动时间。

按照锅炉停运过程中参数变化的特点，又分为滑参数停炉和额定参数停炉两种。额定参数停炉时，锅炉参数不变或基本保持不变，通常用于紧急停炉和热备用停炉。

第二节　汽包锅炉的启动与停运

汽包锅炉有自然循环和控制循环两种。它们的启动与停运类似，统称为汽包锅炉的启动与停运。

一、汽包锅炉启动与停运的基本程序

（一）启动基本程序

自然循环汽包锅炉滑参数压力法冷态联合启动的基本程序如下：

1. 准备工作

准备阶段应对锅炉各系统和设备进行全面检查，并使其处于启动状态；为确保启动过程中的设备安全，所有检测仪表、连锁保护装置（主要是 MFT 功能、重要辅机连锁跳闸条件）及控制系统（主要包括 FSSS 系统和 CCS 系统）均经过检查、试验，并全部投入，其他准备工作包括：

（1）厂用电送电；

（2）机组设备及其系统位于准备启动状态，投入遥控、程控、联锁和其他热工保护；

（3）制备存储化学除盐水，水系统启动；

（4）除氧器、凝汽器、水箱等进行水冲洗，直至水质合格，然后灌满除盐水，启动凝结水泵，启动循环水泵，然后建立循环水虹吸；

（5）汽轮机、发电机启动准备。

2. 锅炉上水

锅炉上水一般用经过除氧器除过氧的热水。上水时使用带有节流装置的给水旁路进行，以防止给水主调节阀的磨损和便于流量控制。在上水开始时，稍开上水阀门，进行排气暖管，并注意给水压力的变化情况和防止水冲击，当给水压力正常后，可逐渐开大上水阀门。

为了保护汽包，应该控制上水的时间（即速度）。上水的终了水位，对于自然循环汽包锅炉，一般只要求到水位表低限附近，以方便点火后炉水的膨胀；对于控制循环汽包锅炉，由于上升管的最高点在汽包标准水位线以上很多，所以进水的高度要接近水位的顶部，否则在启动炉水循环泵时，水位可能下降到水位表可见范围以下。

3. 锅炉点火

（1）启动回转式空气预热器及其吹灰器，投入炉底密封装置；

（2）启动一组送、引风机，进行炉膛吹扫；

（3）锅炉点火，投燃油燃烧，注意风量的调节和油枪的雾化情况，逐渐投入更多油枪，建立初投燃料量（汽轮机冲转前应投燃料量），一般为10％～25％MCR。

4. 锅炉升温升压

汽包压力为0.2～0.3MPa时冲洗水位计、热工表管，并进行炉水检查和连续排污。汽包压力为0.5MPa时进行定期排污，热紧螺母，1MPa时进行减温器反冲洗。

主蒸汽参数达到冲转参数时开始冲转汽轮机，升速暖机，并网，低负荷暖机，升负荷。冲转参数一般为压力2～6MPa（新型大机组可以达到4～6MPa），蒸汽过热度为50℃以上。

锅炉在升温升压阶段的主要工作是稳定汽压、汽温以满足汽轮机冲转后的要求。锅炉的控制手段除燃烧外，还可以利用汽轮机高、低压旁路系统，必要时可投入减温装置和进行过热器疏水阀放汽。

当锅炉炉膛温度和热空气温度达到要求时启动制粉系统，炉内燃烧完成从投粉到断油的过渡。

相应启动除灰除渣系统，投入煤粉燃烧，然后逐渐停止燃油。

5. 投入自动控制装置

图10-1所示为亚临界压力600MW机组2208t/h自然循环锅炉冷态滑参数启动曲线。控制循环汽包锅炉点火前应投入炉水循环泵，借助炉水循环泵的动力，在点火开始前水就在水冷壁系统进行循环流动，启动程序与自然循环锅炉基本相同。

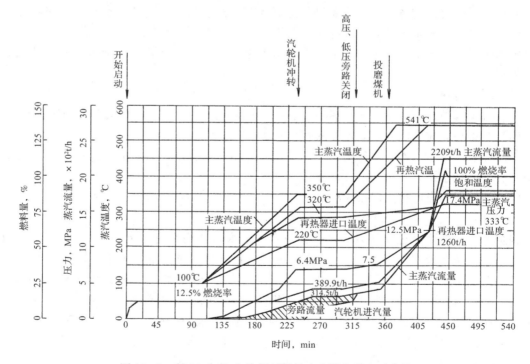

图10-1　某2208t/h自然循环锅炉冷态滑参数启动曲线

一般认为启动时若汽轮机高压缸上缸的内壁温度在150℃以上，称为热态启动。热态启动时，冲转蒸汽温度应高于汽轮机高压内缸50℃，并至少具有50℃的过热度。汽轮机冲转后，锅炉应按汽轮机的要求升温、升压。当机组负荷增加到冷态启动汽缸所对应的工况时，就按冷态方式加到满负荷。

（二）停运基本程序

单元机组滑参数的联合停运根据机组停运时的参数又可分为低参数停机（见图 10 - 2）和中参数停机两种。主蒸汽压力滑降至 1.5～2MPa，汽温 250℃，在对应汽轮机负荷下的停机称为低参数停机，用于检修停机。主蒸汽压力降至 4.9MPa，在对应汽轮机负荷下的停机称为中参数停机，用于热备用停机。

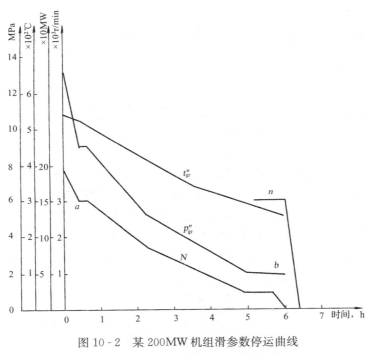

图 10 - 2　某 200MW 机组滑参数停运曲线

a—调速汽门全开，开始滑压；b—停机、熄火

滑参数停运基本程序可分五个阶段。

1. 停运准备

低参数停机在停运前要做好六清工作，即清原煤仓、清煤粉仓、清受热面（吹灰）、清锅内（水冷壁下联箱排污）、清炉底（冷灰斗清槽放渣一次）、清灰斗。中参数停机在停运前不一定全面进行六清工作，一般只清受热面，清锅内，清炉底。

汽轮发电机作好停机准备。

2. 滑压准备

在额定工况下运行的机组，锅炉先降压降温，使机组负荷降低到 80％～85％MCR，汽轮机逐步开大调速汽门至全开，机组稳定一段时间。

3. 滑压降负荷

在汽轮机调速汽门全开条件下，锅炉降低燃烧率，降压降温，机组按照一定的速率（如 1.5％MCR/min）降负荷，同时用汽轮机旁路平衡锅炉与汽轮机之间的蒸汽流量。

煤粉锅炉的煤粉燃烧器和相应的磨煤机按照拟定的投停编组方式（燃烧器一般应自上而下切除）减弱燃烧，在低负荷时及时投入相应层的油枪助燃，防止灭火和爆燃，最后完成从燃煤到燃油的切换。随着燃料量的不断减少，送风量也相应减少，但最低风量不应少于总风量的 30%。

对于中间储仓式制粉系统，要注意煤粉仓粉位下降对给粉机出粉均匀性的影响，此时应及时测量粉位，根据粉位偏差调整各给粉机的负荷分配，维持燃烧稳定。对于直吹式制粉系统，在各给煤机给煤量随锅炉负荷减少时，应同时减少相应燃烧器的风量，使一次风煤粉浓度保持在不太低的限度内，以使燃烧稳定。

随着负荷的降低，燃料量和风量逐渐减少，当负荷降到 30%MCR 以下时，风量维持在 35% 左右的吹扫风量直至停炉，该风量应保持不变。

另外，低负荷下，为稳定燃烧和防止受热面的低温腐蚀，应通过调整暖风器的出口风量或投入热风再循环的方法，提高入炉的热风温度，同时，及时投入点火油枪。

4. 汽轮机停机、锅炉熄火

降压降负荷至停机参数时汽轮机脱扣停机，锅炉熄火。熄火后燃油炉必须开启送、引风机，通风扫除可燃质，时间不少于 10min，燃煤炉只用引风机通风 5～10min，然后停止送、引风机，并密闭炉膛和关严各烟风道风门、挡板，避免停炉后冷却过快。

5. 锅炉降压冷却

低负荷停机后，锅炉进入自然降压与冷却阶段，这一阶段总的要求是保证锅炉设备的安全，所以要控制好降压和冷却速度，当排烟温度降到 80℃ 时可停止回转式空气预热器。停炉 4～6h 后，开启引风机入口挡板及锅炉各人孔、检查孔，进行自然通风冷却。停炉 18h 后可启动引风机进行冷却。当锅炉降压至零时可放掉炉水，若锅炉有缺陷时，放水温度≤80℃。

中参数热备用停机应保持锅炉热量不散失，各处风门应关闭严密，但要防止管壁金属超温。

二、汽包锅炉蒸发设备的安全启动与停运

锅炉点火前，蒸发设备先要进水，大修后的启动或新投运的机组，还要进行水压试验。

锅炉点火以后，水冷壁吸收热量，加热蒸发设备的金属与内部的工质，工质温度逐渐上升，当工质温度达到饱和温度以后，工质压力随着产汽量增多而上升。水冷壁直接受到火焰的加热，炉外下降管、联箱及导汽管等靠工质流动获得热量。故工质流动是蒸发设备各部件均匀温升的必要条件。自然循环锅炉靠自然循环使工质流动，尽快建立稳定的水循环是蒸发设备温升的关键，控制循环锅炉可启动炉水循环泵建立水循环。

蒸发设备的工质压力与升压速度要符合汽轮机进汽的要求，还要符合蒸发设备本身的要求。它主要受水冷壁金属温度、汽包热应力、汽轮机汽缸与转子热应力等的限制。

下面分析蒸发设备在启动各种工况下的安全工作。

（一）锅炉上水与水压试验

锅炉上水就是向汽包、水冷壁、省煤器等注水。锅炉启动或水压试验都首先要向锅炉上水。水压试验就是在冷态下对充满水的锅炉受压容器升压至工作压力或超工作压力，以检查严密性。

1. 上水过程中汽包应力的控制

当汽包壁受外力作用时，其内部任一断面的两侧将产生相互作用的力，称内力。单位断面积上的内力称机械应力，汽包壁受热温度上升，体积膨胀，当体积膨胀受到限制时，也会产生内力，这种由温差引起的单位断面积上的内力称热应力。

上水时汽包内无压力，故无内压力造成的机械应力。但进入的温水与汽包壁接触时，引

起汽包内外、上下壁产生温差，管孔与管头之间产生温差。温水加热内壁，使汽包壁厚方向温度分布形成温度梯度，如图 10 - 3 所示。进入汽包的水温越高，温度梯度越大；加热速度越高，靠近内壁的温度梯度越大。汽包内壁温度高，体积膨胀量大，外壁温度低，膨胀量小。内壁膨胀受到外壁的限制，外壁受到内壁的拉伸，结果使外壁受拉伸热应力，内壁受到压缩热应力。

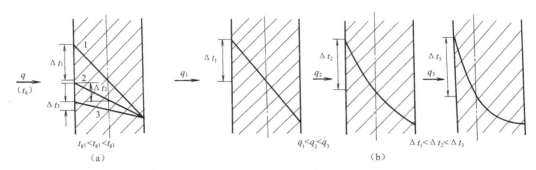

图 10 - 3　上水时汽包壁温度变化
(a) 不同进水温度；(b) 不同加热速度
q—加热速度；t_q—汽包进水温度

假定汽包壁为单面受热的平板，其周边固定而不能扭转。汽包内壁温度为 t_1，外壁温度为 t_2。壁面热应力值与内壁表面至中性线 0—0 的温差 Δt 成正比，可近似表示为

$$\sigma = \Delta t \frac{\alpha E}{1 - \mu} \qquad\qquad (10 - 1)$$

式中　σ——汽包热应力，MPa；

　　　E——汽包壁金属材料的弹性模数，MPa；

　　　α——金属材料的线膨胀系数，$\alpha = (11 \sim 14) \times 10^6 \mathrm{m}/(\mathrm{m} \cdot \mathrm{℃})$；

　　　μ——泊松系数。

Δt 与汽包内壁受工质加热情况有关，并有下列三种情况：

(1) 当加热缓慢时，壁内温度呈线性分布，此时

$$\Delta t = (t_1 - t_2)/2$$

(2) 当工质对汽包内壁加热较强时，如在正常升压时，则汽包壁内温度呈抛物线分布，此时

$$\Delta t = 2(t_1 - t_2)/3$$

(3) 当工质对汽包内壁加热强烈时，如高温水快速进入汽包时，则汽包壁内温度呈双曲线分布，此时

$$\Delta t \approx (t_1 - t_2)$$

由上述分析可知，为了控制汽包热应力，上水温度不能太高，上水速度不能太快。一般规定，上水温度与汽包壁温差值不大于 50℃；上水时间为夏天不少于 2h，冬天不少于 4h。若上水温度与汽包壁接近时可适当加快上水时间；如果两者相等，则不受限制。例如600MW 汽包锅炉规定，上水水质要合格，上水温度 40～60℃，如果水温高于汽包壁温50℃，应控制给水流量（30～60t/h），还规定上水时间，夏天不少于 2h，冬天不少于 4h。

电厂上水水源有两种，一种是来自除氧水箱，除氧器维持 0.12MPa 压力热力除氧；另

一种用疏水箱内的水上水。一般用105℃除氧水作为锅炉进水，它流过管道系统、省煤器进入汽包，水温约70℃。也有用疏水箱中的疏水上水，疏水由疏水泵升压，经过定期排污系统进入水冷壁下联箱，通过水冷壁进入汽包。用疏水箱上水，水温低，流量容易控制，但应注意水品质要符合标准。

2. 锅炉启动上水和上水后的检查

锅炉启动上水时的最终汽包水位规定在正常水位线以下100mm左右，如图10-4所示。

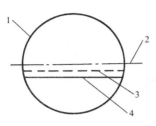

图 10-4　上水最终水位
1—汽包；2—汽包中心线；
3—正常水位；4—上水水位

一般正常水位在汽包中心线下150～300mm。上水最终水位就是点火水位，它低于正常水位，因为点火后炉水受热水位会上升。

启动上水量与锅炉的参数、容量和结构有关。例如670t/h超高压自然循环锅炉的启动上水量为160t。上水水质要符合给水品质有关规定。上水完毕后，上水阀门关闭，汽包水位应稳定不变。如汽包水位继续上升，则需要检查阀门是否关闭严密。上水过程中，汽包、水冷壁、省煤器等部件受热膨胀应正常。上水前后与上水过程中要检查和记录各部件膨胀指示值，如有异常情况应暂缓上水并检查原因。

3. 水压试验方法

锅炉承压元件在制造和安装过程中对原材料和各制造工序虽然经过专门检查，但是由于检查方法和检查范围的局限性，材料和工艺缺陷不一定都能被排除。因此，在锅炉承压元件全部工艺过程结束之后，在等于或高于工作压力的条件下进行水压试验，以便对制造、安装的工艺质量进行投运前的整体最终检查。锅炉运行规程规定，锅炉大修、小修或局部受热面检修后，也必须进行工作压力的水压实验。

水压实验前必须确定水压实验范围及其隔离方案，例如主蒸汽系统与再热蒸汽系统之间的隔离，锅炉与汽轮机之间的隔离等。

水压实验上水方法和启动上水相同，但水压实验时，上水必须把水灌满承压容器的全部空间。因此，水压实验的上水量大，超高压670t/h锅炉承压容器总上水量为326t。

水压试验时可用小型活塞泵或其他方法对承压容器升压，升压应缓慢平稳。压力低于10MPa时，升压速度≤0.3MPa/min；压力大于10MPa时，升压速度≤0.2MPa/min。因为水是不可压缩的，升压过程中的任何疏忽都可能导致升压失控，造成设备严重损坏。对于工作压力的水压试验，升压最终至工作压力；对于超压水压试验，升压至工作压力后暂停升压进行检查，正常后再升至超压值。水压试验结束后进行卸压，卸压速度≤490kPa/min，压力降至大气压力后，根据需要开空气阀门进行放水。

水压试验的检查方法如下：

（1）工作压力水压试验检查方法。当承压容器压力升至工作压力时，关闭上水阀门，进行严密性检查，记录压力下降速度；然后再微开上水门，保持工作压力，进行全面性检查。

（2）超压水压试验检查方法。承压容器压力升至工作压力后进行严密性检查和全面检查，检查合格后再升压至超压实验压力，保持5min，检查严密性，再降压至工作压力保持不变，进行全面检查。

（3）水压试验质量标准。严密性检查的合格标准为5min内汽包压力下降值≤0.5MPa，再热器压力下降值≤0.25MPa。全面检查的合格标准为汽包、联箱、受热面以及它们的连接管道的所有焊缝或其他部位无泄漏现象，没有任何水珠和水雾。

4. 水压试验的安全

水压试验必须保证安全。水压试验的安全原则主要有四个方面：防止试验容器超压；防止试验容器的冷脆破碎；防止奥氏体钢的腐蚀脆裂；保护水压试验范围以外的设备与表计。

防止试验容器超压首先要有可靠的监视压力表，要临时安装事先校验过的标准压力表。试验容器还必须有快速卸压的有效措施，容器升压严格按规定的升压速度进行。

(1) 汽包的"冷脆"破碎。水压试验时必须十分重视金属材料的"冷脆"现象。锅炉汽包广泛采用低合金钢，它主要是由 α-Fe 构成的体心立方晶格。这类材料在温度较低时脆性明显增加，抗拉强度明显下降。例如 20 世纪 60 年代我国某锅炉制造厂生产的 125MW 机组的锅炉汽包，采用 BHW-35 低合金钢，在进行水压试验时由于金属温度过低而发生冷脆破碎事故。

对于一定的材料，通过试验可求得脆性转变温度。当金属的工作温度高于它时就不会出现冷脆破碎。影响脆性转变温度的因素有下列各项：容器缺陷会使脆性转变温度升高；升压速度越快、脆性转变温度越高；汽包壁厚度增加脆性转变温度升高；冷加工工艺也会影响脆性转变温度。

为了防止在水压试验时发生冷脆破碎严重事故，水压试验温度必须高于脆性转变温度。具体控制数值由制造厂规定，一般试验水温为 30~70℃，环境温度应在 5℃ 以上。

(2) 过热器、再热器的应力腐蚀。现代高参数锅炉的过热器、再热器高温段受热面有的采用奥氏体钢，如 1Cr18NiTi 等材料。奥氏体钢对一般腐蚀有很强的抵抗能力，但是奥氏体钢在应力作用下，当介质中含有 Cl^-、OH^- 时会引起破裂，称为奥氏体钢的应力腐蚀。

应力腐蚀的特点是产生金属晶粒体或晶间裂纹，腐蚀速度极快，在应力腐蚀条件下，5min 后就会产生裂纹、4h 后破裂。例如德国某化工厂装有一台 30MPa、600MW 参数的直流锅炉，正常运行了 8 万 h，后来由于偶然原因水中含有 Na(OH) 120mg/kg，Cl^- 0.4mg/kg，仅 20min 后奥氏体钢受热面就发生明显的腐蚀而完全损坏。因此，对于奥氏体钢受压容器水压试验的上水中 Cl^- 含量必须严格控制。

(二) 启停过程中的汽包应力

1. 汽包应力分析

锅炉启动与停运过程中，汽包壁应力主要由压力引起的机械应力和温度变化引起的热应力组成，此外，还有汽包、工质和连接件的重力等引起的附加机械应力。汽包壁受到的机械应力和热应力可用第四强度理论方法进行合成。下面分析各种应力形成及其对锅炉安全工作的影响。

(1) 机械应力。一般情况，汽包的内外直径之比都在 1.2 以下，如某 600MW 机组锅炉汽包内径 1778mm，上半部壁厚为 198.4mm，下半部壁厚为 166.7mm，其内外直径之比为 1.11 左右。厚壁部件容器内外直径之比在 1.2 以下时可以近似作为薄壁容器。

对于薄壁容器，在内压力作用下，只是向外扩张而无其他变形，故汽包壁的纵横截面上只有正应力而无剪应力。

在内压力作用下，汽包壁内任一部分的机械应力可以分解为切向应力 σ_1、轴向应力 σ_2 和径向应力 σ_3，其中切向应力和轴向应力为拉应力，径向应力为正应力。通常机械应力与汽包内压力成正比，汽包内工质压力越高，汽包壁机械应力也越大。

（2）热应力。升压过程中汽包壁热应力主要由汽包上下壁温差和内外壁温差造成。启动升压快，汽包壁温差就大，热应力增大，过大的热应力将使汽包寿命损耗增大。启动过慢，则启动热损失增大，机组发电量减少。在升压过程中汽包壁上下温度差表现在汽包上部温度比下部温度高，如图 10 - 5 所示。下面对其原因进行分析。

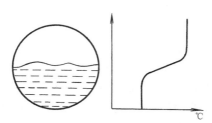

图 10 - 5　汽包上下壁金属温度

1）汽包上部与蒸汽接触，下部与水接触。在升压过程中，工质温度也随着上升，汽包壁金属温度低于工质温度，形成工质对汽包加热。汽包下部为水对汽包壁的对流放热传热，汽包上部为蒸汽对汽包壁的凝结放热传热。后者的表面传热系数比前者大 3～4 倍，使汽包上半部温升比下半部快。

2）上部饱和蒸汽温度与压力在升压过程中是单一的关系，温度与压力同时上升。汽包蒸汽空间的蒸汽只能过热不会欠热。下部水温的上升需要靠工质的流动与混合，上升迟缓。升压越快，汽包上下部介质温差越大。

3）启动初期，水循环微弱，汽包内水流缓慢，存在局部停滞区的水温明显偏低。

这样汽包上部壁温高，金属膨胀量大，下部壁温低，金属膨胀量相对较小。结果是上部金属膨胀受到下部的限制，上部产生压缩应力，下部产生拉伸应力，如图 10 - 6 所示。

在升压过程中，工质不断对汽包内壁加热，还会产生汽包内外壁温差，使内壁产生压缩热应力，外壁产生拉伸热应力。

图 10 - 6　汽包上下壁热应力

（3）汽包应力分析与低周疲劳寿命。在升压过程中，汽包的总应力由机械应力与热应力合成。一般情况，汽包上下的外壁温度较接近，故外壁压缩应力较小，内壁拉伸应力较大。在汽包顶部，热应力与轴向机械应力方向相反，起削弱合成应力的作用；而在汽包底部，热应力与轴向机械应力方向相同，起叠加的作用。可见汽包底部应力大于汽包顶部，汽包整体的最大应力发生在底部内壁。下面对汽包底部的热应力进行简要分析。

1）汽包底部内壁的轴向应力 σ_{zx} 由以下部分组成：①由内压力引起的轴向应力 σ_2，属于拉伸应力（＋）；②汽包上下壁温差引起的热应力 σ_{sx}，属于拉伸应力（＋）；③汽包内外壁温差引起的热应力 σ_{nw}，属于压缩应力（－）。

2）汽包底部内壁的切向应力 σ_{qx} 由内压力引起的机械切向应力 σ_1 和汽包内外壁温差引起的热应力 σ_{nw} 组成。

3）汽包底部内壁的径向应力 σ_{jx} 由内压力引起的机械径向应力 σ_3 和大直径下降管金属及管内储水重量引起的机械应力 σ_{gz} 组成。

由上述分析可建立汽包底部内壁的应力表达式为

$$\sigma_{zx} = \sigma_2 + \sigma_{sx} - \sigma_{nw}$$

$$\sigma_{qx} = \sigma_1 - \sigma_{nw}$$

$$\sigma_{jx} = \sigma_3 + \sigma_{gz}$$

由第四强度理论合成汽包底部内壁的总应力为

$$\sigma = \sqrt{\frac{1}{2}\left[(\sigma_{qx} - \sigma_{zx})^2 + (\sigma_{zx} - \sigma_{jx})^2 + (\sigma_{jx} - \sigma_{qx})^2\right]} \quad kg/mm^2$$

分析影响总应力的因素可以得到函数式

$$\sigma = f(p, \Delta t_{sx}, \Delta t_{nw}, \Delta t_{gk})$$

而式中各项温差又是压力 p 的函数，可见，汽包总压力情况取决于启动时的升压过程。

锅炉在启停过程中，机械应力与热应力的合成应力可能已超过材料的屈服极限。汽包由塑性钢材制成，当合成应力达到屈服极限后不再增加，由塑性变形吸收，故其实际应力有所减小。可见，汽包壁中实际存在的应力不会达到材料的抗拉强度而立即破坏，但是会影响汽包的工作寿命，主要表现为两方面：

1）材料在接近塑性变形或局部塑性变形下长期工作，材质变坏，抗腐蚀能力下降，还可能引起应力腐蚀。

2）在锅炉启动、停运及变负荷过程中，汽包应力发生周期性的变化，这将引起疲劳损坏，即在长期的交变应力的作用下，汽包壁形成裂纹，扩展到一定程度时汽包就破坏了。汽包超过材料屈服极限时的疲劳破坏称为低周疲劳破坏。汽包应力峰值超过屈服极限的数值越大，塑性变形越大，达到破坏的循环周数越少，即应力循环每一次的寿命损耗增大。

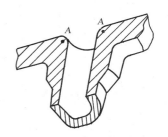

图 10-7　汽包下降管进口处应力集中位置
A—应力集中位置

在启动和停运过程中，汽包最大峰值应力常在下降管进口处，如图 10-7 所示。该处的热应力是由汽包上下壁温差、内外壁温差及下降管与汽包孔壁之间的温差综合形成的，也由于该处的结构原因应力最集中，在锅炉大修时，对汽包内壁检查，常发现在该处存在裂纹。发现汽包壁存在裂纹时应进行测量，确定它的安全裕度。

2. 汽包壁温差的控制

由上述分析可知，在升压过程中，汽包的热应力和机械应力的总和峰值应力增大，将使汽包的工作寿命缩短。热应力是由汽包壁温差产生的，而各项温差又是压力 p 的函数，因此，升压过程中要求汽包壁温差在最小值，压力越高、壁温差允许值应越小。目前运行规程根据传统的原则规定汽包壁温差≤40℃。

（1）汽包内外壁温差的测定。在运行中汽包内外壁温差的测定，实质上就是汽包内壁温度的测定，根据试验可得以下规律：

1）在启动初始阶段及稳定运行阶段，蒸汽引出管的外壁温度与汽包上部内壁温度相差仅在 0～3℃，故可以直接用前者代替后者。

2）在启动初始阶段及稳定运行阶段，集中下降管外壁温度与汽包下部内壁温度相差仅在 0～5℃，故也可以直接用前者代替后者。

3）在停炉过程中，从机组滑参数停机到发电机解列、锅炉熄火这一过程中，蒸汽引出管的外壁温度与当时压力下的饱和温度相差 0～±3℃，差别不大，故可以用饱和温度代替上部内壁温度。锅炉熄火以后，进入自然降压阶段，降压速度缓慢，内外壁温差很小，可不必检测内壁温度。

4）在停炉过程中，直至锅炉放水，集中下降管外壁温度与汽包下壁温度相差大致在 ±5℃ 范围内，可以考虑适当修正后仍用前者代替后者。

　　根据各壁温测点检测到的数值，可以确定汽包的上下壁温差、汽包上部内外壁温差及汽包下部内外壁温差。

　　（2）启动与停运过程中汽包壁温差的控制。控制汽包内外、上下壁温差的关键是控制工质的升温升压速度，降低汽包壁温差的具体方法主要包括：

　　1）及早建立稳定的水循环；

　　2）控制汽包内工质的升压或降压速度；

　　3）限制升负荷速度。

　　3. 锅炉升温升压与升压曲线

　　饱和工质的压力与温度是单一的关系，因此升压速度决定了升温速度。根据我国的经验，启动过程中工质的升温速度≤1℃/min，可由此制定锅炉的升压基本曲线，如图10-8所

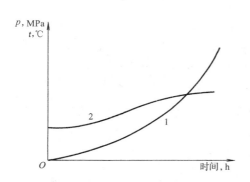

图 10-8　锅炉基本升压曲线
1—工质压力曲线；2—工质温度曲线

示。在启动初期应采用较小的升压速度，因为此时汽包常会发生较大的壁温差。例如某亚临界压力自然循环锅炉，启动初期汽包压力为 0.8MPa 时，汽包上下最大壁温差达 98℃，内外壁温差 56℃，峰值应力为 300MPa。启动初期发生较大壁温差的原因主要有以下几方面：启动初期水循环不正常，汽水流动较差，局部地区有停滞现象；进水阀门关闭不严，给水漏入汽包，使汽包壁局部温度下降；在低压时汽水饱和温度随压力变化率（$\Delta t / \Delta p$）较大等。汽水饱和温度随压力变化率见表 10-1。

表 10-1　　　　　　　　　　　汽水饱和温度随压力变化率（$\Delta t / \Delta p$）

p（MPa）	0.098～0.196	0.196～0.49	0.49～0.98	0.98～3.92	3.92～9.8	9.8～13.7	13.7～17.64
$\Delta t / \Delta p$（℃/MPa）	205	105	56	23	10	6.4	5.7

　　单元机组滑参数启动时，锅炉升压曲线还必须满足汽轮机运行工况的要求，如汽轮机冲转、升速、并网、升负荷、暖机等，如图 10-1 所示。汽轮机冲转时，汽包压力要满足最低负荷的需要，升负荷阶段，汽包压力要满足升负荷速率与暖机等的要求，同时还应注意升负荷时汽包壁温差会短期增大。例如某 200MW 锅炉，在并网初期汽包上下壁温差 Δt_{sx}≤10℃，升负荷大于 25MW 以后，Δt_{sx} 增大，负荷至 180MW 时 Δt_{sx} 达 40～42℃，此时降低汽包壁温差方法是限制升负荷速率。

　　升压过程应严格按给定的锅炉升压曲线进行，若发现汽包壁温差过大，应减慢升压速度或暂停升压，找出原因并根据设备情况采取相应的措施，使温差不超过规定值，保证汽包的安全。

　　对锅炉升温升压过程的控制，可以汽轮机冲转为界，划分为三个阶段：

　　（1）汽轮机冲转前锅炉的升温升压。这时锅炉通常未投煤粉，由于炉内整体燃烧较弱，烟气量少，过热蒸汽的过热度不大，而且过热度的变化也不大。所以过热汽温基本上受升压速度的控制，汽温控制的原则只是满足汽轮机的冲转压力和温度的要求即可。控制汽温的手

段主要是燃料量和汽轮机旁路系统阀门的开度。

（2）汽轮机冲转时锅炉的升温升压。冲转升速过程中，锅炉基本不调整燃烧，同时锅炉压力维持恒定，这时锅炉过热器的进口温度不变，易于维持汽轮机前主蒸汽温度的稳定，使汽轮机冲转升速过程中的加热平缓、均匀，降低其热应力。

（3）汽轮发电机并网接带初负荷后锅炉的升温升压。机组接带初负荷后，由于给水加热系统的投入，给水温度逐渐提高，过热汽温有所增大。同时，锅炉的燃烧率大幅度增加，汽温上升较快，过热度也逐渐增大。此时的升温速度主要受汽轮机热应力和胀差的限制，而升压速度仍受汽包安全的限制。控制升温升压速度的主要手段就是控制燃烧率，即控制投入的燃料量。此外还可以通过调节旁路系统阀门的开度来进行升温升压速度的控制。

机组达到某一负荷（如70%MCR）时，汽温一般会升至额定值，此后按照滑压方式升负荷，而汽温则用正常的调温装置（一般是减温水量）来维持给定值。

4. 热态启动过程的升温升压控制

机组热态启动的特点是启动前机组的金属温度水平高，汽轮机的冲转参数高，启动时间短，因此锅炉在点火后，应尽可能加大过热器、再热器的排汽量，迅速增加燃料量，在保证安全的前提下尽快提高汽压、汽温，提高升负荷率，以防止机组金属部件继续冷却。同时，由于被加热部件的金属温度起点高，相应的升温幅度小，因此也允许较大的升温升压率。

由于再热蒸汽管道容积比主蒸汽管道大，疏水多，再热蒸汽压力比主蒸汽压力低得多，其排汽及疏水能力差，因此在主蒸汽温度达到冲转要求时，再热蒸汽温度往往还没达到要求，可能低于金属温度，这就要求锅炉应迅速提高主蒸汽温度和再热蒸汽温度，减少低参数蒸汽对金属的冲击。

为缩短启动时间，尽快达到汽轮机冲转的要求，可采取下面的方法来提高再热蒸汽温度：

（1）汽轮机高压旁路后汽温在允许范围内尽量提高（控制装置为旁路的减温减压器），从而达到提高再热蒸汽进、出口温度的目的；

（2）尽可能在汽轮机冲转前投入制粉系统，以满足汽轮机较高冲转参数的要求；

（3）采取在烟气侧提高再热汽温的措施，比如摆动式燃烧器上摆，或投用上层燃烧器喷口，或开大再热器出口烟气挡板，适当增大过量空气系数等。

5. 停炉降压过程中的汽包热应力分析

（1）停炉降压过程中的汽包热应力。锅炉停炉过程中工质温度相应下降，汽包金属温度也随着下降。对于停机后的降压过程，汽包上部蒸汽温度下降滞后于压力下降，汽包金属温度下降滞后于工质温度的下降。工质与汽包金属之间形成的温差使金属的蓄热释放，下部壁面水层发生核态沸腾，上部壁面汽层变成微过热。由于汽包下部水温低于上部汽温，下部壁面表面传热系数大于上部壁面表面传热系数，结果使上部壁温高于下部壁温。

如果是滑压停运过程，由于汽水工质的流动，汽包上部蒸汽温度与饱和温度基本相同，微过热蒸汽层较薄，汽包上下壁温差较小。

降压过程中，若汽包保温良好，汽包外壁温度高于内壁温度。因此，停炉降压过程中汽包上部产生压缩热应力，下部产生拉伸热应力；汽包外壁产生压缩热应力，内壁产生拉伸热应力。

此外，滑压停运过程中，由于压力降低使下降管中工质和管壁金属蓄热释放，造成下降管带汽，使循环动力减小，可能引起水循环恶化。水循环恶化会使汽包壁温度分布更不均匀，热应力增大。

（2）锅炉停炉过程中降压速度的控制。在锅炉滑压停运过程中，一般采用以下方法控制汽包热应力：

1）控制工质温度下降速度。汽包压力大于 9.8MPa 时，汽包内工质温度下降速度不大于 1℃/min，相应的降压速度为 0.05～0.1MPa/min；汽包压力小于 9.8MPa 时，工质温度下降速度不大于 1.5℃/min，相应的降压速度为 0.1～0.15MPa/min。主要由燃烧率控制降压速度。在汽压下降的同时汽温也相应下降，汽温下降速度取决于汽轮机冷却的烟气，通常过热蒸汽的降温速度大约为 2℃/min，再热蒸汽的降温速度大约为 2.5℃/min。要控制再热汽温与过热汽温变化一致，不允许两者温差过大，同时应始终保持过热汽温有不低于 50℃ 的过热度，以确保汽轮机的安全。为此，除用燃料量和使用减温水调节汽温外，还可以通过汽轮机增大负荷的方法来进行控制。

2）降压降负荷分几个阶段进行，每个阶段停留 20～60min。

3）降压至 2MPa 以下时应放慢降压速度，因为低压时温度随压力的变化率大，见表 10-1。

4）机组滑停的最低负荷，除稳定燃烧要求外还受汽包壁温差的限制。在锅炉负荷下降的同时燃料量减少，水冷壁热负荷不均匀性加剧，水循环恶化，发生循环停滞回路的汽包相应空间内工质流动减弱甚至停止，导致汽包壁温差增大。

例如，某 670t/h 锅炉在负荷降至 9%MCR 时，只有两个油燃烧器在运行，炉内热负荷不均匀，结果，汽包上下壁温差在 10min 内上升至 60℃，被迫立即停炉，汽轮发电机解列。

锅炉在额定参数停运时，由于在较高参数下熄火降压，降压过程容易产生更大的汽包上下壁温差，所以要更严格控制降压速度。主要是在刚停炉的 4～6h 内，一定要停运送、引风机，密闭锅炉本体，并连续监视汽包壁温差。

6. 控制循环锅炉汽包热应力控制特点

由于控制循环锅炉在汽包内部有与汽包同样长度的弧形衬板，在弧形衬板和汽包壁之间有汽水混合物自上而下流动，使汽包内部表面温度基本相同，汽包上下壁温差基本不存在，改善了汽包的应力特性。所以，对于控制循环锅炉的汽包，限制其升压速度的因素主要是汽包内外壁温差和汽包的内压力。

控制循环锅炉在点火前已经启动炉水循环泵建立了水循环，点火后汽包的受热比较均匀，可以提高升温升压速度，其炉水温升率一般控制在 80℃/h 以上，根据资料，如果采用 110℃/h 的温升率，汽包寿命期内允许启停次数在七万次以上。

控制循环锅炉在水冷壁进口安装了节流孔板，使水冷壁管中的流量按热负荷大小来分配，在整个启动过程中，保证了水循环的安全可靠。

（三）启停时蒸汽管道的保护

一台大型锅炉的汽水受热面，即过热器、再热器、省煤器和水冷壁（俗称"四管"），由性能不同的各种钢材管组成，必须承受很高的工作压力，其管材壁厚在 2.0～12.0mm 的范围，各种规格管子的总长度可达 200km。

在启停过程中，过热器和再热器受热面的管子及其到汽轮机的连接蒸汽管道，壁内温度的变化和分布是一个不稳定的导热过程，管子在长度方向膨胀受阻产生热应力，管子内外壁温差也产生相应的热应力；同时，随着升温升压过程蒸汽的产生，管内由内压产生机械应力。启停时锅炉蒸汽管道的保护方法如下：

1. 暖管

锅炉启动时，由于蒸汽管道温度较低，为避免高参数蒸汽进入管道产生过大的热应力，应进行充分的暖管。暖管时升温要缓慢，防止加热过快，保证热应力在安全的范围内。同时，管道系统中还有比管子厚度大很多的法兰和阀门，特别是没有保温的法兰和阀门，如果暖管速度太快，会产生巨大的热应力造成破坏。因此为保证管道系统的安全，暖管的速度应不大于 4℃/min。

2. 疏水

在启动前，从锅炉出口到汽轮机前的一段主蒸汽管道是冷的，可能管道内还有积水，同时在暖管的初始阶段，进入主蒸汽管道的蒸汽参数较低，蒸汽将热量传给了管道和阀门等而凝结成大量的凝结水。这些凝结水被蒸汽带走会产生严重的水冲击，使管道系统发生振动，因此需要把管道系统上的疏水门打开排放积水和凝结水，疏水过程一定要进行彻底。

3. 排空气

管道投入运行前，应开启空气门，把管内空气全部排除，防止空气积存在管内腐蚀管壁金属和引起空穴振动。

4. 热紧及防冻

启动时，必须监视管道膨胀是否正常，支吊架是否完整。

启动过程中，随着压力的升高，管道上的螺栓会产生热松弛，可能造成泄漏，因此在压力升高到 0.3～0.4MPa 时，要进行热紧螺栓的工作。为了安全，不允许在压力更高的情况下热紧螺栓。

为了防止冻坏管道和阀门，对于露天或半露天布置的停用管道，在冬季气温 0℃以下，要将管道内存水排放干净，并防止有死角积水的存在或采取一定的防冻措施。

（四）启动过程中的水循环

1. 水循环建立过程

锅炉点火前汽包水位以下空间储存着水，处于静止状态。锅炉冷态点火时燃料燃烧放热，水冷壁内炉水温度逐渐上升，达到饱和温度就开始产生蒸汽。下降管中的水与水冷壁中的高温水或汽水混合物之间的密度差形成了运动压头，它促使水冷壁内的工质发生流动。随着燃烧的加强，工质流动逐步加速。

水循环把工质从炉膛吸收的热量带至循环回路各部位，使各部件温升均匀；水循环使汽包内炉水温升和流动，减小汽包壁温差；水循环使水冷壁内工质流动，减小了膜式水冷壁的管间温度差。因此，启动初期及早建立水循环是非常重要的。

2. 建立水循环的措施

（1）炉膛燃烧。炉膛燃烧稳定均匀并具有一定的燃料量，是及早建立稳定水循环的必要条件。

锅炉点火时，短期内投入的量称初投燃料量。较大的初投燃料量对稳定燃烧、建立水循环有利，但初投燃料量太大会引起受热面壁金属超温危险。在一定的初投燃料量下，单个油枪容量小，油枪根数多可使炉膛热负荷均匀，并注意及时轮换使用油枪，使炉膛热负荷尽量均匀。

　　要注意为了保护过热器和再热器，在汽轮机冲转前，锅炉炉膛出口烟温通常不要超过540℃左右。

　　（2）升压速度。升压速度对水循环建立也有影响，锅炉压力较低时虽然汽化热较大，但饱和温度低，对应金属温度也低，金属与水的蓄热少，在相同燃烧条件下产汽量较多。同时，在低压时汽水密度较大，能产生较大的流动压头。因此，启动初期升压较慢，维持较低压力有利于建立水循环。

　　（3）炉水辅助加热（也称为蒸汽推动）。自然循环锅炉为了及早形成较大的流动压头，常采用炉水辅助加热装置。它是在水冷壁下联箱内用外来汽源（邻机抽汽或启动锅炉）对炉水加热，一般可将炉水加热到100℃左右再点火，锅炉点火后就停止加热。

　　炉水辅助加热装置有以下好处：加快建立水循环、减少汽包壁温差、缩短启动时间、减少启动耗油，停炉时用外来汽源加热炉水来防冻和防腐蚀，还可用外来汽源排除过热器中积水。

　　投用炉水辅助加热装置时汽包水位应在正常水位线下100mm处，炉水加热后水空间内的水产生膨胀使水位上升，投用后要严密监视汽包水位。投用炉水辅助加热装置时，要注意控制炉水升温速度，一般控制在28～56℃/h，防止受热面产生过大的热应力。

　　（4）炉内补放水。炉内补放水就是利用定期排污放水，同时补充给水维持汽包水位。炉内补放水可使受热较少的水冷壁及不受热的部件内用热水代换冷水，促使它们的温升均匀，但是补放水将造成部分工质和热量损失。

　　（五）金属膨胀量的监督

　　升压过程中工质和金属温度随之升高，各部件都相应地发生热膨胀。各部件膨胀位移反映了其受热温升情况，不同的温度水平就有不同的膨胀位移量，同时也反映了膨胀位移是否受阻碍（水冷壁不能自由膨胀时即有热应力产生使其发生弯曲或顶坏其他部件），方向是否正确。对新安装或大修后的锅炉，首次启动时必须严格监视各部件的膨胀情况，检查膨胀方向和膨胀量。如发现不正常时必须限制升压速度，查明原因，消除障碍。正常启动时也要常规检查各部件的热膨胀情况。

　　锅炉主要受热部件都装置膨胀指示器。膨胀指示器由膨胀位移指针与坐标板组成，膨胀位移指针焊接在受热部件上，坐标板在静止不受热的钢架上。

　　对各部件的膨胀指示值，在点火或炉水辅助加热前要作好记录。点火或炉水辅助加热后，除了要定期记录指示值之外，一般还要从升压初期到汽轮机冲转、暖机、并列及带负荷，直至锅炉负荷达到70%MCR前，还应进行多次膨胀指示值的检查与记录。通常在锅炉升温升压的初期，检查间隔的时间还应该短些。

　　当水冷壁及其联箱因受热不同而出现不均匀膨胀时，可以用加强放水，特别是通过加强膨胀量较小的水冷壁回路放水的方法来解决。

　　（六）汽包水位控制

　　锅炉启动停运过程中汽包水位受到各种工况的影响，必须注意汽包水位的控制，此时，应以汽包就地水位计为准，用就地水位计监视水位，并作为控制水位的依据。在启动过程中就地水位计指示必须可靠，故在汽包工质压力升至0.05～0.1MPa时对水位计冲洗，检查水位计工作是否可行和排放尽积存的空气。为了安全，在锅炉启动过程中，可指派专人对就地水位计水位进行监视。

1. 启动时汽包水位变化特点

锅炉汽包水位除了取决于进出口工质流量平衡关系外，还取决于水空间蒸汽体积大小，后者决定于蒸汽质量和蒸汽密度。压力增加，蒸汽密度增大，蒸汽体积减小，蒸汽产量增大，在相同的密度下蒸汽体积增大。因此，在启动与停运过程中汽包水位的变化是很复杂的，一般有以下规律：

(1) 炉水辅助加热，汽包水位上升；
(2) 锅炉点火，汽包水位上升；
(3) 增加燃料，汽包水位上升；
(4) 升压，汽包水位下降；
(5) 增加燃料升压，汽包水位上升；
(6) 开大汽轮机旁路，汽包水位上升；
(7) 安全阀门动作（起坐），汽包水位上升；
(8) 开向空排汽阀门，汽包水位上升；
(9) 锅炉进水，开始时汽包水位下降以后又上升；
(10) 开下联箱放水，汽包水位下降；
(11) 汽轮机调速阀门开大，汽包水位上升。

2. 升温升压过程中汽包水位的监视

在升压过程中，对水位的控制和监视，应密切配合锅炉启动工况的变化进行。各阶段的操作要点如下：

(1) 升压初期的操作。在点火升压的初期，炉水逐渐受热升温、汽化，因而其体积膨胀，汽包水位逐渐升高。同时，一般还要进行锅炉下部放水，使水冷壁各回路受热均匀，金属膨胀变形均匀，这时应根据放水量的多少和水位的变化情况，决定是否需要补充进水，以保持汽包水位正常。

(2) 升压中期的操作。在升压过程的中期，煤粉主燃烧器投入运行，炉内燃烧逐渐加强，汽温、汽压逐渐加速升高，由于这时蒸汽产量加大，消耗水量增多，应及时增大给水量，以防止水位下降，此时，一般仍用给水旁路或低负荷进水管上水（因主给水管道直径大，给水量不易控制）。

(3) 升压后期的操作。在升压过程的后期，进行安全阀校验时，在开始的瞬间由于蒸汽突然大量外流，锅炉汽压会因此迅速降低，产生严重的"虚假水位"现象，暂时使汽包水位迅速升高。为了避免蒸汽大量带水，事先应将汽包水位保持在较低的位置。若虚假水位很严重时，还应暂时适当地减少给水，待水位停止上升后，再开大给水门增加给水。

在锅炉蒸汽量达到一定值时，应根据负荷上升的情况，将给水管路切换到主给水管路，并根据需要改变给水调节门的开度，维持给水量与蒸发量的平衡，保持水位正常，并在适当负荷（当水位稳定后），将给水由手动切换为自动，使给水自动调节装置投入运行。

（七）硅洗

超高压、亚临界压力汽包锅炉，炉水中的硅酸会溶解于蒸汽（如 600MW 汽包锅炉工作压力达 19.4MPa，硅酸的分配系数已接近 16，具有较大的溶解能力），使蒸汽品质恶化。含硅蒸汽在汽轮机中膨胀做功，压力下降，硅酸从蒸汽中分离出来，以固态沉积在汽轮机叶片上，严重影响汽轮机的安全经济工作。超高压以上的汽包锅炉分配系数随着锅炉压力升高而上升，因此在启动过程与正常运行时，必须对炉水含硅量进行严格控制。在启动过程中，根据含硅量限制锅炉升压，排去硅酸浓度高的炉水，使炉水含硅量达到 0.02mg/L 以内，这个过程称为硅洗。硅洗一般从 10MPa 左右开始进行。

例如 300MW 亚临界压力自然循环锅炉，在锅炉压力升至 9.8MPa 时开始进行硅洗，分 9.8、11.8、14.7、16.7、17.7MPa 五个阶段，

表 10 - 2　　　　各压力阶段下炉水允许含硅酸量

蒸汽压力（MPa）	9.8	11.8	14.7	16.7	17.7
炉水中含硅量（mg/L）	3.3	1.28	0.5	0.3	0.2

每个压力阶段的炉水允许含硅酸量见表10 - 2。在每个压力阶段都进行硅洗，当炉水中含硅量达到下级压力允许含硅量时才能升压至相应级，并继续进行硅洗。

三、过热器与再热器的安全启停

（一）基本要求

在单元机组滑参数联合启动与停运过程中，锅炉送至汽轮机的过热蒸汽的压力、温度及其流量要符合汽轮机各工况的要求，同时还要保证过热器、再热器及管道系统自身的安全工作。过热器、再热器的受热面金属温度是锅炉受热面中最高的，与材料的许用温度很接近。在启动过程中，锅炉各部件及工质温升需要热量，燃料量常是超量投入，即燃料量的投入超过蒸汽流量的对应值，过热器与再热器的冷却条件常不适应其加热条件，很可能引起受热面金属超温。在停运降压降负荷过程中，锅炉蓄热释放，也可能发生受热面的超温。管道、联箱从冷态到相应工质温度的暖管过程，也可能发生水锤、振动等不正常现象。因此，在启动与停运过程中，必须十分重视采取有效的措施，使过热器、再热器及其管道系统安全工作。

（二）过热器与再热器启动初期的保护

1. 立式蛇形管积水与排除积水的措施

炉膛中的屏式过热器、水平烟道中的高温过热器、高温再热器都是立式布置，启动前常有积水现象。如启动前进行水压试验，立式蛇形管内充满水压试验用水；运行后的停炉，立式蛇形管内也会有凝结水积聚。立式蛇形管内的积水不能靠自身的重力放掉，锅炉启动时水会形成水塞，阻碍蒸汽畅流。

由于平行管列中的积水往往是不均匀的，在通汽流量或并列管进出口压力差不足时，积水较少的管子可能被疏通，而积水较多的管子中的水位波动，会使水位面处管金属发生疲劳损伤，大型锅炉左右侧水塞偏差会造成汽温偏差。因此，在启动初期必须及时地把蛇形管中的积水疏尽，具体措施有：

（1）汽轮机冲转前主汽阀门关闭阶段，要求对过热器、再热器通汽，疏通与排尽积水，积水的蒸发形成对受热面的冷却，同时对联箱、蒸汽管道暖管。

首先要放掉过热器、再热器中的积水，启动初期各级疏水阀门应开启。包覆管过热器、水平蛇形管过热器和再热器等在启动初期应开启各自的底部疏水阀门，待积水放尽后关闭。立式蛇形管出口疏水阀门在蒸汽流量达到疏通水塞的流量后可关闭。疏水一定要彻底。

汽轮机冲转前，过热器、再热器中的出口蒸汽可通过以下途径排放：

1）开过热器、再热器出口疏水门，工质通过疏水管道排放。

2）开汽轮机旁路，蒸汽通过旁路系统排入凝汽器，这种方法无噪声并能回收工质。

一般应在立式蛇形管积水疏通后才能使用前几级过热器的疏水阀门与过热器的旁路系统，并必须注意受热面的管壁温度，因为使用这些通道将使其后的受热面中蒸汽流量减少，

冷却条件变差。

（2）立式蛇形管的积水还可靠烟气对其加热蒸发逐渐疏通或加热疏通，在没有达到疏通前必须限制受热面的进口烟温（一般在锅炉蒸发量小于 10％～15％MCR 时）。可根据过热器或再热器受热面金属材料的许用温度与允许的左右烟温偏差值确定进口烟温的限值。例如用 12Cr1MoV 钢材的过热器，钢材的许用温度为 580℃，考虑到烟温左右偏差 30℃，则过热器进口烟温限值为 550℃。再热器未通汽前，用限制进口烟温方法来保护再热器，可用上述相同方法确定烟温限值。

可按以下几个方面判断过热器的积水是否已经疏通：

1）出口汽温忽高忽低，说明还有积水，而出口汽温稳定上升则说明积水已经消除；

2）各受热管的金属壁温彼此相差很大，说明还有积水，当各管间的温差小于 50℃ 时，才允许增加燃烧；

3）汽压已大于 0.2MPa，足以将最长管子中的积水疏通。

当以上三个条件都具备，可以增加燃料升温升压。如果过早增加燃料，很可能导致过热器超温。

2. 暖管

冷态管道突然通入大量高温蒸汽，阀门、法兰等管子附件会产生很大的热应力，还可能产生严重的水锤和振动。因此，事先必须用少量的蒸汽对管道进行缓慢的加热和疏水，使管道金属逐渐升温一致，这个过程称之为暖管。暖管温升速度一般限制在 2～3℃/min。

（三）过热器与再热器启动后期的保护

启动后期是指并网后的升负荷阶段。在该阶段中，由于燃烧未调整至最佳状态，燃烧中心偏高，热偏差大，燃料量偏大等都是常见的现象，这些都会造成受热面壁温偏高，甚至超过材料的许用温度。现代高参数锅炉使用钢材的工作温度已十分接近材料的许用温度，即使壁温少量偏离也会发生超温的危险。

在启动过程中防止过热器、再热器管壁金属超温的方法大致有以下几种：

（1）降低燃烧火焰中心的位置。降低燃烧火焰中心的位置，使炉膛出口烟温下降，从而使受热面壁温下降。投用下排燃烧器，增大燃烧器下倾角，调整燃烧器一、二次风使燃烧稳定，火焰不直接冲刷炉墙和屏式过热器，降低过量空气系数和漏风系数等都能降低燃烧火焰中心位置。

（2）防止局部烟温过高。投运的燃烧器均匀对称，或定期调换燃烧器，减少炉内的烟气温度偏差和传热偏差，都可以防止局部烟温过高。

（3）合理使用喷水减温器。使用喷水减温器的目的是降低受热面壁温和调节蒸汽温度。在喷水点后的受热面既可降低壁温又可降低蒸汽温度，但在相同的过热器出口蒸汽流量前提下，喷水点前受热面蒸汽流量相应减少，冷却条件变差，壁温升高。因此，只有在喷水点前受热面壁温较低，安全裕度许可的情况下才能用喷水减温调节汽温，所以，在启动的初期和中期，应尽量避免使用。

经验表明，由于减温器布置位置的影响，低温过热器和屏式过热器是启动时应该重点加以监视的对象，它们往往在 70％～80％MCR 负荷区间出现金属超温。

再热器的具体保护方法与汽轮机旁路系统的形式有关。对于采用高、低压两级旁路的系统，在启动期间，锅炉产生的蒸汽可以通过"高压旁路—再热器—低压旁路"通道流入凝汽器，因而再热器能得到充分冷却。一般高压旁路应全开，低压旁路开 50% 以上。

对于采用一级大旁路的系统，汽轮机冲转以前，再热器内没有蒸汽流过进行冷却，通常采用以下方法保护再热器：

（1）启动时控制进入再热器的烟气温度，可根据再热器受热面金属材料的许用温度与允许的左右烟温偏差值确定进口烟温的限值，操作时以控制炉膛出口烟气温度来实现。

（2）选用较低的汽轮机冲转参数，这样在再热器进口烟温较低时也可冲转进汽，保证再热器管内有蒸汽流过。

（3）启动中投入限制燃料量的保护装置，如燃料量超过了整定值则保护动作，自动停止增加燃料。

在热态、极热态下启动时，由于锅炉整体温度水平较高，使再热器在管内流量较小时，管外已经有很高的热负荷，管壁超温的可能性极大。为保护再热器，在条件允许的情况下，应提高再热器的启动压力定值（国外 300、600MW 机组热态、极热态启动时的再热器压力在 1.0MPa 左右），以提高热态、极热态启动初期旁路流量和再热器管内蒸汽的质量流速，加强管壁的冷却以降低壁温。

（四）启动与停运过程中蒸汽参数调节

启动与停运过程中锅炉出口蒸汽参数应由以下原则确定：

（1）蒸汽压力与温度要满足汽轮机各工况下的进汽要求；

（2）过热器与再热器受热面金属不超温；

（3）主蒸汽温度变化率不大于 1℃/min，再热汽温变化率不大于 2℃/min。

如图 10 - 1 与图 10 - 2 所示为滑参数联合启动与停运过程中汽轮机进口蒸汽参数的变化。蒸汽温度要符合升温（启动）与降温（停运）曲线，就需要进行调节。汽温调节可用喷水减温、汽—汽热交换、烟气挡板等。如果炉内燃烧稳定，还可采用改变燃烧器投运组合、调节燃烧器倾角等。但是正常的调温方法不能完全满足启动与停运过程中汽温的要求，还必须用启动与停运过程中特定的调温方法，后者与启动系统有关，下面进行说明。

大型锅炉的过热器是以对流型为主的辐射对流联合型受热面，再热器主要是对流型受热面，它们的汽温特性都是随着负荷的增加而上升，对流成分越多，汽温特性斜率越大。因此，锅炉增加燃料量使在产汽量增加的同时蒸汽温度也随着上升。在启动过程中，为满足汽温的要求，锅炉产汽流量常会超过汽轮机的需要，锅炉与汽轮机之间的流量差值可通过以下途径平衡：

具有汽轮机旁路系统的启动系统，流量差值可通过汽轮机旁路系统排入凝汽器；通过过热器、再热器出口疏水系统排入凝汽器或疏水扩容器；向空排汽排入大气。

汽轮机旁路系统的优点是通流量大、调节性能好。疏水系统的通流能力较小，只能平衡较小流量差值。向空排汽阀门有很大的平衡汽量的能力，简单可靠，但工质全部损失了，噪声也很大。

具有过热器旁路系统时，调节汽温原理是改变受热面内蒸汽流量，使每千克蒸汽的吸热量与汽温升高值发生变化。受热面的对流传热主要决定于烟气速度与温度，辐射传热主要取决于烟气温度和燃料量的大小。故在燃料量不变时，蒸汽量减小汽温上升，蒸汽流量增加汽温下降。采用过热器旁路调节汽温时，过热器中蒸汽流量减少，对受热面的冷却条件变差，要防止受热面管壁金属温度超温。

四、尾部受热面的保护

(一) 省煤器的保护

汽包锅炉水容积大，在启动与停运过程中的一段时间内产汽量很少，不需要给水或只要间断给水。在停止给水时省煤器内无水流通，管内将会发生汽水分层，CO_2、O_2 等气体杂质停留在受热面上，发生受热面管子金属温度波动、超温或腐蚀等问题。因此，在启动或停运过程中要求省煤器内有连续流动的水流。

保持省煤器内水连续流动的方法有省煤器再循环法和连续进放水法。

1. 再循环法

自然循环锅炉的省煤器再循环法是在汽包和省煤器进口联箱之间接一根装有再循环阀门的再循环管。在锅炉停止给水时，给水阀门关闭，再循环阀门开启，省煤器与再循环管间由于工质密度差而形成循环流动。自然循环锅炉省煤器再循环保护方法存在以下缺点：

(1) 省煤器再循环和省煤器给水进水工况切换时要操作给水阀和再循环阀门，同时，省煤器进水联箱由给水变成炉水或由炉水变成给水，由于水温不同而引起壁温波动，产生疲劳裂纹。

(2) 如果再循环阀门关闭不严或有泄漏，则部分给水将不通过省煤器直接进入汽包，汽包壁局部温度下降，壁温差加剧，同时省煤器中水流量下降，将引起管壁超温，给水吸热量减少，将引起过热汽温上升。

控制循环锅炉省煤器再循环系统是在水冷壁下联箱与省煤器进口联箱之间接再循环管，主要靠炉水循环泵使省煤器产生再循环。这种系统循环动力大，工作安全，应用较广。

2. 连续进放水法

连续进放水法一般是小流量给水连续经过省煤器进入汽包，同时通过连续排污或定期排污系统放水维持汽包水位。它克服了省煤器再循环方法的缺点，常应用于经常启动与停运的锅炉，但是放水的工质和热量损失了。有些锅炉为了回收工质和热量，锅炉放水接入除氧器水箱，但进入除氧器水箱的水质必须合格。有的锅炉采用适当降低连续给水量，辅以限制省煤器进口烟温的方法来保证省煤器的安全启动。例如 670t/h 超高压自然循环锅炉，在启动过程中采用连续给水放水，同时限制省煤器进口烟温不大于 358℃ 的方法来保护省煤器。

对于在点火前采用炉水辅助加热的启动方式，由于点火时汽压已升至 0.5～0.7MPa，锅炉已有相当的排汽量，锅炉可以连续上水，省煤器的冷却问题也就解决了。

另外，对省煤器布置在进口烟温较低区域时，可以不设置再循环管，如 SG－1025/18.2－M319 型自然循环锅炉，省煤器在 100%MCR 时进口烟温才 441℃，在碳钢管材的承受范围内，而启动时进口烟温要低于 441℃，所以不设置再循环管也是安全的。

(二) 防止"二次燃烧"

锅炉启动时对空气预热器的监护首要是防止"二次燃烧"，其次是不正常的"蘑菇"状变形。二次燃烧的产生主要是由于启动初期以燃油为主，而且燃烧不完全程度比正常运行时要大，未完全燃烧的燃料被烟气带到尾部受热面沉积下来，当烟温逐渐升高，使其逐渐氧化升温，达到自燃温度后发生燃烧。因此，启动时应密切监视空气预热器的出口烟温（即排烟温度），若排烟温度不正常升高时，应立即停止启动或作停炉处理，并密闭烟道进行灭火。

(三) 回转式空气预热器变形的防止

回转式空气预热器应在启动送引风机前启动，防止受热面转子沿周向不均匀温升，造成不正常的"蘑菇"状变形。回转式空气预热器启动前应把空气出口风门、烟气进口挡板开启。通风清扫时应投入回转式空气预热器的吹灰器。

（四）防止尾部受热面的腐蚀

在启动过程中，省煤器内壁可能发生氧腐蚀，省煤器与空气预热器烟气侧可能发生低温硫酸腐蚀。

在启动过程中，常会发生除氧器蒸汽汽源不足的情况，除氧器内工质达不到对应压力下的饱和温度，使给水中的 CO_2、O_2 含量超过限值，同时省煤器内流速低，因而极易发生省煤器内壁氧腐蚀。在启动过程中维持除氧器内工质在饱和温度，并采用给水氨—联氨加药处理可防止省煤器氧腐蚀。如果给水采用氨—氧加药处理，则允许除氧器不除氧，可减少 5％ 蒸汽损失。

燃煤粉的锅炉，在正常运行时一般不会发生低温硫酸腐蚀。但是在启动或停运过程中，全部燃油或用油助燃，油的含硫量一般较大，油燃烧产物中的三氧化硫含量较多，会使烟气的露点温度大幅度升高，从而引起硫酸蒸汽在受热面上结露而腐蚀。例如烟气中三氧化硫含量达 30mg/kg 时，烟气露点温度可达 145～160℃。此外，启动与停运过程中低燃料量燃烧的持续时间长，排烟温度低，尾部受热面壁温相应也较低，同时，给水温度低，省煤器壁温更低，因此，在启动与停运过程中尾部受热面常会发生低温腐蚀。防止低温腐蚀的方法主要有提高空气预热器进风温度和提高省煤器进水温度两种，前者采用热风再循环或暖风器，后者需要提高除氧的工作压力并及早投入高压加热器。

五、启动过程中的燃烧

（一）简介

煤粉锅炉在点火和启动初期一般燃用轻质油或重油，达到一定条件后再投燃煤粉，最后停止燃油，完全燃用煤粉。整个启停过程中，由点火程控、燃烧自控、炉膛安全保护等装置确保其安全和经济性。

锅炉启动过程中的燃烧有以下几个工况阶段：启动送、引风机对炉膛通风清扫；锅炉点火投入燃油燃烧；启动制粉系统投入煤粉燃烧；停止燃油全部燃烧煤粉。

启动过程中燃烧的主要要求有下列几点：投入的燃料量应符合启动过程中各工况的要求；燃烧稳定，防止发生熄火及炉膛爆炸事故；减少燃烧损失提高燃烧热效率；节约燃油。

锅炉停运过程中的燃烧有减煤粉、投油助燃、全燃油及熄火几个工况，其要求和启动过程中的燃烧相同。

（二）锅炉通风清扫

1. 目的

炉膛内如果积存一定的可燃质和有适当的可燃质/空气比例，当出现火源时就产生快速而不可控制的燃烧，炉膛气压瞬间升高，即所谓炉膛爆炸，严重的炉膛爆炸会造成炉膛、水冷壁损坏等重大事故，因此，在锅炉点前必须对炉膛、烟道通风清扫，清除积存的可燃质。

2. 方法

燃烧器风门处于一定的开度，启动引风机与送风机，建立炉膛和烟道通风。锅炉清扫通风时炉膛负压为 50～100Pa，通风量为额定工况下的体积通风量的 25％～40％，清扫通风时间煤粉炉为 5min，燃油炉为 10min。

建立锅炉清扫通风工况主要考虑了以下原则：

（1）得到满意的炉膛清扫效果，即通风量应能对炉膛进行 3～5 次全面换气，通风气流具有一定的速度或动量把较大的可燃质颗粒带走；

（2）燃烧器风门与风量适合点火工况的需要，这样，使运行操作次数、操作错误降低到最低限度。

（三）点火与初投燃料量

1. 点火

（1）点火时的风量。现代锅炉点火采用开风门清扫风量点火方式，即所有燃烧器风门都处于点火工况开度，炉膛负压为 20～40Pa，通风量为 25％～40％的额定风量。开风门清扫风量点火的好处有以下几点：

1）炉膛与烟道的通风量处于"富风"状态，能充分提供燃烧所需的氧量。同时炉膛烟道还处于"清扫风"状态，对进入炉内未点着的可燃质都能及时地被清除，有效地防止可燃质在炉内积存。

2）单个燃烧器风量都是额定工况的 25％～40％，对点火的燃烧器处于"富燃料"状态，并一般都能满足点火时燃烧器的风速≤12m/s 的要求。这样，就能在燃烧器风门和锅炉通风量不变的情况下点燃第一个或第一组燃烧器。

由上述分析知，开风门清扫风点火使锅炉总体富风，点火燃烧器富燃料，可防止炉膛爆炸，有利于着火与稳定燃烧，操作量也小。

（2）点火。大容量锅炉目前大多采用二级点火方式，即点火装置先点燃油枪，油枪再点燃煤粉燃烧器（主燃烧器）。油系统在点火前必须将燃油压力和温度调整至规定值，燃烧重油时，还需将雾化蒸汽压力和温度调整至规定值以确保雾化良好。

点火后 30s 火焰监测器无火焰信号，则证实点火失败，点火程控系统在自动关闭进油阀后退出油枪，处理后重新点火。炉膛熄火后要重新点火，则必须先进行炉膛通风清扫。

点火后要注意风量的调节和油枪的雾化情况。若火焰呈红色且冒出黑烟，说明风量不足，尤其是一次风量不足，需要提高一、二次风量；若火星太多，或产生油滴，说明雾化不好，应提高油压、油温，即雾化蒸汽的压力，但油压不可太高以避免着火推迟。

在锅炉点火过程中，启动送风机、引风机、一次风机或排粉机时，自动控制系统均应先关闭它们的出、入口挡板，进行空载启动，将启动电流和持续时间降至最小。当风机转动起来后（如 40min 后），全开出口挡板并逐渐开启入口挡板，调节风量到需要值。

（3）点火时油枪的投用。投入油枪应该由下而上逐步增加，从最低层开始投入，有利于降低炉膛上部的烟温以保护过热器和再热器。

投油枪方式，对燃烧器四角布置切圆燃烧锅炉，根据升温升压控制要求，可一次投同一层 4 支或一次投同层对角 2 支，定时轮换以均匀炉膛负荷保护水冷壁，轮换原则一般为"先投后停"。对于燃烧器对冲或前墙布置锅炉，可一次投同一层所有油枪或一次投同层间隔油枪，投入时均应顺序对称投入。

2. 初投燃料量

锅炉点火时就投入一定的燃料量，在点火后短时间内燃料量增加到一定的数值，并在一段时间内保持不变，这个燃料量称为初投燃料量。要求在初投燃料量下能实现以下锅炉和汽轮机工况：

（1）锅炉稳定燃烧，炉膛热负荷均匀；

（2）锅炉能尽快建立稳定的水循环；

（3）锅炉产生的蒸汽除能满足锅炉升温升压的要求，还应满足汽轮机冲转、升速与并网的要求。

但是初投燃料量受到锅炉升温速度的限制。如果锅炉初投燃料量由于受到锅炉升温限制而不能满足汽轮机并网的要求时，可在汽轮机冲转前增加一定的燃料量，而在升速、并网过程中燃料量不变。一般初投燃料量为额定燃料量的 $10\%\sim20\%$，风量为额定值的 $25\%\sim40\%$。自然循环锅炉由于受汽包安全的限制，初投燃料量小于直流锅炉。

若汽轮机旁路系统为一级大旁路，在汽轮机冲转之前，再热器内没有蒸汽流过，其管壁温度可能等于或接近管外烟气的温度，因此在这段时间内，应严格控制炉膛的出口烟温（通常由伸缩式烟温探针测得），不得超过规定值（如 540℃）。即使是采用二级旁路系统，为防止过热器水塞和蒸汽流量过小引起金属超温，启动初期也应控制燃料量，并限制炉膛出口烟温。

（四）启动制粉系统与投燃煤粉

中间储仓式制粉系统，先启动制粉系统，待煤粉仓粉位到一定值时再投粉。直吹式制粉系统启动和投粉是同时进行的。

1. 启动制粉系统的条件（以中间储仓式制粉系统为例）

中间储仓式制粉系统在燃烧挥发分较低的煤种时，一般用热空气作干燥剂，乏气作为三次风，因此，锅炉能提供一定温度的热空气和能接受对燃烧不利的三次风时，才具备制粉系统启动的条件。下面进行具体说明：

（1）炉膛已具有一定的燃烧热强度，一般指标是燃料量不小于额定值的 20%，高温过热器出口烟温大于 300℃，炉膛内燃烧良好。此时，三次风喷入炉膛不会过大影响炉膛内的稳定燃烧。

（2）空气预热器出口热风温度大于 $150\sim200℃$。

在启用制粉系统时必须严密监视炉内燃烧工况。

2. 投煤粉的条件

煤粉锅炉在启动开始阶段用轻质油或重油作为燃料，启动到一定阶段再投燃煤粉，逐步切换成煤粉燃烧。什么时候开始投煤粉进行油煤混烧，什么时候停油全投煤粉，它的关键是燃烧的稳定性，与煤种、炉膛结构等有关。能否投煤粉可以从以下几个条件来判别：

（1）炉膛热负荷能满足煤粉稳定着火的要求，一般通过炉膛出口烟温来判别炉膛内温度水平及热强度的大小。

（2）空气预热器出口的热风温度对煤粉气流的加热和着火有很大的影响，一定的热风温度才能使煤粉稳定着火；或者是回转式空气预热器进口烟温大于某一值。

（3）炉膛内火焰良好，煤粉能完全燃烧以防止残余可燃物的"二次燃烧"。

（4）燃烧变化对机组汽温、汽压的影响要小。煤粉燃烧器的投入，使燃烧率增大，而且煤粉的燃尽时间较燃油大，结果使火焰中心位置上移，锅炉的升温升压速度有显著的加快，所以，投粉的时机一般选择在机组带部分负荷后，锅炉产生的多余蒸汽量可以由汽轮机开大调节阀来接纳，使升温升压速度得到控制。

一般 300、600MW 机组锅炉在具备以下条件时可初投煤粉：

1）当汽轮机负荷升至 $10\%\sim20\%$ 以上时；

2）当热风温度大于150℃，可启动第一套制粉系统。

对于超临界压力锅炉还要防止由于燃油量不足，投粉不及时，使过热器内蒸汽量分配不均造成局部汽温偏高的情况。

如燃用烟煤的超高压670t/h煤粉锅炉，启动中燃油量达到20％MCR、燃烧稳定良好时，就可以投燃煤粉。

3.投煤粉的方法

对于中间储仓式制粉系统，在投煤粉时，煤粉仓粉位应在3m以上，这不仅是保证有足够的煤粉量，更重要的是给粉机进口一定的粉压，使给粉均匀稳定。

燃烧煤粉时会产生飞灰与炉渣，故在投煤粉前应启动出灰、出渣系统及除尘器等设备。

投粉后应及时注意煤粉的着火情况和炉膛负压的变化，如煤粉不能点燃，应在5s之内立即切断煤粉供应，如发生炉膛灭火，则必须先启动通风清扫程序，进行炉膛吹扫5min后重新点火。在油枪投入较多而煤粉燃烧器投入较少的情况下，这种监视尤为重要。若投粉后着火不稳定，应及时调节风粉比及一、二次风比，保证着火正常。

在投粉初期，风粉比一般应控制得适当小些以利于煤粉的着火，特别是对于挥发分低、灰分高的煤，一定要保持较高的煤粉浓度以保证投粉成功。

投煤粉燃烧器的顺序应自下而上进行，同层先对角投入两只再投另一对角，同时要配合调节一、二次风风量，监视炉膛负压与氧量表，严密监视炉内各燃烧器的燃烧状况。投入一个煤粉燃烧器后，确认其着火稳定，燃烧正常，才许可投入后续的燃烧器。

直流煤粉燃烧器最初投粉时，在投入燃烧器的上方或下方，应保证至少有一层油枪在运行，即始终用油枪点燃煤粉。随着机组升温升压的进行，自下而上地增加煤粉燃烧器。当负荷达到50％～70％MCR时可根据煤粉着火及燃烧情况，逐渐切除油枪。

4.油燃烧器的退出

当机组并网后，可根据锅炉负荷和炉温，逐步切除油枪，原则上应自上而下逐层退出。油枪切除时应先增加对应层煤粉燃烧器的出力（中间储仓式制粉系统为相应给粉机的转速，直吹式制粉系统为相应磨煤机的出力），待煤粉燃烧稳定后，才能将油枪退出。

油枪切除过程中，有一个油、煤混烧的阶段，经验表明，该阶段往往易导致炉膛出口后受热面产生积粉和二次燃烧，因此，在燃烧情况稳定的前提下，应尽量缩短油、煤混烧的时间。

在切除油枪后应注意监视油压变化，在油压自动不能投入的情况下，应手动调整油压；此外切除过程中注意是否进行了油枪吹扫，如因故障而未进行，则必须手动进行吹扫。

第三节　直流锅炉的启动与停运

一、直流锅炉的启动旁路系统

带直流锅炉的单元机组的启动系统由锅炉旁路系统、汽轮机旁路系统两大部分组成。汽轮机旁路系统和汽包锅炉单元机组相同。锅炉旁路系统是针对直流锅炉一系列启动特点而专门设置的，其主要作用是建立启动流量、汽水分离和控制工质膨胀等，它的关键设备是启动分离器。启动分离器的作用是在启动过程中分离汽水以维持水冷壁启动流量，同时向过热器系统提供蒸汽并回收疏水的热量和工质。

按照直流锅炉运行时分离器是否退出系统，直流锅炉过热器旁路系统分为外置式和内置式两种。我国 300MW UP 型直流锅炉配置外置式分离器启动系统，600MW 超临界螺旋管圈型直流锅炉配置内置式分离器启动系统。

1. 外置式分离器启动系统

在配 300MW UP 型直流锅炉单元机组的启动系统中，锅炉旁路系统为外置式启动旁路系统，汽轮机为两级旁路系统。图 10 - 9 所示为 1000t/h 亚临界压力直流锅炉外置式启动旁路系统的示意。外置式启动旁路系统的分离器布置在低温过热器与高温过热器之间，能对锅炉的整个过热器系统或者单独对低温过热器与高温过热器进行保护，具有相当的灵活性。在高、低温过热器之间同时并列串接低温过热器出口阀门及其旁路调节阀门。低温过热器进口和出口各有一管路通至外置式分离器。在高温过热器进口（即低温过热器出口阀门之后）有一管路与外置式分离器汽侧连接。

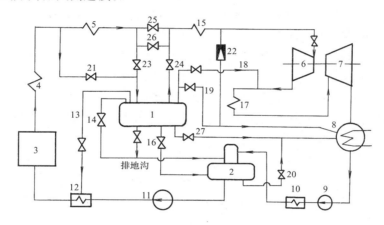

图 10 - 9　外置式启动旁路系统示意

1—启动分离器；2—除氧器；3—锅炉；4—水冷壁、顶部过热器、包覆过热器；5—低温过热器；
6—汽轮机高压缸；7—汽轮机中低压缸；8—凝汽器；9—凝升泵；10—低压加热器；11—给水泵；
12—高压加热器；13—分离器至高压加热器的汽管路；14—分离器至除氧器的汽管路；15—高温过热器；
16—分离器至除氧器的水管路；17—再热器；18—分离器至再热器的汽管路；19—分离器至凝汽器的汽管路；
20—除氧器至凝汽器的放水门；21—启动调节门；22—大旁路；23—低温过热器出口入分离器的调节门；
24—分离器出口入高温过热器的通汽门；25—低温过热器出口门；26—低温过热器出口门的旁路门；
27—分离器至凝汽器的水管路

启动中，使用调节门 21 或 23 进行节流，可使分离器的压力低于其流程前锅炉汽水受热面的压力，有利于这些受热面的水动力稳定并减小工质的膨胀量。而分离器内的压力（即输出蒸汽的压力）可以灵活地根据汽轮机进汽参数要求和工质排放能力加以调节。

在分离器中工质进行汽水分离后，汽的输出管路有：去高温过热器、去再热器、去高压加热器、去除氧器、去凝汽器等几路，其中至除氧器、凝汽器和高压加热器的管路用于回收蒸汽及其热量；水的输出管路有：去除氧器、去凝汽器、去地沟等几路，用于回收水及其热量。水的回收途径与水质指标有关，一般有下列几种情况：

（1）当水中含铁量小于 $80\mu g/L$ 时可回收入除氧器的水箱，回收水及其热量；

（2）当水中含铁量大于 $80\mu g/L$ 时可回收入凝汽器，只能回收水，同时给水泵电耗比去除氧器要大；

（3）当水中含铁量大于 $1000\mu g/L$ 时应排入地沟，无法回收。

外置式分离器启动系统解决了锅炉汽轮机启动工况不同要求的矛盾，它既能保证锅炉的启动压力和启动流量，又能保证汽轮机需要的一定流量、压力与温度的蒸汽，还能回收启动中排放的工质和热量。

由于外置式分离器只是在启动初期投入运行，待发展到一定阶段就要从系统中切除，故又称为"启动分离器"。

2. 内置式分离器启动系统

图 10-10 所示为 1900t/h 超临界压力螺旋管圈直流锅炉内置式启动旁路系统的示意。分离器布置在炉膛水冷壁出口，在分离器与水冷壁、过热器之间的连接无任何阀门，以适应锅炉变压运行的要求。一般在 35%～37%MCR 负荷以下，锅炉为湿态运行，由水冷壁进入分离器的工质为汽水混合物，在分离器中进行汽水分离，蒸汽直接进入过热器，分离器疏水通过疏水系统回收工质、热量或排放大气、地沟。当负荷大于 35%～37%MCR 时，由于水冷壁进入分离器的工质为干蒸汽，锅炉为干态运行，分离器只起通道作用，蒸汽通过分离器进入过热器。此时，内置式分离器相当于一个蒸汽联箱，必须能够承受锅炉全压，这是其与外置式分离器的最大不同点。

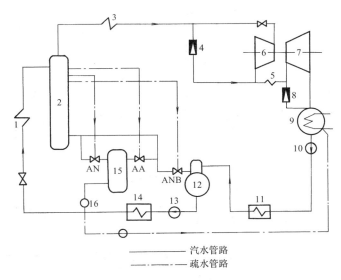

图 10-10　内置式启动旁路系统示意

1—水冷壁；2—启动分离器；3—过热器；4—高压旁路减温减压阀；
5—再热器；6—汽轮机高压缸；7—汽轮机中低压缸；8—低压旁路减温
减压阀；9—凝汽器；10—凝升器；11—低压加热器；12—除氧器；
13—给水泵；14—高压加热器；15—疏水扩容器；16—疏水箱

系统中的疏水阀（AA、AN、ANB 阀）用于控制分离器的水位和疏水的流向。锅炉湿态运行时，分离器水位由 ANB 阀自动维持，当水位高于 ANB 阀的调节范围时（如工质膨胀阶段），再相继投入 AA、AN 阀参与水位调节。AA 阀的通流量设计可保证工质膨胀峰值流量的排放。

我国第一台 600MW 超临界压力螺旋管圈型直流锅炉就配用了内置式分离器启动旁路系统，100%MCR 汽轮机高压旁路和 65%MCR 汽轮机低压旁路，过热器出口不装安全阀门，再热器进出口装置 100％MCR 安全阀门。该锅炉启动系统能保证冷热态启动工况所要求的汽轮机冲转参数，能满足各种事故工况的处理，并能在较低负荷下运行。

二、直流锅炉启动特点

1. 直流锅炉受热面启动工况

直流锅炉启动时，由于没有水冷壁循环回路，水冷壁冷却的唯一方法是从锅炉开始点火就不断进水，并保持一定的工质质量流速。纯直流锅炉启动过程中受热面的工质流速是靠维持一定的给水流量来实现的，这个流量称为启动流量。一定的启动流量可保证水冷壁中具有最低安全质量流速。

纯直流锅炉的启动流量一般为 25％～30％MCR。具有辅助循环泵的螺旋管圈型直流锅炉，启动过程中靠辅助循环泵保持水冷壁内最低安全质量流速，给水流量等于蒸发量，但不小于 5％MCR。超临界压力直流锅炉的启动流量通常为 30％～35％MCR。

直流锅炉启动压力如何建立，何时建立，压力应多大，这些问题与直流锅炉的种类、结构特点、系统及阀门、启动给水泵特性等有关。UP 型直流锅炉靠给水泵压头与系统压力平衡建立水冷壁一定的压力，根据启动工况的进展阶梯型升压。例如，国产 1000t/h 一次上升型直流锅炉，启动压力为点火前建立 6.86MPa 的压力，以后升压中再建立 11.76MPa、16.68MPa 两级压力。对螺旋管圈内置分离器的直流锅炉，在锅内零压状态下点火，随着燃烧加热，产汽压力逐渐上升。例如，Sulzer-CE 公司生产的 1900t/h 超临界压力直流锅炉，在锅炉点火后，压力从零开始逐渐上升，蒸汽压力也随着上升。

自然循环锅炉水冷壁内工质流动和启动压力都是由炉内水冷壁受热面产汽后才逐步形成的。可见 UP 型直流锅炉的启动工况与自然循环锅炉完全不同，螺旋管圈内置分离器的直流锅炉介于自然循环锅炉与直流锅炉之间，水冷壁内工质流动靠强制循环，炉内压力升高靠燃烧产汽。

2. 直流锅炉启动速度

限制锅炉升温速度的主要因素是受压厚壁容器的热应力。直流锅炉没有汽包，工质在水冷壁并联管中的流量分配合理，工质流速较快，故允许温升速度比自然循环汽包锅炉快得多。但是现代高参数直流锅炉的联箱、混合器、汽水分离器等部件的壁也较厚，升温速度也受到一定的限制。

控制循环锅炉虽然有汽包，可是启动开始就投运炉水循环泵，如 350MW 控制循环锅炉单泵时，冷态炉水循环泵流量为 3.54MCR，两泵运行为 6.15MCR，热态时还要大，比直流锅炉 20％～30％MCR 的启动流量大很多，再加上在结构上采取了一系列措施，其启动速度比直流锅炉还快。不同类型锅炉的允许升温速度见表 10 - 3。

表 10 - 3　　　　不同类型锅炉的允许升温速度

名　　称	允许温升速度（℃/min）
自然循环锅炉汽包内工质	1～1.5
UP 型直流锅炉下辐射出口工质	约 2.5
控制循环锅炉汽包内工质	约 3.7

3. 直流锅炉启动水工况

直流锅炉给水在受热面中一次蒸发完毕，给水中的杂质大部分将沉积在锅炉受热面管子内壁或随同蒸汽进入汽轮机，沉积在汽轮机叶片上。

水中的杂质除了来自给水本身之外，还来自管道系统及锅炉本体内部，因此，新投运的机组在正式启动前要对管道系统及锅炉本体进行有效的化学清洗和蒸汽吹扫，在每次启动中还要进行冷热态循环清洗。

在启动过程中，给水品质必须达到要求。冷态循环清洗时，先进行给水泵之前的低压系统清洗，再进行包括锅炉本体在内的高压系统清洗。清洗用 104℃ 的除氧水进行，流量为额定流量的 1/3，后期可增加到 100% 的额定流量，循环清洗水质合格后才允许点火。

点火后，随着水温升高，受热面中氧化铁等杂质会进一步溶解于水中，同时还进行着铁在受热面上的沉积过程，相应的温度范围大致为 260～290℃。例如，300MW 的 UP 型直流锅炉，水温达 288℃ 后，铁在受热面上沉积过程迅速增加，416℃ 达到最大值。因此，蒸发受热面出口水中含铁量超过 $100\mu g/L$ 时水温应限制在 288℃ 以下，只有当水中含铁量低于此值时才允许继续升温超过 288℃。这个过程称为热态清洗。

4. 受热面各区段变化及工质膨胀

直流锅炉各段受热面相互串联连接，虽然在结构上有固定的省煤器、过热器及水冷壁等，但是从受热面中工质状态看就没有固定的分界面，它随着运行工况的变动而变化。

在启动过程中，受热面内工质加热、蒸发（临界压力下存在蒸发过程）、过热三个区段是逐步形成的，整个过程要经历三个阶段。

第一阶段：启动初期，全部受热面用于加热水，称第一阶段。在这阶段中工质温度逐步升高，而工质相态没有变化，从锅炉流出的是热水，其质量流量等于给水质量流量。

第二阶段：最高热负荷处的水冷壁的工质温升最快，该处工质首先达到饱和温度并产生蒸汽，但是其后受热面的工质仍为水。由于蒸汽密度比水小很多，由水变成汽使局部压力升高，将饱和温度点后部的水挤压出去，使锅炉出口工质流量大大超过给水流量，这种现象称为直流锅炉工质膨胀。当饱和温度点后部的受热面中的水全部被汽水混合物代换后，锅炉出口工质流量才恢复到和给水流量一致，此时就形成了水的加热和汽化两区段，进入了第二阶段。

第三阶段：当锅炉出口工质变成过热蒸汽时，锅炉受热面形成了水的加热、汽化与蒸发三个区段，即进入了第三个阶段。

工质膨胀是直流锅炉启动过程中的重要过渡阶段。汽包锅炉也有类似工质膨胀的现象，如水冷壁内工质温度升到饱和温度时就有部分水变成蒸汽，体积膨胀，水位升高。但是由于汽包具有大容器的吸收作用和汽水分离作用，汽包排汽量和压力仅发生轻微的变化。直流锅炉无汽包，无有效的吸收容器，其膨胀过程的自然变化规律为水冷壁内局部压力迅猛上升，锅炉出水量大幅度增加，如果没有系统方面和运行方面的措施，将会造成严重事故。

影响直流锅炉工质膨胀的因素主要有启动流量、锅炉受热面中储水量大小、燃料量及燃料量的增加速度。

启动流量越大，工质膨胀量越大；工质膨胀储水量越大，工质膨胀量越大，膨胀持续时间也越长；工质膨胀时燃料投入量越多，工质膨胀量越大，并且猛烈；在相同燃料量下，燃料投入速度越快，膨胀量越大，膨胀开始时间也提前。

5. 工质与热量回收

如前所述，直流锅炉点火前要进行循环清洗，点火后要保持一定的启动流量，故在启动过程中锅炉排放水量是很大的，而且排放水中含有热量。为了节约能源，应尽可能对排放的工质和热量进行回收。对于亚临界压力直流锅炉，水中含铁量小于 $80\mu g/L$ 时可回收入除氧器水箱，水中含铁量大于 $80\mu g/L$ 时可回收入凝汽器，再通过除盐装置除盐后进入除氧器。当水中含铁量大于 $1000\mu g/L$ 时不回收排入地沟。水进入除氧器，可回收工质和热量；水进入凝汽器，只回收工质不回收热量；水排入地沟，则热量与工质都不回收。对排放工质扩容产生的蒸汽可用来加热除氧器中的水和高压加热器的给水等。

热量回收除了经济收益还可提高给水温度，改善除氧效果，有利于启动过程的安全。

6. 机炉配合

工质膨胀前锅炉排出的为欠热的水，工质膨胀后流出的为汽水混合物，而后为过热蒸汽。在启动过程中如何把锅炉排出的工质转化为汽轮机启动过程中需要的一定参数的蒸汽，这是启动系统和启动运行操作中的重要任务。

三、UP 型直流锅炉的启动

300MW 机组亚临界压力 UP 型直流锅炉配外置式分离器启动系统。下面简要分析其启动过程。

1. 锅炉进水及冷态清洗

启动开始，锅炉首先进水，应严格控制进水温度和进水速度，进水过程中主要是限制高压加热器出口工质温升率不大于 $2℃/min$，进水至分离器内有水位出现时结束，进水结束后进行循环系统的冷态清洗。

2. 启动流量和启动压力的建立

水质合格后建立启动流量和启动压力，启动流量为 30%MCR，启动压力是指水冷壁中的工质压力，用出口压力表示，初始启动压力为 6.86MPa。这个阶段的工质流动路线是水通过高压加热器、省煤器、水冷壁、调节阀门进入启动分离器，过热器前调节阀门关闭，过热器处于干态。分离器出水根据水质排入凝汽器或地沟。

3. 锅炉点火、升温升压

锅炉点火，投入初投燃料量。点火后启动分离器逐步建立水位，蒸汽和疏水可分别进行回收。低温过热器前的节流管束在进口工质温度低于 150℃时才投入，高于 150℃时必须退出系统，工质走旁路。点火后工质升温，当工质温度（分离器进口）大于 200℃时，启动压力升至 15.7MPa。启动分离器压力为 1.5~2.0MPa 时向过热器通汽。过热器出口蒸汽压力、温度符合汽轮机冲转参数时开始向汽轮机冲转、升速与并网。汽轮机冲转前蒸汽及冲转后多余的蒸汽通过汽轮机旁路系统排入凝汽器。

4. 工质膨胀的控制

当水冷壁下辐射工质温度达到饱和温度时工质膨胀开始，冷态启动应在汽轮发电机并网后进行工质膨胀，热态启动应在工质膨胀后进行汽轮机冲转，这样有利于过热汽温与再热汽温适合汽轮机冲转要求。在工质膨胀过程中，分离器水位会升高，疏水量相应增大，此时投入燃料量要适当，燃料投入速度要加以控制，不宜过快，防止水冷壁超压和分离器水位失控。

5. 启动分离器从系统切除

启动进行到一定阶段，汽轮机进一步提高进汽压力以适应升负荷需要。启动分离器的压力和容量不够了，启动分离器就要从系统中分离出来，工质直接通过低温过热器流入高温过热器，转入直流运行工况。启动分离器从系统中分离出来的过程称为切除启动分离器，简称"切分"，切分的方法有两种：

（1）不等焓切分。在启动分离器湿状态下（有汽水分离）进行切分时，由于锅炉本体出口的工质焓值低于启动分离器出口的饱和蒸汽焓值，锅炉本体出口的工质流量高于启动分离器出口的饱和蒸汽流量，切分结果使高温过热器进口工质焓值下降、流量增加，过热汽温急剧下降。早期的 300MW 直流锅炉切分时汽温下降达 180℃。在这种情况下切分必须缓慢，在切分过程中增加燃料投入量，才能维持汽温不变。这种切分方法称为"不等焓切分"。

（2）等焓切分。锅炉本体出口工质焓值与启动分离器出口饱和蒸汽焓值相等条件下的切分称为"等焓切分"。等焓切分过程中不增加燃料，并可快速进行切分而且不影响过热汽温。

改进型 300MW UP 型锅炉及配置的启动系统可进行等焓切分，这是因为它采取了以下各项措施：锅炉本体包括低温过热器有较多的受热面；汽轮机旁路容量较大，采用 40% MCR 的两级旁路，使切分时过热器、再热器有一定的通流量，投入切分燃料量时不会引起受热面管壁超温；低温过热器通流量可通过调节阀门调节，可提高低温过热器出口工质焓值。

四、螺旋管圈型直流锅炉的启动

600MW 机组超临界压力螺旋管圈型直流锅炉的启动过程包括：

1. 锅炉进水

为了保证高压加热器在进水时不发生过大热应力，启动给水泵进水时水温为 80℃、流量为 10%MCR。当高压加热器出水温度为 70℃ 时停止进水，待除氧器加热到 120℃ 后再启动给水泵进水。从除氧器出口到分离器的水容积为 300m³，只要保证给水水温为 120℃、流量为 10%MCR，进水约 300m³ 后，分离器温度可达 40~50℃，此时就可以点火了。

点火时启动流量控制为 35%MCR，启动压力为零，即所谓零压点火。点火前给水流量在几分钟内突升至 35%MCR，其目的是加速空气排尽并增加水洗效果。

2. 循环清洗

锅炉点火前进行冷态循环清洗，它分低压系统循环清洗和高压系统循环清洗两阶段，低压系统循环清洗水质合格后再进行高压系统循环清洗。低压系统循环清洗流程为：凝汽器—凝结水泵—低压加热器—除氧器—凝汽器（或地沟）；高压系统循环清洗流程为：凝结水泵—低压加热器—除氧器—给水泵—高压加热器—省煤器—水冷壁—启动分离器—疏水扩容器—疏水箱—凝汽器（或地沟）。

高压系统循环清洗水质合格后允许点火，点火后分离器进水温度在 288℃ 以下进行热态循环清洗，水质合格后才能进一步升温。

3. 工质膨胀

由于锅炉零压启动，工质膨胀量大，估算膨胀峰值超过启动流量的 12 倍。工质膨胀时分离器疏水通过 AA、AN 阀门排放。

4. 分离器水位控制

锅炉负荷小于 35%MCR 时，分离器为湿态运行，其水位由高程不同的三个阀门控制。分离器水位为 1.2m 时低位阀门 ANB 开启直至水位 4m 时达到全开；中位阀门 AN 在水位 3.4m 时开启直至水位 7.2m 时全开；高位阀门 AA 在水位 6.7m 时开启直至水位 11.2m 时全开。三阀门在开度与水位关系上有一定的重叠度，有利于疏水排放。

启动过程中压力逐渐升高，故水位测量要进行压力修正，才能正确控制三阀门开度。

通过 ANB 阀门的疏水是排入除氧器的，为防止除氧器超压，在 ANB 阀门及其隔绝阀门上都加上了联锁保护，当除氧器压力大于 1.45MPa 时强制关闭 ANB 阀门，并当除氧器压力降至 1.1MPa 以下才允许重新开启。

5. 分离器湿、干态的转换

锅炉负荷小于 35%MCR 时分离器为湿态，负荷大于 35%MCR 时转换成干态。在湿态运行过程中，锅炉控制方式为分离器水位及维持启动给水流量；在干态运行过程中，锅炉控制方式为温度控制与给水流量控制。在两态转换过程中可能会发生汽温变化。

6. 启动中的相变过程

锅炉从点火升压到最终为超临界压力（25.4 MPa），经历了中压、高压、超高压、亚临界、超临界各个阶段。锅炉升负荷到 78%MCR 左右达到临界压力 22.1MPa，此时水的汽化潜热为零，汽水密度差为零，水温达 374.15℃时即全部汽化。工质在临界点附近的大比热容区密度急剧降低、工质焓迅速增加、比定压热容达最大值。

五、直流锅炉的停运

直流锅炉的正常停炉，也要经历停炉前准备、减负荷、停止燃烧和降压冷却等几个阶段。与汽包锅炉相比，主要的不同是，当锅炉燃烧率降低到 30%左右时，由于水冷壁流量仍要维持启动流量而不能再减少，因此在进一步减少燃料、降低负荷过程中，包覆管过热器出口工质由微过热蒸汽变为汽水混合物。为了避免前屏过热器进水，锅炉必须投入启动分离器，保证进入前屏过热器的工质仍为干饱和蒸汽，防止前屏过热器管子损坏。

启动分离器投入运行的方法，对于外置式分离器（见图 10 - 9），是开启"分出"阀门 24，逐渐开大"分调"阀 23，关小"低出"阀 25，锅炉本体及分离器压力维持不变，直至"低出"阀 25 全关，高温过热器全部由启动分离器供汽；对于内置式分离器（见图 10 - 10），在 35%MCR 以下为湿态运行，是开启 ANB、AN、AA 阀门，控制分离器的水位。

六、直流锅炉的热应力控制

由于直流锅炉没有汽包，所以在启停过程中，主要是分离器及末级过热器出口联箱的热应力问题。

分离器是直流锅炉中壁厚最大的承压部件，末级过热器出口联箱处于高温高压的运行条件，而且属于对温度变化十分敏感的厚壁部件，它们都容易产生热应力损坏的事故，必须加以保护。为此，需要在其金属壁上安装内外壁温度测点，外壁温度直接取自于金属表面，内壁温度则要在金属壁上打一深至壁厚 2/3 处的孔，用此处金属温度代表金属内壁温度。测量出金属内外壁的温差，就可以监视其热应力。

在锅炉启停过程中，如果上述热应力超过规定值，则会发出报警，以提示运行人员予以注意。在正常运行，即机组投入负荷协调控制方式时，此热应力则决定了锅炉允许加减负荷的裕度，并且对于不同的工作压力其允许的热应力是不同的。例如 600MW 超临界压力锅炉在零压力启动时，分离器允许的热应力对应的允许温差为 -23℃；而末级过热器出口联箱允许热应力对应的允许温差出现在满负荷状态下开始减负荷时，其值为 7℃。

第四节　锅炉的停用保护

当锅炉停止运行后，进入冷备用或检修状态，如保护不当会发生金属腐蚀（水中溶解氧或漏入空气造成的氧化腐蚀），称为锅炉停用腐蚀。锅炉停用期间为防止锅内金属腐蚀而采取的措施称为停用保护。

保护方法应当简便、有效和经济，并能适应运行的需要，使锅炉在较短时间内就可投入运行。停用保护方法有湿式防腐（加热充压法、氨及联氨法），干式防腐（热炉放水烘干法、抽真空干燥法）和气体防腐（充氮法）等。大容量锅炉一般采用湿式防腐法和气体防腐法。湿式防腐法比较简单、监视方便，但在冬季必须要有防冻措施，而充氮法使用较为方便，但需要有操作经验和技术。

一、加热充压法

1～10 天短期备用锅炉可采用加热充压法进行保护。其方法是在锅炉停炉后降压至 0.3MPa，关闭排汽门和疏水门，锅炉压力在 0.3MPa 以上，压力不足时应点火升压或炉底蒸汽辅助加热。在加热充压备用期间，每天取样炉水和蒸汽进行化验，要求含氧量≤15μg/kg；每周化验炉水含铁量一次，要求炉水含铁量≤30μg/kg。水质不合格时可用加热放水法除氧，或通过炉底放水除铁。

二、热炉放水烘干法

冷备用停炉时间较长或检修停炉可采用热炉放水烘干法，该方法分以下三步进行：

（1）锅炉压力降至 1.5MPa，汽包水位维持在 0～50mm，炉膛灭火，灭火后各风门、挡板关闭严密，保持热量。

（2）灭火后 1h，开大下降管放水门，把汽包内的水基本放尽。

（3）灭火后 4h，汽包压力＜0.8MPa，汽包内壁温度≤200℃，屏式过热器后烟温≤400℃，对水冷壁、省煤器进行放水。放水过程不控制压力下降速度，压力由 0.8MPa 降至 0.3MPa 需 2～2.5h，压力由 0.3MPa 降到零需 3h。汽包压力降到零时开所有空气门。

在热炉放水过程中应注意汽包上下壁温差 $\Delta t_1 \geqslant 50℃$，当 Δt_1 达 45℃ 时应暂停放水。当水冷壁上敷设卫燃带时，应适当减慢放水速度，防止水冷壁超温。

采用热炉放水烘干法长期备用时应在汽包、联箱内放置吸水硅胶布袋，吸取锅内潮气，每月检查一次。

三、抽真空干燥法

抽真空干燥法是与热炉放水烘干法配合进行的一种方法。它在锅炉停炉后，先按热炉放水烘干法要求进行操作，紧接着再在汽水系统辅以抽真空操作，以降低锅炉存在的汽化温度，使潮气迅速抽至系统外，进一步提高了烘干效果。抽真空干燥法的负压由抽气器抽空气形成，负压一般大于 50kPa。

四、氨及联氨浸泡法

联氨（N_2H_4）是较强的还原剂，联氨与水中的氧或氧化物作用后，生成无腐蚀性的化合物，从而达到防腐的目的。加氨的作用是调节水的 pH 值，使水保持一定的碱性，同时应在未充水的部位充进氮气，并保持一定的气压，以防止空气漏入。

氨及联氨浸泡法是先将锅炉内存水放尽，开启空气门，其余阀门全关；用给水系统将氨及联氨标准溶液灌满锅炉内，标准溶液由加药泵把氨及联氨注入给水系统，其联氨浓度为 100～150mg/kg，并用氨调整给水的 pH＝10.2；每隔三天取样化验炉水溶液，当浓度低于标准值时应补充加药。使用氨及联氨浸泡法时应注意与仪表等铜质元件隔离。

五、充氮法

当锅炉内部充满氮气并保持适当压力时，空气便不能漏入，可以防止氧气与金属接触，从而避免腐蚀，该方法在冬季也比较适用。

　　一般在汽轮机停止后，锅炉继续运行 1h 以烘干再热器，就可以使用该方法。在再热器干燥后，应立即关闭再热器的疏水门及空气门，防止空气漏入。

　　首先在锅炉压力降到 0.196MPa 时，开启汽包充氮门向汽包充氮，同时进行锅炉放水，并保持锅炉压力不低于 0.196MPa。

　　当主蒸汽管温度降到 100℃时，开主蒸汽管充氮门，进行充氮。

　　最后当再热器管温度降到 100℃时，开再热器管充氮门，进行充氮。

　　保养期间，各系统均维持氮气压力为 0.196MPa，并定期检测氮气纯度，当氮气纯度下降时，应进行排气，并开大充氮门，直至氮气化验合格为止。

第十一章 锅炉机组的运行与调节

大型火力发电机组都采用单元制运行方式，锅炉机组运行的好坏在很大程度上决定了整个单元机组运行的安全性和经济性。学习和掌握锅炉运行的理论，为今后实际运行打下理论基础，是十分必要的。本章着重分析锅炉的变工况特性、运行调节、直流锅炉的运行特点和单元机组变压运行特点。

第一节 汽包锅炉的变工况运行特性

一、概述

锅炉在运行中的各种条件组成了运行工况，其工况总是处于不断变化之中。比如锅炉的负荷、炉膛负压、给水温度及过量空气系数等，一般都在一定范围内波动、变化，从而引起锅炉蒸汽参数和运行指标的相应变化，这些工况变化可以用锅炉的运行特性来描述。锅炉的变工况运行特性有静态特性和动态特性两种。

锅炉从一个工况变动到另一个工况的过程中，各状态参数是不稳定的。状态参数随着时间而变化的过程，称为动态特性。动态特性描述的是各状态参数随着时间变化的方向、速度和历程。例如锅炉燃料量发生变化后，蒸汽流量、压力、温度都相应以不同的速度和方向发生变化，最终达到新的平衡与稳定状态。

锅炉在各个稳定状态下，各种状态参数都有确定的数值。各参数（或指标）与锅炉工况的对应关系称为静态特性，它与到达稳定状态之前的历程无关。一定的燃料量就有一定的蒸汽流量、一定的炉膛出口烟温、一定的受热面吸热量、一定的汽温与汽压等，这些就是锅炉的静态特性。

研究锅炉的动态特性，着眼于工况变化的过程，而静态特性则着眼于变化的结果。

锅炉运行中，各状态参数变化是绝对的，稳定是相对的，因为锅炉随时受到各种内外因素的干扰，在一个动态过程尚未结束时，往往又来了另一个干扰。锅炉的静态特性与动态特性表明各种状态参数的变化和偏离设计值的规律。

在锅炉运行中，要求各状态参数不论在静态或动态情况下都应保证锅炉的安全性、经济性，即各状态参数都应在规定的允许范围内波动，这需要通过调节手段才能实现。锅炉调节可分人工调节和自动调节，现代大型锅炉要采用高质量的自动调节才能确保在大多数运行工况下各状态参数控制在允许范围内。同时也要求运行人员掌握锅炉的静态特性和动态特性，能及时分析、正确判断，并在手动情况下能作出正确的操作。

二、汽包锅炉的静态特性

（一）锅炉负荷变动

1. 锅炉负荷变动对锅炉效率的影响

锅炉负荷变动时，锅炉效率的变化情况，取决于燃烧和传热两方面，即锅炉的气体未完全燃烧热损失 q_3 和固体未完全燃烧热损失 q_4 取决于炉膛燃烧的变化情况，排烟热损失 q_2 和

散热损失 q_5 取决于传热的变化情况。

以锅炉负荷增加为例，锅炉负荷增加时，燃料量相应增加，一方面使炉内温度升高，另一方面使燃料在炉内的停留时间缩短。当锅炉负荷处在较低范围时，炉温随负荷升高使燃烧效率提高，即 q_3+q_4 降低从而使锅炉效率升高。但当锅炉负荷处在较高范围时，燃料在炉内的停留时间随负荷升高而缩短，使 q_3+q_4 有所增大，导致锅炉效率下降。

锅炉负荷升高时，锅炉的全部受热面，即水冷壁、过热器、再热器、省煤器和空气预热器的传热状况相应发生变化。炉温及炉膛出口后沿烟气流程的烟温都升高，而排烟温度的升高导致排烟热损失 q_2 增大，使锅炉效率下降。散热损失 q_5 随锅炉负荷升高呈下降的趋势。

从以上的分析可知，锅炉效率随锅炉负荷增大先升高（即 $q_3+q_4+q_5$ 的降低幅度大于 q_2 的增大幅度）后有所下降（即 $q_3+q_4+q_2$ 的增大幅度大于 q_5 的降低幅度），锅炉效率最大时对应的负荷称为经济负荷，经济负荷一般为 $80\%\sim90\%$MCR，但在经济负荷以上，锅炉效率变化不大。

2. 锅炉负荷变动对吸热量分配的影响

锅炉负荷变化时要改变燃料量，燃料量变化将使炉内辐射和对流传热量的分配发生变化，从而使各受热面的吸热量与被加热工质的焓增相应发生变化，它是锅炉烟温、汽温静态特性的基础。

(1) 炉内传热形式的分布。炉内传热形式的分布大致为炉膛内进行辐射传热，烟道内进行对流传热，炉膛出口是对流辐射传热的分界面。因此，布置在炉膛内的受热面称为辐射受热面，烟道内的受热面称为对流受热面，布置在炉膛出口处的受热面既进行辐射传热又进行对流传热，例如后屏过热器就称为半辐射受热面。靠近炉膛出口处的高温过热器主要进行对流传热，还吸收炉膛中的部分辐射热。

锅炉辐射受热面的吸热量与对流受热面的吸热量占锅炉总受热面吸热量的份额，主要取决于炉膛出口烟气温度和每千克燃料产生的烟气的热容量。炉膛出口烟气温度升高，辐射受热面吸热份额减少，对流受热面吸热份额增大；烟气的热容量增大，例如炉膛出口处过量空气系数增大，辐射受热面吸热份额减少，对流受热面吸热份额增大。

(2) 炉内辐射传热量的变化。锅炉负荷增加时燃料量相应增大，将使炉膛平均温度水平上升，使炉膛总的辐射传热量随燃料量增加而增大。

另外，从热量平衡看，燃料量增大，将使炉膛出口烟温上升，其烟气焓值相应增大，结果对应于每千克燃料的炉膛辐射传热量减少，使辐射受热面传热份额减少。

由于总的辐射传热量增加的幅度小于 1kg 燃料炉膛辐射传热量减少的幅度，最终燃料量增大将使辐射传热量分配份额下降。

(3) 对流传热量的变化。上面分析得出的结论是炉膛出口烟温随着燃料量增加而上升。因此，随着燃料量增加，进入烟道的烟气温度上升，使对流受热面的温差 Δt 增大。此外燃料量增加使总烟气量也增大，对流受热面中的烟气流速上升，烟气对流受热面的表面传热系数增大，因此，对流传热量分配份额上升。

3. 负荷—烟温、汽温静态特性

在一定的负荷变化范围内，可认为锅炉热效率、工质总焓增为常数，则燃料量正比于负荷，在分析锅炉运行特性时用燃料量或负荷作为变量是等价的。

(1) 负荷—烟温静态特性。综合前面燃料量—辐射传热量、燃料量—对流传热量分析中的烟气温度变化可知，锅炉负荷增大，燃料量相应增加，使烟道内烟温升高，但沿着烟气流程烟温升高的幅度逐渐减小。其中，炉膛出口烟温升高的幅度较大，而锅炉排烟温度升高的幅度很小。如图 11 - 1 所示为负荷增加时锅炉烟温的变化情况。

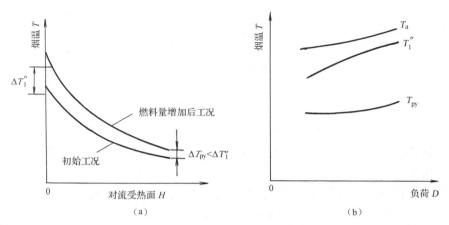

图 11 - 1　负荷增加时锅炉烟温变化情况
(a) 对流烟道的烟温变化；(b) 锅炉的烟温变化

（2）负荷—汽温静态特性。锅炉负荷变化时，对流式过热器（再热器）与辐射式过热器（再热器）的汽温静态特性是相反的。在对流式过热器中，随着锅炉负荷增加，蒸汽的焓增增大，对流式过热器的出口汽温相应升高；在辐射式过热器中，随着锅炉负荷增加，由于蒸汽量的增加大于辐射传热量的增加，其出口汽温是下降的。

大容量锅炉一般采用对流—辐射组合型过热器，其中的大屏、半大屏过热器呈辐射式汽温特性，后屏过热器呈对流式汽温特性，但整个过热器的对流传热部分大于辐射传热部分，结果过热汽温随锅炉负荷增大而平缓升高；由于再热器中的对流部分更多一些，而且再热器进口汽温（即汽轮机高压缸排汽温度）也随负荷增加而上升，使再热汽温随负荷上升的幅度增大。过热器系统中辐射与对流吸热比例不同时，过热汽温的变化规律如图 11 - 2 所示。

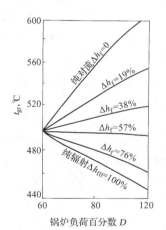

图 11 - 2　过热器辐射与对流吸热比例不同时，过热汽温的变化规律

（二）过量空气系数变动

1．炉膛出口过量空气系数 α_1'' 变动

（1）对锅炉效率的影响。炉膛出口过量空气系数 α_1'' 在一定范围内增大时，热损失 (q_3+q_4) 降低，而后有所增大；热损失 q_2 随炉膛出口过量空气系数 α_1'' 增大而呈升高的趋势。因此，存在一个最佳的 α_1''，可使热损失之和 $(q_2+q_3+q_4)$ 最小，锅炉效率最高。

最佳炉膛出口过量空气系数 α_1'' 应通过燃烧试验调整确定，运行中应按其要求控制相应的氧量值，并依此调整锅炉送风量。同时要注意，在低负荷或者煤质变差时，对应的锅炉效率降低，最佳 α_1'' 反而有所增大，所以，要维持更高的氧量值。

（2）对辐射传热、对流传热的影响。炉膛出口过量空气系数上升将使理论燃烧温度下降，火焰黑度下降，火焰中心上移，离开炉膛的 1kg 燃料烟气容积增大，结果造成炉膛辐射传热量下降，理论燃烧温度下降和炉膛烟气容积增大共同作用的结果，使炉膛出口烟温基本不变。

运行中炉膛出口过量空气系数取决于送入炉膛的风量和炉膛漏风情况。如果炉膛漏风增大使 α_1'' 上升时，由于漏入空气温度低，对辐射传热影响更严重。

炉膛出口过量空气系数上升，使 1kg 的燃料烟气热容增大（1 次方关系），同时，烟气在对流受热面中的流速上升，烟气对管壁的表面传热系数增大（0.6 次方关系），对流传热量增大。但是，对流传热量增大小于烟气热容量的增大，故烟气温度在烟道中逐步上升，受热面传热温差逐渐增大，故传热量和工质焓增增大。

沿烟气流程，工质焓增增大的规律为，越远离炉膛出口的受热面，对流传热量的相对增加越大。与负荷增大时的情况相反，过热器和再热器的焓增较小，而省煤器、空气预热器的吸热量增加较多。

（3）对汽温的影响。如上所述，炉膛出口过量空气系数上升，使对流式过热器和再热器的吸热量增大，其蒸汽焓增增大；而炉膛上部的辐射式过热器和再热器，因炉膛出口烟温和屏间烟气温度基本不变，其蒸汽焓增变化甚小。所以，整个过热器系统的汽温相应上升，而且，再热器的汽温变化更大（一般再热器的布置位置比过热器靠后）。

（4）对排烟温度和热风温度的影响。如上所述，炉膛出口过量空气系数上升，各对流受热面的烟温降沿烟气流程逐渐减小，使排烟温度升高。

虽然空气预热器的吸热量增加最多，但其空气流量也随炉膛出口过量空气系数上升相应增大，使出口热风温度基本不变或略有降低。

2. 烟道漏风变动的影响

烟道漏风对传热量和烟温的影响要看漏风的地点在什么位置。炉膛出口处漏风，使该处的烟温、对流传热量下降，但随着烟气流程烟温逐步上升，在某一位置后超过了原来值，使锅炉排烟温度升高。尾部烟道漏风的烟温变化与上述规律相同，但可能烟温还未到原来值时就离开最后一级受热面了，使锅炉排烟温度降低。

（三）给水温度变动

锅炉的给水是由除氧器水箱经给水泵升压，通过高压加热器后送来的，大型锅炉的给水温度通常在 280℃ 左右。当高压加热器运行情况改变时，例如，高压加热器故障停用或清洁程度改变等，给水温度也会相应变化。单元机组的负荷变化，也会引起给水温度变化。

1. 对锅炉负荷的影响

当锅炉给水温度降低时，如果燃料性质和过热蒸汽温度保持不变，考虑到给水温度对锅炉热效率的影响可以忽略不计，则给水温度的变化只引起锅炉负荷或燃料消耗量变化。显然，如果保持燃料量不变，则锅炉的负荷相应减小；而要维持锅炉负荷不变，则燃料消耗量必须增大。

2. 对汽温的影响

给水温度降低时，锅炉的变工况特性与锅炉负荷增加时相似，即炉膛出口烟温和烟气量增加。因此，增加了每千克燃料在对流受热面区域的放热量，另一方面又使单位工质的燃料消耗量增加。所以，对流受热面的吸热量增加，工质焓增增大，而辐射受热面的吸热减少，工质焓增相应减小。

对于组合式过热器，其汽温随给水温度降低而升高；对以对流为主的再热器，其汽温的升高相应更大。

3. 对排烟温度的影响

给水温度降低，使省煤器的进水温度降低，省煤器的传热温差增大，而烟气流速的增加又使传热系数提高，二者均使省煤器的对流吸热量增大，排烟温度相应降低。但在给水温度降低时如维持负荷不变，则燃料量的增加会使省煤器的入口烟温增加，省煤器的出口烟温有升高的趋势。因此，锅炉排烟温度的变化要取决于整个锅炉受热面的布置及热量分配情况。

（四）煤质变动

煤质变动中，对锅炉工况影响较大的是发热量、挥发分、灰分和水分，现分析如下。

1. 发热量的变动

煤的低位发热量降低时，在锅炉负荷不变的情况下，燃料量、送风量相应增大，总烟气量通常增加，炉膛出口烟温升高，使单位辐射传热量降低。而炉内理论燃烧温度一般会降低，使燃烧器区域的温度水平降低，燃烧热损失（$q_3 + q_4$）增加。

根据前面的分析，燃料量的增加使过热汽温和再热汽温相应升高。

2. 挥发分的变动

煤的挥发分降低时，煤粉气流的着火温度升高，着火区相应推迟，使炉膛出口烟温升高，引起锅炉汽温升高；煤粉气流的着火温度升高，使煤粉的燃烧热损失（$q_3 + q_4$）增加。

3. 灰分的变动

燃料灰分增大时，煤的可燃物含量相应减少，使煤的发热量减小。此时如果保持锅炉负荷不变，则必须增加燃料消耗量和送风量，结果引起锅炉汽温升高，由于灰分会妨碍煤粉的燃烧，所以热损失 q_4 增加。

4. 水分的变动

燃料水分增大时，炉膛理论燃烧温度显著降低，使燃烧减弱，燃烧热损失增大。烟气量相应增大，使炉膛出口温度升高，锅炉排烟温度和烟气量增大，使排烟热损失增加，锅炉热效率降低。

水分对烟温及传热的影响与过量空气系数的影响在性质上是相似的，但因水蒸气的比热容较空气的大得多，所以其影响更大。

如上所述，运行中煤质的变动，主要是煤质变差，会使锅炉炉膛出口烟温升高，汽温升高，锅炉热效率降低。

三、汽包锅炉的动态特性

动态特性是锅炉在受到扰动（包括进行某一操作）时，汽包或受热面中各参数（汽温、汽压、负荷等）随时间变化的规律。根据锅炉的动态特性变化规律，就可以了解锅炉对运行中可能产生的扰动的反映，确定在各种不同扰动下操作的极限允许值，从而掌握锅炉变工况时的调节规律。因此，深入分析锅炉动态特性对提高锅炉运行水平，处理异常工况，都很有意义。

汽包锅炉动态特性主要包括蒸汽参数（汽压、汽温）、汽包水位和燃烧的变工况特性，其中，汽压的变动幅度和变动速度不但影响到锅炉和汽轮机的安全性（如锅炉的蒸汽品质、水循环、受热面金属及汽轮机的轴向推力等），而且还对水位和蒸汽温度等主要运行参数也有影响。在单元机组的运行中，汽压总是作为监视和控制的主要运行参数，所以，下面首先分析汽压的动态特性。

（一）汽压动态特性

1. 汽压的一般概念

锅炉过热器出口压力称为主蒸汽压力，主蒸汽压力是蒸汽质量的重要指标。机组定压运行时，应始终维持主蒸汽压力为额定值，允许在小范围内波动，如 1000t/h 亚临界压力自然循环锅炉的主蒸汽压力额定值为 16.7MPa，允许波动范围为±0.196MPa。

运行中，主蒸汽压力的高低主要取决于锅炉的汽包压力和汽轮机调节汽门的开度。由于汽包到过热器出口蒸汽的流动压力降，汽包压力总是高于主蒸汽压力。负荷较高时两者相差大些，负荷较低时两者相差小些。所以，要保持主蒸汽压力稳定，主要应保持适当的汽包压力。

运行中，汽压的变化会引起水位和汽温变化。当汽压降低时，由于工质饱和温度降低，使部分水蒸发（自汽化），将导致汽包水容积膨胀，使水位升高；当汽压升高时，由于饱和温度的升高，使汽包水中的部分汽泡凝结下来将引起水容积收缩，结果水位下降。

一般当汽压升高时，过热汽温也要升高。这是由于工质饱和温度的相应升高使工质的相变吸热增大，在燃料量不变时，蒸发量瞬间减小，结果过热器的工质焓增增大，汽温升高。

汽包内汽压是蒸发设备内部能量的集中表现，其值取决于输入与输出能量的平衡。当输入能量大于输出能量时蒸发设备内部能量增多，汽压上升；反之汽压下降。

蒸发设备输入能量包括水冷壁吸热量，汽包进水热量；输出能量主要是离开汽包的蒸汽热量，其他还有连续排污、定期排污等。此外，蒸发设备内汽水处于饱和状态，工质压力与温度对应变化，汽包等金属温度也随之变化，故在汽压变化过程中工质与金属也参与吸收或释放部分热量。输入能量以两种形式转变为蒸发设备的内部能量，一是增加蒸汽的密度（汽压），使单位空间具有更多的物质量；二是伴随压力的升高，提升饱和水和金属的温度，使锅炉储热量增加。

2. 汽压动态特性

蒸发设备输入侧能量的变化称为"内部扰动"，主要指炉内燃烧工况的变动和锅炉工作情况（如热交换情况）变动；由于外界负荷变化引起输出侧能量的变化称为"外部扰动"，主要指外部负荷的正常增减及事故情况下的甩负荷，它具体反映在汽轮机的进汽量变化上。

如燃料量减少（内部扰动）使水冷壁吸热量减少，输入热量小于输出热量，汽压下降，对应工质温度下降，一部分锅炉水因过饱和而汽化；同时汽包及水冷壁等金属温度也随之下降，金属释放出部分热量产生蒸汽。这两部分蒸汽量使汽压下降速度降低，此时，汽轮机进口汽压相应下降，在调速阀门开度不变时蒸汽流量减少，它也起了降低汽压下降速度的作用。

当调速阀门关小（外部扰动）时，汽压上升，汽压的上升又会使进入汽轮机的蒸汽流量有所增加。

燃料量增大和汽轮机调节汽门开大时汽压的动态过程如图 11-3 所示。

3. 汽压变化速度

汽压变化过快，即汽压的突然变化将会影响到锅炉的安全。如负荷突然增加使汽压突然下降，会引起水位升高，汽包的蒸汽空间减小，使蒸汽大量携带锅炉水，导致蒸汽品质恶化。汽压变化速度过大会影响水循环的安全性，如高压锅炉在变化速度大于 0.25～0.3MPa/min 时，

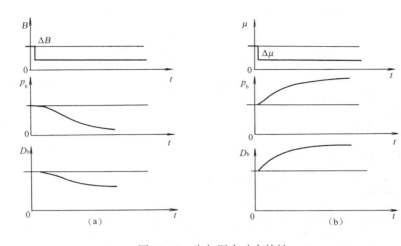

图 11-3　汽包压力动态特性

(a) 燃料量扰动 ΔB；(b) 汽轮机调速阀门关小 $\Delta \mu$

就会危及正常的水循环。汽压的反复变化，会使受热面金属处于交变应力的作用下，容易产生疲劳破坏。

影响汽压变化速度的最主要也是最大的因素是负荷变化速度。对于单元机组，汽轮机及外界负荷的变化将直接影响锅炉的运行。外界负荷变化越快，引起锅炉汽压变化的速度也越大。另外还有锅炉的储热能力和燃烧设备的惯性也会影响汽压变化的速度。锅炉的储热能力越大，汽压的变化速度越小。要注意的是，由于汽化潜热随压力升高而降低，所以亚临界压力锅炉的储热能力较小。燃烧设备的惯性越大，当负荷变化时，汽压变化的速度就快，变化幅度也越大。而锅炉燃烧设备的惯性，一般燃油比燃煤的惯性小，储仓式制粉系统比直吹式制粉系统的惯性小。

如上所述，汽压变化速度过大，对锅炉及整个机组的运行都是不利的，一般规定，锅炉负荷调节速度在定压运行时不大于 $5\%/\text{min}$，滑压运行时不大于 $3\%/\text{min}$。

（二）水位动态特性

1. 汽包水位

汽包水位分正常水位、报警水位和保护动作水位三种。汽包水位标准线一般在汽包中心线下 $100 \sim 150\text{mm}$ 处，水位波动在标准水位上下 50mm 以内称正常水位。

在锅炉运行中应维持水位在正常水位范围内，并有一定的波动。汽包水位达到报警水位时，应采取紧急措施恢复正常水位。汽包水位达到保护动作水位时，保护装置动作，锅炉自动降低负荷直至机组停止运行。

当汽包水位过高时，汽包蒸汽空间高度减小，汽水分离效果下降，蒸汽携带水分增加，蒸汽品质恶化；水位严重过高时蒸汽大量带水，过热汽温急剧下降，蒸汽管道、汽轮机温度剧变，产生很大的热应力，还可能发生水锤，打坏汽轮机叶片等严重事故。水位过低，引起下降管进口带汽和汽化，使水循环恶化。

现代锅炉给水品质改善，汽水分离装置改进，并采取加强水循环等措施，可使正常水位扩大。例如我国引进技术制造的 300MW 亚临界压力控制循环锅炉，汽包水位标准线定在汽包中心线下 228.6mm，上下报警线分别为标准水位 +127mm 和 -177.8mm。

锅炉汽包水位控制值实例见表 11-1。

表 11-1　　　　　　　　　　　　锅炉汽包水位控制值实例

锅炉名称	汽包尺寸		正常水位（mm）	报警水位（mm）	保护动作水位（mm）
	内径（mm）	筒体长（m）	汽包中心线下距离	正常水位基准线上下距离	正常水位基准线上下距离
1000t/h 亚临界压力自然循环锅炉	1778	20	100±50	±100	±250
1025t/h 亚临界压力控制循环锅炉	1675	21	305±50	±125	+317 −209
2008t/h 亚临界压力控制循环锅炉	1778	25.76	228.6±50	+127 −177.8	+254 −381

蒸发设备存水量随着锅炉容量增大而减小。例如 200MW 自然循环锅炉蒸发设备的存水量仅为锅炉蒸发量的 2.5%。这个变化使蒸发设备进出质量流量有少量的不平衡也会引起水位迅速变化，短时间内就会发生水位事故。

在 MCR 负荷下，汽包处于正常水位，如果给水中断，几十秒内汽包存水就会蒸干。例如，1000t/h 亚临界压力自然循环锅炉汽包存水蒸干时间为 76.52s，1025t/h 亚临界压力控制循环锅炉为 35.76s，2008t/h 亚临界压力控制循环锅炉为 38.54s。

2. 水位动态特性

锅炉运行中，引起水位变化的根本原因是蒸发区内物质平衡的破坏或工质状态发生了变化。稳定工况下，给水量和蒸发量相等，水位不变。但当给水量与蒸发量不平衡时，水位会发生相应变化。运行中影响水位的具体因素如下：

（1）蒸发设备输入与输出质量的平衡。例如在只增加燃料量而不进行其他操作（如给水调节和汽轮机调节门开度）的时候，由于质量平衡破坏，给水流量不变而蒸汽流量增大，汽包水位下降。

（2）蒸汽压力变化。蒸汽压力的快速变化引起水、汽容积的变化从而影响汽包水位。例如在单元机组锅炉跟随方式下，汽轮机调速汽门开度突然增大，使汽压迅速下降，锅炉储热量变化所产生的附加蒸发量使汽包的水容积增大，使汽包水位升高，但此时的质量平衡关系决定了水位的下降趋势。这种不是由于蒸发设备进出质量流量不平衡而引起的水位暂时的反方向变化现象，称为"虚假水位"，如图 11-4 所示。

（3）水位以下蒸汽容积变化。例如燃料量增加，水冷壁吸热增多，产汽量增大，水位以下汽容积增大，水位上升。

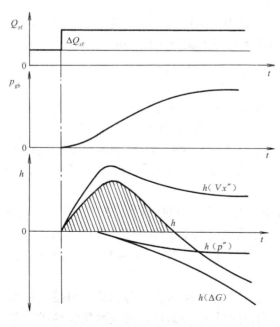

图 11-4　水冷壁吸热量扰动时水位动态特性

（三）汽温动态特性

在上面静态特性中已分析影响汽温的诸多因素。但不论发生何种因素的扰动，过热器或再热器出口汽温并不是立即变化，而是有一定的时间延滞。开始变化后，变化速度也是从慢到快，然后再由快到慢逐渐稳定在新工况。

出口汽温变化的快慢与过热器系统的储热量有关。当汽温在扰动后下降时，过热器的金属温度也将下降，并放出一部分储热，其结果使出口汽温延缓下降。过热器管子和联箱的壁厚越大蒸汽压力越高，金属的储热量越大，则汽温变化的速度就越缓慢。

过热汽温的变化延滞时间还同扰动方式有关。烟气侧和蒸汽量的扰动通常在几秒钟内，甚至在更短的时间内，能使整个过热器受到影响，这时的汽温变化延滞较小。进口蒸汽焓或减温水量的变动对出口汽温的影响就较慢，这时出口汽温变化的延滞将与进口流量成正比，而与蒸汽流速成反比，延滞时间大致为 50～100s。如果扰动发生在高温过热器入口，由于末级减温器与其出口之间的距离较短，所以延滞时间很小。

（四）燃烧动态特性

投入炉膛的燃料和空气量改变后，炉内燃烧强度达到新的稳定值的变化过程称为燃烧动态特性。至于燃烧强度变化至受热面热负荷变化的相隔时间，对于辐射受热面接近于零，对于对流受热面也是极短的。因此，在考虑燃烧动态特性对汽温、汽压及水位的影响时可忽略传热响应的时间。

燃烧动态特性与燃料种类、燃烧系统有关。图 11-5 所示为三种燃料两种系统的室燃炉燃烧动态特性曲线。对于室燃炉的各种燃料和系统，燃烧调节机构动作至炉内燃烧强度变化的延滞时间都很小，常可忽略不计。动

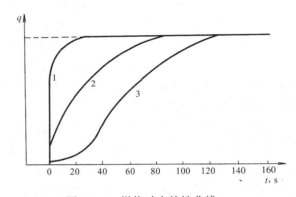

图 11-5　燃烧动态特性曲线
1—液体或气体燃料；2—中间储仓式制粉系统；3—直吹式制粉系统

态特性的时间常数对各种燃料、各种系统是不同的，燃油、燃气炉为 3～5s，带中间储仓式制粉系统的煤粉炉为 40～60s，带直吹式制粉系统的煤粉炉大于 100s。

第二节　锅炉的运行调节

锅炉运行调节的主要任务是维持运行参数在正常的变化范围内，保证锅炉运行的经济性和安全性。锅炉的运行参数包括蒸发量（负荷）、蒸汽参数（主、再热蒸汽的汽温和汽压）、汽包水位、燃料量、送风量和炉膛负压等。

锅炉运行调节的任务可以概括如下：

（1）保证蒸发量（负荷）满足机组或外界负荷的需要；

（2）在较大的负荷范围内维持正常的汽温、汽压，并保证过热蒸汽品质；

（3）调整燃烧并保证燃烧的稳定和经济，尽量减少燃烧系统的厂用电消耗；

（4）及时处理和消除各种故障、异常和事故，提高锅炉运行的安全性和可靠性。

一、锅炉负荷与汽压的调节

在锅炉运行中，负荷与汽压的调节通常是由单元机组负荷控制系统又称协调控制系统（cooperating control system，CCS）来实现的，负荷控制系统的作用是根据机组设备的运行状况对外界要求机组承担的负荷进行处理后，指挥机炉进行合理调节，共同来适应负荷的需要，并保证机组安全经济运行。

（一）机组负荷控制系统简介

CCS 由负荷管理中心、机炉主控制器、机炉子控制器三大部分组成，它们的关系如图 11 - 6

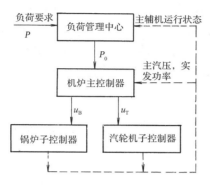

图 11 - 6　协调控制系统原理

所示。图中 P 是外界对机组要求的负荷指令，可由运行人员手动给定或电网负荷调度所给定。送至负荷管理中心的负荷指令信号 P 与由现场设备反馈的运行状态信息进行综合处理，然后负荷管理中心输出适合机组运行条件和变负荷能力的负荷指令 P_0，送入机炉主控制器。主控制器根据机炉自身的条件和运行状态，确定机炉的调节关系，指挥机炉各子系统进行调节，适应负荷指令 P_0 的要求。锅炉子系统包括燃烧控制系统、给水控制系统和汽温控制系统。

锅炉与汽轮机的负荷调节特性有很大的差别。锅炉是一个热惯性大、反应慢的调节对象，从燃料量改变到产汽量的改变时间间隔长。汽轮机是一个热惯性小、反应快的调节对象，只要改变调节门的开度，负荷就会迅速改变。

上述机炉调节特性的差别，反映在负荷调节时汽轮机进口汽压的变化。如果机组的负荷响应等待锅炉燃料变化至产汽量变化，则汽轮机前汽压可保持恒定，但适应外界负荷能力很差。如果机组的负荷变化由汽轮机进口调节阀门的开度变化来适应，则负荷响应很快，但汽轮机进口汽压有较大的波动。锅炉蓄热量越小，汽压变化越大。负荷响应能力和汽轮机进口汽压是机炉协调控制的两个重要指标，但它们之间有一定的矛盾。

（二）单元机组负荷与汽压调节的基本方法

单元机组汽压控制的要求及调节方式与机组的运行方式有关。单元机组的基本运行方式有两种，即定压运行和滑压运行。定压运行方式是指当外界负荷变动时，汽轮机前主蒸汽压力维持在额定压力范围内不变，依靠改变汽轮机调节门开度来适应外界负荷的变化；滑压运行方式是指当外界负荷变动时，保持汽轮机调节门开度不变（全开或部分全开），依靠改变汽轮机前的主蒸汽压力来适应外界负荷的变化。

1. 定压运行时的负荷与汽压调节方法

定压运行方式下，汽压的变化幅度和速度都应严格限制，在负荷变化过程中，应维持其在规定的范围内。此时，引起汽压变动的外部扰动因素主要是外界负荷的正常增减及事故情况下的甩负荷，在外扰作用下，锅炉汽压与蒸汽流量（发电负荷）的变化方向是相反的。而内部扰动因素主要是炉内燃烧工况的变化，如燃料量、煤粉细度、煤质等的变化，或风粉配合不当、炉膛结渣、漏风等异常情况。在内扰的作用下，锅炉汽压与蒸汽流量的变化方向开始时相同，然后又相反（汽轮机调节汽门变动以维持电功率不变）。所以，定压运行时，汽压的变化反映了锅炉燃烧（或蒸发量）与机组负荷不相适应的程度。汽压降低，说明锅炉燃烧率小于外界负荷的要求；汽压升高，说明锅炉燃烧率大于外界负荷的要求。因此，无论引起汽压变化的原因是外扰还是内扰，都可以通过改变锅炉燃烧率加以调节。即锅炉压力降低时应增加燃料量和风量；反之，则减少燃料量和风量。

汽压的控制与调节以改变锅炉蒸发量作为基本的调节手段，只有当锅炉蒸发量已超出允许值或有其他特殊情况，才用增减汽轮机负荷的方法来调节。在异常情况下，若汽压急剧升高，单靠锅炉燃烧调节来不及时，可开启汽轮机旁路或过热器疏水、排水门，以尽快降低汽压。

定压运行时，汽压调节的方式有如下三种：

（1）锅炉跟随汽轮机（锅炉调压）方式。图11-7所示为锅炉跟随汽轮机的负荷调节系统的示意。它是由汽轮机控制器控制单元机组的实发电功率，锅炉控制器控制主汽压力。

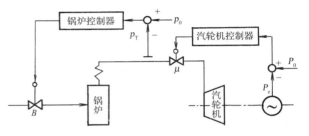

图11-7　锅炉跟随汽轮机的负荷调节系统

它的工作过程是：当负荷指令 P_0 变化时，它与机组实发电功率 P_e 的差值作用于汽轮机控制器，控制器输出指令变化改变汽轮机调节汽门开度，进而改变进汽量使实发功率 P_e 迅速满足指令 P_0 的要求。在汽轮机调节汽门开度 μ 变化的同时，机前压力 p_T 随之变化而偏离其给定值 p_0，它们的差值经锅炉控制器运算，输出信号改变进而改变进入锅炉的燃料量，以及与之相适应的送风量、给水量等，在机前压力 p_T 恢复至 p_0 时，燃烧调整结束。

该方法对外界负荷响应迅速，但汽压波动大。其负荷能迅速改变是依靠锅炉的蓄热，故这种调节方法适用于汽包锅炉。但是现代大型锅炉，即使是汽包锅炉蓄热能力也相对较小，当负荷指令 P_0 变动较大时，机前压力 p_T 将产生较大的波动而影响机组的安全正常运行。在汽压允许范围内负荷变化较小时，这种负荷控制方式适用于电网调频机组。

（2）汽轮机跟随锅炉（汽轮机调压）方式。如图11-8所示是汽轮机跟随锅炉的负荷调节系统的示意，它是由汽轮机控制器控制压力、锅炉控制器控制功率。

它的工作过程是：当负荷指令 P_0 变化时，它与机组实发电功率 P_e 的差值作用于锅炉控制器，控制器输出指令变化改变进入锅炉的燃料量，以及与之相适应的送风量、给水量等，待机前压力 p_T 变化，p_T 变化而偏离其给定值 p_0，它们的

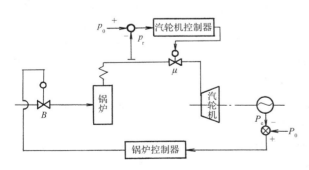

图11-8　汽轮机跟随锅炉的负荷调节系统

差值经汽轮机控制器运算，输出信号改变进而改变汽轮机调节汽门开度 μ，进汽量改变使实发功率 P_e 满足指令 P_0 的要求。

汽轮机跟随锅炉的调节方法，汽压稳定，但负荷响应慢，它没有利用锅炉的蓄热。这种负荷调节方法适用于承担基本负荷的单元机组。此外，当新型锅炉投入运行且经验不足时，采用这种方法可使机组稳定。

（3）汽轮机、锅炉协调负荷调节方法。上述两种负荷控制方式都不能达到既能快速响应外界负荷需求，又可保证主汽压力波动较小的基本要求。为克服锅炉跟随方式下过多调用蓄热而导致汽压的较大波动和汽轮机跟随方式下不用蓄热而导致负荷响应慢的缺点，可形成如图 11 - 9 所示的汽轮机、锅炉协调负荷调节系统。它的特点是功率偏差信号（P_0-P_e）、压差信号（p_0-p_e）同时作用到汽轮机控制器和锅炉控制器，以便在实际负荷和主汽压力偏离各自的给定值时，机、炉同时动作。

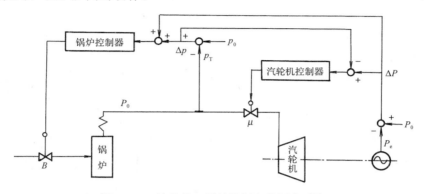

图 11 - 9　汽轮机、锅炉协调负荷调节系统

它的工作过程是：当外界负荷需求增加即负荷指令增大时，正的功率偏差（P_0-P_e）信号通过汽轮机控制器开大调节汽门增大进汽量，机组实发电功率增加；与此同时，该偏差信号也作用于锅炉控制器使燃料量增大，同时调节相应的送风量和引风量等。

当汽轮机调节汽门开大时，会立即引起机前压力的 p_T 下降，尽管此时锅炉已开始增加燃料量，但主汽压力与燃料量的动态特性有较大的惯性，这时仍然会有正的压力偏差（p_0-p_e）信号出现。该信号正方向作用于锅炉控制器以继续增加燃料量，同时反方向作用于汽轮机控制器，抑制汽轮机调节汽门的增大，它们共同作用的结果使汽压恢复到给定值。

正的功率偏差信号和负的压力偏差信号作用的结果，会使调节阀开大到一定程度时停止，这时实发功率尚未达到负荷指令的要求值，但这是暂时的，因为正的功率偏差信号和负的压力偏差信号同时通过锅炉控制器增加燃料量，使机前压力逐渐恢复，压力偏差逐渐减小，汽轮机控制器在正的偏差信号作用下继续开大汽轮机调节阀，提高实发电功率，直到功率和汽压均达到给定值，机组达到新的稳定状态。

由上述可见，采取汽轮机、锅炉协调负荷调节方式后，机组能在快速响应外界负荷需求时，允许汽压有一定的波动，以便充分利用锅炉的蓄热能力。由于锅炉的蓄热是有限的，将负的压力偏差信号引入汽轮机控制器，适当地抑制调节汽门的动作，保证汽压不至于产生过大的偏差。汽轮机调节阀和锅炉调节阀在外界负荷需求变化时同时动作，有利于动态过程中机、炉的能量平衡。

2. 滑压运行时的负荷与汽压调节方法

单元机组滑压运行时，主汽压力根据滑压运行曲线来控制，要求主汽压力与压力定值保持一致，压力定值与发电负荷在滑压运行曲线上是一一对应的关系。

滑压运行时的汽压调节，压力定值是一个变量，除此之外，与定压运行的汽压调节没有太大差别。

在滑压运行时有锅炉跟随、汽轮机跟随和机、炉协调控制三种方式。

滑压运行时的汽轮机跟随方式参见图 11-8，功率定值信号控制燃料调节阀，由锅炉主动改变燃料量及相应的引、送风量，而汽轮机调节汽门保持不动（压力定值始终跟踪机前实际压力）。随着燃料量的增加，蒸汽量和机前压力相应增大，机组实发功率增大，当实发功率与功率定值相等时，汽压维持在一个新的稳定值。显然，这种方式汽压变化过程中的波动小，但负荷响应较慢。

滑压运行时的锅炉跟随方式中，压力定值采用功率定值与调节汽门开度定值之比，以维持汽轮机调节汽门开度始终不变。负荷指令除送入汽轮机控制器（与定压运行时相同）外，同时要送入一个压力定值生成回路，该回路的输出信号作为锅炉控制器的输入信号。这样，当外界负荷需求变化时，汽轮机控制器使调节汽门立即动作改变进汽量，机组表现出良好的外界负荷响应能力。与此同时，锅炉控制器按照压力定值生成回路的输出信号改变燃料量和相应的引、送风量，使汽轮机机前压力和机组实发功率改变。在新的稳定状态下，机组实发功率等于功率定值，机前压力等于压力定值，汽轮机调节汽门恢复变动前的开度（通常为 3 阀全开位置或91％的全开开度）。

滑压运行时的机、炉协调控制方式中，设置专门的压力定值生成回路，使压力定值的大小和变动速度随负荷指令变化，以避免汽轮机调节汽门的"过开"现象。在调节过程中，汽轮机控制器同时受到功率偏差信号和压力定值信号的作用，而且两者间相互抵消，保持汽轮机调节汽门开度在给定位置；锅炉控制器也同时接受功率定值的前馈信号和压差信号，能较快地改变燃烧，使锅炉的蒸发量和汽压改变。调节过程结束时，机组的实发功率与功率定值平衡，机前压力与压力定值平衡，汽轮机调节汽门开度与其开度定值相平衡。

滑压运行时滑压曲线的斜率取决于汽轮机调节汽门的开度定值，开度定值越大，曲线的斜率越小，即相同功率下的汽压定值降低。实际运行中，应根据情况变动滑压曲线，即通过调整汽压偏置值（一般为 0.1～0.3MPa），改变主蒸汽压力，实质上就是改变汽轮机调节汽门的开度定值。

二、锅炉燃烧调整

（一）燃烧调整的任务

锅炉燃烧调整的任务可以归纳如下：

（1）保证燃烧供热量适应外界负荷的需要，以维持蒸汽压力、温度在正常范围内；

（2）保证着火和燃烧稳定，火焰中心适当、分布均匀、不烧损燃烧器，炉内不结渣，煤粉燃烧完全；

（3）对平衡通风的锅炉，应当维持一定的炉膛负压。

锅炉燃烧调整的好坏，直接影响锅炉运行的安全性和经济性。

如果燃烧不稳定，将引起锅炉参数的波动；炉膛火焰偏斜会造成炉内温度场和热负荷不均匀，引起水冷壁局部区域温度过高，出现结渣甚至超温爆管，也可能引起过热器因热偏差过大而产生超温损坏；炉膛温度较低会造成燃烧不稳定，容易引起炉膛灭火爆燃。

在燃烧过程中，如果风粉配合不当，一、二、三次风配合不好，煤粉细度、炉膛出口过量空气系数调整不当等都会引起燃烧效率下降，使锅炉效率下降。

（二）燃烧控制系统简介

在锅炉运行中，燃烧调整通常由燃烧控制系统来完成。燃烧控制系统由燃料量控制系统、风量控制系统和炉膛风压控制系统三大部分组成。燃烧控制系统的任务是根据机炉主控制器来调节燃料量、送风量和炉膛风压，使锅炉在安全、经济条件下调节至负荷指令的要求。

锅炉主控制器发出的负荷指令同时作用于燃料、送风控制系统，使燃料量与送风量静态匹配。送风量作为炉膛风压控制系统的前馈信号，使引风量随同送风量按比例动作。燃料量、送风量、炉膛风压、烟气中氧量作为燃烧调节系统的反馈信号，改善调节品质。

反馈信号中的燃料量，在不能直接准确测定时采用间接测量方法，它有测量给粉机转速信号和热量信号两种。

（1）给粉机转速信号测定。对于中间仓储式制粉系统可采用测定给粉机转速的方法。在正常情况下给粉机转速与燃料量有明确的关系，可用事先标定方法求出给粉机转速与给粉量的关系特性曲线或函数式。

（2）热量信号测定。在稳定工况下蒸汽流量与燃料量成正比关系，蒸汽流量就可作为热量信号。在动态过程中，燃料释放的热量有部分可能存入锅炉内部，增加了锅炉蓄热；或从锅炉内部释放出部分热量，以补充蒸汽流量的热量。动态过程中锅炉蓄热量变化使输出蒸汽流量与输入燃料量的热量不一致。因此，在动态过程中的热量信号是蒸汽流量和蓄热量变化的总和。

送风量指令作为炉膛压力控制系统的前馈信号，使引风量和送风量按比例调节。炉膛风压反馈信号对引风机进行校正调节。

（三）燃烧调节

锅炉运行中，燃烧调整的主要对象是燃料量（煤粉锅炉的煤粉量）、送风量、炉膛氧量和炉膛风压，相应保持合理的风粉配合、燃烧器出口风速及风率等，保证燃烧过程的稳定性和经济性。

1. 煤粉量的调节

（1）配中间储仓式制粉系统锅炉的煤粉量调节。当锅炉的负荷变化不大时，改变给粉机转速就可以达到调节的目的。当锅炉的负荷变化较大时，改变给粉机转速不能达到调节的幅度，此时应先采用投入或停止燃烧器的只数做粗调，然后再用改变给粉机的转速做细调。但投停燃烧器时应对称，以免破坏炉膛内的空气动力工况。

当投入备用的燃烧器和相应的给粉机时，应先开启一次风门至所需开度，并对一次风管进行吹扫，风压指示正常后才启动给粉机送粉，开启二次风门并调整其开度，观察火焰是否正常；相反，在停运燃烧器时，应先停给粉机并关闭二次风门，而一次风门应在继续吹扫数分钟后再关闭，防止一次风管内出现煤粉沉积。停运的燃烧器应微开一、二次风风门进行冷却。

给粉机的转速调节应按转速—出力特性进行，平衡操作，保持给粉均匀，避免大幅度的调节。

（2）配直吹式制粉系统锅炉的煤粉量调节。直吹式制粉系统的出力与锅炉蒸发量直接匹配，当锅炉的负荷变化不大时，改变系统出力就可以达到调节的目的。当锅炉的负荷变化较大（即各磨煤机出力均达到最低或最大值）时，应先采用投入或停止制粉系统套数做粗调，然后再用改变系统的出力做细调。但投停制粉系统时，应注意燃烧器的均衡，以免破坏炉膛内的空气动力工况。

2．风量的调整

（1）送风调整。送入炉膛的总风量应按最佳过量空气系数所对应的氧量表读数来调整。对于离心式送风机，可以通过电动执行机构操纵进口导向挡板，改变其开度来实现；对于轴流式送风机，可以通过改变风机动叶的安装角进行调节。除了改变总风门外，个别情况下需要借助个别二次风挡板的开度来调节。

送风机并联运行时，当锅炉的负荷变化不大时，一般只要调整送风机进口挡板开度改变送风量即可。如负荷变化较大，需要启停一台送风机时，合理的风机运行方式应按经济技术对比试验结果确定。

（2）炉膛负压及引风量。炉膛负压是反映炉膛燃烧工况正常与否的重要运行参数之一。当燃烧系统出现故障或异常情况时，最先反映的就是炉膛负压的变化，炉膛负压表大幅度摆动往往是炉膛灭火的先兆。

平衡通风的锅炉，在运行中应注意炉膛压力正常，严格监视炉膛负压表的读数，把负压控制在 30～50Pa 之间。

锅炉引风量的调整是根据送入炉膛内的燃料量和送风量的变化情况进行的，具体调整方法与送风量调整类似。为保持炉膛的负压稳定，在锅炉负荷增加时，一般应先增加引风量，再增加送风量，紧接着增加燃料量。在锅炉减负荷时，则应先减燃料量，再减送风量，最后减引风量。

三、给水控制系统

1．给水运行方式

现代大型锅炉一般采用两台可调速汽动给水泵和一台可调速电动给水泵。在机组启动过程中，电动给水泵先在最低转速运行，CCS 来的给水指令控制给水调节阀。机组负荷约 25％时第一台汽动给水泵投入运行，处于电动给水泵与汽动给水泵并列运行状态。当达到一定给水流量时给水调节阀全开，CCS 指令控制电动泵液力耦合器转速。负荷再增大后第二台汽动给水泵启动，手动方式增速至与第一台汽动给水泵同步，可由手动切换自动。两台汽动给水泵都运行后，电动给水泵手动减速并停运。

2．给水控制系统

根据水位一个信号控制给水流量的方式称为单冲量控制。单冲量控制给水不能克服虚假水位引起的调节偏差。

三冲量控制给水就是水位作为主信号，蒸汽流量作为前馈信号，以制止虚假水位的调节偏差；还考虑到改变给水流量到水位响应有一定的延迟时间，再将给水流量信号作为反馈信号以保持给水流量与蒸汽流量的平衡；当给水自发扰动时给水流量信号有前反馈调节的作用，可迅速消除内扰。三冲量给水控制原理如图 11 - 10 所示。

现代大型锅炉采用全程给水控制。锅炉启动过程中，由于蒸汽流量和给水

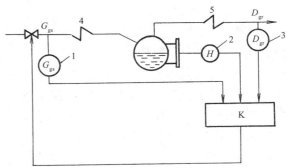

图 11 - 10　三冲量给水控制系统原理
1—给水流量信号；2—汽包水位信号；3—蒸汽流量信号；
4—省煤器；5—过热器；K—调节器

流量测量误差大，两个流量之间的差值也大，故只能采用单冲量控制给水，即在给水流量小于 30%时，用水位信号单冲量控制；给水流量大于 30%时，自动从单冲量切换到三冲量控制。

四、汽温调节

锅炉过热器出口蒸汽温度称为主蒸汽温度，主蒸汽温度和再热蒸汽温度统称为蒸汽温度。正常运行中，蒸汽温度应维持在额定值，允许波动范围一般为＋5～－10℃。电站锅炉出口蒸汽温度的允许偏差值见表 11 - 2。

表 11 - 2　　　　　　　　　　　电站锅炉出口蒸汽温度的允许偏差值

出口蒸汽额定压力 （MPa）	锅炉负荷变化范围 （%）	出口蒸汽额定温度 （℃）	温度允许偏差值（℃）	
			＋	－
2.5	75～100	400	10	20
3.9	70～100	450	10	25
9.8	70～100	540	5	10
13.7	70～100	540/540	5	10
16.7～18.3	70～100	540/540	5	10
25.3	70～100	541/541	5	10

在规定允许偏差值的同时，还应规定允许偏差值下运行的持续时间和汽温变化时允许的变化速度。目前我国对此尚无统一的规定，而大多数锅炉沿用如下规程：

每次允许偏差值下的运行持续时间不得大于 2min，在 24h 内允许偏差值下运行的累计时间不得大于 10min，蒸汽温度允许变化速度应≤3℃/min。

一般情况下，高参数锅炉过热器和再热器受热面金属的正常工作温度都接近其材料的许用温度，汽温不大的超限就会使受热面金属温度超过材料的许用温度，造成材料的机械强度下降，使高温腐蚀和蠕变速度加快，材料松弛，寿命缩短，严重时材料在短期内损坏。假如某受热面管材为 12Cr1MoV，在 585℃时能连续运行 10 万 h，但是如果长期在 595℃运行，其寿命就只有 3 万 h。可见，其工作温度提高 10℃，寿命就只有原来的 30%了。

采用拉尔逊－米勒公式可计算锅炉受热面管子在一定管壁温度 T（℃）下的寿命 τ（h），即 $T(20+\lg\tau)＝$ 常数。

1000t/h 亚临界压力自然循环锅炉额定汽温为 550℃，允许波动范围为＋5～－10℃，最高限值为 560℃，最低限值为 540℃。汽温超过 560℃应降低负荷运行，565℃时应减负荷至零，超过 565℃应立即停机。同时规定，大于 555℃超温运行时间每次不超过 15min，年累计不超过 20h。汽温低于 540℃应降低负荷运行，480℃时应减负荷至零，低于 480℃应立即停机。

1. 影响主蒸汽温度的因素

影响主蒸汽温度的主要因素有锅炉负荷、给水温度、燃料性质、炉膛出口过量空气系数、炉膛出口烟温及受热面的污染情况等，锅炉给水量、燃料量和送风量的扰动也会引起锅炉汽温波动。以过热器系统呈对流特性的高压煤粉锅炉为例，各种因素对汽温的影响见表 11 - 3。

表 11 - 3　　　　　　　　　过热器呈对流特性时各种因素对汽温的影响

影 响 因 素	汽温变化（℃）	影 响 因 素	汽温变化（℃）
锅炉负荷±10%	±10	燃煤水分±1%	±1.5
炉膛出口过量空气系数±10%	±（10～20）	燃煤灰分±10%	±5
给水温度±10℃	±（4～5）		

下面分析影响主蒸汽温度的各个主要因素。

（1）锅炉负荷。锅炉负荷增大，锅炉燃料量也增大，当过热器是对流辐射联合型时，主蒸汽温度平稳升高。

（2）过量空气系数。过量空气系数增大时，烟气在对流受热面中的流速上升，烟气对管壁的表面传热系数增大，对流传热量增大，当过热器是对流辐射联合型时，主蒸汽温度升高。

（3）给水温度。正常运行中如果高压加热器停运，则给水焓值下降。要维持蒸发量不变，必须增加燃料量，结果使主蒸汽温度上升；要维持燃料量不变，蒸汽流量必减少，结果还是使主蒸汽温度上升。

（4）减温水。减温水量增加使主蒸汽温度下降；减温水焓下降则主蒸汽温度下降。

（5）燃料。燃料成分的变化，对汽温的影响是极其复杂的。在煤种变化时，一般而言，随着挥发分的增加，由于蒸发受热面吸热量增加，蒸发量随之增大，炉膛出口烟温下降，使汽温下降。

在煤种不变，即挥发分不变时，主要是灰分和水分的变化对汽温有较大的影响。水分和灰分增加时，由于燃料发热量降低而必须增加燃料消耗量，从而使对流过热器的烟速增加，使对流传热增强，其汽温升高。在辐射式过热器中，则由于炉膛温度降低，而使辐射吸热减少，其汽温降低。

（6）燃烧器的运行方式。燃烧器的运行方式改变，会使炉膛中的火焰中心上下移动，使炉膛出口烟温变化，导致主蒸汽温度变化。

（7）受热面污染情况。水冷壁结渣将使炉膛内的辐射传热量减少，同时炉膛出口烟温上升使主蒸汽温度增大。过热器后的省煤器等受热面积灰，使省煤器吸热量减少，为维持蒸汽流量不变需增加燃料量，结果是主蒸汽温度上升。

2. 影响再热汽温的因素

下面分析影响再热汽温的各个因素。

（1）再热器进口蒸汽来自汽轮机高压缸排汽，其蒸汽焓取决于汽轮机运行方式与负荷。负荷下降高压缸排汽焓下降，导致再热汽温下降。

（2）锅炉负荷增加，再热器为对流型受热面时，使再热汽温随负荷上升。

（3）再热器的吸热量受锅炉工况的影响比过热器的大，因为再热器的对流传热成分比过热器的大。

此外，再热蒸汽的压力低、比热容小，在同样的蒸汽焓变化幅度下，蒸汽温度的变化幅

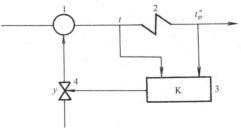

图 11 - 11　汽温调节

1—减温器；2—过热器；3—调节器；4—减温水调节器

度较大。

3. 汽温调节方法

汽包锅炉过热器温一般在蒸汽侧用喷水调节，再热汽温一般在烟气侧用烟气旁路挡板、分隔烟道挡板、燃烧器摆动角度等进行调节。

喷水调节汽温有一定的延迟时间和时间常数，一般情况下延迟时间为 30～60s，时间常数为 40～100s，它使喷水调节阀过调量大，汽温动态偏离大，引起汽温的振荡。为了改善调节品质，除了用过热器出口汽温作为主信号，还采用减温器后的汽温或汽温变化率为反馈信号（见图 11-11）。现代锅炉还采用负荷指令，汽轮机调节级后汽压及汽轮机前汽压作为汽温调节的超前信号以改善调节品质。

第三节　直流锅炉的运行特点

一、直流锅炉的运行特性

（一）静态特性

1. 汽温特性

直流锅炉由省煤器、水冷壁、过热器串联而成，汽水状态无固定的分界点，由此而形成了直流锅炉不同于汽包锅炉的汽温静态特性，即通过维持直流锅炉燃料和给水流量比值就能使汽温保持不变。

2. 汽压特性

直流锅炉内的汽水工质串联通过各级受热面流动，其工质压力由系统的质量平衡、能量平衡以及管路系统的流动压力降等因素决定，下面进行分析。

（1）燃料量变化。在给水流量与汽轮机调速阀门开度不变时，给水压力、汽轮机前汽压随燃料量变化的静态特性是：给水压力、汽轮机前汽压都随燃料量增大而上升。

在给水压力不变，汽轮机调速阀门相应开大时，汽轮机前汽压随燃料量变化的静态特性是汽轮机进汽压力随燃料量增大而下降。

（2）给水流量变化。给水流量增加并稳定在一个新工况后，蒸汽流量也相应增加一个数值。在新的稳定工况下蒸汽温度低于原来的数值，蒸汽压力由汽温、流量综合决定，在汽轮机调速阀门开度不变时汽压有所上升。

（二）动态特性

1. 燃料量扰动

燃料量扰动时动态特性表现为：

（1）锅炉蒸发量先上升而后下降至等于给水流量。

（2）给水流量由于汽压上升而略有下降。

（3）蒸汽温度开始时由于锅炉蒸发量上升而下降，后来由于燃料量增加而使汽温升高。

（4）蒸汽压力开始时由于锅炉蒸发量上升而上升，后来由于蒸汽温度上升而上升。

2. 给水流量扰动

给水流量增加时的动态特性如下：

（1）锅炉蒸发量过一段时间后才逐渐上升至等于给水流量。

（2）蒸汽温度开始时不变，后来由于锅炉蒸发量上升而下降。

（3）蒸汽压力开始时由于锅炉蒸发量上升而上升，后来由于蒸汽温度下降而下降。

3. 汽轮机调速阀门开度扰动

汽轮机调速阀门开度动态特性如下：

（1）调速阀门开度扰动增加时，蒸汽流量迅速增大，汽压迅速下降。如果给水压力不变，给水流量就会自动增加。最终蒸汽流量等于给水流量。

（2）因为燃料量不变，给水流量略有增加，使蒸汽温度略有下降。

二、直流锅炉的调节特点

直流锅炉参数调节的要求与汽包锅炉相同，燃烧调节也与汽包锅炉一样。下面主要分析直流锅炉参数调节方法与特点。

1. 燃料/给水流量比值

直流锅炉负荷改变时应同时改变燃料量与给水流量，保持燃料/给水流量比例，才能维持蒸汽温度与压力不变。如果只改变给水流量，虽然给水流量与蒸汽流量间的质量能平衡，但是由于能量不平衡，汽温发生变化，汽压也有所变化；如果只改变燃料量，由于受热面内工质质量的变化，能暂时适应负荷的变化，但是由于质量不平衡，很快会产生汽压下降，汽温上升。因此，直流锅炉负荷调节的关键是在不同的负荷下保持燃料/给水流量比例。

2. 汽温信号

直流锅炉发生燃料量或给水流量扰动时，由于受热面金属蓄热变化、受热面内工质质量的变化及流动时间等因素的影响，其延迟时间、飞升时间都较长，延迟时间达到 250～440s，飞升时间达到 320～940s，对汽温调节很不利。

为了改善直流锅炉过热汽温调节品质，取靠近过热器进口端的微过热蒸汽作为燃料/给水流量调节的依据，微过热蒸汽的延迟时间、时间常数相对较小，分别为 40～100s 和 100～300s。作为调节依据的微过热汽温称为中间点温度。选择合适的中间点温度，对汽温调节品质很重要。

第四节　单元机组变压运行

单元机组的运行方式有两种，即定压运行和变压运行。

定压运行是指汽轮机在不同运行工况下，只依靠改变调节汽门的开度（即改变新蒸汽流量）来适应外界负荷变化的运行方式，此时无论机组负荷如何变化，进入汽轮机的主蒸汽压力和温度是不变的，始终维持在额定值范围内。

变压运行又称滑压运行，它是依靠改变进入汽轮机的主蒸汽压力（同时也改变了进入汽轮机的新蒸汽量），来适应外界负荷的变化。而无论机组的负荷如何变化，汽轮机的主汽门和调节汽门的开度始终保持不变，即主汽门保持全开，调节汽门也基本上保持全开，进入汽轮机的主蒸汽温度维持额定值不变。

处在变压运行中的单元机组，当外界负荷变动时，在汽轮机跟随的控制方式中，负荷指令直接送至锅炉控制器，使锅炉按指令要求改变燃烧工况和给水量，调节主蒸汽出口的压力和流量满足外界负荷的需要。而在定压运行时，该负荷指令是送至汽轮机控制器的，改变的是调节汽门的开度。

一、变压运行的运行方式

（一）变压运行的方式和特点

单元机组的变压运行方式主要有以下几种：

1. 纯变压运行方式

指在整个负荷变化范围内，汽轮机调节汽门全开的运行方式。这种方式单纯依靠锅炉主蒸汽压力的变化来调节机组负荷，汽轮机没有节流损失，给水泵耗电量最小，但机组对负荷的适应能力差，不能满足电网一次调频的需要，一般很少采用。

2. 节流变压运行方式

指在正常情况下，汽轮机调节汽门保持 5%～15% 的节流，当负荷突然增大时全开，利用锅炉的储热量来暂时满足负荷增加的需要，待锅炉蒸汽流量增加、汽压升高后，调节汽门恢复到原位。这种方式有节流损失，但可以快速响应外界负荷的变化。

3. 复合变压运行方式

指机组在高负荷区（一般为 80%～100%MCR）保持定压运行，用增减喷嘴的开度来调节负荷；在中低负荷区（一般为 30%～80%MCR），全开部分调节汽门（如三阀全开）进行变压运行；在极低负荷区（一般为 30%MCR 以下），恢复定压运行方式（但压力定值较低）。

这种运行方式使汽轮机在全负荷范围内均能保持较高的效率，同时还有较好的负荷响应能力，所以得到普遍的应用。

例如，某亚临界 660MW 机组推荐的复合变压运行方式为：机组在 100%～93%MCR 时维持定压运行，主蒸汽压力为 16.68MPa；机组在 93%～50%MCR 时为变压运行，主蒸汽压力为 16.68～10.06MPa；机组在 50%MCR 以下时恢复定压运行，主蒸汽压力为 10.06MPa。

又例如，某超临界压力 600MW 机组采用如下复合变压运行方式，即机组在 100%～89%MCR 时定压运行，主蒸汽压力为 25.1～25.4MPa；机组在 89%～37%MCR 时变压运行，主蒸汽压力为 10.88～25.1MPa；机组在 37%MCR 以下时定压运行，主蒸汽压力为 10.88MPa。

复合变压运行方式有以下特点：

（1）高负荷时定压运行，节流损失和高压缸内工质温度的变化都较小，可提高负荷变化的响应速度，同时调节阀门的运行方式与机组中低负荷阶段的运行方式衔接。

（2）汽轮机一般有四个调节阀门，每个阀门管理一组喷嘴。机组在中低负荷范围内运行时，一般三个调节阀门全开，它具有变压运行的优点；当外界负荷变化时临时调节第四个调速阀门开度，利用锅炉的储热能力快速响应外界负荷的变化。

（3）给水泵有一定的调速范围，当负荷低于给水泵的最低转速后，给水泵只能定速运行，此时再采用变压运行就不经济了。比如带内置式分离器的直流锅炉，负荷低于一定数值，分离器处于湿态，在此阶段进行变压运行，分离器壁易产生热应力，因此，在低负荷范围内适宜采用定压运行方式。

要注意的是，在变压运行时，由于主蒸汽压力随着负荷下降相应降低，导致机组朗肯循环的效率下降（当主蒸汽压力小于 12MPa 时，朗肯循环的效率明显下降），将抵消低负荷时汽轮机内效率提高所带来的收益，所以，适宜采用变压运行的负荷区间，应进行综合的技术经济比较。一般，300～600MW 级机组，送电端效率在机组负荷小于 70％左右时，定压运行时的下降幅度大于变压运行，所以，机组只有在 70％MCR 以下运行时，采用变压运行的方式才是合理的。当然，是否采用变压运行不仅要考虑经济性，还应考虑汽轮机热应力、汽温要求和给水泵电耗等其他一些因素。

变压运行的机组，锅炉压力随着负荷的变化而变化，并要经常处于低压运行状态，相应对锅炉的运行性能提出了一些特殊要求。

（二）几种典型锅炉的变压运行性能

1. 自然循环汽包锅炉的变压运行性能

自然循环锅炉的变压运行性能主要包括如下几点：

（1）自然循环锅炉的变负荷速度主要受汽包上下壁温差和内外壁温差的限制，即变负荷速度首先取决于汽包的疲劳寿命。

（2）从锅炉点火到与汽轮机同步运行，变负荷速度取决于汽包和集汽联箱的壁温差、燃烧速率、过热汽温、再热汽温以及汽轮机升转速等因素。从汽轮机升转速到机组满负荷运行，决定机组变负荷速度的主要因素是汽轮机的热应力和胀差。以亚临界参数 300MW 机组为例，当机组热态启动时，从锅炉点火到与汽轮机同步运行，饱和蒸汽温度大约升高 55℃，此过程的过热蒸汽升温速度控制在 1.57℃/min，最大升温速度不超过 2℃/min。从机、炉同步运行到机组满负荷，饱和汽温大约升高 72℃，升温速度为 1.3℃/min，低于汽包的允许升温速度。此时，限制变负荷速度的决定性因素不是锅炉，而是汽轮机。

（3）自然循环锅炉的循环倍率最大，水冷壁金属耗量最多，热惯性最大，进一步影响了锅炉的变负荷速度。

（4）自然循环锅炉在 50％～100％MCR 范围内变压运行时，正常变负荷速度控制在 3％MCR/min，最大允许变负荷速度为 5％ MCR/min。

2. 控制循环汽包锅炉的变压运行性能

控制循环汽包锅炉的变压运行性能主要包括如下几点：

（1）控制循环锅炉的汽包内有汽水夹层，基本消除了上下壁温差。热态启动时，变负荷速度不受汽包壁温差的限制。

（2）与自然循环锅炉相比，控制循环锅炉的循环倍率比较小，水冷壁金属耗量也相应减少，热惯性较小。同时，低负荷时可利用循环泵加快循环，提高蒸发速度，可进一步提高变负荷速度。

（3）在 50％～100％MCR 范围内变压运行时，控制循环锅炉的变负荷速度高于自然循环锅炉，一般控制在 4％MCR/min，最大允许变负荷速度为 6％MCR/min。

（4）在温态和热态启动时，变负荷速度与自然循环锅炉相同。

3. 螺旋管圈直流锅炉的变压运行性能

螺旋管圈直流锅炉的变压运行性能主要包括如下几点：

（1）直流锅炉无厚壁元件，可提高启动和变负荷速度，变负荷速度只受过热器集汽联箱和汽水分离器的壁温差的限制。300MW 亚临界参数直流锅炉集汽联箱的壁厚大约为 70mm，壁温差较小，允许提高变负荷速度。

（2）直流锅炉的金属耗量最少，循环倍率最低，热惯性最小，变负荷速度最大。

（3）变压运行时，在 50％～100％MCR 范围内，直流锅炉的变负荷速度可控制在 5％

MCR/min 的水平；最大允许变负荷速度为 7％MCR/min。

（4）汽温主要由煤水比调节，喷水量最少，汽温容易控制。

（5）螺旋管圈水冷壁在相变最大的区域无中间联箱，不存在工质的再分配，热偏差小，适合变压运行。

（6）直流锅炉的启动及变负荷速度主要受汽轮机的胀差和热应力的限制。

二、变压运行机组锅炉的特点

（一）负荷变化率

当采用变压运行时，蒸汽温度和汽轮机各部分的温度基本稳定，机组的负荷变化率取决于锅炉。锅炉的汽包等厚壁部件随负荷变化产生的热应力，限制了机组的负荷变化。

变压运行时，锅炉汽包内的蒸汽压力随机组负荷而下降，对应压力下的蒸汽饱和温度也相应下降。汽包内水汽温度变化引起汽包的内外壁温差，而汽包的上下壁温差由汽包上部的蒸汽表面传热系数和下部的水表面传热系数之间的差距所决定，在 300～500℃ 范围内，后者比前者要大 3～7 倍。由于传热的差别，导致汽包的热应力增大，限制了锅炉的负荷变化能力。

例如，亚临界压力汽包锅炉，100％MCR 时汽包压力为 18.1MPa，相应的饱和温度为 357℃，如锅炉按复合变压运行方式从 93％MCR 降到 50％MCR（汽包压力为 10.7MPa），相应的饱和温度为 316℃，则饱和温度要降低 41℃。若负荷变化率为 3％MCR/min，则降负荷的时间只需要 14min，对应的汽包饱和温度变化速率为 176℃/h，远远超过一般允许值 90～100℃/h 的规定。表 11-4 列出了某 660MW 机组锅炉汽包工质温度变化率与负荷变化率的对应关系。

表 11-4　　　　某 660MW 机组锅炉汽包工质温度变化率与负荷变化率的对应关系

负荷变化率（％/min）	1	2	3	4	5
汽包工质温度变化率（℃/h）	58.2	116	176	233	291

一般规定，在负荷变化过程中，汽包的上下壁温差不能超过 40～50℃。

对于直流锅炉，由于没有汽包，工质在水冷壁并联管中的流量分配合理，工质流速较快，所以允许的温度变化率比自然循环汽包锅炉快得多。但直流锅炉的联箱、混合器、汽水分离器等部件的壁厚也较大，温变率也要受到一定的限制。

几种典型锅炉在 50％～100％MCR 范围内的变负荷速度见表 11-5。

表 11-5　　　　　　几种典型锅炉在 50％～100％MCR 范围内的变负荷速度

炉　型	变压运行负荷范围	正常变负荷速度（％MCR/min）	最大允许变负荷速度（％MCR/min）
自然循环汽包锅炉	50％～100％MCR	3	5
控制循环汽包锅炉	50％～100％MCR	4	6
螺旋管圈直流锅炉	50％～100％MCR	5	7

（二）锅炉低负荷运行技术

变压运行对锅炉的最低运行负荷提出了更高的要求，通常汽轮机允许的低负荷值比锅炉要低，一般来说，只要机组负荷不低于 25％，其排汽缸温度、排汽温度、本体膨胀、胀差及振动等都变化不大。因此，单元机组的最低负荷取决于锅炉，而锅炉运行负荷的下限主要取决于燃烧的稳定和水动力工况的安全。

锅炉低负荷运行技术的关键如下：

1. 燃烧系统

变压运行机组锅炉的燃烧系统的特点，主要是要求变负荷调节简便灵敏，变负荷与低负荷时燃烧稳定。

锅炉燃烧稳定性与炉膛形式、燃烧器性能、炉膛热强度、煤质等因素有关，很多时候主要取决于燃烧器的性能。下面介绍几种效果较好的煤粉燃烧器。

（1）美国 CE 公司的宽调节比燃烧器。煤粉炉稳定燃烧技术主要依据高煤粉浓度稳定燃烧的原理。例如美国 CE 公司采用该原理设计的宽调节比燃烧器，它在喷嘴的水平段内布置水平分隔板，煤粉流 90°转弯后送入水平段时，由于离心力的作用使高煤粉浓度的气流进入分隔板的上部通道。在正常负荷时，出口端两个喷嘴方向一致，两股不同浓度的气流离开喷嘴后迅速混合，起到相互补充空气和煤粉的作用；低负荷时，上下两个喷嘴反方向转动，高浓度煤粉气流离开上喷嘴后仍能保持较高的煤粉浓度，提高了燃烧稳定性。这种燃烧器的调节比可达 2.5～3.1。

（2）CE 公司在上述宽调节比燃烧器的基础上又设计成固定式的宽调节比的燃烧器，喷嘴出口装有钝体，该燃烧器燃烧烟煤不投油助燃的最低负荷可达 20％MCR。

（3）B&W 公司在调峰机组上采取了两个措施：减小单只燃烧器的热功率，使其在 32.2～38.1MW/只的水平；同时燃烧器采用分隔小风箱结构。

另外，锅炉低负荷运行时常只有 2～3 台磨煤机投运，故给煤系统的可靠性十分重要。近年来，有的一台锅炉上采用两种容量规格的磨煤机，其中小容量磨煤机在低负荷时使用。

锅炉在运行中提高低负荷燃烧稳定性的措施有：

（1）适当降低一次风率，提高煤粉浓度。

（2）尽可能投用下层燃烧器，停用上层燃烧器。

（3）适当减小煤粉细度，提高一次风温。

（4）适当降低炉膛负压，减少漏风。

（5）加强火焰监视，一旦出现燃烧不稳定，要及时采取措施稳定燃烧。

2. 过热器、再热器系统

机组在变压运行时，过热汽温与再热汽温额定值的负荷范围有所扩大，但负荷低到一定程度后，汽温仍会随负荷降低而下降。有必要时，可以增加过热器、再热器的受热面积，同时相应增大调温能力。

变负荷时，过热器与再热器受热面金属易超过其材料的许用温度，故对受热面金属材料有更高的要求。低负荷时，流经过热器和再热器的蒸汽流量偏小，而且流量分配不均匀，使个别管子因为冷却能力不足而超温过热；锅炉负荷低时，炉内燃烧容易偏斜，加上蒸汽流量在并联管中分配不均，将会造成较大的热偏差。所以，要加强运行调整，如注意维持过量空气系数不要过低，控制负荷变动率，增加管壁温度测点以加强监视，保持运行燃烧器的匀称等。

3. 水冷壁系统

400t/h 超高压自然循环锅炉滑压变负荷试验表明，负荷高时水冷壁循环流速高，负荷低时循环流速低。负荷小于 50％MCR 时，负荷对循环流速的影响明显增大。此外，低负荷时炉膛热负荷不均匀性增大，并且热负荷高的水冷壁的循环流速比热负荷低的水冷壁高好几倍，个别热负荷低的管子在低于界限循环倍率下工作，可能发生循环停滞或倒流现象。

一般对大容量锅炉，在 50%MCR 以上，发生水循环事故的可能性不大。对于直流锅炉，当变压运行至某一较低负荷时，水冷壁系统压力低，汽水比体积变化较大，水动力特性变差，有可能影响到各侧墙和后墙水冷壁的流量分配，发生部分水冷壁出口管的超温现象。

变压运行时，提高水循环可靠性的措施主要是均匀炉膛热负荷，特别是提高角隅处的热负荷，改善角隅处水冷壁的水循环，如增加下降管断面积和导汽管的断面积等。

4. 空气预热器

低负荷时，空气预热器容易堵灰和腐蚀，这就要求空气预热器在低负荷时能提供一定温度的空气，提高管壁温度以防止低温腐蚀。

低负荷时提高空气温度的方法如下：

（1）空气预热器前的烟道或磨煤机前的风道内投入辅助燃料的燃烧，加热烟气或空气。

（2）高温烟气部分短路至空气预热器进口处。

低负荷时防止空气预热器低温腐蚀的方法如下：

（1）高温烟气短路至空气预热器进口。

（2）空气预热器进口装置暖风器，用辅助汽源加热空气。

（3）热风再循环，提高空气预热器的进口风温。

（4）加强对空气预热器的吹灰。

（三）变压运行机组锅炉的寿命损耗

1. 汽包热应力

汽包内压力变化时对应饱和温度也发生变化，但是汽包内炉水温度与蒸汽温度下降速度不一致，主要是因为炉水只有过冷而无过热，蒸汽只有过热而无过冷。因此，变负荷时会引起汽包较大的热应力。例如某超高压自然循环锅炉滑压变负荷速度在 2%～4%MCR/min 时汽包上下壁温差超过 50℃，会造成较大的汽包寿命损耗，所以变负荷速度受到汽包热应力限制。

2. 受热面间相对位移

滑压变负荷运行时，炉顶管与其联箱温度随着压力的变化而波动，使炉顶管与联箱间产生热应力和发生相对位移，后者引起炉墙泄漏，因此，变压运行锅炉穿墙管的结构要着重考虑能吸收变形和提高炉墙的严密性。

3. 省煤器热应力和氧腐蚀

省煤器进水温度随着负荷而变化，其联箱常由于温度波动而发生裂纹。低负荷时除氧效果差，管内工质流速低，因而发生管内壁氧腐蚀。

4. 其他

过热器与再热器受热面在变负荷时易发生超温，空气预热器易发生低温腐蚀，这些使锅炉使用寿命缩短。

（四）自动控制与保护

变压运行时，负荷和参数多变，运行操作频繁，需要有较完善的自动调节系统和程序控制装置。同时，机组在变压运行时稳定性差，需要有可靠的安全保护装置。

第十二章 锅 炉 事 故

第一节 概 述

锅炉因设备原因或运行操作原因，使蒸发量或参数不能满足电网负荷指令要求或发生人身伤亡都称为事故。火力发电厂事故中有相当一部分（为 70% 左右）是由锅炉事故引起的。发电厂事故不仅使发电厂本身遭受重大的损失，而且对用户和社会也造成严重危害。锅炉发生事故的原因大致有设备制造、安装、检修的质量问题，运行人员失职，技术水平低以及管理不善等。

一旦发生事故，运行人员要沉着冷静，判断正确，处理迅速地把事故消灭在萌芽状态。处理事故的基本原则是：

（1）正确判断事故发生的原因，按有关规程迅速消除事故根源，限制事故的发展，解除对人身、设备的威胁；在上述前提下，尽可能保持机组的运行。

（2）威胁人身或设备安全时应事故停炉。

（3）尽最大的努力保持厂用电源正常供给。

锅炉事故主要有水位事故，受热面爆破事故，炉膛灭火事故，尾部烟道二次燃烧事故等。

第二节 汽包锅炉水位事故

水位事故是汽包锅炉常见的主要事故，它分缺水事故和满水事故两种。

一、缺水事故

锅炉缺水分为轻微缺水和严重缺水两种。水位低于最低水位，但水位计仍有读数时称为轻微缺水。水位低到水位计已无读数时称为严重缺水。

1. 缺水事故的现象及处理

缺水事故的现象主要有：

（1）汽包水位低或不见水位；

（2）低水位报警；

（3）给水流量不正常地小于蒸汽流量；

（4）过热汽温上升等。

若是轻微缺水，应增加给水流量，逐渐恢复正常水位。若是严重缺水，应立即熄火停炉，严禁向锅炉进水。因为严重缺水时水位低到什么程度无法判断，有可能水冷壁内已缺水，蒸汽过热，水冷壁、汽包壁温升高，如果进水会产生巨大的热应力，同时大量水汽化，压力突然上升，会造成汽包、水冷壁的严重损坏。

2. 缺水的原因

汽包锅炉缺水的原因大致包括：

（1）给水自动调节器失灵；

（2）电动给水泵调速系统故障；

（3）电动给水泵出口旁路阀或执行器故障；

（4）负荷或汽压变动过大以及安全阀动作，运行人员未能及时调整；

（5）水位计指示不正确，造成运行人员误判断操作；

（6）对水位监视不够或误操作；

（7）给水管道、省煤器、水冷壁泄漏；

（8）给水压力下降或给水系统阀误关；

（9）排污操作不当。

二、满水事故

锅炉满水分轻微满水和严重满水两种。水位高于最高水位，但水位计仍有读数时称为轻微满水。水位高到水位计已无读数时称为严重满水。

1. 满水事故的现象

满水事故的现象主要有：

（1）水位计水位高或不见水位；

（2）高水位报警；

（3）给水流量不正常地大于蒸汽流量；

（4）过热汽温下降；

（5）严重满水时过热汽温急剧下降；

（6）主蒸汽管道有水锤声并发生振动；

（7）阀门、流量孔板及汽轮机法兰和轴封处向外冒白汽。

2. 满水事故的处理

若是轻微满水，应校核水位计，减小给水流量，必要时开大事故放水阀门，开大蒸汽管上疏水阀门，适当减低负荷。严重满水时应立即停炉，开过热器联箱、蒸汽管道的疏水阀门，开事故放水阀门，待汽包水位恢复正常时重新点火。

三、锅炉缺、满水事故的防止措施

（1）加强对运行人员的培训、教育，使运行人员切实感到缺、满水对机组安全运行的危害性。

（2）加强业务学习弄懂弄通给水调节系统的原理，工作性能以及各阀门的编号、位置和作用原理，保证操作的正确性。

（3）严格执行规程规定的操作。

（4）严格细致的检查，发现问题及时处理。

（5）加强安全第一的思想观念，提高监视操作的技能。

（6）严格执行定期工作制度，及时冲洗水位计，核对水位计。

（7）在机组的启停和负荷、汽压大幅度的摆动以及安全阀动作的过程中，要充分了解汽包水位的变化趋势，不要被虚假水位迷惑而造成误操作。

（8）经常组织事故学习和必要的事故演习，提高运行人员事故处理的能力。

（9）对同类型机组所发生的重大事故做好深入细致的学习分析、讨论，从中吸取教训，避免出现类似事故。

（10）作好事故记录，开好事故分析会。

第三节　锅炉受热面爆破事故

水冷壁、过热器、再热器及省煤器等受热面的损坏爆破事故是锅炉事故中最常见的一种事故。当受热面管子爆破时，高温、高压汽水从爆破点喷出，不但要停炉限制电负荷，严重时会发生人身伤亡。

一、水冷壁爆破事故

1. 水冷壁爆破时的现象及处理

水冷壁爆破事故的现象主要有：

（1）炉膛内发出爆破声；

（2）炉膛风压偏正；

（3）汽包水位下降；

（4）给水流量不正常地大于蒸汽流量；

（5）炉膛两侧烟温、汽温偏差增大；

（6）检查孔与门孔处可听到汽水喷出声，炉墙与门孔不严密处有烟气或蒸汽喷出。

如果爆破后的汽水泄漏不严重，能维持正常水位与炉膛风压，可减负荷运行，等待调度停炉。在此期间必须加强监视，严密注意发展情况，如果爆破后的泄漏严重，无法维持正常汽包水位或正常炉膛负压，燃烧严重不稳定，应事故停炉。停炉后为排除炉中泄漏蒸汽，引风机应继续运行，并加强维持水位，如果水位无法维持，应停止进水。

2. 水冷壁爆破的原因

水冷壁爆破的原因大致包括：

（1）设计、安装、检修质量不合格；

（2）水压试验时严重超压；

（3）锅炉给水质量不合乎要求，炉水化学处理不当，长期运行在管内造成腐蚀或结垢；

（4）燃烧器附近的水冷壁管被煤粉磨损严重，吹灰器安装不良使管子吹爆；

（5）运行中严重缺水；

（6）水循环不正常及沸腾传热恶化等造成管子金属长期超温；

（7）炉内结焦严重，造成受热不均；

（8）火焰中心偏斜；

（9）炉膛结焦后，大块焦落下砸坏水冷壁；

（10）热膨胀不均匀，长期运行个别管壁损坏；

（11）燃烧器附近高热负荷区水冷壁烟气侧高温腐蚀；

（12）启停过程中升、降压速度太快。

3. 水冷壁爆破事故的防止措施

（1）汽包就地水位计和其他二次水位表指示可靠，运行中应经常进行水位计的核对。

（2）运行中应避免低水位运行，正常运行时汽包水位维持在（0±50）mm，当发生低水位时，应根据不同情况及时进行调整与处理，水位降到−100mm（低至二值），将给水自动改为手动，增大给水，并核对汽包水位。如锅炉正在进行排污时，应立即停止。

（3）保证锅炉进水均匀，在正常运行中不许给水流量大幅度变化。

（4）四角燃烧器应均匀供给燃料量及风量，防止火焰偏斜冲刷水冷壁；并应经常检查燃烧器的工作状态，及时除焦并保持燃烧稳定、均匀，保持汽压稳定。

（5）增减负荷应均匀，不应突增突减。

（6）水冷壁结焦应及时除掉，防止大块焦落下砸坏水冷壁。

（7）严格按规定进行定期排污，排污时间不能过长。

（8）根据积灰情况，按时进行吹灰，吹灰前应充分疏水，不许有湿蒸汽进入吹灰器，严禁使用弯曲变形的吹灰器。

（9）在启动过程中，要特别注意水冷壁及联箱等膨胀是否均匀，上水前后及过程中应记录各处的膨胀值。在膨胀不正常时，可适当增加排污次数。

（10）应严格控制汽包水位，不得超过规定值。当发现膨胀异常增大时，应停止上水或升压，查明原因，消除后再继续升压。

（11）进入锅炉的补水必须除硅合格，尤其在投入运行初期，锅炉启动频繁，必须保证供给足够的除硅水。

（12）停炉期间，必须根据停炉时间的长短，认真执行停炉保护措施。

二、过热器、再热器爆管事故

1. 过热器爆管的现象及处理

过热器爆管事故的现象主要有：

（1）有蒸汽喷出声；

（2）炉膛负压下降或变成正压；

（3）炉墙、人孔等不严密处向外冒烟气或蒸汽；

（4）爆破点后烟道两侧有不正常的烟温差；

（5）蒸汽不正常地小于给水流量；

（6）爆破点前过热汽温偏低，爆破点后过热汽温偏高，汽压下降；

（7）省煤器集灰斗内有湿的细灰。

再热器爆管的现象与上述类似。

过热器、再热器爆管严重程度可由汽温变化幅度、炉膛风压、汽包水位等能否维持正常值来判断。发生爆管后仍能维持各参数在正常范围内，则可降低出力维持运行，等待调度停炉，此时必须加强监视，注意事态发展；各项参数不能维持在正常范围内时应紧急停炉。

2. 过热器与再热器爆管的原因

过热器与再热器爆管的原因大致包括：

（1）设计不合理，钢材用错，金属监督不严格；

（2）化学监督不严格，蒸汽品质恶化，管内结垢，引起管壁超温；

（3）汽水分离效果差，或汽包水位高使蒸汽品质恶化；

（4）过热器、再热器长期超温运行；

（5）安装焊接质量不佳或被异物堵塞；

（6）管外高温腐蚀与磨损，蒸汽侧水汽腐蚀；

（7）过热器、再热器积灰造成腐蚀，炉膛结焦，造成炉膛出口烟温升高使过热器管壁超温；

（8）不正确的启停方式造成过热器管壁超温；

（9）运行人员责任心不强，操作调整不当或发生误操作；

（10）奥氏体钢氯腐蚀；

（11）制造、安装与检修质量不合格，管材质量不合格；

（12）启动前酸洗不合理，酸洗后的杂质积存在屏式过热器等低流速区管内，引起管子通道堵塞。

3. 过热器防止爆管的措施

（1）过热系统结构复杂，使用多种钢材时，金属监督尤为重要，要求各部分材料符合设计要求，安装焊接质量合乎有关规程要求，设备进行大小修时，要测量膨胀，割管取样检查，发现问题及时处理。

（2）化学人员要严格化验制度，确保水汽品质。

（3）加强燃烧调整，根据锅炉负荷，煤质的变化，及时调整风煤配合比例，保证省煤器出口烟气含氧量为 4%～6%，过热器、再热器两侧烟气温度差不大于 50℃。

（4）严格监视过热器各段壁温测点的温度变化情况，不得超过其允许值。如发现超温或测点间变化较大，应认真分析，查找原因及时处理。

（5）控制壁温不超过规定值，必须保证各段汽温不超过规定值，应控制高温对流过热器的出口汽温；各段汽温都在规定范围内正常运行，发现汽温变化超过正常范围应先用调整燃烧来处理，再用减温水调整，尤其在低负荷（包括点火、停炉时）运行时，尽量少用减温水来调汽温，因为压力低、流量小时减温水使用不当容易产生水塞，使局部管过热发生爆管。

（6）过热器区域吹灰要及时彻底，按规定进行，吹灰蒸汽汽压、汽温符合规程要求，吹灰前要充分疏水，不可使用湿蒸汽吹灰，禁止使用弯曲变形的吹灰器并应及时修复。

（7）过热器的积灰结焦，使热偏差增大，个别管子过热和磨损，易引起管子泄漏和爆破，运行中应加强煤质的化验（主要是 DT、ST、FT、A_d、灰成分等）和炉膛的火焰观察，根据煤质调整燃烧和接带负荷，当燃用高灰分的煤时，应加强吹灰，局部积灰严重时，应加强该处的吹灰。

（8）在正常运行中，应尽量发挥自动调节装量的作用，保证主要参数稳定。

（9）停炉后，按规定进行过热器的保养。

4. 再热器防止爆管的措施

（1）搞好燃烧调整，防止热偏差。再热蒸汽对热偏差比较敏感，比过热器更易超温。除了在设计中采取措施外，运行人员必须注意两侧烟温偏差不能超过允许值（30～50℃）。使氧量在 4%～6%范围内，调整燃烧使火焰在炉膛中充满程度较好，中心不偏斜，燃烧良好。

（2）锅炉启停时，控制好炉膛出口烟温。要及时投入炉膛出口烟温探针，控制烟温不超过管材的允许值，两侧烟温偏差在 30～50℃内。停炉时，发电机解列后，投入烟温探针控制烟温不超过管材的允许值。

（3）再热器区域吹灰要及时彻底，按规定进行，吹灰蒸汽的汽压、汽温符合要求，吹灰前将主蒸汽管道内积水进行充分疏水，不可将含水的蒸汽吹入吹灰器，防止吹坏管壁。吹灰器发生弯曲变形后，要禁止使用，防止对各管排的距离不均而损坏管壁，并应及时修复。

（4）调整再热汽温要尽量不用或少用喷水减温，发现汽温升高或降低时要及时调整燃烧或调整燃烧器的摆动角度，只有在超温事故情况下才准使用事故喷水。

（5）防止结焦产生热偏差。再热器布置在炉膛出口处，煤质低劣，燃烧不好时，易在管外结焦，发现结焦时，要根据煤质接带负荷。及时进行吹灰，如结焦严重，两侧烟温偏差很大（50℃以上），又无法清除时，应及时汇报，申请停炉处理。

（6）严格监视高温再热器出口壁温，不得超过允许值。各壁温测点间的数值不应相差很大，如相差很大（20℃以上）时，应认真检查燃烧情况和炉内结焦情况，找出偏差大的原因并及时处理。

（7）停炉后，按规定进行再热器保养。

三、省煤器爆管

1. 省煤器爆管的现象及处理

省煤器爆管事故的现象主要有：

（1）给水流量不正常地大于蒸汽流量；

（2）汽包水位下降；

（3）省煤器烟道内有异常声音，下部灰斗内有湿灰；

（4）省煤器出口左右烟温差，空气预热器出口风温下降；

（5）烟道通风阻力增加，引风机电流增大等。

省煤器损坏不严重且能维持汽包水位时，可降低出力维持运行，等待调度停炉，同时加强监视。如果泄漏严重不能维持正常水位时，应事故停炉，停炉后引风机继续运行维持炉膛负压。对有省煤器再循环的锅炉，停炉后不能开启再循环阀门，防止汽包水经省煤器再循环管通向泄漏处漏掉。

2. 省煤器爆管的原因

省煤器爆管的原因大致包括：

（1）给水品质不合格使管内壁发生氧腐蚀；

（2）飞灰对受热面烟气侧的磨损；

（3）受热面烟气侧的低温腐蚀；

（4）经常启停的机组给水温度多变，省煤器联箱发生疲劳裂纹；

（5）制造、安装及检修质量不合格。

3. 防止省煤器爆管的措施

（1）安装焊接质量合乎有关规程要求，设备进行大小修时，要检查管子磨损情况，发现问题及时处理。

（2）化学人员要严格化验制度，确保给水品质。

（3）省煤器区域吹灰要及时彻底，按规定进行，吹灰蒸汽的汽压、汽温符合规程要求，吹灰前要充分疏水，不可使用湿蒸汽吹灰，禁止使用弯曲变形的吹灰器并应及时修复。

（4）运行中应加强煤质的化验（DT、ST、FT，A_d，灰成分等）和炉膛的火焰观察，根据煤质调整燃烧和接带负荷，当燃用高灰分的煤时，应加强吹灰，局部积灰严重时，应加强该处的吹灰。

第四节　超临界压力直流锅炉水冷壁的安全运行

随着工质压力的升高，工质的饱和温度升高，汽化潜热减少，当压力升高至 22.12MPa 时，水在 374.15℃ 直接变为蒸汽，汽化潜热为零，汽和水的密度差也等于零，该相变点温度称临界温度。工质压力超过临界压力后，相变点温度相应升高，与压力对应的相变点温度称为拟临界温度。工质低于拟临界温度时为水，高于拟临界温度时为汽。汽、水在相变点的热物理性质全都相同。

由于超临界压力下水直接转变成蒸汽，不再存在汽水两相区。所以，在超临界压力直流锅炉中，给水变成过热蒸汽只经历了两个阶段，即加热和过热，而工质的状态由未饱和的水变为干饱和蒸汽，再变为过热蒸汽。

一、水冷壁的工质特性

（一）工质物性的变化特性

1. 大比热容特性

超临界压力下工质的大比热容特性如图 12-1 所示，由图可知，超临界压力下，对应一定的压力，存在一个大比热容区。进入该区后，比热容随温度的增加而飞速升高，在拟临界温度处达到极值，然后迅速降低。将比热容超过 $8.4\mathrm{kW}/(\mathrm{kg}\cdot{}^{\circ}\mathrm{C})$ 的温度区间称为大比热容区。随着压力的升高，拟临界温度向高温区推移，大比热容特性逐渐减弱。

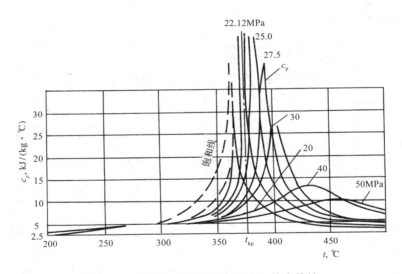

图 12-1　超临界压力下工质的大比热容特性

2. 其他特性

如图 12-2 所示，在超临界压力的大比热容区内，工质的比体积、黏度、热导率等也都剧烈变化，离开大比热容区后则变化趋缓。除了比热容以外，上述参数的变化都是单方向的，即随着温度的升高，比体积增大，黏度、热导率降低。

（二）超临界压力下的水动力特性

1. 水动力多值性

直流锅炉的水动力多值性是指平行工作的水冷壁管内，同一工作压差对应多个不同流量的情况。一旦发生水动力不稳定，运行中一些管子流量大，另一些管子则流量很小，且交互倒替。对于流量小的管子，其出口工质已是过热蒸汽；同时，由于质量流量减小，"蒸干"点也提前至炉内高温区，这两种情况都会导致管壁超温。

直流锅炉产生水动力多值性的主要原因，是水预热段与蒸发段具有不同的水阻力关系，当汽和水的密度差大以及水冷壁入口水的欠焓超过一定值时即会出现。因此，工作压力越低，水冷壁入口水温越低，水动力多值性越严重。质量流速的提高则可改善水动力的稳定性。对于超临界压力的水冷壁，虽然没有汽水共存区，但由于在拟临界温度附近工质比体积变化极大，因此水平管圈水冷壁（重位压差在总流阻中的比例小）也有流动多值性的问题。图12-3表示了超临界压力下水平管圈质量流速和进口焓值对流动多值性的影响。由图 12-3 可知，要保持特性曲线有足够陡度，必须使水冷壁进口工质焓 h_1 大于 1256kJ/kg。但在低负荷或高压加热器切除时，水冷壁的进口工质焓仍会下降，由图中曲线可知，当水冷壁的进口工质焓小于 837kJ/kg 时，仍会有流动多值性的问题。根据图 12-3，锅炉只要保持最低质量流速大于 700～800kg/（m²·s）即可避免出现水动力多值性。

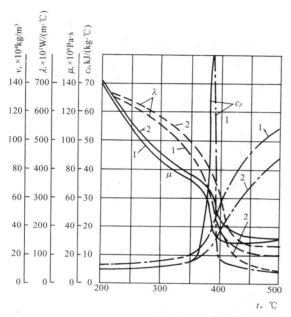

图 12-2 水和蒸汽的热物理性质与温度的关系
1—p=25MPa；2—p=30MPa

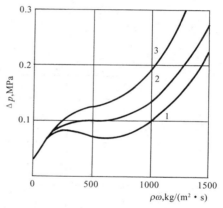

图 12-3 超临界压力下水平管圈的流动特性
（p=29.4MPa，L=200m，d=38.4×4，Q=837kW）
1—h_1=837kJ/kg；2—h_1=1045kJ/kg；3—h_1=1256kJ/kg

2. 吸热偏差引起流量不均

直流锅炉的水冷壁管在蒸发时（低于临界压力）或大比热容区中（超临界压力），介质比体积将随加热偏差而急剧增大，偏差管中的介质流量可能明显低于平均值而导致偏差管出口温度可能非常高。超临界压力下，当管屏平均的出口工质焓落在大比热容区的范围内时（见图12-4），或者低于临界压力，管屏进口的含汽率小于 0.85 时，这种比体积急剧增大、个别管子出口介质温度很高的现象最为明显。

管屏的吸热不均系数、管屏平均焓增以及工质的进口焓值对水力不均及管子出口汽温的影响，如图 12-5 所示。由图可知，当介质出口焓落在大比热容区之外时，流量偏差和壁温偏差都很小（图中曲线 1、2）。但对于在大比热容区工作的水冷壁，吸热不均的影响极大（曲线 3、4、5）。而且管屏平均焓增 Δh 越大、吸热不均系数越大，流动不均越厉害（即 η_G 越小），出口汽温变化也越大。工质的进口焓 h_1 对流动不均的作用有一极值，在实用的范围内，水力不均随工质进口焓的升高而恶化。超临界压力下，随着工作压力的升高，大比热容区的比体积变化趋缓，热力不均对流量偏差的作用减弱，管屏出口的温度不均也小得多。

超临界压力机组在 75%MCR 以下负荷运行时为亚临界压力运行，随着压力的降低，汽水密度差增大，重位压头的作用削减，吸热不均的影响会更大些。因此当超临界压力机组在低负荷下运行时，同样的吸热偏差就要引起更大的流量降低，此时更应注意炉内火焰的均匀性。例如某 600MW 螺旋管圈水冷壁超临界压力锅炉，曾经因为燃烧调整不好，火焰向后墙偏斜，在 50% MCR 以下的负荷范围内运行时，出现较多数量的管壁超温，其原因既有管屏间吸热不均引起的流量不均问题，也可能有较低压力下出现

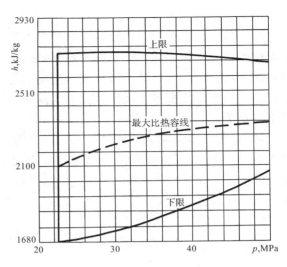

图 12-4　大比热容区的范围
[$c_p > 8.4$kJ/ (kg·℃)]

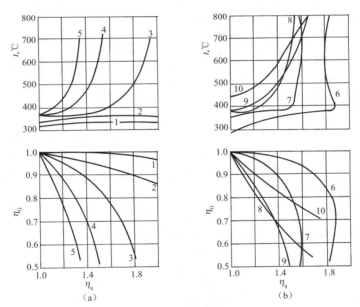

图 12-5　$p=24$MPa 时流量偏差特性

(a) $h_1 = 1256$kJ/kg；(b) $\Delta h = 840$kJ/kg

1—$\Delta h = 210$kJ/kg；2—$\Delta h = 420$kJ/kg；3—$\Delta h = 630$kJ/kg；
4—$\Delta h = 820$kJ/kg；5—$\Delta h = 1050$kJ/kg；6—$\Delta h_1 = 420$kJ/kg；
7—$\Delta h_1 = 840$kJ/kg；8—$\Delta h_1 = 1260$kJ/kg；9—$\Delta h_1 = 1680$kJ/kg；
10—$\Delta h_1 = 2100$kJ/kg

的流动不稳定现象，二者都会造成水冷壁管内的工质流量减小，质量流速降低，使各水冷壁的完全汽化点不同程度地提前。机组负荷高于 60% MCR 后，火焰偏斜程度改善，水冷壁整体质量流量增大，超温现象逐渐减缓。

（三）水冷壁的壁温工况

超临界压力直流锅炉水冷壁管组的工作特点与亚临界压力锅炉不同，正常情况下水冷壁温度不再维持恒定值，而是随吸热量的增加而提高。在一定压力下，水冷壁管壁温沿管长不断升高，但在大比热容区工质温度提高得比较缓慢，有些类似于亚临界压力下的汽化区段。运行中水冷壁的金属温度受到煤水比、锅炉负荷和工作压力的影响，也与炉内的吸热不均有关。

超临界压力下，随着煤水比的增大，单位工质的炉内辐射吸热量增加，水冷壁任意位置的工质焓升增大，壁温升高。水冷壁管的热流密度与锅炉负荷成比例增加，故当负荷增加时，壁温与工质温度之差增大，因此壁温随负荷的增加很快升高。在相同的煤水比情况下，同一水冷壁高度上的工质温度将随压力的上升而增加。这是因为随着压力的升高，水的比热容降低。

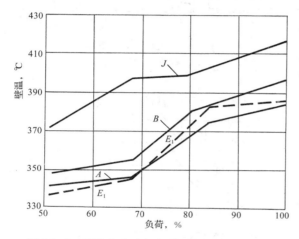

图 12-6　后墙水冷壁各段壁温与负荷对应关系
A、B—A 段、B 段各测点壁温均值；
E_1—E 段 1 号测点壁温；J—后部悬吊管测点

我国的引进 CE-Sulser 型超临界压力机组当负荷从 68%MCR 上升至 84%MCR 时，工作压力从亚临界向超临界过渡，此时相应单位负荷增长具有最大的壁温升高率，如图 12-6 所示。原因是在大比热容区，不同压力下的比热容差别较大，并且物性差别随温度变化剧烈。管子中心工质温度与贴壁工质温度之差形成较大的物性差异，使壁面对工质的表面传热系数降低。因此，运行中应注意控制该负荷阶段的升负荷率低于其他负荷区间，以免引起水冷壁的热疲劳损伤。

对于管屏承担较大焓升的水冷壁，更应注意热力不均的影响。此种情况下热力不均匀性稍有一点增大，水力偏差以及管屏出口的工质温度就会急剧增大，即在这种条件下短时间的工作也是危险的。

（四）超临界压力下的传热恶化

超临界压力下的传热恶化包括两种情况：

（1）当热流密度过高或质量流速过低引起的传热恶化，也称类膜态沸腾，它一般发生在拟临界温度附近的大比热容区。

（2）传热恶化与管子入口段边界层的形成过程有关，例如，位于分配联箱以后的管段上，对于热负荷 q 较大的管子，当 $q/\rho w > 0.42$ 时就可能出现传热恶化。

超临界压力下水冷壁管内可能发生的类膜态沸腾，主要是由于在管子内壁面附近流体的黏度、比热容、热导率、比体积等物性参数发生了激烈变化而引起的（见图 12-2）。管子中心处流体的温度与管子壁面处的温度不同，尽管温差不大，但在超临界压力下较小的温度差别也会导致流体黏度等参数的较大差异。例如，当工质温度在 350～410℃范围内时，管内壁面处的工质黏度只有管子中心工质黏度的 1/3 左右，由此产生的黏度梯度和密度梯度，促使流体紊流边界层的层流化；壁面温度的降低，又使流体导热系数减小，这样导热性能差的轻相介质与壁面接触也会提高壁面与工质间的温差。在管子的热负荷较大时就可能导致传热恶化。这种由于物性参数变化而引起的传热恶化类似于亚临界参数下的膜态沸腾，称为"类膜态沸腾"。其壁温飞升值取决于管子热流密度和质量流速的大小，如图 12-7 所示。

类膜态沸腾的传热恶化判据通常用极限热负荷 q_{jx} 表示，当管子的热负荷大于极限热负荷时，类膜态沸腾发生。在压力为 23～30MPa 的范围内，q_{jx}（kW/m²）可按下式计算：

$$q_{jx} = 0.2(\rho w)^{1.2} \qquad (12-1)$$

由式（12-1）可见，质量流速越高，极限热负荷越大，发生传热恶化的可能性越小。另外，压力对传热恶化也有影响，提高压力可减弱工质物性的变化梯度，因而可以在较高的热负荷下不出现传热恶化。

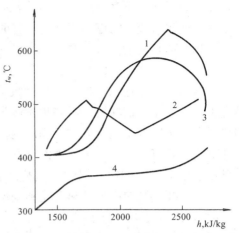

图 12-7 $p=23$MPa 时壁温与工质焓值关系
1—$q=410$kW/m²，$\rho w=1000$kg/（m²·s）;
2—$q=350$kW/m²，$\rho w=1000$kg/（m²·s）;
3—$q=250$kW/m²，$\rho w=600$kg/（m²·s）;
4—$q=200$kW/m²，$\rho w=600$kg/（m²·s）

超临界压力锅炉在设计和运行中，以控制下辐射区水冷壁吸热量的办法避免或减缓类膜态沸腾，尤其是将下辐射区水冷壁出口的工质温度控制在对应工质压力的拟临界温度以下，使工质的大比热容区避开受热最强的燃烧器区域。例如，800MW 超临界参数锅炉，下辐射区水冷壁出口的工质压力约为 31.5MPa，这一压力对应的拟临界温度为 410℃，为防止相变点下移到高温的燃烧器区域，运行中控制下辐射区水冷壁出口的工质温度不超过 410～430℃，主要目的是防止水冷壁发生类膜态沸腾，其次是防止工质比体积急剧变化导致的水动力多值性以及过热器超温。

为了防止第二种传热恶化，要求在水冷壁入口段（$L \leqslant 2$m）内工质保持有足够高的质量流速，入口焓 h_L 越高，热负荷越大，所要求的质量流速 ρw 值也越大，如图 12-8 所示。在热负荷和质量流速一定的情况下，适当降低水冷壁进口水温对于防止传热恶化是有利的。

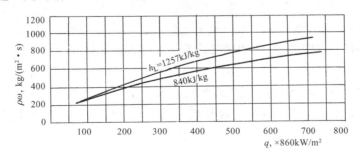

图 12-8 超临界压力下管子入口段中工质的最小质量流速

二、水冷壁的安全运行措施

超临界参数直流锅炉为防止传热恶化、降低管壁温度，主要采取以下措施。

（一）采用内螺纹管或交叉来复线管

在可能发生传热恶化的区段采用内螺纹管，其机理是引起流体的旋转，迫使水流向内壁，在亚临界压力下运行时，可以将汽挤到管子中心，将"蒸干"点推迟至燃烧较弱区域，减小壁温的飞升值。在超临界压力运行时，可减小管子中心与管壁附近的温度差，从而抑制工质各物性沿径向的过大差异，提高管内壁对管内流体的表面传热系数。

（二）提高工质的质量流速

在管内工质呈泡状、柱状、环状流动时，提高质量流速 ρw 可以提高界限热负荷，防止膜态沸腾的发生。而在发生膜态沸腾或类膜态沸腾后，提高 ρw 可以显著提高膜态沸腾表面传热系数，把壁温限制在允许范围以内。额定负荷下水冷壁管内的质量流速，由设计的结构条件确定。垂直上升管屏采用多次上升、螺旋管圈水冷壁控制每管圈管数等，都是针对提高质量流速而采取的方法。锅炉低负荷运行时，质量流速按比例降低，水冷壁工作安全性受损，如果需要，则应根据传热恶化和壁温升高的程度，对锅炉的最低允许负荷做出限制。

（三）采用定压运行方式

复合变压运行的直流锅炉，在高负荷段采用定压方式，也可大大减小出现传热恶化的可能性。定压运行可保持水冷壁相对较高的工质压力，增大水冷壁管子重度压差与流动阻力的比值，改善吸热不均对水力偏差特性的影响以及减小工质比体积的变化幅度，使壁温的升高得到控制。

（四）限制水冷壁出口和进口工质温度

设计和运行中，控制下辐射区水冷壁出口的介质温度，使工质大比热容区避开热负荷较高的燃烧器区域，以避免吸热最强区域中工质热物理特性的剧烈变化。水冷壁进口工质温度过高会引起较大的水力不均。在低于临界压力运行时，由于欠焓太小，也易使分配联箱上的各管子内汽量不均匀，增大流量分配的偏差。进口欠焓过大则有可能导致传热恶化，因此对进口水温也应恰当加以控制。

（五）变工况运行时的水冷壁保护

变工况运行时的水冷壁保护，主要应注意以下几方面的问题：

1. 汽压变化速度

低负荷运行时，由于质量流速减小，工作压力降低，工质流动的稳定性相应变差。负荷变动中，若压力变动过快，有可能使原为饱和状态的水发生汽化，使汽段流阻增加，蒸发开始点压力瞬间升高，进水流量小于出口流量，产生管间流量的脉动和水冷壁温的交替变化。因此，工况变动时应注意维持汽压的相对稳定，不可急速变化。

2. 煤水比控制

在工况变动时，应始终保持合适的煤水比，避免出现减温水量过大而给水量偏小的不正常情况，否则将引起出口壁温的不正常升高。无论何种情况下，给水流量均不得低于启动流量。

3. 燃烧调整

在工况变化时，如出现加减负荷、投停高压加热器、投停燃烧器、启停制粉系统、风机切换、燃料性质变化等情况时，应及时并平稳调整燃烧工况，避免运行参数、水力工况和燃烧工况的大幅度波动；对于水冷壁安全来说，燃烧调整的基本要求是最大限度地减小炉膛热负荷分配不均。另外，进行水冷壁吹灰和除渣等工作时，应做好防止大焦块脱落、局部热负荷突增的预想或准备。

第五节 炉膛灭火爆炸事故

一、炉膛内爆与外爆的概念及特点

炉膛灭火就是燃烧着的火焰突然熄灭。灭火使炉膛风压骤降，形成真空状态，炉墙受到外界空气侧给予的巨大内向推力时，称为炉膛内爆。炉膛灭火未能及时切断燃料，进入与积存于炉内的燃料又突然燃烧，炉膛风压骤升，形成正压状态，炉墙受到炉内侧给予的巨大外向推力时，称为炉膛外爆。严重的内爆与外爆将使炉墙破坏，水冷壁管破裂，是锅炉的重大事故。

炉膛内燃料燃烧产生的烟气量大于送入炉膛内的空气量，并且燃烧时温度很高，炉内气体的体积大，炉膛突然发生熄火将使炉膛内气体实际容积缩小为 $\frac{1}{6} \sim \frac{1}{5}$，因而炉膛风压骤降。发生破坏性内爆事故的锅炉容量一般在 500MW 以上，其中燃油燃气锅炉占多数。

锅炉外爆事故有以下基本规律：可燃物的相对存积量、可燃物的发热量越大，外爆使压力升高越大；外爆前炉膛气体温度越低，外爆压力越大。

锅炉点火时点火能量瞬时中断或不足，正常运行中一个或几个燃烧器突然失去火焰，整个炉膛熄火或燃料量漏入停运炉膛，都会引起可燃物存积。每立方米空气中含有 0.05kg 煤粉时就具有爆炸性，一台 600MW 的锅炉，每秒进入炉膛内的煤粉量约 80kg，故炉膛熄火后 $1 \sim 2s$ 内就可形成爆炸性可燃混合物。因此，炉膛发生火焰中断、炉膛灭火时必须立即切断燃料。现代大型锅炉，靠运行人员来监视熄火，瞬间切断燃料是较难做到的，必须采用炉膛安全监控系统 FSSS（furnace safeguard supervision system）来保证炉膛安全运行。

对于无炉膛安全监控系统的中小型锅炉，运行人员要对炉膛安全监控，一旦发现灭火立即切断燃料，再进行通风清扫。

二、锅炉炉膛灭火事故

1. 锅炉炉膛灭火的现象及处理

炉膛灭火时有以下现象可以判断：

（1）炉膛负压不正常地突然增大；

（2）一、二次风风压下降；

（3）炉膛发黑，火焰监视报警；

（4）蒸汽汽压、汽温及流量迅速下降；

（5）炉膛烟温下降；

（6）氧量不正常地增大。

当炉膛发生灭火时，炉膛安全监控系统 FSSS 立即反应，MFT（主燃料跳闸）动作并按程序进行一系列自动处置。灭火时的处置要点是：

（1）立即切断燃料供应，即停止制粉系统，关闭全部油喷嘴；

（2）关闭过热器一、二级减温水和再热器减温水，以维持汽温；

（3）减小引、送风量至吹扫风量，控制炉膛负压，吹扫 5min，以抽吸出炉内积存的燃料；

（4）查明灭火原因并消除后，才允许重新点火，恢复运行。

在保护装置拒动作的情况下，运行人员应按照灭火保护程序控制的顺序进行人工干预。

锅炉灭火后，严禁用"爆燃法"恢复燃烧，避免造成严重的灭火爆炸事故。

当单元机组锅炉发生灭火时，联动汽轮机、发电机跳闸；或者汽轮机、发电机迅速降负荷，以防止锅炉汽压、汽温下降过快，影响设备安全，也为机组重新恢复运行创造条件。

2. 锅炉炉膛灭火的原因

炉膛灭火的原因一般有：

（1）煤的质量太差或煤种突变；

（2）启动或低负荷运行时炉膛温度低，或过量空气系数过大、炉膛大量漏风而使炉膛温度降低；

（3）一次风速过低或过高，四角直流燃烧器气流方向紊乱，给粉机出粉不均匀；

（4）送、引风机跳闸或失去电源；

（5）炉膛吹灰、除渣操作不妥；

（6）水冷壁管爆破，大量汽水喷出，使火焰熄灭；

（7）燃烧器的切换及磨煤机的操作不当；

（8）单元机组发生 FCB（汽轮机组故障快速降负荷）或 RB（锅炉主要辅机故障快速降负荷）动作时，燃烧器管理系统自动处置不当；

（9）制粉系统、燃油系统故障等。

3. 锅炉灭火的防止措施

对于大型锅炉，防止灭火的主要措施如下：

（1）CCS 各控制系统不但保证了锅炉的经济性，同时与 FSSS 配合，对机组的安全也有十分重要的作用。因此在运行中必须严格监视其调节质量和功能正常。特别要注意燃料/风比要正常。保持合适的过量空气系数和变负荷率，以维持火焰稳定，防止炉膛灭火。发现异常，应立即切手动调整，并通知热工处理。

要经常了解燃煤的特性变化，煤粉的磨制情况，以便在运行中做到心中有数，及时联系热工人员，正确地调整各调节系统的正常值，以保持良好的燃烧工况。

（2）磨煤机出口门必须全开或全关，决不可在中间位置，不能用通过控制单个燃烧器燃料量的办法来调燃烧率。

（3）对于配直吹式制粉系统的锅炉，需带最低稳燃负荷时，必须切除部分制粉系统运行，保留下面一层或两层制粉系统运行，以保证磨煤机供粉管道风粉混合物有一定的速度，每台磨煤机的出力不低于 40%。

（4）在任何工况下，风量不得小于 30%左右的总风量。

（5）要经常注意炉膛压力正常，控制负压在 30～50Pa 之间。

（6）正常运行中，如发现某层煤粉燃烧时失去火焰，若非火焰监视器故障所致（无故障报警），应立即投入相邻油层助燃，并停止该层制粉系统或给粉机的运行。启动备用制粉系统及相应燃烧器投入运行，接带负荷；并查明燃烧器的故障原因，及时清除缺陷。

（7）经常检查原煤斗煤温，防止原煤温度过高。

（8）经常监视磨煤机出口温度在正常范围，并根据煤质的变化经批准后对给定值作适当的调整。

（9）运行的磨煤机着火后，应立即将该系统切至手动，投入相邻的油层，关闭热风门，尽可能多地增加原煤输入并连续利用冷风运行的办法来熄火,若磨煤机出口温度在几分钟内没有降下来,应加蒸汽灭火,当所有着火现象均已灭时,停止加蒸汽和磨煤输入,让磨煤机运转并通冷风至少 5min,以吹扫系统并使积存的水汽吹净。

(10)若用第(9)条灭火不成功,可用以下两种方法之一灭火。

1)停止磨煤机并隔离,要避免在磨煤机里搅起任何积存物,在火熄灭和温度降到环境温度之前,不要打开任何进入磨煤机的风门。火熄灭后,在磨煤机隔离的前提下,应检查并取出磨煤机内部所有焦物和其他积存物,以避免再着火。

2)关掉给煤机,让磨煤机自己走空其中的燃料,保持磨煤机里通过冷风,到火全部熄灭,当磨煤机冷下来后,停止磨煤机,对磨煤机进行隔离,然后检查并取出磨煤机内部所有焦物和其他积存物。

(11)若煤粉管道内着火时,可按(10)条灭火。

(12)若停运的磨煤机发生着火后,应立即隔离磨煤机。关掉一切到磨煤机的风门和挡板。在火完全熄灭时,温度降到环境温度,并确认磨煤机确已隔离之前,不要打开任何到磨煤机的风门。

(13)在燃油运行中,要时常检查炉前油压力温度正常,使用蒸汽雾化时还要检查雾化蒸汽压力正常。

三、锅炉炉膛外爆(爆燃)事故

锅炉产生炉膛外爆(爆燃)事故有三个必要条件,分别是:

(1)足够的可燃物和氧气量;

(2)可燃物和气体的混合物达到了爆燃浓度;

(3)有足够的点火能量(明火)存在。

锅炉在灭火后如果未能及时切断燃料,在有明火的条件下,容易发生炉膛爆燃事故。切断燃料越迅速,积存在炉膛的燃料量越少,产生爆燃的可能性越小。

造成燃料积存的主要原因包括:

(1)发现炉膛灭火不及时;

(2)FSSS 切断燃料的操作时间偏长;

(3)给煤机的滞后时间偏长;

(4)阀门和挡板的滞后及关闭不严;

(5)误判断、误操作(如继续投粉、投油)等。

锅炉运行中发生炉膛可燃物积存的危险工况主要有:

(1)整个炉膛灭火未能及时发现,造成可燃混合物积存。全炉膛灭火的定义由 FSSS 的设计功能确定。对于四角布置直流燃烧器的锅炉,当以监视最上层四角燃烧器的火焰为主时,通常其四只火焰检测器中有 3/4 灭火,则判定为全炉膛灭火;当监测各层火焰和各燃烧器的火焰时,有 3/4 的火焰检测器灭火,则判定为全炉膛灭火。对于对冲布置旋流燃烧器的锅炉,全部在投燃烧器灭火或灭火燃烧器的比例达到某设定值以上,可判定为全炉膛灭火。

(2)多个燃烧器正常运行时,一个或几个燃烧器突然失去火焰而不能在炉内被继续点燃时,从而积聚可燃混合物。

(3)燃料漏入停用锅炉的炉膛。

实践表明，90％以上的外爆（爆燃）事故发生在锅炉启停过程或低负荷运行时，在上述工况下运行时，应严密监视燃烧器的运行工况及炉膛火焰，保证 FSSS 的正常运行。

防止炉膛外爆（爆燃）事故的原则包括：

（1）保持炉内燃烧稳定，维持较高的炉温。

（2）未燃烧的燃料不得排入或漏入停用锅炉的炉膛。

（3）发现灭火时，应及时对炉膛进行吹扫，排除可燃混合物。

炉膛外爆（爆燃）事故的防止措施包括：

（1）进行吹扫时一定要满足吹扫风量和吹扫时间的要求，保证将炉膛的可燃物完全吹扫出去。

（2）点火时，应保持吹扫风量，在点火失败时，可以将未燃烧的可燃物带出炉膛。

（3）点火失败后，必须重新进行吹扫后才可以再次点火。

（4）锅炉冷态启动时，避免过早投入制粉系统。在炉温偏低时投入煤粉，容易造成煤粉着火困难，使未燃烧的煤粉积存在炉膛内。

（5）在锅炉启停和低负荷运行时，以及煤种改变时，应加强对运行工况参数变化的监督，及时进行燃烧和风煤比的调节。

（6）加强燃油系统的管理，定期切换和试验燃油设备和点火装置，禁止使用有缺陷的燃油设备，尤其注意油枪的泄漏。

（7）发现燃烧不稳定时，应及早投油助燃，而出现燃烧恶化并发现明显的灭火迹象时，禁止投油。

（8）一旦油枪停用，应立即关闭进油阀。

（9）锅炉从点火到机组接带初始负荷，应一直保持不低于30％左右的额定风量，同时各燃烧器的调风器应保持一定的开度。

（10）当锅炉在低负荷运行时，应停用部分燃烧器及相应的磨煤机或给粉机，使其他运行的燃烧器及相应的磨煤机或给粉机在较高的负荷下运行。

第六节　锅炉主要辅机的常见故障及处理

一、筒式钢球磨煤机的常见故障

1. 轴瓦烧坏（烧大瓦）

轴瓦烧坏是筒式钢球磨煤机的常见故障，其后果极为严重，通常这类事故多发生在试运行或安装（解体大修）投产不久的运行中。导致轴瓦烧坏（轴承衬上的钨金熔化）的直接原因是轴颈与轴瓦间的正常油膜遭到局部或全部破坏，或者是启动开始就未建立良好的油膜层，以致两者之间发生干摩擦，使轴承温度很快升高，直至轴瓦烧毁。而与建立和保证正常油膜有密切关系的因素主要有：润滑油的质量及特性、轴颈与工作瓦间的接触好坏、间隙大小、加工精度、轴颈线速度的大小、载荷轻重、冷却水量多少和轴颈温度高低等。

为防止发生烧瓦事故，应在安装（或检修）中，认真做好轴承座球面研刮，并保证球面间具有良好而可靠的润滑，使之能根据筒体与主轴在各种工况变化下所产生的位移或变形而相应灵活地进行自动调整；要求轴颈的加工精度在允许范围内，轴颈与研磨后瓦面之间的接触配合符合要求；选用合适的润滑油种，油质、油压、油温要符合要求；轴承冷却水必须畅通，水量满足要求；磨煤机入口负压必须符合规定要求，以防煤粉外冒而烧坏轴瓦。

一旦确认是发生烧大瓦，应立即停止给煤机和磨煤机运行，同时在停止磨煤机后进行抽粉，并控制磨煤机出口温度在规定值内。

2. 磨煤机断煤

导致磨煤机发生断煤的主要原因是：煤中混有大块煤、石块、铁件、木块或其他杂物，使给煤机被堵；原煤水分过大或因杂物，使落煤管堵塞；筒式钢球磨煤机进口短管处积煤严重引起煤流不畅或原煤仓断煤等。

当磨煤机断煤时，筒式钢球磨煤机的筒内存煤量迅速减少，磨煤机出口温度随之升高，磨入口负压增大，出口负压变小，磨煤机进出口差压减小，电动机工作电流有所降低，而筒内钢球撞击声增大，对于中速磨煤机可发现磨煤机内有金属撞击声。

当发现上述现象并判断是磨煤机发生断煤时，为防止磨煤机出口温度过高，可能会产生气粉混合物爆炸，应先关小热风调节门，开大进口冷风门，保持磨煤机出口温度在正常值，并检查原因立即处理。如断煤原因是原煤仓、给煤机或落煤管等发生堵塞，应及时进行人工疏通；如因原煤仓无煤或煤搭桥，应立即上煤或采取其他措施；如果故障在短时间内无法消除，应立即停磨，停止制粉系统工作。

目前大容量锅炉均设置断煤报警装置，以便运行人员及时发现，并予以处理。

3. 磨煤机满煤

造成磨煤机满煤的原因是监视不严或运行控制不当。磨煤机满煤与断煤现象基本相反，筒式钢球磨煤机入口负压变小，出口负压变大，磨煤机进出口压差变大，磨煤机出口温度下降，电动机工作电流摆动大，筒体内撞击声闷沉。同时，由于磨煤机出粉少，筒体进出口间阻力增大，通风量减少，使排粉机电流下降，并在磨煤机进出口密封处会出现冒粉现象。

一旦发现磨煤机内满煤，立即减少给煤量，严重时停止给煤机运行，同时适当增大风量，加强抽粉；并维持磨煤机出口温度，保持排粉机出口风压，以保证一次风量和风速。如问题还得不到解决，需停止磨煤机运行，打开人孔门，清除磨煤机内多余的煤。

二、给粉机给粉不均

具有中间储仓式制粉系统的大多数锅炉，不同程度存在给粉不均的问题。由于给粉不正常，不但破坏了锅炉原有的风粉混合比例，而且增大飞灰可燃物，使汽温、汽压、流量波动大。严重时，因来粉过多，运行人员未及时发现，就会造成堵管；或来粉不正常，造成灭火打炮事故。

众所周知，锅炉给粉过程是由一系列的给粉元件，如煤粉仓、给粉机、风粉混合器、煤粉管来完成的。因此给粉不均原因，可能是由煤粉仓，或给粉机，甚至由管道布置不合理等引起的。煤粉流动性、水分多少、粉位高低等因素的失常也会引起给粉不均。因此给粉不均现象是由于设备结构缺陷，或有关运行方式不恰当而产生的。

刚进入煤粉仓的煤粉是一种密度不大、很易流动的松散的气粉团，煤粉的自然堆积角接近于零。给粉机运行后，粉仓内粉位平面呈波浪形，给粉机上部呈不太深的漏斗状。当给粉机投入 1～2min 后，给粉机上部的煤粉下沉，其煤粉壁面塌陷呈漏斗状，而煤粉定期发生塌落到受粉斗口，就在漏斗到受粉斗形成一个垂直柱流，其截面积约等于给粉机受粉斗截面。

经过一定时间后，垂直柱的粉流完后，需要大量煤粉从漏斗表面降到受粉斗或旋拱倒塌处，受粉斗处的压力就急剧增加，煤粉浓度增加。这样使给粉机出力急剧增加至原来的 2～3 倍，从而造成给粉不均。

另外，由于煤粉仓结构不合理，给粉机在结构、性能、安装上有缺陷，或者给粉机运行方式不合理等，都会造成煤粉堆积（在粉仓壁面堆积），产生凹坑和旋拱等现象，也同样会造成给粉不均现象。

在四角布置燃烧器切向燃烧炉膛中，所谓"四角调平"就成为调整燃烧时必须解决的问题。一般来说，风的调平比较容易做到，但煤粉量的调平较难做到。要保证给粉均匀，除上述粉仓内煤粉流动工况、风粉混合器结构及运行操作因素外，给粉机的工作特性是一个很重要的环节，其工作的稳定性、可调性、调节均匀性直接影响炉内燃烧的稳定性以及锅炉机组的安全经济。叶轮式给粉机的问题主要表现在给粉的均匀稳定性和可调性差等。

某台 200MW 机组 670t/h 燃煤炉，配 16 台 DX－3A 给粉机，燃用煤的低位发热量为 17514～21759kJ/kg，最大耗煤量为 92.66～118.8t/h，仅占给粉机总出力的 51.6%～61.8%，每台给粉机出力约 6t/h，对 DX－3A 给粉机来说，给粉机长期在低出力运行，转速一般为 300～400r/min，不足 500r/min（给粉机转速范围为 115～1150min），调节范围很小，有时被迫以启停给粉机方式来调节给粉量，对稳定燃烧极为不利。

某电厂给粉机运行转速为 500～600r/min 时，就周期性出现一次风压剧增，有煤粉沉积。为防止堵塞，用被迫周期性启停给粉机的办法来吹扫管道，停粉不停风，致使炉膛来粉忽多忽少，使燃烧工况出现摆动，煤粉分离严重，灰渣可燃物含量高。从给粉机试验得到，500r/min 时其下粉量达 7.6t/h，当一次风速为 28m/s 时，其煤粉浓度达 0.7kg（煤粉）/kg（空气），显然已超过有关资料推荐不大于 0.5kg（煤粉）/kg（空气）的要求，致使空气携带煤粉能力减弱，出现煤粉沉积现象。因此各电厂都结合锅炉实际情况，进行给粉机改造，降低出力，增大调节范围，改善可调性。

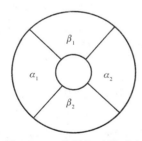

图 12-9　给粉机叶轮示意

给粉机来粉不均和稳定性问题产生原因之一是给粉机产生"自流"现象，这主要由于给粉机的密封性能遭到破坏而造成的。图 12-9 所示为给粉机叶轮示意，β_1、β_2 为供给（测量）叶轮中进出粉口角度，α_1、α_2 为密封角。给粉机的密封就依靠 α_1、α_2 两个密封区和控制轴向、径向间隙来完成，在这两个密封区内，不允许有煤粉流动。在叶轮叶片总数不变情况下，进入密封区叶片数越多越好，亦即 α_1、α_2 越大越好。但是考虑到叶轮仓格中煤粉充满度及仓格中煤粉下落特性，进出粉口角也有一最佳值，因此必须选定最佳的 α、β 角。

以比例式 Q 来表示煤粉气流密封性的相对系数，它能用来评定给粉机的密封质量，即

$$Q = Z_1 f_2 / Z_2 f_1$$

式中　Z_1、Z_2——进入密封区的叶片数；

　　　f_1、f_2——相应的每个叶轮与壳体之间的间隙面积。

具有较大相对系数 Q 的给粉机，其密封区具有较高的密封性，可增加其可调性，提高给粉的均匀性和稳定性。所以各个进出口角度的合理选取和间隙的严格控制是提高叶轮给粉机密封性的关键。

三、制粉系统自燃与爆炸

1. 煤粉自燃与爆炸的现象

煤粉自燃时的现象：磨煤机进出口压差不稳，系统的负压不稳，并常在正负压之间变动；排粉机电流摆动，且排粉机后风压不稳（细粉分离器着火时更为严重）；磨煤机着火时，风粉混合物的温度升高，磨煤机进出口处可能喷出火星，可闻到焦味；着火部位后的系统温度升高。

煤粉爆炸现象：整个系统风压变正，有爆炸声响，从爆破的防爆门或系统的不严密处喷出煤粉、火星；磨煤机出口、排粉机进口的风温及煤粉仓的温度异常升高。

2. 煤粉自燃与爆炸时的处理

煤粉自燃时处理方法：加大给煤量或减少通风量；降低磨煤机出口温度；关闭粗粉分离器回粉管的锁气器，停止回粉；必要时停止制粉系统，关闭各风门，用灭火装置灭火。当用蒸汽灭火时，应避免蒸汽进入煤粉仓。灭火后，在启动前应对系统进行预干燥。

煤粉爆炸后的处理方法：立即停止制粉系统运行；应注意维持一次风压，在开始关闭排粉机入口调整风门（切断干燥剂），开启冷风门后，应尽快倒风（对于乏气送粉系统），由热风（加冷风）送粉；必要时可用灭火装置灭火，如用蒸汽灭火，其灭火时间应根据系统温度（以磨煤机出口或排粉机入口温度为基准）是否恢复正常来决定，但应尽量缩短时间，以减少系统中凝结水；若在排粉机出口处爆炸，则应停止排粉机，关闭各有关风门，同时停止该排粉机所带的给粉机，投油稳燃或降低锅炉部分负荷。

四、风机运行的几个问题

（一）风机的启动和防止启动过载

离心式风机必须在关闭调节挡板后进行启动，以免启动过载。待达到额定转速、电流回到空载值后，逐渐开大调节挡板，直到满足规定的负荷为止。动叶可调式轴流风机应在关闭动叶及出口挡板的情况下启动。风机达到额定转速后，打开出口挡板，并逐渐开大动叶安装角度。若在较小动叶角度下打开出口挡板，则可能会遇到不稳定区。当一台风机已在运行，需并列另一台风机时，应先降低运行侧风机的压头至最低喘振压力以下，然后启动风机。待风机挡板打开后，逐渐增加启动风机的动叶开度，相应减小已运行风机的动叶开度，保持总风量相等，直至两风机流量相等。

（二）风机电流、参数的监视与分析

风机在正常启停和运行中，首先要监视好风机电流值。因为电流的大小不仅标志风机负荷的大小，也是发生异常事故的预报器。此外，运行人员还应经常监视风机的进、出口风压。根据 p-Q 曲线，正常情况下流量下降，压头上升。因此监视好风压有助于更好地监视风机的安全稳定运行。例如，若运行中动叶开度、风机电流和风压同时增大，说明锅炉管路的阻力特性发生改变，可判断是烟、风道发生了积灰堵塞。

风机的通流介质密度按一次方关系对风机特性和管路特性同时发生影响，如图 12-10 所示。因此对于一次风机和引风机，若运行中介质密度升高（如一次风温降低或排烟温度降低），也会使风压和风机电流升高，但风量和动叶

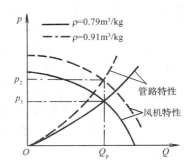

图 12-10 介质密度对风机
工作的影响

安装角（或风量挡板）不变。

（三）风机的运行异常

1. 喘振

风机的喘振是指风机在不稳定工况区运行时，引起风量、压力、电流的大幅度脉动，噪声增加，风机和管道激烈振动的现象。以单台运行为例，喘振发生的原因可用图 12‑11 加以说明。

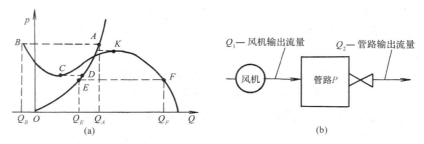

图 12‑11　风机喘振机理

(a) $p-Q$；(b) 管网—风机压力流量变化

当风机在曲线的单向下降部分工作时，其工作是稳定的，一直到工作点 K。但当负荷降到低于 Q_K 时，进入不稳定区。此时，只要有微小扰动使管路压力稍稍升高，则由于风机流量大于管路流量，工作点向右移动至 K 点，当管路压力 p_A 超过风机正向输送的最大压力 p_K 时，工作点即改变到 B 点（与 A 点等压），风机抵抗管路压力产生的倒流而做功。此时管路中的气体向两个方向输送，一方面供给负荷需要，一方面倒送给风机，故压力迅速降低。至 C 点时停止倒流，风机增加流量。但由于风机流量仍小于管路流量，即 $Q_C < Q_D$，所以管路压力仍下降至 E 点，风机的工作点将瞬间由 E 点跳到 F 点（与 E 点等压），此时风机输出流量为 Q_F。由于 Q_F 大于管路的输出流量，因此管路风压转而升高，风机的工作点又移到 K 点。上述过程重复进行就形成风机的喘振。喘振时，风机流量在 $Q_B \sim Q_F$ 范围内变化，而管路的输出流量只在少得多的 $Q_E \sim Q_A$ 间变动。

只要运行中工作点不进入上述不稳定工作区，就可避免风机喘振。轴流风机当动叶安装角改变时，K 点也相应变动。因此不同的动叶安装角下对应的不稳定工作区（负荷）是不同的。

大型机组一般设计了风机的喘振报警装置。其原理是将动叶（或静叶）各角度对应的性能曲线峰值点平滑连接，形成该风机的喘振边界线（见图 12‑12 中的实线），再将该喘振边界线向右下方移动一定距离，得到喘振报警线。为保证风机的可靠运行，其工作点必须在此边界线的右下方。一旦在某一角度下的工作点由于管路特性的改变或其他原因，沿曲线向左上方移动到喘振报警线时，即发出报警信号提醒运行人员进行处理，将风机工作点移回稳定区。

并联风机的风压都相等，因此负荷低的风机的动叶开度小，其性能曲线峰值点（K 点）要低于另一台风机，负荷越低，K 点低得越多，因此负荷低的风机的工作点就容易落在喘振区以内。所以调节风机负荷时，两台并列风机的负荷不宜偏差过大，以防止负荷低的风机进入不稳定的喘振区（但发生"抢风"时例外）。

当一台风机运行，另一台风机启动时，要求运行风机工况点压力比风机最低喘振压力

（见图 12-13 中 C 点）低 10％，否则不能正常启动，如图 12-13 所示。当原运行风机工况点在 A 点时，并列过程中运行风机的工况点将沿直线 AA 移动，因为 AA 线在稳定运行区，故并联过程不会出现喘振。但当原运行风机在 B 点运行，而另一台风机与之并联时，则原风机的工况点将沿 BB 线水平移动，BB 线和喘振失速区相交。

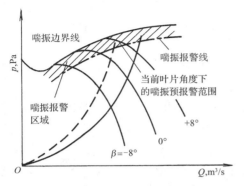

图 12-12 喘振预报警的示意

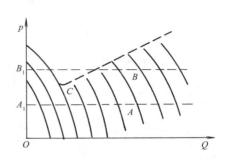

图 12-13 静压性能曲线

运行中烟、风道不畅或风量系统的进、出口挡板误关或不正确，系统阻力增加，会使风机在喘振区工作；并列运行的风机动叶开度不一致或与执行器动作不符、自控失灵等情况，则将引起风机特性发生变化，也会导致风机的"喘振"。此外，应避免风机长期在低负荷下运行。由于风机特性不同，轴流式风机的喘振故障比离心式风机更容易发生。

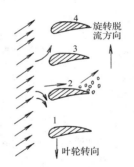

图 12-14 轴流式风机旋转失速（脱流）工况
1～4—叶道

2. 旋转失速（脱流）

轴流式风机叶片通常是流线型的，设计工况下运行时，气流冲角 α（即进口气流相对速度 w 的方向角与叶片进口安装角之差）约为零，气流阻力最小，风机效率最高。当风机流量减小时，w 的方向角改变，冲角逐渐增大。当冲角增至某一临界值时，叶背尾端产生涡流区，即所谓的脱流工况（失速），阻力急剧增加，而升力（压力）迅速降低；冲角再增大，脱流现象更为严重，甚至会出现部分叶道阻塞的情况（如图 12-14 所示）。

由于风机各叶片存在加工误差，安装角不完全一致，气流流场不均匀相等，因此失速现象并不是所有叶片同时发生而是首先在一个或几个叶片出现。若在叶道 2 中先出现脱流，叶道由于受脱流区的排挤变窄，流量减小，则气流分别进入相邻的 1、3 叶道，使 1、3 叶道的气流方向改变，结果使流入叶道 1 的气流冲角减小，叶道 1 保持正常流动；叶道 3 的冲角增大，加剧了脱流和阻塞。叶道 3 阻塞同理又影响相邻的叶道 2 和 4 的气流，使叶道 2 消除脱流，同时触发叶道 4 出现脱流。这就是说，脱流区是旋转的，其旋转方向与叶轮转向相反，这种现象称为旋转失速。

与喘振不同，旋转失速时风机可以继续运行，但它引起叶片振动和叶轮前压力的大幅度脉动，往往是造成叶片疲劳破坏的重要原因。从风机特性曲线来看，旋转失速区与喘振一样都位于马鞍型峰值点的左边的低风量区。为避免风机落入失速工况下运行，在锅炉点火及低负荷期间可采用单台风机运行以提高风机流量。另外，在风机启动时减小或关闭动叶，也可使安装角与气流冲角同向变化，限制失速工况的危害。

3. 风机"抢风"

"抢风"是指并联运行的两台风机，突然一台风机电流（流量）上升，另一台风机电流（流量）下降。此时若关小大流量的风机风门，试图平衡风量时，则会使另一台小流量风机跳至大流量运行。在风门投自动时则风机的动叶频繁地开大、关小，严重时可能导致风机超电流而烧坏。

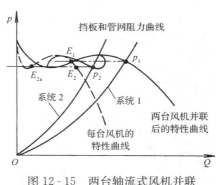

图 12-15　两台轴流式风机并联
运行性能曲线

"抢风"现象的出现是因为并列风机存在较大的不稳定工况区。图 12-15 示出了两台相同特性的轴流风机并联后总性能曲线。从图中看到，风机的并联特性中有一个"∞"字形区域，若两台风机在管路系统 1 中运行，则 p_1 点为系统的工作点，每台风机都将在 E_1 点稳定运行，此时"抢风"现象不会出现。如果由于某种原因，管路系统阻力改变至系统 2 时（如一次风机下游的磨煤机入口挡板开度关小），则风机进入"∞"字形区域内运行。

我们看 p_2 点的情况，两台风机分别位于 E_{2a} 和 E_2 点工作。大流量的风机在稳定区工作，小流量的风机则在不稳定区工作，两台风机的工作平衡状态极容易被破坏。因此便出现两台风机的"抢风"现象。

为了消除"抢风"现象，对于送、引风机，可在锅炉点火或低负荷运行时采用单台运行方式，待单台风机不能满足锅炉的负荷需要时，再启动另一台投入并列运行。对于一次风机，可适当提高一次风母管压力。此外，一旦发生"抢风"，应手操两台风机保持适当的风量偏差（此时，风机并列特性的"∞"字形区域收缩）以避开"抢风"区域。

五、风机性能试验

一般风机制造厂均提供风机特性曲线的数据，风机启动投运时，可不进行风机特性试验。当对风机有怀疑或风机加入管网运行后发现出力不足、压头低、运行效率低，需要检查有关参数性能，查明原因或风机检修、改进前后，就需要对风机进行试验，测量有关数据，以便分析原因并采取相应的措施。

风机试验分为冷态试验和热态试验两种。在冷态试验时，因风机风量不受锅炉燃烧的限制，故可在大范围内变动，特性曲线可做得很完整。试验方法一般是调整 4～6 个风量工况（其中有最大、最小流量工况），测量相应的风机流量、出口静压、功率及电流等参数。通过试验应整理出风机在额定转速、大气条件下的性能曲线，如全压—风量曲线 $p = f(Q)$，功率—风量曲线 $P = f(Q)$，效率—风量曲线 $\eta = f(Q)$ 等。

对于离心式的一次风机和引风机，由于冷态试验时的介质密度大于运行值（设计值），相同风量时的风机功率，冷态要大得多。因此试验中当风量还未达到额定风量时，风压和电流即已达到或超过额定值，此时风机的最大出力，便只能以电动机额定电流短时超 10%～15% 为限进行最大流量试验。冷态试验时为保护电动机，风机风门都是不能开足的。

利用冷态试验的结果，可将离心风机运行特性曲线修正至热态，修正公式如下

$$Q_{200} = Q$$

$$p_{200} = \rho_{200} P/\rho = T \times p/473$$

式中　Q、p、T、ρ——冷态试验时的介质流量温度、全压 、温度（绝对）和密度；

　　Q_{200}、p_{200}、ρ_{200}——设计工况下的介质流量、全压和密度。

风机的热态试验常受到锅炉负荷限制，其风量只能随负荷变化而变化。但也要求至少有两次为最大、最小流量工况。试验曲线还应包括动叶（或静叶）开度与风机效率的关系。

参 考 文 献

1　周强泰. 锅炉原理. 3 版. 北京：中国电力出版社，2013.

2　金维强. 大型锅炉运行. 北京：中国电力出版社，1998.

3　黄新元. 电站锅炉运行与燃烧调整. 2 版. 北京：中国电力出版社，2007.

4　容銮恩. 燃煤锅炉机组. 北京：中国电力出版社，1998.

5　容銮恩，等. 电站锅炉原理. 北京：中国电力出版社，1997.

6　徐通模，等. 锅炉燃烧设备. 西安：西安交通大学出版社，1991.

7　华东六省一市电机（电力）工程学会. 锅炉设备及其系统. 北京：中国电力出版社，2000.

8　陈学俊，陈听宽. 锅炉原理. 北京：机械工业出版社，1986.

9　贾鸿祥. 制粉系统设计与运行. 北京：水利电力出版社，1993.

10　李恩晨. 锅炉计算知识. 北京：水利电力出版社，1991.

11　李聪. 电厂锅炉运行. 北京：水利电力出版社，1989.

12　西安交通大学编写组. 直流锅炉. 北京：水利电力出版社，1992.

13　胡荫平. 新型煤粉燃烧器. 西安：西安交通大学出版社，1991.

14　《中国电力百科全书》编辑委员会. 中国电力百科全书：火力发电卷. 3 版. 北京：中国电力出版社，2014.

15　张永涛. 锅炉设备及系统. 北京：中国电力出版社，1998.

16　屈卫东，等. 循环流化床锅炉设备及运行. 郑州：河南科学技术出版社，2002.

17　吕俊复，等. 循环流化床锅炉运行与检修. 2 版. 北京：中国水利水电出版社，2005.

18　张保衡. 大容量火电机组寿命管理与调峰运行. 北京：水利电力出版社，1988.